KB150415

개정판 고급 한국음식

개정판

고급 한국음식

조미자 · 이미경 · 이순옥 지음

교문사

머리말

이 책에서 '고급'은 'advance'를 뜻하는 말로 각 음식에 대한 의미와 역사적 고찰을 통해 그 음식이 어떻게 만들어지고 또 어떤 형태로 분화 발전되어 오늘에까지 이르고 있는지를 자료에 의해 정리하여 한국음식조리법의 근원을 알게 하고, 각 조리법에 나오는 음식명에 대한 뜻을 간결하게 설명하였다. 또한 문헌상으로만 존재하던 옛 음식을 실현하여 사진과 함께 만드는 방법을 제시하는 등 우리음식을 보다 깊게 이해할 수 있도록 하였기에 자료정리 차원에서 '고급'이라 하였다.

한국음식은 삼면이 바다인 반도로 한류성 어족과 난류성 어족이 풍부하고 온대성 기후대에 위치하여 사계절이 뚜렷하며 전 국토의 70%가 산지이나 산맥이 높지 않아 농작물을 가꾸기에 어려움이 없는 지리적 특성과 오랜 동안 사회문화의 영향을 받으면서 약과 음식이 같은 뿌리를 가지고 있다는 약식동원(藥食同源)의 근본 개념 속에 우리만의 고유한 식생활문화로 형성되고 발전되어 왔다.

건강에 대한 관심과 건강한 삶에 유익한 전통한식에 대한 인식이 높아지고 있다. 우리는 한국음식이 삶의 질을 높이고 건강을 지켜주는 대체의학의 일면에서 더욱 발전시켜야 할 것이다. 이에 따라 전통 맛을 살리면서 세계인 누구나 거부감 없이 즐겨 찾을 수 있는 상품으로 발전시켜 나가야 할 책무를 느낀다. 이를 위해서는 조리의 간편화, 효율화 등도 아울러 개선하여 한국음식이 세계인이 즐겨 찾는 건강음식, 치료음식, 기호음식으로 자리매김하고 우리 음식문화를 계속, 유지 발전시킬 수 있는 조리 관련 전문인의 양성이 필요하다.

이 책은 총 2부로 구성하였는데, 제1부에서는 한국식생활문화의 형성과 발달을 기원전 원시농경시대부터 삼국시대, 고려시대, 조선시대별로 식재료를 어떻게 생산하고 이용하였으며, 음식 만드는 법은 어떻게 발전시켜 왔는지를 알림으로써 오늘 우리가 먹고 있는 음식이 어떠한 의미와 역사를 가지고 있는지를 각인시켜 우리음식의 소중함과 자부심을 갖도록 하였다. 또한 궁중에서와 민가에서의 식생활상을 약술하고, 농경생활과 관련된 시절음식과 세시풍속에서 조상들의 연중 식생활 지혜와 우리음식의 발달과정을 알아보았다. 변혁기를 거치면서 우리 음식문화에도 많은 영향을 받게 되었다. 시대적으로 개화기에서 광복 전, 광복 후부터 현대화 시기인 2000년까지, 그리고 2000년 이후를 새천년시대로 구분하여 시대별로 음식재료와 식생활 패턴의 변화, 외국음식의 유입 등에 대하여 살펴보고 끝으로 세계화를 향해서 우리 음식의 나아갈 방향을 모색해 보았다. 고조리서를 연도순에 따라 간단하게 내용을 정리하였으며, 본문에서 한자표기를 최소화하기 위해 고조리서는 물론 이와 관련된 문헌들의 한자표기를 가나다순으로 정리하였다.

제2부 한국음식과 조리에서는 주식류와 부식류로 구분하여, 주식류에서는 밥, 죽, 국수, 만두, 수제비, 떡국으로, 부식류에서는 국, 전골, 찌개, 조림, 찜, 선, 나물 등으로 구분하고, 각 음식의 의미와 약사를 고조리서를 통해 정리하여 유래와 발달과정을 이해하게 하고, 해당 음식의 종류와 음식명의 뜻을 정리하였다. 각 음식의 만드는 방법 설명에 앞서 단원별 해당되는 기본조리법을 요약 제시하여 실제 음식을 만들 때 쉽게 이해가 되도록 하였다.

각 음식의 실질적인 조리법은 오랫동안 이론교육과 실습을 지도해 온 경험을 바탕으로, 조리과정을 순차적으로 구분하여 설명함으로써 이해를 빠르게 하였으며, 조리시간을 단축시켜 조리기능사, 산업기사, 기능장 실기에 대비할 수 있는 조리전략을 제시하였다. 그리고 재료와 분량에서 정확한 계량으로 누구나 쉽게 따라할 수 있고 또한 그 음식의 맛을 낼 수 있도록 기술하였다. 따라서 이 책이 조리국가기술자격증이 필요한 이들에게 실기준비는 물론 전통한국음식 연구에 도움이 되고 우리음식에 관심이 있는 모든 이들에게도 유용한 지침서가 되기를 바란다. 제2부에서 병과와 음청류를 포함시키지 못하여 큰 아쉬움이 남는다.

이 책이 나오기까지 도움을 준 많은 분들에게 깊은 감사를 표하고 일일이 방명을 기재하지 못하여 송구스럽게 생각한다. 어려운 여건 속에서도 특별한 관심으로 이 책을 출간해 주신 (주)교문사 류제동 사장님과 편집부 여러분께 감사드리며 사진촬영을 도와주신 서정환 사장님과 수고를 많이 해준 제자들에게도 고마움을 전한다.

2013년 9월

개정판을 내면서 저자

차 례

제2부 한국음식과 조리

5 찜 · 204

6 선 · 220

7 나물 · 228

8 쌈 · 246

9 회 · 252

10 편육 · 260

11 족편 · 266

12 순대 · 270

13 적 · 274

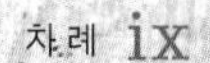

부 록

한식조리기능사 실기시험 49문제

제1부

한국식생활문화의 형성과 발달

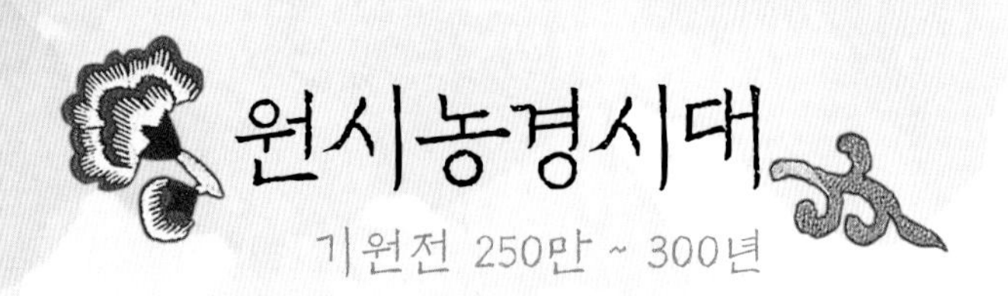

원시농경시대

기원전 250만 ~ 300년

인간은 생존을 위하여 들과 산에서 곡식이나 나무열매 등 먹잇감을 찾거나 동물을 사냥하고, 물고기를 잡고, 야생동물로부터 스스로를 방어하기 위해 일정한 곳에 주거형태를 갖추어 농사를 지으면서 살아왔다. 처음에는 돌칼이나 돌창 등으로 먹잇감을 구하고 사냥하였으나 문명이 발달함에 따라 철제를 이용하고 토기를 사용하는 등 먹잇감 사냥법과 저장방법도 발전시켜 왔다.

구석기시대 BC 250만~5000년

동굴 구석기인의 주거지는 동굴이었다.

식량원 사냥과 채집을 하였다. 동굴에서 발견된 연모들을 보면 대부분이 산짐승이나 들짐승을 사냥하고, 바닷가나 강가에서 잡은 물고기들을 이용하였다는 것이 평양 화천동 2호 동굴에서 모닥불자리가 발견됨으로써 밝혀졌다.

불의 이용 타다 남은 짐승 뼈가 발견된 것으로 미루어 굽는 조리가 있었음을 알 수 있다. 이 시기가 불을 이용하기 시작한 때라고 할 수 있다.

신석기시대 BC 5000~2000년

움집 신석기인은 움집에서 살았다.

식량원 돌도끼, 돌창, 화살촉으로 사냥을 하였고, 개와 돼지뼈가 발굴되어 목축이 있었음을 알게 한다. 강변이나 바닷가에 남아 있는 큰 조개무지를 보면 물고기나 조개를 이용하였음을 알 수 있다.

잡곡 재배 강원도 양양 오산리에서 기원전 5000년경의 것으로 보이는 괭이, 뒤지개, 돌보습이 발견된 것은 조, 피, 기장 등 야생상태의 잡곡을 재배하였음을 말한다.

토기 사용 움집터에서 화덕 터가 발견된 것은 직화구이를 하다가 토기를 만들면서부터 삶는 조리가 시작되었음을 알려준다. 기원전 4000년 서울 암사동 미사리에서 빗살무늬토기가 나왔다.

토기

청동기시대 BC 2000~300년

벼농사 이 시기에 예맥족이 주류를 이루는 고조선이 성립되었다. 농경이 뿌리를 내리기 시작하면서 곡물생산이 많아지게 되었음을 황해도 봉산군에서 다량의 반달모양 돌칼과 수수, 보리, 콩, 팥, 벼 등의 유물이 출토된 것으로 미루어 알 수 있다.

가축 소, 돼지, 개, 닭, 말 등이 사육되었다.

술 빚기 『단군세기檀君世紀』에 의하면 삼신三神에게 제사를 지낼 때 술을 바쳤다는 기록이 있다. 초기 농업유적지에서 발견된 항아리인 장경호는 물이나 술을 담는 그릇이며 여기에 잡곡으로 술을 빚었을 것으로 보인다.

시루 · 숟가락 함북 나진 초도 패총에서 청동기시대의 것으로 추정되는 구멍이 뚫린 시루와 숟가락이 출토된 것으로 보아 곡물을 찌거나 끓이는 음식을 이용하였던 것으로 추측할 수 있다.

철기시대 BC 300~0년 에서 원삼국시대 0~300년

농경생활 정착 벼농사에 쟁기 같은 농구가 사용되었다. 기원전 100년의 것으로 추정되는 철제 호미와 낫이 경기도 양평군 대심리 북한강변 제철유적지에서 발견되었다는 것은 농사가 주업이었음을 시사해 준다.

식량원 김해패총은 기원전 1~2세기의 조개무지 유적인데, 여러 종류의 조개와 고동 등이 나왔고, 부산 동삼동패총에서 발견된 도미와 삼치의 가시로 미루어 어패류가 이용되었음을 알 수 있다. 단군신화에서 쑥과 산마늘이 나오고, 우리 문헌에 밤, 대추, 잣, 복숭아, 오얏, 오이가 나온다.

시루 무산 호곡유적 17호와 평안남도 북창군 대평리 유적 등지에서 시루가 발견된 것으로 보아 벼농사 이후에 시루가 널리 보급되었음을 알 수 있다.

장 · 술 담그기 『삼국지 위지 동이전』에 고구려 사람은 술 빚기와 장 담그기를 잘한다고 한 것을 보면 산세가 높은 척박한 환경에서 부족한 식량을 잘 저장하는 지혜를 엿볼 수 있다. 바닥이 뾰족한 토기는 조리용으로, 항아리모양 토기는 술을 빚고 물을 담거나 식품을 저장하는 데 이용하였던 것으로 보인다.

맥적 무용총과 약수리 고분에 사냥하는 그림이 있고 북부사람들은 소, 돼지, 개, 말 등을 사육하였는데, 『삼국지 위지 동이전』에 맥족의 한 부류인 부여족에 우가牛家, 저가猪家, 구가狗家, 마가馬家란 관직명이 있다고 한 것은 유목에서 농경으로 정착되고 있음을 알려준다. 진晋나라의 『수신기』에 맥적貊炙이란 말이 나오는데, 맥은 고구려를 말하고 적은 구이를 뜻하므로 맥적은 맥족고조선시대의 불에 구운 고기를 뜻한다.

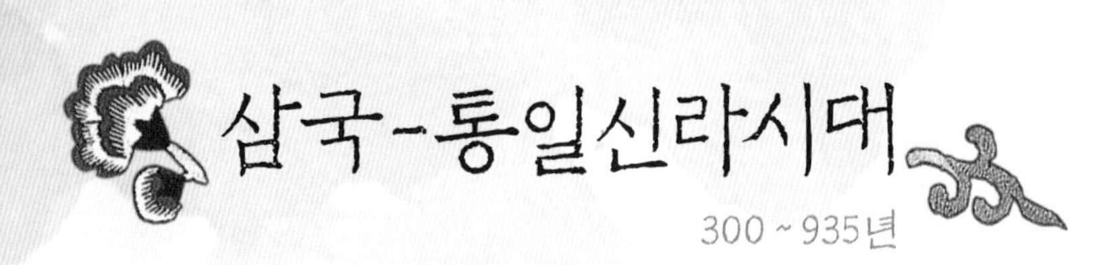

삼국-통일신라시대

300 ~ 935년

삼국시대는 벼농사가 확대되고 곡물생산 증대로 시루 대신 무쇠솥 밥짓기가 발달하였다. 한편, 장, 김치, 젓갈, 포 등으로 밥을 먹기 위한 반찬이 발달하여 밥과 반찬구성의 밥상차림이 형성되었다. 시루를 상용하면서 찌는 떡이 만들어지고 떡은 술과 함께 의례음식이 되었다. 삼국시대에 불교가 들어옴으로써 고기를 먹지 말라는 계율이 식생활에 영향을 주었다. 우리의 전통 식생활구조의 기본이 형성된 시기이다.

식재료

곡물 삼국시대300~650에 벼, 피, 보리, 조, 기장, 수수, 콩, 메밀 등이 재배되었다. 부여에서 탄화미가 많이 출토된 사실로 알 수 있다.

채소류 동아, 근대, 무, 상추, 가지, 아욱, 순무, 시금치, 토란, 우엉, 쑥갓이 있었고, 신라 성덕왕 때 버섯을 올렸다는 기록이 있다.

과일류 밤, 모과, 복숭아, 오얏, 개암, 잣, 감귤류, 배, 살구 등이 이용되었다. 통일신라시대에 귤과 유자가 생산되었다.

가축 사냥 이외에 소, 말, 돼지, 닭, 오리 등이 사육되었으며, 경주 155호 고분에서 달걀이 나왔다.

수산물 물고기와 조개를 이용하였다.

소금 『삼국사기』에 고구려 미천왕이 소금장사로 망명생활을 하였다고 하였고 신라에는 소금창고가 있었다고 한다.

조리용구

멧돌 · 절구 이 시기에 철제 낫이 많이 출토되었으며, 돌확은 맷돌로, 맷돌은 다시 연자매로 발전하고 절구는 디딜방아로 발전하였다.

식기 · 옹기 토기는 질그릇과 오지그릇으로 구분하여 만들었다. 토기는 종지, 보시기, 사발, 대접, 바리, 접시, 잔, 병 등의 원형原型이 나타났고 굽다리 그릇과 숟가락, 젓가락, 식칼, 국자 등이 발견되었다.

시루 상용 고구려의 안악 고분벽화와 약수리 고분벽화에서 주방에 시루가 걸려 있는 것으로 보아 시루가 부엌의 상용용구였을 것으로 보인다.

청동정(천마총 출토)

상용음식

무쇠솥 밥 · 밥상차림 초기에는 토기에 삶는 죽 형태였으나 삼국시대는 시루가 상용용구로 곡물을 쪄서 익힌 밥을 이용하였던 것으로 보이고, 또 찐 밥을 쳐서 만든 떡이나 곡물을 갈아서 찌는 설기떡 같은 것이 일상음식이었을 것으로 추측된다. 금령총과 155호 고분에서 뚜껑이 있는 솥이 출토되었다. 삼국시대 후기에서 통일신라시대650~935에는 뚜껑이 달린 무쇠솥이 주방의 기본 용구가 되어 끓여 익히는 밥을 하였다. 헌강왕880 때 취반에 장작을 사용하지 않고 탄을 사용하는 불의 요령을 알려주고 있음은 끓여 익히고 뜸 들이는 취반법으로 밥 짓기를 잘 하였음을 알게 한다. 무쇠솥의 보급으로 맛있는 밥을 짓게 되자 밥을 먹기 위한 밥과 반찬으로 분리되는 밥상차림이 시작되었다. 이 시기에 밥그릇은 왼쪽, 국그릇은 오른쪽에 놓는 식생활 관습이 있었다. 밥상에 국이 시작된 것은 통일신라시대라고 본다.

술 · 두장 · 장아찌 · 김치 · 젓갈 · 포 삼국시대에는 술, 기름, 장, 시, 젓갈 등의 가공기술이 정착되어 밥과 함께 기본식품으로 이용되었다고 볼 수 있다. 『삼국지 위지 동이전』290에 고구려 사람들이 장醬, 해醢, 저菹와 같은 발효식품을 잘 만든다 한 것으로 보아 장, 젓갈, 절임채소를 이용했을 것으로 추정된다. 『제민요술』535에 고구려에서는 소금에 생선창자를 절인 어장을 식용하였다고 하였다. 『삼국사기』에서는 신문왕 때 기록에 나타난 해醢는 어패류나 채소류의 절임으로 해석된다. 어패류의 소금 절임은 젓갈로, 채소의 장절임은 장아찌가 되었다. 『제민요술』에 여러 가지 김치菹 만들기가 설명되어 있는 것을 보면 이 시기에 신맛의 김치를 만들어 이용하였을 것으로 보이나 기록은 찾기 어렵고 아마도 절임채소인 장아찌라고 생각된다. 생선이나 조개는 소금에 절였다가 말리는 방법을 사용하였다. 콩의 가공기술이 발달하여 콩 낟알 그대로 만드는 시豉, 메주 시와 콩을 삶아 찧어 만든 메주末醬로 두장豆醬을 만들었다.

차 『삼국사기』에 의하면 선덕여왕632~646 때 차가 전래되었고, 흥덕왕826~836 때 김대렴이 당나라에서 가져온 차 종자를 지리산 일대에 심어 음다飮茶 풍습이 생겼다.

고배음식 불공용 제물음식은 높이 쌓아 존경의 의미로 쓰인다. 불교 발생지 인도에서는 과일이 풍부하여 괴어 담으나 우리는 과일이 귀하여 과정류를 만들어 과일과 함께 사용하게 되었다.

고려시대 초기부터 권농정책으로 양곡생산에 주력하였고, 불교 숭상으로 축산물 소비가 급격히 제한되는 대신 고려 이전에 형성된 밥상차림으로 구성된 일상식은 농산물과 채소를 이용하는 조리법이 더욱 발달하였다. 밥을 먹기 위한 반찬으로 장아찌, 김치 등 소금 절임이 보편화되었다. 떡과 유밀과, 다식을 만들어 의례음식으로 발전시켰으며, 음다 풍습이 확대되어 다구茶具와 청자가 창안되고, 다과상차림이 구성되었다. 활발한 대외교역으로 사신과 상인이 상행위를 할 수 있는 객관이 세워졌다. 고려 중기 이후에 몽고인을 통하여 양주업이 더욱 발달되어 소주가 생산되고 주점이 개설되었다. 또 목축과 도살법을 배워 도살을 전문으로 하는 백정계층이 생겨났으며, 설탕, 후추의 유입으로 조미료가 갖추어지고 육식 풍조가 되살아났다. 말기에는 유교의 가례양식이 정해졌다. 이러한 환경에서 식생활의 구조가 일상식과 의례식으로 구분하여 발전되어 갔다.

식재료

곡물 불교를 숭상하고 농서인 『농상집요』를 간행하여 농업을 장려 확대하였다. 『고려도경』송나라에 찹쌀이 귀하고 밀 생산이 적으며 조, 호밀을 재배한다고 하였다. 『향약구급방』1236~1251에 콩 종류와 메밀이 있다.

채소류 『동국이상국집』1168~1348에 오이, 가지, 무, 박, 아욱, 파가 나온다. 이 외에 당근, 더덕, 미나리, 순채, 아욱, 연근, 우엉, 토란과 『향약구급방』에 오이, 동아, 참외, 『파한집』에 송이버섯이 나온다. 사원에서 채소를 재배 판매하였다.

과일류 밤, 잣, 배, 복숭아, 개암, 사과, 귤, 포도, 앵두, 감, 머루 등이 사용되었다. 명종1188은 밤나무, 잣나무, 배나무, 대추나무를 때에 맞추어 심도록 하였다. 수박은 홍다구1244~1291가 몽고에서 들여왔다.

축산물 양, 돼지, 닭, 개, 소, 말고기 등을 이용하였다. 충렬왕1276 때 몽고인이 제주도에 소와 말 사육 목장을 만들었다. 『고려사』에는 우왕1374~1388이 국가기관으로 유우소乳牛所를 만들어 왕실과 일부 귀족만이 이용하였다.

수산물 조기, 미꾸라지, 굴, 전복, 조개, 새우, 게, 각종 해조류가 사용되었다.

조미료 소금은 국가에서 관장하고 사원에서 꿀과 소금을 판매하였다. 원나라를 통해 후추, 사탕이

들어왔다. 『파한집』에 설탕이 나오며 꿀을 밀과,

다식제조 등에 이용하였다.

상용음식

보리밥 · 동지팥죽　이달충?~1385의 시에 보리밥이, 『목은집』1328~1396에 동지팥죽이 나온다. 쌀이 부족하여 잡곡을 섞어 지은 밥이나 죽을 이용하고 흰밥은 특별한 날에만 이용하였다.

국수 · 만두상화　국수는 남송시대에 면식점麵食店이 크게 번창하였고, 송나라와 교역을 하였던 고려시대에 전래된 것으로 보고 있다. 노걸대고려 말에 고려인은 습면濕麵을 먹는 습관이 있다고 하였고, 끓는 물에 삶거나 물에 넣은 것을 가리켜 습면이라 하였다. 『고려사』 예법에 '제례祭禮에 면을 쓰고 사원에서는 면을 만들어 판다'는 기록을 보면 밀이 제사나 잔치 등의 특별한 날에만 먹을 수 있었고, 일찍이 상품화되었음을 알 수 있다. 만두는 『거가필용』1367에 밀가루를 발효시켜 고기나 채소를 소로 하여 시루에서 둥글게 쪄낸 것으로 설명하고 있다. 고려 때 우리는 이 만두를 상화라 불렀고, 상화점에서 판매하였다. 송나라의 『연익화모록』에 의하면 인종의 탄일에 포자包子를 내렸다 하였는데, 포자는 일명 만두로서 발효시킨 것이라 하였다. 『성호사설』1763에서 상화는 기수起溲, 술로 발효시킨 떡라 하였고 『명물기략』1870에는 상화병이라 하였다.

상화

장아찌 · 김치　채소는 중국의 『천록식여』에 고려에서는 상추를 식용하고 있는데, 종자가 너무 비싸 천금채千金菜라고 하였다. 이규보1168~1241의 시에 토란국과 아욱냉국이 나오고 가지는 날로도 먹고 삶아 먹어도 좋다고 하였다. 채소 반찬은 국이나 생채, 숙채로 조리법을 달리하여 이용하고 있었으며, 채소 재배의 확대와 함께 장아찌의 종류가 많아지고 만드는 방법도 발달하였다. 한편, 절임채소를 숙성시켜 유산발효로 채소를 저장하는 김치로 분화되어 갔다. 이규보1168~1241는 『동국이상국집』의 시 '가포육영'에서 순무에 대해 '무장아찌 여름철에 먹기 좋고, 소금에 절인 무짠지 겨우내 반찬되네.'라고 하였고 김치 담그기를 염지鹽漬라 하였다. 지금도 전라도지방에서는 고려시대의 풍습대로 김치를 지漬라 하고 있다. 고려시대의 김치는 소금절임 형태로 채소에 소금을 뿌려두면 채소의 수분이 빠져 나와, 채소가 소금물에 잠겨 있는 상태沈漬, 침지를 보고 침채沈菜라고 하였다. 고려 성종983 때, 『예지禮志』에 미나리김치, 순무김치, 부추김치 등을 제상에 올린다고 하였다. 원대의 『거가필용』에 채소에 마늘, 생강 등을 섞은 김치가 있었으니 고려시대의 김치에도 이러한 향신료를 사용한 김치가 널리 이용되었을 것이다.

두부 · 장 『목은집』에 '두부가 새로운 맛 돋구어 주네, 이齒牙 없는 이 먹기 좋고'라는 시 구절이 있다. 중국 한나라시대 벽화에 두부 만드는 그림이 발견되었으나 기록은 없다. 장류가 장아찌의 침장원으로 사용되었음을 『동국이상국집』의 가포육영의 시에서 좋은 장으로 무 재우니 여름철에 좋고, 『목은집』의 오이장과醬瓜란 구절에서 확인되고 있다. 고려시대에 와서 간장의 분리기술이 발달하였고, 간장을 장즙醬汁이라고도 하였다. 용수를 박아 장을 뜨는 방법을 사용하였을 것으로 본다.

젓갈 · 식해 고려시대는 소금만을 사용하여 담그는 지염해漬鹽醢가 주로 사용되었고, 『향약구급방』1236에 생선에 소금과 곡물을 섞어 만든 식해류가 나온다. 『고려도경』1123에서 '새우, 전복, 조개 등 해산물을 많이 먹는데, 맛이 짜고 비린내가 나지만 먹을 만하다'는 기록을 보아 짐작할 수 있다.

설야멱 맥적의 조리법은 불교의 영향으로 점차 잊혀지다가 몽고의 지배하에 몽고인과 회교도가 많이 들어와 살던 개성에서 설야멱雪夜覓, 설하멱적, 또는 설하멱雪下覓이란 명칭으로 맥적이 되살아나고 이것이 오늘날의 불고기의 원조라 여겨진다.

떡 · 유밀과 · 다식 떡은 밥을 주식으로 한 후부터 의례음식으로 전용되었다. 연등회, 팔관회 같은 큰 불사가 자주 있었으므로 수요가 증대되었다. 떡은 설기떡으로 감시루떡, 고려율고밤설기떡, 청애병이 있는데, 『지봉유설』1614에 '고려는 상사일음력 삼월 삼일에 청애병을 음식물의 으뜸으로 삼는다. 어린 쑥잎을 쌀가루에 섞어서 찐 떡이다'고 설명하고 있다. 『목은집』에 차수수전병, 떡수단, 약식粘飯이 나온다. 유밀과는 큰 불사나 혼례, 왕자책봉 등 큰 잔치에 사용하였다. 충렬왕1296이 원의 왕녀와 왕세자의 혼례 때 유밀과를 보냈다는 기록이 있다. 유밀과의 모양은 『용재총화』1430~1504에 '밀과는 새, 짐승의 모양으로 만들었다'고 하고 후에 『성호사설』1763에서 높이 괴어 담기 불편하여 모

청애병(쑥버무리)

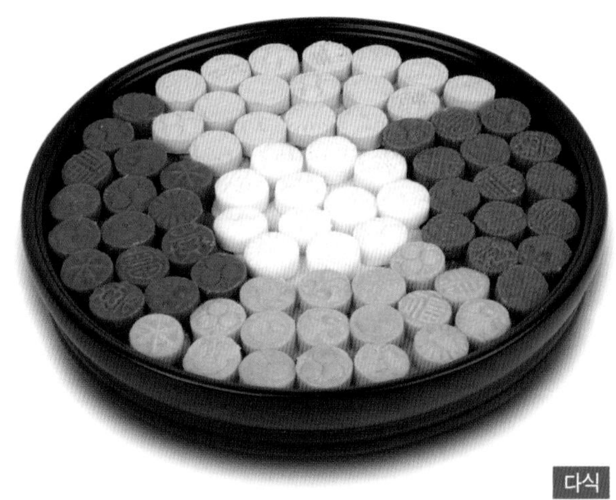

다식

나게 썰었다 하였다. 다식茶食은 『성호사설』에 차는 물로 달여 마셨으나 송나라시대에는 찻잎을 찐 다음 다병茶餠을 만들고 이를 가루내어 마셨다. 이름은 다식 그대로지만 점차 차 대신 곡물가루에 꿀을 섞어 반죽하여 다식판에 박아낸 다식을 불사나 큰 잔치, 제사에 사용하였다고 하였다.

차茶와 객관 차를 마시는 풍속이 불교의 융성과 더불어 최고조에 달하였다. 궁중에 다방茶房을 두고 진다례와 다과상 준비를 관장하였다. 고려사에 상원일이나 연등일 잔치에 다과상을 차려 왕에게 올렸다고 한다. 차를 마시는 다도茶道의 형성은 수려한 다구를 갖추게 되고 고려청자의 개발을 가져왔다. 연등회나 팔관회 같은 불교행사는 차를 올리는 예식부터 시작하였다. 고려 후기에는 일반인도 다점茶店에서 차를 즐겼다. 사원에서는 다촌茶村을 지정하여 차를 재배하였다. 대외무역이 빈번히 이루어지니, 사신과 상인들의 유숙과 상행위를 위한 객관이 지어졌고, 객관에서는 하루 세 번 차를 대접하였으며 식사와 연회도 열렸다.

술과 주점 쌀 생산이 많아지고 전래된 양주법이 더욱 발전하여 탁주, 청주, 약용주, 화향주 등으로 다양하게 술이 만들어졌고, 사원에서 양조업을 경영하였다. 『고려도경』에 청주와 법주를 멥쌀로 빚는다 하였다. 법주는 임금과 관에서 쓰기 위한 것이었다. 고려 중기 이후 원나라로부터 포도주가 들어오고 증류법을 도입하여 소주가 생산되어 널리 애용되었다. 일본 정벌을 위해 몽고인이 안동에 병참기지를 두고부터 안동에서 소주 생산이 많아졌다. 일반인들은 탁주를, 상류계급에서는 주로 청주를 많이 이용하였다. 국가에서 주전화폐의 유통을 활성화시키고자 주점을 개설하였다. 술을 즐기는 사람들이 많이 왕래하다 보니 여기서 주전이 유통되었다.

소줏고리

주전

조선시대

1392 ~ 1896년

조선시대는 식량생산의 증대, 숭유배불주의가 국시였다. 초기에는 고려시대와 큰 차이는 없었으나 사림파는 양반계급을 만들고 차는 불교를 상징한다 하여 차를 마시는 대신 숭늉을 마셨다. 불교예식에 쓰던 유밀과 사용을 금하였고, 『경국대전』1469에 혼인, 제사 외에 유밀과를 사용한 자는 곤장 60대에 처한다 하였다. 유교가 뿌리를 내리면서 풍요로운 제찬의 진설로 고배음식을 차려 조상을 모시는 효친사상을 강조하고 권위주의를 과시하는 생활상을 모색하였다. 손님 접대 시에도 큰상을 차리는 풍습이 생겨났다. 숭유주의는 가부장제 사회를 성립시켜 식생활에 많은 영향을 주었다. 상차림에서 주식과 부식으로 구성되는 일상식과 의례음식이 정립되었다. 궁에서 수라상을 물리면 궁녀들이 식사하는 관습처럼 민가에서도 아버지는 항상 독상이었고 아들과 가족들에게 상물림을 하였다. 사대부가에서는 집안에 크고 작은 여러 행사가 생기고 또한 손님을 대접해야 하는 일이 많아지게 되면서 이에 소요되는 음식은 각 가정에서 모두 준비하였고, 이러한 가정음식은 대를 이어 발전하면서 지금까지 이어지고 있다. 유림세력은 고향을 중심으로 농장을 확장하고 향교를 세워 향음, 의례를 하는 등 향토문화를 강화한 시대로 각 고장의 산물로 만든 음식이 발달하여 향토음식이 발전하는 계기가 되었다. 궁중에서는 연회식에 전국 각지에서 진상되는 다양하고 품질 좋은 식재료와 주방 상궁과 우수한 숙수들에 의해 음식이 만들어졌다. 임금님 상에 차렸던 고배음식은 종친이나 신하들에게 하사하고, 진귀한 사대부가의 음식은 궁중에 진상함으로써 자연히 음식의 교류가 되었다. 농경생활의 계절적 행사인 세시풍속에 따라 절식과 시절음식이 발달되었다. 음식과 술 만드는 책들이 나오고, 옹기, 분청사기, 백자, 놋그릇 등의 확대보급은 음식문화 발전에 크게 기여하였다. 조선시대는 우리의 식생활문화가 가장 발달한 완성의 시기였다.

식재료

곡물류 식량 증산과 관련하여 농법을 소개하는 세종시대의 『농사직설』1429과 효종 때 『농사집성』1655을 출간하여 우리 풍토에 맞는 농사법을 알리고 있다. 벼, 밭벼 외에 기장, 조, 피, 수수, 보리, 콩, 팥, 녹두, 참깨, 들깨, 메밀 등이 재배되었는데, 고려시대와 별 차이가 없었다. 조선시대에 도입된 옥수수가 『증보산림경제』1766에 기록되어 있고, 땅콩은 1778년에 도입되었다.

채소류 당근, 배추, 쑥갓, 두릅, 시금치, 송이, 석이와 목이 등이 있으며, 『용재총화』1439~1504에 왕십리에는 무, 배추를, 노원에는 토란을, 경기도에는 파, 충청도는 마늘, 전라도는 생강을 잘 심는다고 하였다. 토마토는 『지봉유설』1611에 일년감이란 이름으로 들어왔다. 고구마는 1763년에, 감자는 1825년에 도입되었다. 『오주연문장전산고』1859에 남과는 호박을 일컫는 것으로 담배와 함께 일본과 중국에서 들여왔다고 하였다.

해채류 『시의전서』에 다시마, 미역, 감태, 청각, 파래, 우뭇가사리 등을 들고 있다.

과실류 배, 대추, 개암이 가장 많고 잣, 복숭아, 은행, 감, 유자가 재배되었다. 『도문대작』1611에는 배, 감, 복숭아의 품종을 소개하고 있다. 제주도의 감귤류 중 유자 재배가 반을 차지하고, 귤은 30% 정도라고 하였다.

수조육류 소, 돼지, 양, 염소, 개, 말, 닭, 꿩, 거위, 오리 등이 있고, 멧돼지, 토끼, 노루, 사슴 등은 사냥감이었다. 이 중 소, 돼지, 닭은 품귀한 식품이어서 특별한 경우에 쓰였다. 개는 전국적으로 식용되었으며 복날에 개장을 먹는 풍습이 있었다. 세종 때 왕실에 우유수급을 위해 유우소乳牛所를 두었다. 중종 때부터는 식용형태가 낙죽酪粥으로 바뀌었다.

수산물 민물고기인 쏘가리, 잉어, 붕어와 산란을 목적으로 강으로 올라오는 연어, 송어, 농어를 이용하였다고 『동국여지승람』1481에 기록하고 있다. 『신증동국여지승람』1530에 많은 종류의 어패류와 해조류가 수록되어 있다. 이 중에서도 명태, 조기, 청어, 멸치의 이용이 많았는데, 명천의 태 모씨가 처음 잡았다고 하여 명태라 하였다고 한다. 조기는 서해안에서 잡히며, 석수어石首魚라 표기하였고, 관혼상제의 필수품이었다.

조미료 감미료로 엿, 조청, 꿀을 이용하였다. 소금은 고려 때와 같이 국가에서 전매하였다. 참기름眞油, 들기름, 콩기름, 목화씨기름 등이 생산되었으며, 『부인필지』에 참깨 한 말에서 기름이 석 되가 나고 들깨가 두 되가 난다고 하였다. 『지봉유설』1613에 고추는 독이 있고 왜개자倭介子라 하는데, 간혹 재배하고 있다고 하였다. 간장, 된장, 고추장은 『동국세시기』1849에 장 담그는 가정의 연중 가장 중요한

고추

일이라 하였다.

유통 식재료들은 서울 종로에 면전, 면주전, 포전, 청포전, 지전, 어물전의 육의전시장을 설치하여 유통시켰다. 이 외에 개인들이 매매하는 난전에는 싸전, 잡곡전, 생선전, 유기전, 염전, 과일전, 닭전, 육전, 젓갈전, 자반전 등이 있었다. 지방에는 향시를 중심으로 토산품이 교류되었다.

진상進上과 공물貢物 왕실에 필요한 물자는 궁 밖에서 조달하였는데, 음식의 경우 지방의 토산물이나 특산품을 진상과 공물 형식으로 반입하였다. 진상의 명목은 물선物膳, 제향제사용 공물, 친선시절 제사용품 등으로 구분하였다. 물선진상은 곡류, 육류, 어패류, 소채류, 해초류, 과실류, 젓갈 등이다. 『만기요람』1808에 쌀, 생선, 과일 등 식재료를 공상품목으로 시기와 물량이 정해져 있다. 왕실에서는 사대부가뿐만 아니라 공신이나 국가에 공로가 큰 사람에게 물품을 하사하였다. 하사품은 쌀, 소금, 조기, 웅어, 곶감 등 식생활에 필요한 품목들이었다.

상용음식

고려시대까지만 해도 상차림에 있어 입식과 좌식 차림이 공용으로 쓰였으나 온돌이 일반화되면서 상차림이 모두 좌식으로 바뀌었다. 일상식의 상차림에서 밥곡물음식을 주식으로 하고, 주식을 같이 먹을 수 있는 찬물을 부식으로 하여 찬물의 종류는 다양하게 분화 발달하였다. 떡은 통과의례나 고사, 절식 등에서 우선적으로 마련하였고, 과일 등과 함께 상을 차렸다. 과정류는 유밀과, 다식, 유과, 정과 등과 음청류 및 술도 크게 발달하였다.

주식 밥, 죽, 국수, 만두, 떡국을 이용하였다. 밥은 쌀만으로 짓는 밥은 거의 드물고, 보리밥, 오곡밥 등 잡곡을 섞어 지었다. 죽은 흰죽이 기본이었고, 호박, 잣, 방풍, 율무, 아욱 등을 섞어 식용, 약용, 구황용으로 이용하였다. 국수는 메밀냉면과 밀칼국수가 있었고, 만두는 편수와 궁에 병시가 있었다. 『경도잡지』, 『동국세시기』에 떡국은 세찬에 없어서는 안 된다 하였다.

부식 어육류 찬물로 탕류, 조치, 찜, 선, 조림, 초, 숙육류, 회, 구이, 적, 전유화, 누름적, 포, 자반, 젓갈 등과 소선素膳 찬물로 나물류, 장아찌, 김치류, 해채류와 묵, 두부 등을 이용하였고, 조선시대 조리법이 지금까지 이어지고 있다.

두부 『도문대작』1611에 두부는 장의문 밖 사람이 잘 만든다고 하였다. 『영접도감의궤』1643에 두부를 기름에 지져 찜하는 전증煎蒸이, 『산림경제』에 두부침장법이 나온다. 『규합총서』에 두부법이, 『시의전서』에 두부전골, 두부조림, 연포국이 있다. 정약용은 두부를 숙유菽乳라 하였으나, 대부분의 문헌에서는 일반적으로 두부를 포泡라고 쓰고 있다. 『경성번창기』1915에 조선의 두부는 단단하고 두껍다 하였다. 두부는 국, 전골, 조림 등으로 익혀 이용하거나 생것으로 먹는다. 『조선인의 의식주』1916에 나오는 두부회는 생두부를 장에 찍어 먹는 것을 말하고 있다.

떡 『음식디미방』1670에 증편법, 전화법煎花法, 빙자법 등이 있으며 『주방문』1600년대 말에 화전찹쌀가루와

절편

개피떡

주악

메밀가루 혼합 사용, 상화병밀가루와 쌀가루 혼합, 겸절병밀가루, 메밀가루, 녹두가루 혼합이 있는데, 찹쌀가루와 밀가루가 귀하였음을 알게 한다. 『규합총서』에 백설고, 권전병捲煎餠, 도행병, 무떡, 석탄병, 석이병, 남방감저병말린 고구마가루를 쌀가루와 함께 찐 떡, 잡과편, 약반, 송편, 혼돈병, 유자단자, 승검초단자, 인절미, 꽃전花煎, 빙자 등이 있고, 『시의전서』에 상실편橡實, 골무편흰떡, 절편, 개피떡, 두텁떡, 경단, 주악 등이 있다.

과정류 『음식디미방』에 약과법, 다식법, 강정법, 빙사과가 나오고 앵도편법이 있다. 『규합총서』에 녹말다식, 용안다식, 황율다식, 빙사과, 매화산자, 밥풀산자, 감사과甘絲果, 연근정과, 생강정과, 동과정과, 천문동정과, 유자정과, 살구편, 산사편, 앵두편, 복분자편, 엿 고는 법 등을 설명하고 있다. 『시의전서』에 약과, 매작과, 만두과, 송화다식, 흑임자다식, 길경도랒정과, 연근정과, 생강정과, 청매정과, 산사쪽정과, 감자정과, 인삼정과, 조란, 율란, 모과편이 있고, 녹말편은 오미자국에 녹말가루를 쑤어 만든다 하였다.

당속 『궁중의궤』상에 나오는 사탕, 팔보당, 옥춘당은 조미료가 아니고 귀한 과자로 『시의전서』에 당속으로 기록하고 있다.

음청류 『도문대작』에 작설차, 『경도잡지』에 작설차, 생강차, 귤차, 찹쌀미수, 삼아차가 나온다. 『산림경제』에 매화차, 유자차, 산사차, 당귀차, 오매차가 있다. 『시의전서』에 수정과, 배숙, 앵두화채,

살구편

앵두화채

옥춘당

원소병

수단, 보리수단, 식혜 등이 있다. 『부인필지』에 향설고와 원소병이 있다.

술 고려시대의 술이 이어져 왔으나 질이 고급화되고 종류도 다양하게 발전되었다. 『도문대작』에 태상주국가의 제수 담당 관청에서 만든 술, 자주煮酒, 삭주朔酒, 평안도 술가 나오고, 『음식디미방』에 누룩 달이는 법과 삼해주, 이화주, 죽엽주, 오가피주, 소주, 찹쌀소주, 밀소주 등의 술 빚는 법을 설명하였다. 『경도잡지』에 소국주小麴酒, 도화주桃花酒, 두견주杜鵑酒가 나오고 『규합총서』에 화향입주법花香入酒法, 약주, 과하주過夏酒, 소주 만드는 법을 설명하였다. 술은 청주약주, 소주, 탁주막걸리로 나누어서 만들었다. 주막의 술은 대중적이어서 맛이 좋지 않아 개인이 집에서 손님 접대용이나 반주용 및 제례용으로 만든 맛이 좋은 술을 가양주家釀酒라고 하는데, 연엽주, 진달래술, 소국주, 백화주 등이 있었다.

주막 조선시대의 주막酒幕은 나그네의 유숙과 밥을 제공하였다. 술은 주로 탁주였으며 육포, 어포, 소고기, 돼지고기, 빈대떡, 생선구이, 장국밥 등을 제공하였다.

향약을 이용한 보양식

고려 말기부터 향약자립에 대한 연구가 추진되어 오다가 조선시대에 이르러서 『향약제생집성방』1398, 『향약집성방』1431이 간행되었다. 『동의보감』1613에는 1,000여 종의 약재가 수록되었고, 병을 치료하기 위해서는 먼저 음식으로 치료하고 난 후 효과가 없으면 약을 사용하라고 하였다. 이는 『약식동원藥食同源』이니 음식과 약의 두 가지 성분을 잘 알아야 함을 알려 주고 있고, 평소의 식생활이 병의 예방과 치료의 근본임을 강조하였다. 이러한 약재는 주로 죽, 떡, 음청류, 술 등에 많이 이용되었다. 향약을 이용한 죽에는 율무죽, 연뿌리가루죽, 서여죽마죽, 마름열매죽, 복령죽 등이 있었고 떡에는 구선왕도고, 복령병, 승검초단자가 있었다. 음청류에는 차와 탕湯, 장漿, 갈수渴水 등으로 나눌 수 있는데, 차에는 국화차, 강귤차, 산사차, 형개차, 당귀차, 오미자차, 인삼차, 구기자차가 있었고, 탕에는 봉수탕잣, 호두, 꿀, 여지탕오매, 계피, 마른 생강가루, 정향, 제호탕오매육, 초과, 사인, 백단향, 꿀이 있었으며, 장으로는 모과장, 유자장 및 갈수로 오미갈수, 모과갈수 등이 있었다. 『동의보감』, 『규합총서』에 기록된 약용술로 오가피주, 복령주, 구기자주, 지황주, 당귀주, 천문동주, 홍국주, 상감주 등이 있었다.

향토음식

우리나라는 기후가 다양하여 농산물과 수산물이 지역에 따라 특성이 있어 자연적으로 그 지역에서 나는 식재료를 이용하는 음식이 발달되었다. 『신증동국여지승람』1449에 경기도에는 숭어와 조기가, 경상도에는 은어와 대구가 많다고 하였고, 『도문대작』1611에 무는 나주산이 좋고 동아는 충주산이 특산품이라고 기록하고 있다. 『동국세시기』, 『진찬의궤』1873, 『시의전서』에 김치, 동치미국, 고기국물에 마는 메밀국수가 나온다. 평안도에는 메밀이 많이 생산되어 동치미국물에 마는 냉면이 평양의 향토음식이 되었다. 생산이 많은 조와 기장을 이용한 노티도 유명하였다. 『조선요리학』에는 백병을 어석어석 써는 것은 전국적이지만 개성만은 떡을 배배 틀어 경단같이 잘라내어 끓여 먹는데, 조롱떡국이라 한다 하였다. 『규합총서』에 순창고추장과 천안고추장이 명물로 소개되어 있다. 『임원십육지』에는 식해류와 식해형김치를 설명하고 있는데, 식해류는 함경도, 강원도 동해안 지역에서 생산되는 가자미, 도루묵 등으로 만들어 왔다고 하였다. 지방에서 5일장, 7일장 등의 향시에서는 각 지역에서 생산되는 특산식품이 거래되고 그 지역 생활문화 속에서 향토음식이 발달되었다. 그리고 각 지방의 서원을 중심으로 강론과 의례 등을 행하는 사림문화士林文化가 신장됨으로써 향토음식이 더욱 발전하는 계기가 되었다.

조리용구 · 반상기

곡물 조제 절구, 키, 멍석, 디딜방아, 연자방아 등을 사용하였다.

가열조리 솥, 번철이 있었고, 철의 생산으로 석쇠가 만들어졌다. 질그릇의 시루가 개발되고, 소주꼬리, 약탕관 등이 있었다.

옹기 독, 항아리, 방구리, 자배기, 동이, 뚝배기, 병, 오리병, 촛병 등 오지그릇이 사용되었다.

반상기 바리, 대접, 주발, 보시기, 종지, 접시, 숟가락, 젓가락이 사용되었다. 분청사기, 백자, 청화백자, 놋그릇의 보급이 확대되었다.

반상 원반, 책상반, 돌상, 개다리소반 등 다양하였다.

조리도구 소쿠리, 광주리, 바구니, 함지, 양푼, 주걱, 국자, 표주박 등을 사용하였다.

상차림

우리나라의 상차림은 하루 세 끼 밥과 반찬으로 구성되는 주 · 부식 양식으로 정착되어 온 일상식의 상차림과 통과의례 상차림이 있다. 일상식의 상차림에는 주식의 종류에 따라 밥과 반찬으로 구성된 반상, 죽상, 면상, 주안상, 다과상과 상차림 목적에 따라 외상, 겸상, 교자상 등이 있다. 통과의례 상차림은 인간의 출생에서 죽음까지 생의 전 과정을 통해 겪게 되는 중요한 순간을 의미 있게 하려는 뜻으로 차리는 상차림이다. 백일, 첫돌, 혼례, 수연례, 회혼례, 제례 등이 있다.

일상식 상차림

반상飯床

밥을 주식으로 차리는 밥상을 말하고 밥, 국, 김

| 반상차림 |

구분	기본음식							첩수에 해당하는 음식											
	밥	국	김치	장류	찌개(조치)	찜(선)	전골	나물		구이	조림	전	장아찌	마른찬, 부각	젓갈	회	편육	별찬, 수란
								생채	숙채									
3첩	1	1	1	1				택 1		택 1			택 1					
5첩	1	1	2	2	1			택 1		1	1	1	택 1					
7첩	1	1	2	3	1	택 1		1	1	1	1	1	택 1			1		
9첩	1	1	3	3	2	1	1	1	1	1	1	1	1	1		택 1		
12첩	2	2	3	3	2	1	1	1	1	2	1	1	1	1	1	1	1	1

치, 장, 찌개, 찜, 전골을 제외한 쟁첩에 담는 반찬 수에 따라 3첩, 5첩, 7첩, 9첩, 12첩으로 구분한다. 12첩 반상은 궁중에서만 차렸다. 사대부가에서는 7첩, 9첩 반상을 차렸고 신분이나 형편에 따라 첩수가 달라졌다.

반상차림 표와 같은 내용으로 상을 차리는 것을 원칙으로 한다.

3첩반상 밥, 국, 김치 외에 구이, 조림, 적 중에서 택일한 것, 마른 장아찌, 젓갈 중에서 택일한 것, 나물생채나 숙채 등의 3가지 찬으로 차린다.

5첩반상 밥, 국, 김치, 간장, 초간장, 찌개 외에 구이나 적 중에서 택일한 것, 마른찬, 젓갈, 장아찌 중에서 택일한 것에 조림, 전유어, 나물로 5가지 찬으로 차린다.

7첩반상 밥, 국, 김치 2종류, 간장, 초간장, 초고추장, 찌개, 찜 외에 구이(또는 적), 조림, 전유어, 생채, 숙채, 마른찬이나 젓갈 중에서 택일, 회 등 7가지 찬으로 차린다.

9첩반상 밥, 국, 김치 3종류, 간장, 초간장, 초고추장, 찌개, 찜, 전골 외에 구이, 조림, 전유어, 숙채, 마른찬, 장아찌, 젓갈에 회나 편육 중에서 택일하여 9가지 찬으로 차린다.

12첩반상 밥 2종류, 국 2종류, 김치 3종류, 찌개, 찜, 전골 외에 찬 구이, 더운 구이, 조림, 전유어, 숙채, 생채, 장아찌, 젓갈, 마른찬, 편육, 회, 수란 등 12가지 찬으로 차린다.

교자상

여러 사람이 함께 식사를 할 경우 주안상부터 반상, 다과상까지 모든 음식이 차려진다. 그러나 교자상에서 먹는 방법이 비위생적이며 음식물 낭비가 크다고 지적되어 왔다. 현재는 많이 개선되어 한 그릇에 마련된 모든 음식은 개인 접시에 덜어 먹는 형태가 되어 위생적이고 음식물 낭비가 많이 줄게 되었다. 생활방식이 의자식으로 바뀌면서 식탁에서 차림을 하게 되고, 식사 순서가 주안상으로 전채음식과 음료술를 즐기고, 반상이 끝나면 후식의 다과상으로 이어지고 있어 우리의 상차림이 세계인이 함께할 수 있는 형식으로 발전되어 가고 있다.

3첩반상

5첩반상

백설기

수수경단

통과의례식

사람이 태어나서 죽음에 이르기까지 모든 사람이 반드시 거치게 되는 의례儀禮로 출생, 백일, 돌, 성년, 혼례, 수연, 회혼, 상례, 제례 등이 있다.

삼신상, 삼신제, 삼칠일

삼신상은 태어나기 전에 순산을 삼신에게 빌고, 삼신제는 아기를 낳으면 금줄을 쳐서 외부인의 출입을 삼칠일21일간 금하였다. 이러한 관습은 중국에서 들어온 유교적 의례이다.

백일

아기가 태어나서 백일이 되는 날이다. 흰밥, 미역국, 백설기, 수수팥경단으로 상을 차린다. 백설기는 근심 걱정 없는 평온한 삶을 염원하는 뜻을 갖고 수수팥경단은 붉은색으로 액을 막아준다는 풍속이다.

첫돌

아기의 첫 생일이다. 백설기와 수수팥경단, 오색송편과 쌀 위에 무명실타래를 얹고, 책, 붓, 돈 등

봉채떡

폐백음식

을 놓아 장수와 학문, 부를 이루는 염원을 담았다. 남아는 활을 놓아 용맹하기를, 여아는 수공이 능하도록 색실과 바느질용 자를 놓는다.

큰상

혼례

통과의례 중에 가장 중요한 의례이다. 혼인날이 결정되면 납폐일에는 신랑집과 신부집에서 봉채떡봉치떡을 만든다. 신랑집에서 납폐함을 떡시루 위에 얹었다가 보내고 신부집에서는 봉채떡 시루 위에 함을 받아놓는다. 최근에는 신부집에서만 봉채떡을 준비한다. 혼례식을 올린 다음 시댁 어른께 현구고례見舅姑禮, 폐백를 드린다. 폐백음식은 신부집에서 마련한다. 혼례식 후 양가에서는 신랑신부에게 큰상고배상을 차리고 큰상 안쪽이나 곁상에 신랑신부가 먹을 수 있는 임매상을 차려준다.

봉채떡 찹쌀가루와 팥고물로 두 켜의 떡을 안치고 위 중앙에 밤, 대추를 얹어 찐다. 두 켜의 찰떡은 두 사람의 부부화합을 뜻하고 붉은 팥은 축복과 액을 멀리하는 뜻이 있다. 밤, 대추는 풍요로움과 자손을 의미한다.

폐백음식 육포, 대추고임, 술과 마른안주를 기본으로 하며 각 지방과 집안 풍습에 따라 다소 차이가 있다.

큰상 조과류유밀과, 유과, 다식, 당속, 숙실과, 정과, 생과류, 건과류, 견과류, 마른 포육, 각색편과 웃기떡, 편육, 전유어, 구이 등으로 고임상차림을 한다.

임매상 큰상 안쪽에 신랑, 신부가 먹는 상차림으로 국수장국이나 전유어, 편육, 적 등을 차린다.

임매상

수연례

수연례壽宴禮란 오래 산 것을 축하하는 60세 이상의 생일잔치이다. 자녀들의 효심으로 마련되며 부모의 은혜에 감사하고 장수를 기원하는 뜻으로 고배상을 차리고 헌주하며 권주가도 부른다. 60세 이상 생일을 일컫는 말로, 육순60세, 회갑61세, 진갑62세, 미수美壽, 66세, 칠순70세, 희수喜壽, 77세, 팔순80세, 미수米壽, 88세, 졸수卒壽, 90세, 백수白壽, 99세, 기수期壽, 100세 등이 있다.

회혼례

결혼 60주년 기념일이다. 부부가 해로 60년을 맞이하여 살아 있어야 하고 신랑신부처럼 복장을 하고 자손들로부터 축하를 받는다. 의식은 혼례처럼 하며 큰상을 차리고 잔치를 베푼다.

상례

상례는 생을 마감하는 인간의 마지막 통과의례로, 본인이 아닌 자식이나 친척 등 생존자가 육신을 떠난 영혼을 위로하는 의례이다. 초기는 불교의식으로 행하였으나 조선시대의 숭유사상으로 유교식이 일반화되었다. 예식절차는 『예서』에 있는 규정을 따라 초종, 습, 성복, 발인, 하관, 성분, 소상, 대상, 담제, 길제 순으로 진행된다. 상례는 운명하여 하관해서 담제와 길제를 지내어 탈상하게 되는 3년 동안의 모든 의식을 말한다. 최근에는 절차가 간소화되어 100일 만에 탈상을 하고 소상, 대상은 물론 담제와 길제도 없어졌다. 상례는 유교의 예법을 따랐으나 장례 절차는 불교의식이 많이 가미되었다. 현대는 다양한 종교에 의해 많이 변모되고 있다.

제례

돌아가신 분의 기일에는 제사를 모시고 설날과 추석에는 차례를 지낸다. 제찬의 차림은 각 가정에 따라 다르나 통례적인 것을 들면 다음과 같다. 술, 과일, 포는 기본이다.

제주 청주를 쓴다.

포 · 건과 · 생과 육포, 어포, 북어포, 건문어, 건전복 등을 쓴다. 밤, 대추, 곶감, 사과, 배, 감 등 모든 생과일을 쓸 수 있으나 복숭아는 금한다.

편떡 · 조과류 녹두편 또는 거피팥백편으로 올려 담고 그 위에 화전이나 주악을 웃기떡으로 얹는다. 약과, 산자 등 모든 과정류를 쓴다.

적 · 간남전유어 육적, 어적, 채소적과 소고기전, 간전, 처녑전, 생선전 등을 마련한다.

메제삿밥 메는 흰밥으로 수북이 담고, 정초에는 떡국을, 추석에는 송편으로 대신한다.

갱제사국 소고기와 무를 함께 끓이되 맵거나 짜게 하지 않는다.

탕찌개 육탕, 어탕 두부를 쓰는 소탕으로 3탕을 마련한다.

김치, 나물, 간장을 놓는다.

궁중음식

우리나라는 단군조선 이래 조선시대에 이르기까지 왕권 중심의 국가였다. 삼국-통일신라시대를 거치면서 고려에 와서 왕권이 강화되고 조리법이 다양해지면서 궁중음식이 발달하게 되었다. 고려의 수도 개성에서 여러 향토음식이 발달한 것은 다양한 궁중음식의 영향을 받았을 것으로 예상된다. 조선시대 『경국대전』에 사옹원에서는 임금과 대궐 안의 식사 공급을 관리하였다. 궁중에서의 음식은 각 지방에서 들어오는 진상품을 가지고 주방 상궁과 대령숙수待令熟手들이 만들고 발전시켜 왔다. 궁중음식에 대한 내용은 궁중의례식과 일상식에서 찾아볼 수 있다. 궁중의례식은 『조선왕조실록』과 『영접도감도청의궤』1609, 광해군원년를 비롯하여 『진연의궤』1902, 광무 6년 등 여러 『진찬의궤』, 『진작의궤』, 『수작의궤』 등의 궁중연회의궤에서 알 수 있다. 일상식에 관한 자료는 찾기 어려우나 『원행을묘정리의궤』1795에 화성행행 때 8일간의 상세한 자료에 의하여 짐작할 수 있다. 왕의 일상식과 상류층 내빈, 원員, 인人, 명名의 당상, 검서관, 서리, 궁인 등의 직급에 따라 상차림의 형태는 구별되었다. 왕가의 혼인에서 사대부가와 혼인을 맺게 됨으로써 궁중의 식생활이 사대부가에 전해지고 사대부가의 진귀한 음식을 궁중에 진상하기도 함으로써 상호교류가 되었다고 본다.

1795년 을묘원행 시 봉수당에서의 진찬연 장면

궁중의 일상식

수라상

조선시대에는 왕과 중전, 대비전, 대왕대비전에 이른 아침 초조반初朝飯을 올린다. 오전 10시경에 아침수라, 오후 5시경에 저녁수라夕飯를 올리고, 수라 사이에 낮것상과 야참夜食으로 다섯 번의 식사를 하였으나 왕에 따라 식사 횟수와 선호음식의 종류는 달랐다. 정조1795에게 화성참에서 진상한 내용을 보면 죽수라, 조수라, 주다소반과晝茶小盤果, 석수라, 야다소반과夜茶小盤果로 일상식이 작성되어 있다.

초조반상 탕약을 들지 않는 평상시는 쌀, 잣, 깨 등으로 쑨 죽, 미음, 응이 등을 준비한다. 죽상의 찬품으로는 어포, 육포, 북어보푸라기, 자반 등과 맑은 조치, 나박김치나 동치미를 올린다.

수라상 임금의 진지를 '수라水剌'라 한다. 수라상은 12첩반상차림으로 수라 2종류백반,白飯, 홍반,紅飯, 탕 2종류미역국, 곰탕, 조치 2종류토장조치, 젓국조치, 김치 3종류, 찜, 전골과 장, 초장, 고추장 등의 기본음식과 첩수에 해당하는 구이 2종류를 포함하여 12종류의 찬물로 차린다. 수라상은 큰 원반과 작은 원반, 책상반의 3개의 상에 차린다. 작은 원반에 기미상궁이 자리하여 맛을 보아 독의 유무를 검사한다. 수라상을 물리는 것을 퇴선退膳이라 하는데, 찬마루 같은 곳으로 퇴선한 후에 궁녀들이 모여 앉아 식사를 한다. 이 관습이 민가에서도 물림상으로 식사를 하였다.

낮것상 · 야참 낮것상은 주다소반과로 면, 탕, 전유화, 조과, 실과, 음료 등의 상차림이다. 야참은 야다소반과로 약식, 수정과, 죽을 올린다.

내빈의 일상식

『원행을묘정리의궤』에 기록된 내빈은 상류층 귀족의 일상식으로 조죽, 조반朝飯, 주찬晝饌, 석반夕飯, 야찬夜饌이다. 반과에 해당하는 것이 주찬과 야찬이다. 조죽상차림에는 죽과 조치, 적, 자반, 침채를 내었고, 조반과 석반은 밥과 탕, 조치, 적, 해, 자반, 침채를 준비하였다. 주찬은 국수, 탕, 병, 실과, 어전유화를, 야찬은 국수, 탕, 실과, 편육을 독상차림으로 하였다.

원, 인, 명의 일상식

사람의 숫자를 세는 명칭으로 직급을 구별하였다.

『원행을묘정리의궤』에 기록된 원정3품 이상의 당상과 검서관의 일상식은 조반, 주반, 석반으로 겸상 또는 독상으로 차리고 있다. 인서리, 궁인의 일상식은 조반, 주반, 석반으로 구성되었다. 서리에게는 밥과 탕이 제공되고, 궁인에게는 밥, 탕 외에 나물과 구이가 제공되었다. 명창고직이, 목수, 석수, 야장, 와벽장, 이장에게는 3식을 주되 밥과 탕을 제공하였다.

궁중의 의례식

연회식宴會食

궁중에서는 왕족의 탄생과, 왕, 왕비, 대비 등의 회갑, 왕세자 책봉, 가례嘉禮, 외국사신을 맞는 등 국가적인 경사나 행사가 있을 때 크고 작은 연회를 베풀었다. 연회가 있을 때는 도감都監을 두어 찬품단자를 만들고 재료 구입 등 연회 관련 준비를 관장하였다. 도감은 행사에 따라 진연도감, 진찬도감, 진작도감, 가례도감, 영접도감 등을 두었다. 도감의 행사준비를 자세히 기록한 것을 의궤라 한다. 연회음식은 대령숙수들이 내인들과 함께 조리하였다.

연회식의 의궤

연회의 규모에 따라 진연, 진찬, 진작, 수작의궤로 구별되어 있으나 내용은 거의 같다. 연회에서는 왕과 왕족에게 고배상을 올린다. 고배상은 왕

대비전 고임상

과 신분에 따라 높이를 다르게 한다. 고임음식 위에는 화려한 조화를 꽂는데, 이 꽃을 상화床花라 한다. 연회 시 왕이 받는 상을 어상御床 또는 진어상이라 하는데, 어상에 차렸던 고배음식은 행사 후 종친이나 신하들에게 하사품으로 보낸다.

가례식

가례란 왕의 혼례나 즉위 또는 왕세자 왕세손의 혼례, 책봉 등의 의례를 말한다. 혼례에 따른 의식이나 찬품단자를 『가례도감의궤』에 기록하고 있다.

영접식

영접식은 외국의 사신을 영접하거나 환송하기 위해 마련한 연회이다. 『태종실록』에 외국사신이 서울에 들어오면 하마연下馬宴을 차리고 머무는 동안 익일연, 인정전 초청연회, 회례연, 별연, 상마연上馬宴, 전연餞宴을 차린다 하였다. 연회규모는 외국사신의 신분에 따라 차이가 있다. 광해군 원년 1609년 6월 2일에 명나라 사신이 광해군의 책봉을 위해 한양에 입경하였을 때 하마연환영연, 익일연, 청연왕의 정전에서 향연, 위연사신 위로연, 상마연환송연, 전연떠날 때 향연의 6회의 연을 마련하였다.

시절음식과 세시풍속

농경생활 전반에 영향을 준 계절의 변화는 절식節食과 시식時食으로 구성되는 세시풍속의 생활상을 탄생시켰다. 절식은 월별 명절에 만들어 먹는 음식이고 시식은 봄, 여름, 가을, 겨울의 때때마다 만들어 먹는 계절음식이다. 이러한 풍속은 각 계절마다 수확되는 식품으로 음식을 만들어 먹음으로써 자연과 일체가 되고자 하였던 선조들의 멋과 기복의 마음, 재앙을 예방하기 바라는 마음, 몸을 보양하려는 마음 등의 생활관과 철학관이 세시풍속에 담겨져 있으며 선조들의 식생활, 농경문화를 정학유의 『농가월령가』에서 찾아볼 수 있다.

떡만둣국

부럼

약식

설 元日, 元旦, 歲首, 年首, 愼日, 元朝

설은 한 해의 시작이란 뜻이다. 새해의 첫날을 맞아 새로운 몸가짐으로 온 가족이 모여 가내 만복을 기원하며 조상께 차례를 올리고, 정조다례正朝茶禮라 하여 종묘나 가묘에서 제사를 지낸다. 여기에 메 대신 떡국을 이용하여 떡국차례라고도 한다. 어른은 세배를 받으면서 세찬을 내고 새해의 복을 전하는 덕담을 해주는 우리 민족의 대명절이다.

세찬歲饌이란 설날에 차리는 음식을 말한다.

세주 세찬과 더불어 정초에 마시는 술로 각 가정마다 담가 사용한다. 특히, 초하루 아침에 도소주屠蘇酒를 마시면 병이 나지 않는다는 풍습이 있다. 세주의 대표 술인 도소주는 중국 명의 화타가 도라지, 계피, 백출, 방풍 등을 넣어 만들었다고 한다. 『경도잡지』에 세주는 데우지 않고 마시는데, 이는 봄을 맞이한다는 의미라고 하였다.

떡국 『조선상식』1948에 떡국은 매우 오래된 풍속으로 상고시대의 신년 축제 시에 먹던 음복적飮福的 성격에서 유래된 것이라고 하였다. 즉, 설날은 천지만물이 새로 태어나 새해를 시작하므로 엄숙하고 청결해야 한다는 의미로 하얀색의 떡을 끓여 먹게 되었다고 한다.

만둣국 쌀농사가 적은 북쪽 지방에서는 떡이 귀하여 떡만둣국이나 만둣국으로 대신하였다.

이 밖에 편육, 전유어, 빈대떡, 누름적, 떡찜, 잡채, 나박김치, 장김치, 약식, 정과, 강정, 식혜, 수정과 등이 있다.

입춘立春

봄이 시작하는 날로 입춘대길立春大吉이라는 글귀를 써서 대문에 붙이고 봄의 시작과 함께 만복을 기원하였다.

입춘채立春菜 움파 · 메갓 · 당귀싹辛甘菜 · 미나리싹 · 무싹 등으로 오신반五辛盤을 만들어 새봄의 미각을 즐겼다. 궁중에 진상했다 하여 진산채進山菜라고 한다.

대보름上元日

음력 정월 14일 저녁에 달을 보면 한 해의 운이 좋다고 하여 달맞이를 하고 재앙과 액을 막는 제일祭日로, 오곡밥을 짓고 묵은 나물을 마련하여 이웃이 서로 나누어 먹었다.

약식藥食, 藥飯 대표적인 절식으로 찹쌀과 대추, 밤, 잣, 꿀, 진간장, 참기름 등을 버무려 찐 찰밥이다. 꿀을 약藥이란 뜻으로 해석하여 약밥이라고 부른다.

오곡밥五穀飯, 百家飯 『동국세시기』1849에 정월대보름 때 오곡으로 지은 잡곡밥雜飯인 오곡밥을 설명하고, 『증보산림경제』1766에는 조, 수수, 기장, 콩, 팥, 멥쌀 등을 섞어 짓는 방법과 잡곡밥이 매우 맛있는 별미밥이라 칭송하고 있다. 대보름 절식에는 남의 집 밥을 먹어야 그해 운이 좋아진다고 여겼고, 많은 집에서 밥을 빌어다 먹어야 아이들이 건강하게 자란다는 뜻으로 백가반百家飯이라고도 하였다. 『경도잡지』에 아이를 천하게 길러야 건강하게 자란다고 한 데서 유래되었다.

귀밝이술耳明酒 대보름날 새벽에 데우지 않은 청주를 마시면 귀가 밝아진다고 하여 귀밝이술이라고 하였다.

부럼腫果, 固齒之方 대보름날 새벽에 생밤, 호두, 잣, 은행, 땅콩 등 부럼을 깨물어 먹으면서 1년 내내 부스럼이 없기를 기원하였다.

상원채上元菜 『동국세시기』에 의하면 대보름에 진채묵은나물를 삶아서 나물로 먹으면 더위를 먹지 않는다고 하였다. 갈무리해 두었던 고사리, 도라지, 시래기, 호박고지, 박고지, 가지고지, 말린 버섯과 무, 숙주, 콩나물 등의 아홉 가지 나물을 만들어 오곡밥과 같이 먹으면서 더위를 이겨내도록 기원하였다.

복쌈 김 또는 배춧잎이나 취나물 잎으로 밥을 싸서 먹고, 밥을 복으로 비유하였다.

적두증병赤豆甑餠 적두증병붉은팥 시루떡은 찹쌀가루에 붉은 팥고물을 얹어 찐 떡이다.

이월二月令

산채(山菜)는 일렀으니 들나물 캐어 먹세
고들바기 씀바귀요 소로장이 물쑥이라
달래김치 냉잇국은 비위를 깨치나니
본초(本草)를 상고하여 약재를 캐오리라
창백출(蒼白朮) 당귀천궁(當歸川芎)
시호방풍(柴胡防風) 산약택사(産藥澤瀉)
낱낱이 기록하여 때미쳐 캐어두소
촌가에 기구 없이 값진약 쓰올소냐

노비송편

중화절中和節

이월 초하룻날을 중화절이라고 한다. 정조 원년 1766에 당나라의 중화절을 본떠서 농사일을 시작하는 날로 삼았다. 노비일 또는 머슴날이라고 하여 노비奴婢들에게 나이 수대로 송편을 나누어 먹이고 쉬게 하였다.

노비송편 농가에서 그해 풍년을 비는 뜻으로 시래기를 양념하여 소로 넣거나 콩이나 팥을 넣어 쪄 먹으면 1년 내내 나쁜 병과 액을 면할 수 있다고 하여 손바닥 크기의 큰 송편을 만들어 먹었다.

삼월三月令

인간의 요긴한 일 장담는 경사로다
소금을 미리받아 법대로 담그리라
고추장 두부장도 맛맛으로 갖추하소
앞산에 비가 개니 살찐 향채(香菜) 캐오리라

삽주드릅 고사리며 고비도랏 어아리를
일분은 엮어달고 이분은 무쳐먹게
낙화를 쓸고 앉아 병술로 즐길적에
산채의 준비함이 가효(佳肴)가 이뿐이라

진달래화전

진달래화채

삼짇날三巳日, 重三節

음력 3월 3일을 중삼 또는 삼짇날이라고 한다. 이는 봄을 즐기는 계절적인 풍류에서 유래된 명절로 만물이 활기를 띠고 강남 갔던 제비가 돌아오는 날이다.

진달래화전두견화전 찹쌀가루와 번철을 들고 야외로 나가 그 자리에서 진달래꽃을 뜯어 떡을 만들어 먹으며 즐겼다.

진달래꽃술두견화주 진달래꽃으로 덧술을 만들어 밑술과 함께 숙성시킨 술이다.

진달래화채 오미자 물에 진달래꽃을 데쳐 넣은 화채이다.

수면水麵, 청면淸麵 녹말을 물에 풀어 놋쟁반에 얇게 펴서 끓는 물속에서 익혀 내어 곱게 썰어 오미자 물에 띄운 것이다.

이 밖에 조기국, 밴댕이회, 웅어감정 등이 있다.

한식寒食, 淸明節

청명절이라고도 하며, 동지부터 105일째 되는 날이다. 이 날은 불을 쓰지 않고 술, 과일, 포, 떡, 쑥떡, 식혜 등 찬 음식으로 성묘를 한다.

사월四月令

파일(八日)에 현등함은 산촌에 불긴하니
느티떡 콩찐이는 제때의 별미로다
앞내의 물이 주니 천렵을 하여 보자
……
촉고를 둘러치고 은린옥천(銀鱗玉尺) 후려내어
반석(盤石)에 노고걸고 속고처 끓여내니
팔진미(八珍味) 오후청(五候鯖)을
이맛과 바꿀쏘냐

느티떡

초파일

음력 4월 8일은 석가모니의 탄생일로 집집마다 연등하며 소망을 빌고 탄생일을 맞이하는 등석절燈夕節이다.

느티떡楡葉餠 느티나무의 새순을 따서 쌀가루에 섞어 찐 떡이다.

미나리나물 장수를 바라는 뜻으로 미나리를 데쳐 먹었다.

이 밖에 콩볶음 등의 소찬산채 위주의 별식음식을 먹었다.

오월五月令

아기어멈 방아찧어 들바라지 점심하소
보리밥 파찬국에 고추장 상치쌈을
식구를 헤아리되 넉넉히 능을 두소
샐 때에 문(門)에 나니 개울에 물넘는다.
미나리 화답(和答)하니 격양가(擊壤歌) 아니런가

수리취떡절편

단오端午, 수릿날

단오는 음력 5월 5일로 중오절重五節, 5자가 중복되는 날, 천중절天中節, 해가 가장 높이 뜨는 날이라 하고, 우리말로는 수릿날이라 하였다. 수리는 수레를 뜻하고 단오절 시절음식인 떡을 수레모양으로 만들어 먹어 수릿날이라는 명칭이 생긴 것으로 본다. 창포 삶은 물로 머리를 감으면 윤기가 나고 창포뿌리로 비녀를 만들어 꽂으면 재액을 물리친다고 하였다.

수리취떡 쌀가루를 찐 떡에 삶은 수리취를 섞어 찧어서 수레바퀴車輪 모양의 떡살문양으로 찍어 낸 절편으로 차륜병車輪餠이라고도 한다. 쑥을 넣어 만든 떡은 애엽고이다.

제호탕醍醐湯 오매, 축사, 백단, 사향 등을 달여 꿀을 넣어 되직한 청을 만들어 두었다가 냉수에 타서 마시면 더위를 없애고 갈증을 해소한다.

이 밖에 앵두화채, 앵두편, 도행병, 붕어찜, 준치만두, 준칫국 등이 있다.

유월六月令

삼복은 속절이요 유두(流頭)는 가일(佳日)이라
원두밭에 참외 따고 밀갈아 국수하여
가묘(家廟)에 천신하고 한때 음식 즐겨보세
부녀자는 헤피마라 밀기울 한데 모아
누룩을 드디어라 유두국을 헤느니라
호박나물 가지김치 풋고추 양념하고
옥수수 새맛으로 일없는이 먹어보소
장독을 살펴보아 제맛을 잃지 말고
맑은장 따로 모아 익은 족족 떠내어라
비오면 덮겠은즉 독전을 정히 하소

떡수단

유두流頭

음력 6월 보름에 동쪽으로 흐르는 물에 머리를 감고, 재앙을 씻어낸다는 뜻으로 물놀이를 하였다. 이때 보리와 밀을 수확하여 수단과 밀전병, 유두면, 상화병, 참외, 오이 등을 절식으로 하였다.

밀전병 햇밀로 지진 부침개이다.

유두면 햇밀로 만든 국수를 닭국에 만 것이다.

수단 흰떡을 둥글게 빚어 오미자 즙과 꿀을 섞은 물에 띄운 음료를 떡수단이라 하고, 보리를 익혀 띄운 것을 보리수단이라고 한다.

상화병霜花餠 밀가루에 술을 넣고 반죽하여 부풀어 오르게 하여 콩이나 깨를 소로 넣고 찐 떡이다. 증편도 즐겨 만들었다.

이 밖에 준치만두, 편수, 화전봉선화, 감 꽃잎, 맨드라미, 복분자화채 등이 있다.

삼복

1년 중 가장 더운 절기로 초복, 중복, 말복을 삼복이라 하고, 더위를 이겨낼 음식을 만들어 한여름 지친 몸을 보신하였다.

육개장 양지머리, 양, 곱창을 삶아 대파 등과 함께 끓인 곰국이다.

계삼탕 어린 닭 속에 찹쌀 등을 넣어 푹 고아 끓인 곰국이다. 여름철 보양식으로 삼계탕이라고도 한다.

개장국보신탕 개고기를 삶아 파와 고춧가루를 넣고 푹 끓인 국을 보신탕이라고도 한다. 『동의보감』에 개고기는 양기를 돋우고 허한 곳을 보충해 준다고 설명하였다. 『산림경제』, 『증보산림경제』, 『규합총서』에 개고기의 효능을 말하였고, 『궁중의궤』17950에 구증狗蒸이 나오는 것으로 보아 궁중에서 개고기를 먹었음을 알 수 있다.

임자수탕 닭을 곤 국물과 깻국물을 섞어서 닭고기와 오이 등을 넣어 차게 만든 국이다.

민어국 고추장을 풀어 넣은 장국에 애호박과 함께 민어를 넣어 끓인 국으로 복중 보양식이다.

증편 멥쌀가루를 막걸리로 반죽하여 발효시켜 찐 떡이다.

칠월七月令

소채과실 흔할 적에 저축을 많이 하소
박.호박 고지켜고 외가지 짜게 저려
겨울에 먹어보소 귀물이 아니 될까

증편

칠석

칠석은 음력 7월 7일로 견우와 직녀가 오작교에서 1년에 1번 만나는 날이다. 시절음식으로 밀전병, 밀국수, 증병, 잉어구이, 참외, 수박, 오이김치 등이 있다.

백중

백중百中은 음력 7월 보름으로, 세벌 김매기가 끝난 후 술과 음식을 먹고 백중놀이하며 휴식하는 농민들의 명절이다. 『용재총화』에는 백종百種이라 하였다. 이 무렵에 과실, 소채가 많아 100가지 곡식을 갖추어 놓은 것은 100개나 된다 하여 붙여진 이름이다. 중원中元, 망혼일亡魂日이라고 하여 민가에서는 망혼제를 올렸다.

팔월八月令

면화따는 다래끼에 수수이삭 콩가지요
나뭇군 돌아올제 머루다래 산과로다
뒷동산 밤대추는 아이들 세상이라
알암도 말리어라 철되게 쓰게 하자
……
북어쾌 젓조기로 추석명절 쉬어보세
신도주(新稻酒) 올려 송편 박나물 토란국을
선산에 제물하고 이웃집 나눠먹세
며느리 말미받아 본집에 근친갈제
개잡아 삶아 얹고 떡고리며 술병이라

초록장옷 반물치마 단장하고 다시보니
여름 동안 지친 얼굴 소복이 되었느냐

송편

추석

음력 8월 15일은 한가위, 중추절이라고 하여 햇곡식을 수확하여 밥을 짓고 송편을 빚어 한해 농사가 잘 된 추수감사의 뜻으로 선조께 차례를 지낸다.

신도주新稻酒 햅쌀로 빚은 술이다.

햅쌀송편 햅쌀을 반죽하여 햇콩, 밤, 대추, 깨 등의 소를 넣고 빚어서 찐 떡이다. 올벼로 빚은 것이라고 하여 '오려송편'이라고도 한다.

토란탕 토란이 수확되는 절기로 다시마, 소고기를 넣어 끓인 국이다.

이 밖에 누름적, 송이구이, 닭찜, 밤, 대추, 감, 배, 사과 등의 햇과일이 있다.

구월九月令

타작점심 하오리라 황계백숙 부족할까
새우젓 계란찌개 상찬으로 차려놓고
배춧국 무나물에 고춧잎 장아찌라
큰가마에 앉힌 밥이 태반이나 부족하다

국화전

중구

음력 9월 9일로 중양절이라고도 하며, 삼짇날에 돌아왔던 제비가 다시 강남으로 떠나는 날이다.

국화주 국화꽃잎을 섞어 술을 빚거나 술에 띄워 마시기도 하였다.

국화전 찹쌀가루에 국화꽃잎을 얹어 지진 화전이다.

이 밖에 감국전, 밤단자, 토란단자, 화채유자, 배, 생실과 등이 있다.

시월十月令

무배추 캐어들여 김장을 하오리라
앞내에 정히 씻어 염담을 맞게 하고
고추마늘 생강파에 젓국지 장아찌라
독곁에 중두리요 바탕이 항아리라
양지에 가지짓고 짚에 싸 깊이 묻고
박이무우 알암밤도 얼잖게 간수하소
……
우리집 부녀들아 겨울옷 지었느냐
술빚고 떡하여라 강신(降神)날 가까웠다
술꺾어 단자하고 메밀앗어 국수하소
소잡고 돝잡으니 음식이 풍비하다

무시루떡 유자화채

상달

시월은 1년 동안 지어 온 농사가 끝나 햇곡식, 햇과일 등이 풍성한 때이다. 상달이라고 하여, 붉은 팥으로 시루떡을 만들어 잡귀를 쫓고 풍요를 비는 뜻으로 고사를 지냈다. 무, 배추를 거두어 들여 김장을 하는 등 겨울준비를 하였다.

무시루떡 쌀가루에 무를 섞어 팥고물을 켜켜로 안쳐 찐 떡이다.

김장沈藏 삼동三冬에 먹을 채소는 오직 김장에 의존한다. 『동국세시기』 10월조에 무, 배추, 고추, 소금으로 항아리에 김장을 담근다. 가정의 연중 중요한 일이다고 하였다.

이 밖에 유자화채, 생실과 등이 있다.

동지冬至

음력 11월 중순경으로 1년 중 밤이 가장 긴 날이다. 팥죽을 쑤어 잡귀를 쫓는다고 장독대와 대문 등에 뿌렸다.

팥죽 팥을 삶아 걸러 쌀과 함께 끓인 후 익으면 새알심을 넣고 잠시 더 끓인다. 새알심을 나이대로 넣어 먹었다.

이 밖에 동치미, 냉면, 골동면, 수정과, 전약 등이 있다.

십이월 섣달十二月令

떡쌀은 몇말이며 술쌀은 몇말인고
콩갈아 두부하고 메밀쌀 만두빚소
세육은 계를 믿고 북어는 장에 사세
납향날 창에 묻어 잡은 꿩 몇 마린고
아이들 그물쳐서 참새도 지져먹세
깨강정 콩강정에 곶감대추 생률이라
주준(酒樽)에 술들이니 돌틈에 샘소리
앞뒷집 타병성(打餠聲)은 예도나고 제도나네

골동반

납일臘日

동짓날로부터 세 번째 미일未日을 납일이라 한다. 한 해 동안 잘 살아오게 해준 천지만물신령에게 사냥해 온 멧돼지, 노루, 산토끼 등으로 제사를 지내는 납향臘享이 있었다. 납일을 납평臘平, 가평嘉平, 납향일臘享日이라고도 한다. 그믐날에는 한 해를 마무리하고 새로운 마음으로 새해를 맞을 준비를 하였다. 그믐날을 제석除夕이라 한다.

골동반비빔밥 섣달그믐에 남은 음식은 해를 넘기지 않는다는 풍습에서 음식을 섞어 먹은 데서 유래되었다. 『시의전서』1800년대 말에는 비빔밥을 부빔밥汨董飯 또는 骨董飯으로 표기하고 있으며 골汨은 어지러울 골이고, 동董은 비빔밥 동이다. 골동汨董은 여러 가지 물건을 한데 섞는 것을 말한다.

납평전골臘平煎骨 납향에 쓰고 난 산돼지나 토끼로 만든 전골이다.

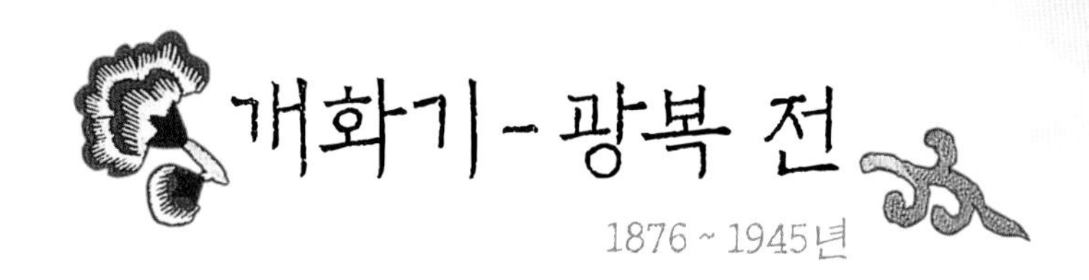

개화기 - 광복 전

1876 ~ 1945년

1876년고종 13년에 일본과 수호조약을 맺음으로써 후일 일제 강점하에 들어가게 되었다. 일본은 쌀 생산에 힘을 기울인 반면 우리 명주名酒에 통제를 가해 약주, 탁주, 소주만을 생산하게 하였다. 1882년고종 19년 한미수호조약이 체결된 후 영국, 독일, 러시아 등 여러 나라와 수호조약을 맺으면서 개화의 물결이 거세게 밀려들어 왔다. 이런 가운데 일부 상류층은 서양요리, 중국요리, 일본요리, 외국 술, 양과자 등을 맛보게 되었다.

식재료

생선통조림 미곡증산을 위해 토지를 개량하고, 쌀 생산계획을 수립하여 증산체제로 들어갔다.

1872년 완도에서 정어리, 고등어, 소라, 전복 통조림이 생산되었다.

1883년 미국에 사절로 갔던 최경식은 양배추, 케일, 사탕무를 들여왔다. 일본인은 서양사과, 포도, 배 과수원을 경영하였다.

간장공장 1886년 부산에 간장공장이 설립되었다.

1890년 궁중에 커피, 홍차가 들어왔다.

1901년 궁중에 맥주가 유입되었다.

1902~1903년에 프랑스인이 젖소와 개량 돼지를 가져왔다.

정어리기름 · 설탕 수입 이 시기에 근해역에 어장을 개설하고 어선, 어법의 개량, 원양어업 등에 의해 수산물이 증가되었다. 참깨, 들깨, 면 종자, 콩에서 기름을 짜고 동해안에서는 정어리에서 기름을 짰다. 하와이에서 설탕을 수입하였고, 마른국수가 생산되었다.

염전 1909년부터 본격적인 천일염전을 축조하였고, 주세법 발표에 따라 우리의 전통 가양주는 쇠퇴의 길로 접어들었으며 탁주, 약주, 소주만이 생산 판매되었다.

수산물 냉장 1910년에 수산물의 냉장, 냉동이 시작되었으며, 일본식 장류공장이 많이 세워졌다.

당면 1912년 당면의 상품화가 시작되었고 1920년에 대량생산되었다.

맥주 1933년 영등포에 조선맥주와 기린맥주공장이 설립되었다.

개화기의 음식점

명월관 · 식도원 개화의 물결에 따라 손님의 유숙까지 제공하였던 주막은 내외주점, 목로주점, 선술집 등으로 변화되었다. 나라가 망하고 궁중의 조리사숙수들이 시중에 나오게 되었는데, 한말 궁내부주임관이었던 안순환이 1909년에 서울 세종로에 명월관이란 요정집을 만들게 됨에 따라 궁중음식을 일반인도 접하게 되었고, 식도원, 장춘관, 태서관 등에서도 궁중음식을 접할 수 있었다.

외국음식의 유입

서양음식 · 조선호텔 고종이 궁에 갇혀 있을 때 러시아 공사 부인과 그 언니 손탁Sontag이 서양요리와 서양과자를 만들어 올렸다. 손탁은 고종이 하사한 왕실 부속 건물을 호텔로 만들어 숙박, 집회, 식당으로 경영하여 양식이 상류층에 보급되었다. 1914년 조선호텔이 세워지고 양식당도 생겨났다. 당시 서울에 있던 각종 외국어학교도 서양요리 보급의 원천구실을 하였다. 고종의 오순잔치『진작의궤』, 1901에 양식으로 음식을 마련하여 궁중 잔치에 양식이 들어오게 되었다.

중국음식 임오군란 직후 많은 중국인이 들어왔는데, 이들 대부분은 서울 명동, 소공동 등지에서 호떡집과 국수집을 내고 짜장면, 짬뽕, 만두포자 등을 만들었으며, 고급 중국음식점으로 아서원, 사해루 등이 있었다.

일본음식 일본의 강점기에 우동, 어묵, 초밥, 단무지, 단팥죽, 과자, 청주 등이 들어왔고, 일본식 고급요정이 생겼다.

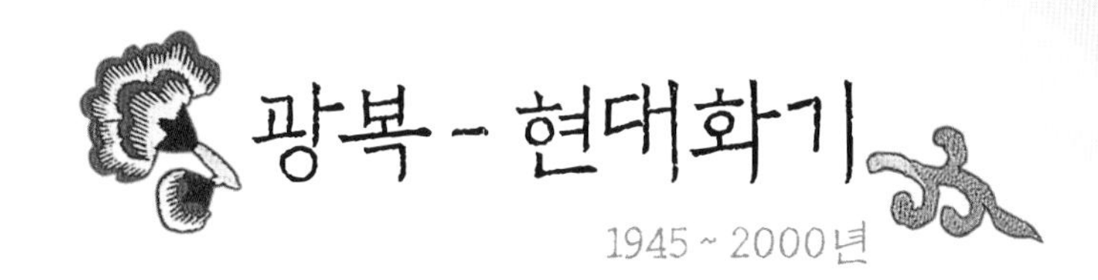

광복 - 현대화기

1945 ~ 2000년

1945년 해방이 되었으나 식량난이 극심하였고 이런 와중에 1950년 6 · 25 전쟁이 발발하여 가난과 굶주림이 극도에 달하였다. 원조로 들여온 밀가루로 부족한 쌀을 대체하기 위해 분식을 장려하게 되었고, 1960년대에 라면과 콜라가 생산되었다. 1970년대 후반에는 쌀 자급이 이루어지고 경제도 발전하면서 소고기가 수입되고 햄버거, 피자와 같은 편의음식이 도입되었다. 경제성장이 확대됨과 동시에 식품공업과 외식산업이 발달하여 서구식 식습관이 보편화되면서 오히려 비만으로 인한 성인병이 발생하는 부작용도 나타났다.

식재료

해방 · 전쟁 · 굶주림 1945년 해방과 더불어 1948년 대한민국 정부가 수립되어 체제를 갖추는 동안 많은 사회적 갈등이 있었다. 그런 와중에 1950년 6 · 25 전쟁이 터져 3년간이나 지속되는 동안 식량사정이 악화되어 보리밥조차 먹기 어려운 굶주림 시대가 있었다. 유엔한국재건단UNKRA에서 1958년까지 밀가루와 옥수수가루 등의 무상원조로 식량난이 다소나마 해소되었으나 식량사정은 여전하였다. 미군부대 식당에서 가져온 여러 가지 음식물이 섞인, 이름도 비참한 '꿀꿀이죽'이 판매되었는데, 운이 좋으면 고기 한 점을 건질 수 있었고, 1960년 초에도 남대문시장에서 일부 시판되었다. 이 시기에 미군부대에서 나오는 햄, 소시지를 김치와 섞어 끓이는 부대찌개가 생겨났다. 1950년 칠성사이다가 처음 생산되었고, 1953년 말에 제일제당에서 설탕이 생산되기 시작하였다.

분식 장려 · 도시락 검사 · 라면 1960년대는 산업화가 태동하는 시기였으나 '보릿고개'라고 하는 춘궁기는 농촌에서 매년 되풀이되어 극심한 식량난에 직면하고 있었다. 미국의 원조로 밀가루가 들어오면서 쌀의 부족분을 메우기 위한 절미운동으로 분식이 장려되었고, 분식장려운동은 1964년부터 1977년까지 지속되었다. 쌀 증산, 품종개량, 보리, 콩 등의 소비를 적극 장려하였다. 학교에서는 도시락의 보리혼식을 검사하고 식당에서는 잡곡밥만을 판매하도록 규제하였다. 1963년 라면이 생산 보급되기 시작하였다. 1960년대 중반 이후는 경제성장에 따른 식생활이 향상되고 코가콜라, 펩시가 생산되었다. 미군을 통해서 나오는 버터, 커피 등의 식품이 판매되었다.

쌀자급 · 수입소고기 · 햄버거 1970년대는 통일벼 품종의 육성으로 생산량이 높아져 식량사정이 점차 안정되기 시작하였다. 1970년대 중반 이후 소고기가 수입되고, 후반에는 급속한 경제성장과 국민소득 증가에 따라 곡류 섭취는 줄고 대신 육류, 생선, 채소, 식용유 소비가 증가되는 추세였다. 1979년에 패스트푸드fast food인 햄버거가 들어왔다.

입식주방 보일러 난방시스템을 갖춘 대단지 아파트가 건설되면서 부엌에 큰 변화를 가져왔다. 낮은 부뚜막의 단점이 개선되어 가스레인지와 싱크대가 설치되는 등 현재와 같은 입식형태가 되었다. 전기밥솥, 전기프라이팬 등 각종 가전제품들이 많이 생산되어 부엌에서 작업이 한결 편해졌다.

경제성장과 외식산업

피자 · 외식산업 · 뷔페식당 1980년대는 경제성장과 산업화가 가속되었다. 농업, 축산업, 낙농업, 원양어업이 활성화되고 식품공업이 발달하여 간장, 된장, 고추장, 젓갈, 김치 등의 생산이 많아졌다. 또한 냉장시설의 발달로 육류, 유제품 등 동물성 식재료의 공급이 확대되어 갔다. 이 시기에 국민소득이 높아지고, 여성의 취업증대와 핵가족화가 되면서 편의식품과 가공식품의 이용이 늘고, 외식산업도 신장되었다. 1985년에 피자가 들어오고, 1988년 서울올림픽은 김치를 포함한 한국음식을 세계에 알리는 좋은 기회가 되었다. 1980년대 후반에는 해외여행 자유화 시행에 따라 외래음식문화에 접하는 기회가 많아지면서 식생활은 더욱 서구화되었다. 육류음식을 선호하여 돈가스, 햄버거, 스테이크 등 양식 음식점이 늘고 고기와 양식을 많이 먹을 수 있는 뷔페가 유행하였으며 중국음식도 확대 보급되었다.

비만 · 성인병 1990년대는 경제성장이 최고조에 달하면서 식생활이 질적으로 크게 향상되었다. 패밀리레스토랑의 유행과 함께 육류섭취가 늘어나면서 비만과 성인병을 초래하여 당뇨, 고혈압 등이 증가되는 부작용을 가져왔다. 1997년 IMF 경제위기는 외식산업의 성장을 위축시켰다. 1990년대 후반에 우리음식과 서양음식을 혼합한 퓨전요리가 성행하였다.

2000년대에 들어서면서 세계 각국의 특산물이 도입되어 식재료가 더욱 풍부해졌고, 이에 따라 전통적인 밥과 국, 찬류의 식단에서 고열량, 고지방식의 식습관이 확대되었다. 쌀 소비가 감소한 반면 육류와 밀가루의 소비가 늘어났다. 외식산업이 확대됨과 동시에 세계 각국의 음식점이 늘어났으며, 이러한 식습관의 변화로 비만과 성인병이 사회적 문제가 되고 있는 가운데 건강과 관련하여 저열량의 채소를 많이 이용하는 한국음식에 대한 관심이 높아지고 있다. 이에 우리의 전통음식을 삶의 질을 향상시킬 수 있는 대체의학의 일면에서 검토 발전시켜 나가야겠다.

식재료

특산물 수입 2000년대에 들어오면서 세계 각국의 특산물이 수입되어 우리의 식재료는 더욱 풍부해지고 있다. 곡류참깨, 들깨, 녹두, 팥, 콩 등, 채소류배추, 김치, 각종 나물 등, 과일류바나나, 오렌지, 파인애플, 망고, 키위 등, 육류소고기, 돼지고기, 닭고기 등, 수산물갈치, 고등어, 대구, 명태, 연어, 홍어, 새우 등이 수입되고 있다. 그러나 풍요로운 식품의 장기간 유통을 위해 사용되는 보존제, 항생제 등 화합물의 부작용이 연구 발표되면서 이 땅에서 자란 우리 농산물의 소중함이 다시 인식되고 또 재배 시 농약을 사용하지 않거나 줄인 식재료를 이용하려는 목적으로 유기농식품에 대한 관심이 높아지고 있다.

식생활패턴의 변화

서구식 식단 전통적인 밥, 국, 김치 등의 곡물과 채소 위주의 식단에서 육류와 패스트푸드 이용 증가 등 고열량, 고지방의 음식 섭취로 인해 지금은 비만이 사회적 문제로 대두되고 있다. 어린이 비만이 정도를 넘어 비만세를 신설할 정도로 심각하다. 과거 하루에 1인당 200g 이상 소비하던 쌀이 2010년엔 200g 이하로 감소한 반면, 빵 등 밀가루음식과 육류의 일일 소비량은 증가하고 있다. 한식보다는 달고 기름진 서구식 식단이 선호되고 있다.

외식산업 맞벌이 부부와 독신 생활자가 늘고 집에서 조리하는 대신 외식을 선호하는 경향이 점점 증가하고 있다. 또한 외식업체는 경쟁적으로 외식산업을 주도하여 중국식, 일본식, 이탈리아식, 프랑스식, 베트남식, 태국식 등 외식업소가 늘고 있다. 30여 개의 외국음식점이 들어서 있는 서울 이태원이 '세계음식거리'로 지정되면 앞으로 새로운 관광명소가 될 것이다.

길거리음식 지금 노점상에서 팔고 있는 길거리음식street food 또한 위생상태를 개선하면 이용이 높아질 것이다. FAO에 의하면 세계적으로 약 20억 이상이 매일 길거리식품으로 끼니를 해결한다고 한다. 길거리음식 매점은 투자비용이 적고 소비자는 저렴한 가격으로 바로 구매 가능한 편리성이 있다. 또한 관광객에게도 인기 있는 상품이 될 것이다.

한국음식이 나아갈 방향

고령화 · 비만 · 성인병 우리나라 국민의 기대수명이 2000년 평균 76세에서 2010년 80.7세로 늘어나 빠른 속도로 고령화 사회로 진입하고 있다. 65세 이상 노인이 2030년엔 24.3%로 급증할 것으로 예견되고 있다. 이 결과 현재 65세 이상의 의료비 지출액은 총 의료비의 30.5%를 차지하고 있다. 고열량, 고지방의 식생활은 비만과 성인병으로 이어지며 암 발생률을 높이고, 혈관계질환, 당뇨를 유발시킨다.

건강에 대한 관심이 많아지면서 한국뿐 아니라 세계인이 건강한 삶에 유익한 전통한식에 대한 인식이 높아지고 있다. 냄새가 난다고 하던 김치는 이제 많은 외국인이 즐겨 찾는 한국음식의 하나가 되고 있으며, 쌈이나 나물 등 채소를 많이 먹는 한국음식에 대해 흥미와 시식을 즐기고 있다.

건강음식 · 치료음식 · 기호음식 우리는 한국음식을 삶의 질을 높이고 건강을 지켜주는 대체의학의 일면에서 검토할 필요가 있으며, 우리의 전통 맛을 살리면서 세계인 누구나 거부감 없이 즐겨 찾을 수 있는 음식으로 발전시켜 나가야 할 책무가 있다. 이를 위해서는 조리의 간편화, 효율화 등도 아울러 연구 개선할 필요가 있다. 현재 K-팝의 한류는 의류산업, 한국문화, 의료관광을 포함한 관광객을 증가시켜 전통 한국음식에 대한 큰 관심을 불러오고 있다. 또 행사규모가 큰 국제회의의 국내 개최 빈도가 많아지고, 녹색기후기금Green Climate Fund 사무국과 같은 국제기관의 송도 유치 등은 세계인의 교류를 증가시켜 한국음식의 세계화에 큰 도움이 될 것이다. 이를 계기로 우리음식이 세계인이 즐겨 찾는 건강음식, 치료음식, 기호음식이 되도록 기회를 놓치지 말아야겠다.

고조리서 및 조리 관련 고문헌의 한자표기

우리나라의 전통음식은 실물이 남아 있지 않으므로 문헌을 통해서만 알 수 있다. 고대 조리서의 목록은 치선治膳 편에 약간 실려 있으며 한문으로 있는 경우가 많다. 1500년대까지 한국에서는 중국 요리서 몇 권만이 유전되고 있다. 연대에 따른 고조리서는 표와 같은 자료를 찾아볼 수 있다.

| 고조리서(고조리서 및 관련 책자의 한자표기 포함) |

고조리서	연 대	저 자	내 용
제민요술(齊民要術)	530~535년	가사협	농서이나 후반부에 요리법을 설명하고 있다(중국책).
농상집요(農桑輯要)	1273년	미상	제민요술을 번역한 것으로 요리부분은 빠져 있다.
산거사요(山居四要)	1360년	왕여무	요리가 약간 설명되어 있다(중국책).
거가필용(居家必用)	1260~1367년	미상	조선시대 요리서에 많이 인용되고 있다(중국책).
수운잡방(需雲雜方)	1540년	김유	한문. 술 빚기와 식초 만들기, 장류, 채소 저장과 침저(沈菹), 침채(沈菜)를 설명하고 있다.
고사촬요(攷事撮要)	1554년	어숙권	한문. 술 빚기와 식초 만들기, 금기해야 할 식품을 기록하고 있으며, 1771년 서명응이 『고사신서』로 개작하였다.
도문대작(屠門大嚼)	1611년	허균	한문. 전국에서 생산되는 식품재료의 특성과 명산지를 기록한 식품 전문서이다.
지봉유설(芝峰類說)	1613년	이수광	한문. 회, 고래, 조류, 육류(산짐승), 지역특산물과 술 빚기, 약초, 고추 등을 기록한 것으로 일종의 가정백과이다.
음식디미방(閨壼是議方)	1670년	안동 장씨부인	한글조리서. 면병류, 상화, 약과, 다식법, 어육류, 고기 훈제법, 느르미, 소과류, 술과 초 등을 기술하고 있으며, 부군과 자손들이 『규곤시의방』으로 한자 표기하였다.
요록(要錄)	1680년경	미상	한문조리서. 김치, 향신료(천초, 생강), 식해(食醢)제법, 약식, 다식, 정과 만드는 법을 기록하고 있다.
치생요람(治生要覽)	1691년	강설	한문. 일종의 농촌백과로 장, 초, 술 빚는 법을 기록하고 있다.
주방문(酒方文)	1600년대 말	하씨	한글조리서. 술 빚기, 약과, 산자, 강정, 조청 만드는 법 등을 다루고 있다.

(계속)

고조리서	연 대	저 자	내 용
음식보(飮食譜)	1700년대 추정	진주 정씨	한글조리서. 음식디미방, 주방문과 비슷한 내용으로 술 빚기, 떡, 느르미법(동화, 소고기, 석화), 가지찜법 등을 기록하고 있다.
산림경제(山林經濟)	1715년	홍만선	한문. 술 빚기와 장 담그기, 밥, 죽, 국수, 어육, 채소, 과실, 음청류와 정과류, 엿 고는 법, 고추 재배법 등 농촌생활에 필요한 내용들을 수록하고 있다.
증보산림경제(增補山林經濟)	1766년	유중임	한문. 『산림경제』 내용 중 비실용적인 것을 빼고 토속적인 것을 보충하였다. 장 담그는 법, 식초 만드는 법, 밥, 죽, 떡, 유밀과, 고기요리법, 김치에 고추 사용을 기록하고 있다.
소(수)문사설(謏聞事說)	1740년 경	이표	한문. 『식치방』에서 순창고추장, 송도식혜(食醯), 지방의 향토조리법을 기록하고 있다. 참고(謏는 작을 소이나 중얼거릴 수로도 읽음)
옹희잡지(饔饎雜志)	1800년대 초	서유구	한문. 밥, 죽, 국수, 육장방, 김치 담그기, 떡, 음청류, 과정류, 절식 등 요리법을 정연하게 정리하였다.
역주방문(歷酒方文)	1800년대	미상	한문조리서. 술 빚기가 주이며 우양증법, 약과, 잡과병, 장만들기, 기름 짜는 법 등을 기록하였다.
식경(食經)	1800년대 초	장영	한글. 청나라 때 장유가 지은 『반유십이합설(飯有十二合說)』 번역본. 밥 짓기, 양생법, 제철 채소 심어 먹기, 기름기 적은 들짐승과 생선 포 만들기, 김치와 장 담그기, 국 끓이기 등을 설명하였다.
규합총서(閨閤叢書)	1815년	빙허각 이씨	한글. 생활백과, 음식총론, 술 만들기, 장과 식초 만들기, 밥과 죽, 김치류, 어품류, 채소찬류, 과실저장법, 기름 짜는 법, 엿고는 법, 약과, 산자, 다식, 정과류, 차 등을 기술하였다.
농정회요(農政會要)	1830년	최한기	한문. 농업에 관한 일반적인 서적이다. 『증보산림경제』의 치선편을 많이 복사. 밥, 죽, 떡, 차, 유밀과, 다식, 정과, 식초와 장 만들기, 기름 짜기, 두부 만들기, 술 빚기 등을 기록하였다.
임원경제지(林園經濟志)	1827년	서유구	한문. 『임원십육지(林園十六志)』라고도 한다. 농업생활 백과사전으로 식품재료, 밥, 죽, 만두, 육류, 김치, 조미료(소금, 장, 메주, 식초), 가공저장류, 기름 짜기, 떡, 과정류, 음청류, 누룩과 술 빚기, 절식 등을 다양하게 수록하였다.
고려대규곤요람(閨壼要覽)	1800년대 초 ~중엽	미상	한글. 술빚기가 대부분이고 증편, 두부장, 더덕자반, 더덕전, 동화선, 전동화, 가지김치 담는 법 등을 간략히 기술하였다.
연세대규곤요람	1896년	미상	한글. 천일주법, 고초장, 녹말법, 탕평채, 회, 마른안주, 냉면, 만두, 식혜법, 수정과법, 백설기, 약밥, 정과법 등을 기술하였다.
오주연문장전산고(五洲衍文長箋散稿)	1850년	이규경	한문. 생활백과, 방대한 식품재료의 고증과 당시의 명물, 향토식품을 소개하고 있으며, 장 만들기, 떡류, 술 빚기, 생선저장, 과채류저장 및 조리가공법을 구체적으로 설명하였다. 조선요리연구에 귀중한 자료가 되고 있다.
음식법(飮食法)	1854년	미상	한글조리서. 주식류와 느르미 등을 포함한 찬류 외에 떡, 과정류, 다식, 정과류, 과편, 엿강정, 음청류 등을 기록하였다.

(계속)

고조리서	연 대	저 자	내 용
음식류취(飮食類聚)	1858년	미상	한글조리서. 주로 술 빚기를 설명하였다.
김승지댁주방문(金承旨宅酒方文)	1860년	미상	한글조리서. 술 빚기가 대부분이고, 생선찜, 장 담그는 법 등을 기록하였다.
방서(方書)	1867년	신석근	한문. 장, 고추장 만들기, 술 빚기와 식초 만들기, 배추김치를 배초저(倍草菹)로 표기하였다.
시의전서(是議全書)	1800년대 말	미상	한글 · 한문조리서. 현대와 같은 체계가 거의 완성된 주식류, 부식류, 떡류, 다식, 당속, 엿, 감주, 식혜 등과 술 빚기, 장류, 김치, 장아찌, 젓갈 등 저장식품으로 분류하여 광범위하게 조리법을 정리한 것으로 한말의 전통음식을 알 수 있고, 1900년대 현대요리서로 넘어가는 교량구실을 한 조리서이며, 반상식도(상차림)를 나타내고 있다.
요리제법(料理製法)	1913년	방신영	한글조리서. 1917년 『조선요리제법』으로 증보개정하기 시작하였다. 1942년판 내용은 주식류, 부식류, 떡류, 엿, 엿강정, 강정, 유밀과, 정과, 다식, 차, 화채, 메주, 장, 젓, 김치 만들기, 양념류, 통과의례 상 차리는 법 등을 수록하였고, 1952년 『우리나라 음식 만드는 법』으로 개정한 신식 조리서로 한국음식의 기본 조리서 위치에 있다.
부인필지(夫人必知)	1915년	빙허각 이씨	한글조리서. 『규합총서』의 다양한 음식을 전재 기록하고, 옷, 길삼, 누에 치는 법, 수 놓는 법 등을 설명하였다.
선영서양요리법(鮮英西洋料理法)	1930년	미상	한영. 서양요리서. 서울 주재 외국인 여성단체에서 출판하였다.
간편 조선요리제법(簡便 朝鮮料理製法)	1934년	이석만	한글조리서. 주식류, 부식류, 떡류, 유밀과, 강정, 다식, 정과, 차, 침채, 젓, 장, 초 만들기, 손님접대 외에 일본요리, 서양요리 만드는 법을 설명하였다.
신영양요리법(新榮養料理法)	1935년	이석만	한글. 음식 만드는 법 외에 영양학의 기초와 식단구성에 대해 설명하였다.
서양요리제법(西洋料理製法)	1937년	모리스	서양요리 만드는 법을 설명하였다.
할팽연구(割烹硏究)	1930년	경성여자사범학교 가사연구회	일어. 조리실습용 요리전문교과서. 밥류, 면류, 만두류, 완자탕, 신선로, 숭어찜, 장조림, 수란, 생선전유, 김치, 떡류, 화채, 수정과 등을 기록하였다.
조선요리학(朝鮮料理學)	1940년	홍선표	한글. 한문. 요리원칙, 식사법원칙, 고명과 양념, 어류, 젓, 승기악탕, 설렁탕, 구탕, 정초병탕, 궁중음식, 탕평채 등을 설명하고 있다.
조선요리법(朝鮮料理法)	1938년	조자호	한글. 메주, 장류, 김장, 햇김치, 장아찌, 젓갈, 생채, 잡채류, 장국류(국수, 만두, 수제비), 맑은국, 곰국, 토장국, 전골, 조치, 찜류, 회, 자반, 포류, 갈랍류, 구이류, 죽, 미음류, 떡류, 정과류, 화채류 등을 기록하고 상 보는 법, 상 드리는 법을 설명하고 있다.

(계속)

고조리서	연 대	저 자	내 용
조선요리(朝鮮料理)	1940년	손정규	일어. 반상, 장국상, 교자상, 큰상, 돌상, 제상 등 상차림법과 장류, 김치 등 일반 찬물류와 떡, 과정류, 화채류, 묵 · 두부 만드는 법, 시절음식 등을 설명하였다.
조선무쌍신식요리제법(朝鮮無雙新式料理製法)	1943년	이용기	한글조리서. 『임원경제지』 정조지의 한글번역본으로 신식요리를 가미하였다. 장 담그기, 술과 식초 만들기, 주식류, 부식류, 떡류, 과정류, 엿, 사탕, 화채, 차, 아이스크림, 서양요리 등을 설명하고 있다.
조선식물개론(朝鮮食物槪論)	1944년	김호직	일어. 우리나라 식품, 음식종류, 조리법과 7첩반상차림, 향토식연구 등을 설명하고 있다.
가정요리	1940년대?	미상	한글. 음식의 재료와 만드는 법을 체계화하였다.
우리나라 음식 만드는 법	1952년	방신영	(조선)요리제법 개정판. 한국음식의 기본 조리서 위치에 있다.
이조궁정요리통고(李朝宮廷料理通攷)	1957년	한희순, 황혜성, 이혜경 공저	궁중의 상차림과 기명 종류, 소고기, 돼지, 노루고기요리, 어패류, 채소류, 곡물요리, 후식류, 기본식품의 제조와 관리 등을 설명하였다.

조리 관련 고문헌의 한자표기
(가나다 순)

간편조선요리제법(簡便朝鮮料理製法)(1934, 이석만)

거가필용(居家必用)(1260~1367, 미상, 원대(중국)) : 조선시대 요리서에 많이 인용되고 있다.

경도잡지(京都雜誌)(1700년대 말, 유득공)

고금석림(古今釋林)(1789, 이의봉)

고려도경(高麗圖經)(서긍, 송나라)

고사신서(攷事新書)

고사십이집(攷事十二集)(1787)

고사촬요(攷事撮要)(1554, 어숙권) : 1771년 서명응이 고사신서로 개작하였다.

골동십삼설(骨董十三說)(동기창, 명나라)

구황보유방(救荒補遺方)(1660, 신속) : 구황촬요와 구황보유방의 합본인 신간구황촬요

구황촬요(救荒撮要)(1554, 이택)

국조오례의(國朝五禮儀)(1474, 신숙주 외)

궁중의궤(宮中儀軌) : 조선시대에 여러 가지 의궤를 남겨놓고 있다. 의궤란 국가에 큰 행사가 있을 때 후세에 참고로 삼기 위하여 그 전말과 경과 및 경비 등을 기록해 놓은 책이다. 종류는 진연, 진찬, 진작이 있고 여기에는 연회식에 쓰이는 요리품명과 요리품마다의 재료 및 분량 등을 기록한 찬품단자가 실려 있다. 규모와 절차는 진연, 진찬, 진작 순이다. 국내에 있는 것은 숙종 45년(1719)의 진연의궤에서 시작하여 고종 광무 9년(1902)에 이르는 의궤가 있다.

규곤요람(閨壼要覽)(고려대, 1800년대 중엽, 미상)

규곤요람(閨壼要覽)(연세대, 1896, 미상)

규곤시의방(閨壼是議方, 음식디미방)(1670년경)

규합총서(閨閤叢書)(1815, 이씨)

금관죽지사(金官竹枝詞)(1809, 이학규)

금화경독기(金華耕讀記)(1827년경)

김승지댁주방문(金承旨宅酒方門)(1860, 미상)

노걸대(老乞大)(고려 말)

농가십이월속시(農家十二月俗詩)(1861, 김회수)

농가월령가(1816, 정학유)

농가집성(農家集成)(1655, 효종 6년)

농사직설(農事直說)(1429, 세종 11년)

농상집요(農桑輯要)(1273, 미상)

농정회요(農政會要)(1830, 최한기)

도문대작(屠門大嚼)(1611, 허균)

동국세시기(東國歲時記)(1849, 홍석모)

동국여지승람(東國與地勝覽)(1481, 1530)

동국이상국집(東國李相國集)(1168~1348)

동언고략(東言攷略)(1908)

동의보감(東醫寶鑑)(1611, 허준)

만국사물기원역사(萬國事物紀原歷史)(1909, 장지연)

만기요람(萬機要覽)(1808, 서영보)

명물기략(名物紀略)(1870, 황필수)

목은집(牧隱集)(1328~1396)

물명고(物名考)(1830년경)

반유십이합설(飯有十二合說, 食經)(1800년대)

방언류석(1788, 홍명복)

본초강목(本草綱目)

부인필지(夫人必知)(1915, 미상)

사금갑(射琴匣)

사시찬요초(四時纂要抄)(미상)

사례편람(四禮便覽)(1844, 이재)

산가청공(山家淸供, 송나라, 임홍)

산거사요(山居四要)(1360, 미상, 중국)

산림경제(山林經濟)(1715, 홍만선)

삼국사기(三國史記) 신라본기(新羅本紀)

삼국지 위지 동이전(三國志 魏志 東夷傳)

색경(穡經)(1676, 박세당) : 요리, 식품가공법이 수록되어 있다.

석명(釋名)(200년경, 중국)

선영서양요리법(鮮英西洋料理法)(1930, 미상)

설문해자(說文解字)(100년경)

세시기(歲時記)(1762~1849)

세시풍요(歲時風謠)(1884, 유만공 편저)

세종실록(世宗實錄)(1454) : 세종이 명하여 편찬하였다.

성호사설(星湖僿說)(1763년경, 이익)

소문사설(搜聞社說)(1740년경, 이표) : 수문사설로도 읽는다.

송남잡식(松南雜識)(조재삼, 연도 미상)

수운잡방(需雲雜方)(1540, 김유)

시의전서(是議全書)(1800년대 말, 미상)

식경(食經, 飯有十二合說)(1800년대, 심제)

식보(食譜, 위거원, 당나라)

신영양요리법(新營養料理法)(1935, 이석만)

신은(神隱)

신증동국여지승람(新增東國輿地勝覽)(1530)

아언각비(雅言覺非)(1819, 정약용)

어우야담(於宇野談)(1559~1623)

역주방문(曆酒方文)(1800년대, 미상)

열양세시기(열陽歲時記)(1819, 김매순)

오주연문장잔산고(五洲衍文長棧散稿)(1850, 이규정)

옹희잡지((饔熙雜志)(1800년대 초, 서유구)

요록(要錄)(1680년경, 미상)

요리제법(料理製法)(1913, 방신영)

용재총화(慵齋叢話)(1439~1504, 성현)

우리나라 음식 만드는 법(1952, 방신영)

은자의 나라 한국(1882, W. L. Griffis)

음식디미방(규곤시의방)(1670, 장씨)

음식법(飮食法)(1854, 미상)

음식보(飮食譜)(1700년대?, 정씨)

음식뉴취(飮食類聚)(1858, 미상)

임원경제지(林園經濟志)(1835, 서유구)

임원십육지(林園十六志)(1827년경)

재물보(才物譜)(1807, 이만영)

제민요술(齊民要術)(530~535) : 후위 가사협, 중국책

조선무쌍신식요리제법(朝鮮無雙新式料理製法)(1943, 이용기)

조성문화총화(朝鮮文化叢話)(1946, 홍기문)

조선상식문답(朝鮮常識問答)(1946~1948)

조선식물개론(朝鮮植物槪論)(1944, 김호직)

조선요리(朝鮮料理)(1940, 손정규)

조선요리법(朝鮮料理法)(1938, 조자호)

조선요리제법(朝鮮料理製法)(1917, 1942, 방신영)

조선요리학(朝鮮料理學)(1940, 홍선표)

종저보(種藷譜)(1834, 서유구) : 고구마 재배와 요리법을 설명하고 있다.

주방문(酒方文)(1600년대 말, 하씨)

증보산림경제(增補山林經濟)(1766, 유증림)

지문별집(咫聞別集)(1849~1863, 민노행)

지봉유설(芝峯類說)(1614, 이수광)

진연의궤(進宴儀軌)

진작의궤(進爵儀軌)

진찬의궤(進饌儀軌)

찬송방(餐松方)(1870, 최두익) : 소나무의 부위별 식용법을 설명하고 있다.

초사(楚辭)(BC 300, 중국 시집)

치생요람(治生要覽)(1691, 미상)

한경식략(漢京識略)(1830)

한정록(閑情錄, 1610년경, 허균)

할팽연구(割烹硏究)(1930, 경성여자사범학교)

향약구급방(鄕藥救急方)(1236~1251)

향약집성방(鄕藥集成方)(1433)

해동역사(海東繹史)(1800년대 초, 한치연)

해동죽지(海東竹枝)(1925, 최영년) : 절식, 향토음식에 주를 달고 시 한수를 적은 시집이다.

훈몽자회(訓蒙字會)(1527)

일러두기

이 책에서 사용한 용어 등은 다음와 같은 뜻임을 일러둔다.

① 음식종류 표기순서는 수조육류, 어패류, 채소류순으로 하고 순서는 가나다순으로 하되 내용상 순서를 바꾸기도 하였다.

② 만드는 방법에서 재료 및 분량은 1~2그릇 정도를 기준으로 하였고 저장식품도 그 기준에 맞추어 정리하였다. 조리기능사 문제는 한국기술자격검정원이 제시하는 새 출제기준에 따른 요구사항 및 지급되는 재료와 분량(한 그릇 양)대로 정리하였다.

③ '약간'의 표기는 손으로 집는 정도의 소량의 뜻과 기호에 따라 증감이 가능한 내용을 포함하고 있다.

④ '적량'의 표기는 주로 전이나 볶음에 사용되는 기름량 등에 표기하였다.

⑤ '후춧가루'의 표기는 흑 · 백의 구분이 없으나 재료에 따라서 선택할 수 있다.

⑥ '국간장'의 표기는 재래간장을 뜻하고 일반적으로 청장이라고 한다.

⑦ '간장'의 표기는 진간장을 뜻한다.

⑧ '물빼기'의 표기는 체에 밭쳐 물이 내려간 상태이다.

⑨ '데치기'의 표기는 약간의 소금을 넣어 옅은 소금물에서 데침을 의미한다.

⑩ 만드는 방법에서 계량단위와 계량방법은 다음과 같이 사용되었다.

- 계량단위 : 1컵 = 물 200mL/cc, 1큰술 = 물 15cc = 3작은술, 1작은술 = 물 5cc
- 계량방법
  - 간장 등의 액체는 계량기구에 가득 부어 계량한다.
  - 쌀 등 낟알과 설탕, 밀가루 등 가루상태의 것은 덩어리가 없는 상태에서 계량기구에 담아 흔들지 말고 수평으로 깎아 계량한다.
  - 된장, 고추장 등은 계량기구에 눌러 담은 후 수평으로 깎아 계량한다.

제2부

한국음식과 조리

제1장

주식류

밥 | 죽 · 미음 · 응이

국수 | 만두 | 수제비 | 떡국

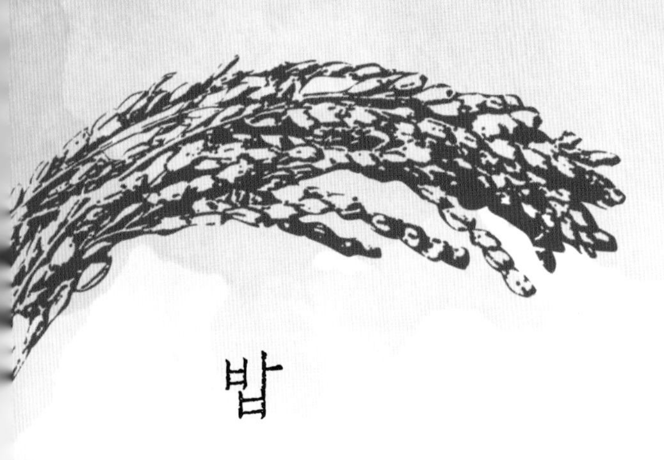

밥

밥은 쌀 낱알이나 잡곡 등에 물을 붓고 끓여 익힌 부드러운 상태의 호화된 곡물음식이다. 밥은 쌀로 만든 것을 의미하고, 잡곡을 혼합하게 되면 잡곡밥이라고 하여 밥과 구분하고 있다. 쌀이 귀하던 시절에는 평소 잡곡밥을 먹었고 흰 쌀밥은 제사나 특별한 날에만 먹을 수 있었다. 밥은 농경사회가 시작하던 시기부터 지금까지 우리의 식생활에서 주식이 되는 기본 음식이다. 밥은 우리의 상용 주식이지만 일상에서 여러 의미를 내포하고 있다. 밥은 식사 자체를 말하기도 하지만 가세의 빈부를 밥에 비유하기도 한다. 이처럼 밥은 우리의 음식 중에 귀중한 대표음식이다. 밥은 진지, 메, 수라 등으로 표현되는데, '진지'는 높임말이고, '메'는 제사 때의 밥이지만 궁중에서의 밥을 일컫는다. '수라'는 임금님께 올리는 밥이며 고려 때 몽고에서 유래된 말이다.

밥의 약사

우리나라는 기원전 6세기경에 부족국가시대부터 벼를 재배하기 시작하였고, 중국 『서경書經』 주서周書에 의하면 황제가 죽을 만든 전설이 나온다. 이것은 농경문화가 싹틈에 따라 인류는 곡물과 토기를 갖게 되고, 토기에 곡물과 물을 넣어 가열하여 죽을 만들게 되었다. 예기禮記, 내칙內則 소에 의하면 죽에는 된 것과 묽은 것이 있다고 하였는데, 된죽이 밥으로 발전하였을 것이다. 당시의 토기는 흙을 빚어 그대로 말린 정도여서 가열하면 죽에 흙냄새가 옮겨졌을 것이고, 시루가 만들어지면서부터 곡물을 쪄서 먹게 되었다. 신석기시대 유물로 토기로 만든 찜기를 보면 알 수 있고, 고조선시대는 기장, 피, 조, 콩, 팥, 보리 등의 곡물을 갈돌이나 돌확에서 부수어 시루에 찐 것으로 추정된다. 『제민요술』535에 곡물을 쪄서 밥을 만들고 고구려 고분벽화에 시루를 쓰는 모습을 볼 수 있다. 삼국시대에는 시루가 상용도구였으며, 이때 밥은 쪄서 익힌 증숙반蒸熟飯이었다.

벼농사가 널리 일반화되고 삼국시대 후기6세기 초에 신라의 천마총155호 고분과 금령총에서 뚜껑이 있는 큰 무쇠솥이 출토되었고, 『삼국사기』에 고구려 대무신왕 때 솥에 밥을 짓는다고 한 것으로 보아 이미 삼국시대에 쇠솥이 있었음을 알 수 있다. 쇠솥이 보급됨에 따라 취반밥 지을 취 : 炊, 밥 반 : 飯이 발달하게 되었다. 취炊는 물을 넣고 삶거나 끓이는 의미인 자煮나 팽烹과는 다르다. 먼저 끓이면煮 물을 충분히 흡수하여 찌는蒸 상태가 되게 하고 뜸을 들이면 수분이 더 잦아들어 밑바닥은 눌어燒 누룽지가 되며 밥알은 고슬고슬해진다. 이처럼 취炊는 끓이고煮, 찌고蒸, 뜸燒으로 이루어지는 조리과정이다.

우리나라 사람은 밥 짓는 솜씨가 뛰어났다. 통일신라시대 당나라 문화가 유입되고, 헌강왕880 때 취반에 장작을 사용하지 않고 탄炭을 사용하였다는 불의 요령을 알려 주고 있다. 『식경』1800년대에서 조선사람은 밥 짓기를 잘한다. 밥알이 윤기가 있고 부드러우며 향긋하다. 그리고 솥 속의 밥이 고루 잘 익어 기름지다. 밥을 지을 때는 불을 약하게 하고 물은 적게 부어야 한다고 하였다. 『옹희잡지』1800년대 초에는 쌀 위에 손을 얹어 밥물을 재어 붓는다. 뚜껑을 두껍게 하고 장작을 때는데, 무르게 하려면 익을 때쯤 일단 불을 물렸다가 잠시 후 다시 불을 지핀다. 되게 하려면 불을 꺼내지 말고 시종 뭉근한 불로 때라고 하였다. 『규합총서』1815에 밥과 죽은 돌솥이 으뜸이요 오지탕관이 그다음이라고 한 것은 밥 짓는 요령에서 솥의 중요성도 말하고 있다.

우리나라 사람은 밥에 잡곡 등을 잘 혼용한다.

보리밥麥飯은 쌀 생산이 부족하여 봄이면 거의 곡식이 바닥나 보리수확을 기다리던 보리고개 시절이 있었다. 해마다 이때의 보리밥은 보리가 완전히 영글기 전에 풋보리로 밥을 짓고, 수확하면 꽁보리밥을 지어 먹었다.

오곡밥五穀飯은 『동국세시기』1849에 정월대보름 때 오곡으로 지어 먹는 잡곡밥雜飯을 설명하고, 『증보산림경제』1766에는 조, 수수, 기장, 콩, 팥, 멥쌀 등을 섞어짓는 방법과 잡곡밥을 매우 맛있는 별미밥으로 칭송하고 있다.

약밥藥飯은 당나라 때 신라에 전해진 것으로 '식보'에 유화명주油畵明珠가 나오는데, 이는 상원의 유반油飯을 표현한 것으로 약반을 말했던 것으로 보인다. 『삼국유사』 사금갑射琴匣에 의하면 신라 소지왕488이 해마다 정월보름이면 찰밥을 지어 까마귀에게 먹이도록 영을 내린 전설이 있다. 이 전설로 상원일에 약반 풍습이 시작된 듯 하다. 『목은집』1328~1396 점반粘飯이라는 시에 찰밥에 기름과 꿀을 섞고 다시 잣, 밤, 대추를 넣어서 섞는다고 한 것을 보면 약반 조리법이 갖추어져 있음을 알 수 있다. 『도문대작』1611에는 약반을 중국인이 좋아하며, 이것을 배워서 만들고는 고려반高麗飯이라 한다고 쓰여 있다. 『옹희잡지』1800년대 초에는 찹쌀 또는 멥쌀에 팥, 밤, 대추 등을 섞어 시루에다 쪄낸 밥을 혼돈반渾沌飯이라 하고, 이것에 기름과 꿀을 섞으면 약반이 된다 하였다. 『은자의 나라 한국』1882에서는 약반이란 꿀을 넣은 증반蒸飯이라 하고, 『아언각비』1819에는 꿀을 흔히 약이라 하므로 밀반蜜飯을 약반이라고 하고 있다. 『임원십육지』1827 상원절식에는 약반을 잡과반雜果飯이라 하고 있다. 『해동죽지』1925에 찹쌀에 꿀과 대추를 섞어 쪄낸 밥을 팔보반八寶飯이라 하는데, 약반과 비슷하다. 여기서 팔보란 여러 가지 건과를 뜻한다. 『지문별집』1849~1863의 '급가주서'에서 곡물을 한번 쪄서 얻은 밥을 분饙, 설익은 밥 분, 반숙반(半熟飯) : 지에밥이라 하고 이것을 더 오래 쪄서 연하게 한 것을 류餾, 밥 뜸들 류라고 하였다. 이와 같이 지애밥을 만든 다음 밤, 대추를 섞어 류로 만드는 약밥 증숙법이 지금까지 이어지고 있다.

비빔밥은 골동십삼설骨董十三說에 쌀에 여러 가지 음식재료를 섞어 넣고 익힌 것을 골동반骨董飯이라 하였다. 『동국세시기』1849에 양자강 사람들은 반유반盤遊飯이란 음식을 잘 만들고 밥에 젓, 포, 회, 구운 고기 등을 넣는다고 하였는데, 이것이 곧 밥의 골동이다. 예부터 있던 음식이라고 한 것으로 보아 중국에서 유래된 것으로 본다. 『자학집요』의 골동반은 어육 등 여러 재료를 쌀 속에 넣어 찐다고 하고, 『시의전서』1800년대 말에는 비빔밥을 부빔밥汨董飯 또는骨董飯으로 표기하고 있으며 골汨은 어지러울 골이고, 동董은 비빔밥 동이다. 골동汨董은 여러 가지 물건을 한데 섞는 것을 말한다. 『조선무쌍신식요리제법』1943에서는 부빔이란 곧 골동을 뜻하니 오래된 물건을 팔고 사는 데를 골동가게라 하는 것으로 보아 부빔밥도 여러 가지를 섞은 음식임을 알 수 있다. 따라서 골동반이란 밥에다 여러 가지 찬을 섞어서 한데 비빈 것이다. 이 비빔밥은 오늘날 영양소를 고루 갖춘 한 끼 식사의 일품요리로 발전하고 있으며 전주, 진주, 해주 등지에서 지역마다 특징적인 향토음식이 되었다. 전주비빔밥은 콩나물을 밥 뜸들일 때 넣어 같이 익히고, 진주비빔밥은 콩나물 대신 숙주나물을 쓰고 있다. 해주비빔밥은 밥을 기름에 볶아서 담고 양념간장으로 비빈다.

밥 짓는 솜씨와 함께 밥솥이 개량되고 있다. 밥솥은 처음 토기옹기에서 죽의 형태로 끓이다가 토기시루에 쪄서 익히는 증숙반을 만들었다. 그후 쇠의 보급으로 무쇠솥에서 끓이고 찌고 뜸들여 태우는 자증소煮蒸燒의 과정을 거치는 취반炊飯을 하게 되었고, 쇠솥 외에 놋새옹, 돌솥, 오지탕관도 쓰였다. 무쇠솥은 오랜 세월 꾸준히 사용되었으며, 주철기술의 발달로 알루미늄과 스테인리스 냄비가 나오면서 압력솥이 개발되었다. 밥 짓는 연료도 장작불을 쓰다가 연탄으로, 또 석유풍로에서 밥을 짓다가 가스와 전기를 이용하게 되었다. 전기밥솥의 연구개발로 밥짓기가 자동화되어 누구나 쉽게 밥을 지어 먹고 있다.

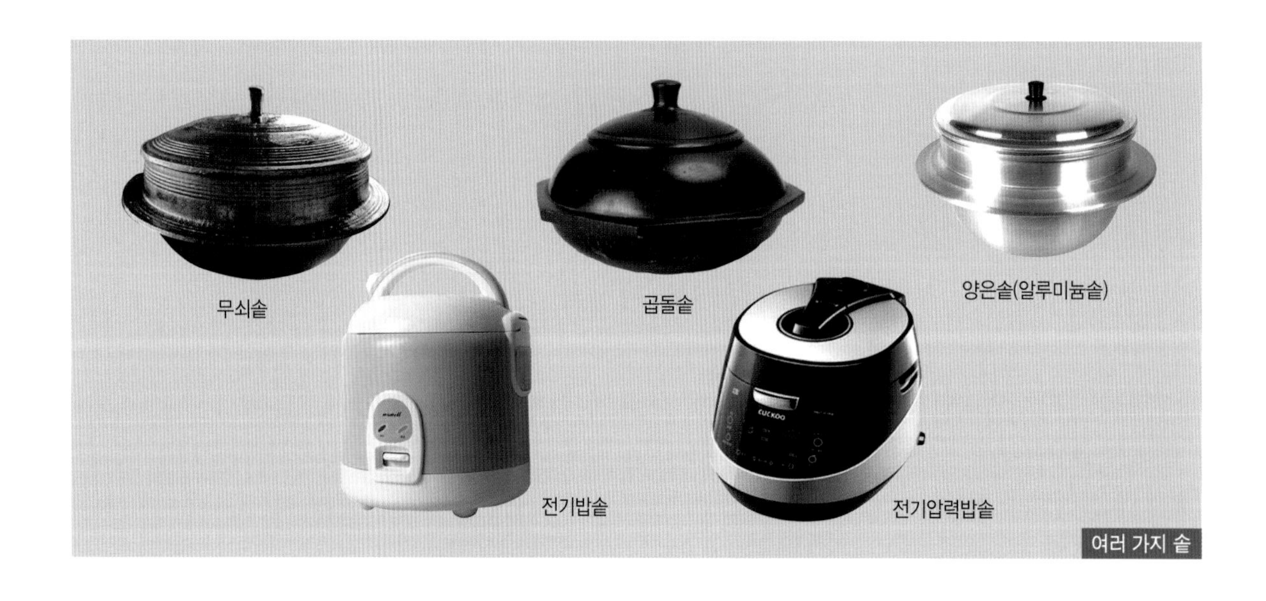

여러 가지 솥

밥의 종류

밥은 쌀밥과 쌀을 주재료로 하여 다른 곡류나 견과류, 채소류, 어패류 등을 섞어 짓기도 하며 그 종류는 매우 다양하다.

쌀로 짓는 밥

쌀 밥

- 흰밥 : 쌀밥 또는 백반이라 불리며 가장 보편적인 밥이다. 흰밥은 돌이나 혼인, 회갑, 제사, 장례 등의 통과의례에서도 중요한 날에 차리는 밥이다.
- 찰밥고두밥 : 찹쌀을 쪄 낸 밥으로 술밥이나 약식을 만들 때 이용한다.
- 오려쌀밥 : 가장 일찍 수확하는 벼인 올벼로 지은 햅쌀밥이다.
- 현미밥 : 볍씨의 왕겨만 벗겨 낸 쌀알로 지은 밥이다. 현미의 영양 기능성을 이용하여 성인병 예방이나 체중조절 식사로 이용한다.
- 팥물밥 : 홍반紅飯이라고 하며 팥 삶은 물로 지은 쌀밥이다. 붉은색으로 별미스럽게 지어 수라상에 올린 밥으로 중등밥이라 하였다.
- 흑미밥 : 흑미를 흰쌀과 섞어 지은 밥이다.

쌀과 섞어 짓는 밥

잡곡밥

- 강낭콩밥 : 강낭콩을 쌀과 섞어 지은 밥이다.
- 광저기동부콩밤밥 : 동부콩과 밤을 쌀과 섞어 지

| 밥의 종류 |

구 분		종 류
쌀로 짓는 밥	쌀 밥	흰밥, 찰밥(고두밥), 오려쌀밥, 현미밥, 팥물밥, 흑미밥
쌀과 섞어 짓는 밥	잡곡밥	강낭콩밥, 광저기(동부콩)밤밥, 기장밥, 메밀밥, 보리밥(꽁보리밥), 부등팥밥, 비지밥, 수수밥, 오곡밥, 완두콩밥, 율무밥, 조밥(강조밥), 차조밥, 콩밥, 팥밥, 피밥
	채소밥	감자밥, 고구마밥(서미반), 김치밥, 나물밥, 무밥, 송이밥, 옥정반, 죽순밥, 진잎밥(채소밥), 콩나물밥
	견과류 밥	밤밥, 도토리(상수리)밥, 약밥(약식), 혼돈밥
	어패류 밥	연어밥, 굴밥, 조개밥
밥을 지어 비벼 섞거나, 국물에 말아 먹는 밥	비벼 섞는 밥	비빔밥(골동반), 전주비빔밥, 지름밥, 진주비빔밥, 통영비빔밥, 헛제삿밥, 해주비빔밥, 회덮밥
	국물에 넣는 밥	김치국밥(갱식), 닭온반, 대구탕반(대구육개장), 소머리국밥, 장국밥, 콩나물국밥, 물에 만밥
기 타	유입되어 토착화된 밥	김밥, 덮밥, 볶음밥, 카레라이스

은 밥이다.

- 기장밥 : 기장을 쌀과 섞어 짓거나 기장만으로 지은 밥이다.
- 메밀밥 : 메밀껍질을 벗겨 쌀과 섞어 지은 밥이다.
- 보리밥꽁보리밥 : 보리를 쌀과 섞어 짓거나 보리만으로 지은 밥이다.
- 부등팥밥 : 회갈색의 부등팥을 쌀과 섞어 지은 밥이다.
- 비지밥 : 불린 대두를 갈아 콩물를 짜 낸 비지를 쌀과 섞어 지은 밥이다.
- 수수밥 : 수수를 쌀과 섞어 짓거나 수수만으로 지은 밥이다.
- 오곡밥 : 검은콩, 팥, 수수, 조 등의 잡곡을 쌀과 섞어 지은 밥이다.
- 완두콩밥 : 완두콩을 쌀과 섞어 지은 밥이다.
- 율무밥 : 율무를 쌀과 섞어 짓거나 율무만으로 지은 밥이다.
- 조밥강조밥 : 좁쌀을 쌀과 섞어 짓거나 좁쌀만으로 지은 밥이다.
- 차조밥 : 차조를 쌀과 섞어 짓거나 차조만으로 지은 밥이다.
- 콩밥 : 검은콩서리태콩을 쌀과 섞어 지은 밥이다.
- 팥밥 : 붉은 팥을 삶아 쌀과 섞어 지은 밥이다.
- 피밥 : 붉은 피를 쌀과 섞어 지은 밥이다.

채소밥

- 감자밥 : 감자를 썰어 쌀과 섞어 지은 밥이다.
- 고구마밥서미반 : 생고구마또는 썰어 말린 고구마를 쌀과 섞어 지은 밥이다.
- 김치밥 : 신 배추김치를 쌀과 섞어 지은 밥이다.
- 나물밥 : 나물을 쌀과 섞어 지은 밥이다.
- 무밥 : 굵게 채 썬 무를 쌀과 섞어 지은 밥이다.
- 송이밥 : 송이버섯을 쌀과 섞어 지은 밥이다. 밥이 끓어 물이 잦아들 때 송이버섯을 썰어 넣어 뜸 들인다.
- 옥정반 : 연근과 연밥을 쌀과 섞어 지은 밥이다.
- 죽순밥 : 죽순을 썰어 쌀과 섞어 지은 밥이다.
- 진잎밥채소밥 : 날 채소 또는 절인 채소를 쌀과 섞어 지은 밥이다.
- 콩나물밥 : 콩나물을 쌀과 섞어 지은 밥이다. 육류를 넣기도 한다.

견과류 밥

- 밤밥 : 생밤을 쌀과 섞어 지은 밥이다. 주로 잡곡과 함께 섞어 짓는다.
- 도토리상수리밥 : 구황음식으로 상수리나 도토리를 쌀과 섞어 지은 밥이다.
- 약밥藥食, 약식 : 찹쌀 고두밥에 기름과 꿀설탕을 섞어 달게 하고, 밤, 대추, 잣을 넣어 푹 쪄낸 밥이다. 꿀을 보약이라 하여 약반藥飯이라 한 데서 유래되었다.
- 혼돈밥 : 밤, 대추, 은행, 잣, 수삼 등을 쌀과 섞어 지은 밥으로 영양밥이라고도 한다.

어패류 밥

- 연어밥 : 연어살과 쌀을 섞어 지은 밥이다. 절인 연어는 껍질과 뼈를 제거하고 이용한다.
- 굴밥 : 굴과 쌀을 섞어 지은 밥이다. 무를 썰어 넣기도 한다.
- 조개밥 : 조갯살과 쌀을 섞어 지은 밥이다.

밥을 지어 비벼 섞거나, 국물에 말아 먹는 밥

비벼 섞는 밥

- 비빔밥골동반 : 밥에 갖가지 나물과 고기, 튀각 등을 얹어 비빈 밥이다. 궁중에서는 골동반이라 하고 섣달그믐에 남은 음식은 해를 넘기지 않는다는 뜻으로 만들었다고 한다.
- 전주비빔밥 : 쌀에 어린 콩나물을 얹어 지은 밥으로 육회와 생달걀을 얹어 간장, 고추장, 참기름으로 비빈 밥이다. 맑은 콩나물국을 곁들인다.
- 지름밥 : 밥에 나물과 조개 볶은 것 등을 얹어 겨자와 참기름으로 비빈 밥이다. 비빔밥을 뜻하는 제주도음식으로 지름은 기름의 사투리이다.
- 진주비빔밥 : 밥에 숙주나물, 고사리나물, 산채, 도라지나물과 청포묵, 육회, 볶은 소고기, 고추장 등을 얹어 비빈 밥이다. 백화요란하여 화반花飯이라고도 하며, 선짓국 또는 바지락조개국을 곁들인다.
- 통영비빔밥 : 통영지방의 비빔밥으로 밥에 갖가지 나물과 홍합, 바지락 볶은 것을 얹어 비빈 밥이다.
- 헛제삿밥 : 제사를 지내지 않고 제삿밥처럼 만들어서 비빈 밥이다. 제사 때 나물처럼 희게 하고 고추장도 넣지 않는다. 대구에서 유명하였다.
- 해주비빔밥 : 밥을 기름에 볶아 소금으로 간을 맞춘 밥에 닭고기, 해삼, 버섯 등과 해주특산물인 고사리와 김을 구워 얹어 비빈 밥이다. 해주교반이라고도 한다.
- 회덮밥 : 밥에 여러 가지 나물과 채소를 얹고 생선회를 얹어 초고추장으로 비빈 밥이다.

국물에 말아 먹는 밥

- 김치국밥갱식 : 김칫국에 밥을 넣어 끓이거나 말아 먹는 국밥이다.
- 닭온반 : 밥에 닭고기와 나물을 얹고 닭 육수를 부어 말아 먹는 밥이다.
- 대구탕반대구육개장 : 얼큰하게 끓인 대구탕에 밥을 말기도 하고, 밥을 따로 내기도 한다.
- 소머리국밥 : 소머리곰국에 밥을 말거나 끓인 국밥이다.
- 장국밥 : 소고기장국에 밥을 말거나 끓인 국밥이다.
- 콩나물국밥 : 콩나물국에 밥을 말거나 끓인 국밥이다.
- 물에 만 밥 : 밥을 물에 말아 먹는 밥이다. 『성종실록』1470에 극심한 가뭄 때 궁중에서 낮밥으로 수반水飯을 올렸다 한다.

기 타

- 김밥 : 밥에 꾸미를 놓고 김으로 말아 싸거나, 주먹밥을 김으로 싼 밥이다.
- 덮밥 : 고기, 채소류 등을 국물음식으로 만들어 밥에 얹어 먹는 밥이다.
- 볶음밥 : 고기, 채소류 등의 재료를 먹기 좋은 크기로 썰어 기름에 볶아 익히고, 밥도 기름에 볶아 섞은 밥이다.
- 카레라이스 : 고기, 채소류에 카레를 넣어 만든 걸쭉한 소스에 밥을 비벼서 먹는 밥이다.

밥의 기본조리법

밥을 지을 때는 쌀과 물의 비율 및 불의 조절이 중요하며 요령은 다음과 같다.

쌀 씻어 불리기

쌀은 물을 부어 가볍게 비벼 씻어 헹군다. 지나치게 으깨어 씻으면 비타민 B_1의 손실이 많다.

쌀은 물과 열의 침투력을 빠르게 하기 위하여 불린다. 쌀은 씻는 동안 10% 정도의 수분을 흡수하고 일반적으로 상온(20℃)에서 최소 30분 정도 담가 두면 20% 정도의 물을 흡수한다. 1~2시간 두면 좀 더 흡수하나 30% 이상은 흡수하지 않는다. 온도가 높으면 흡수속도가 빠르고 온도가 낮으면 흡수속도가 느리다. 보통 찬물에서 멥쌀은 30분, 찹쌀은 50분 정도 지나면 포화상태가 된다. 쌀을 불리면 물과 열이 골고루 전달되어 전분호화가 신속하고 완전히 일어나게 하므로 맛있는 밥이 된다.

밥 짓기

밥 짓기는 우선 끓여서 전분을 호화시키고 불을 줄이면서 수분이 잦아 들도록 계속 가열한 후 불을 끄고 잠시 뜸을 들인다. 즉, 끓이기와 찌기, 뜸들이기의 세 가지가 조화롭게 이루어져야 잘 된 밥이라 할 수 있다.

- **온도상승기** : 센 불로 가열하여 비등점에 도달하도록 한다.
- **비등지속기** : 중불로 5분 정도 끓이면 쌀이 물을 계속 흡수·팽창하여 전분의 호화가 활발해지고 점성이 증가한다.
- **증자기** : 약불로 15분 정도 가열한다. 수증기로 찌는 시기로 쌀 입자 표면에 있던 수분이 증기가 되어 쌀 입자가 쪄진다. 쌀 입자의 전분이 완전히 호화·팽윤하도록 한다.
- **뜸들이기** : 불을 끄고 뚜껑을 열지 않고 그대로 뜸을 들인다. 쌀알 중심부의 전분이 완전히 호화되어야 밥맛이 좋아진다.

밥 뒤적이기

다 지어진 밥을 그대로 방치하면 솥의 벽면이 식어 물방울이 생기거나 밥의 중량으로 밥알이 눌리므로 주걱으로 밥알이 으깨지지 않도록 주의하여 위아래로 가볍게 뒤적인다.

| 물의 양 |

구 분 \ 물의 양	쌀 중량에 대한 물의 분량	체적(부피)에 대한 물의 분량
백 미	1.5배	1.2배
햅 쌀	1.4배	1.1배
찹 쌀	1.1~1.2배	0.9~1배

* 불린 쌀로 밥을 지을 경우는 불린 쌀과 물의 양을 동량으로 한다.

흰밥

흰 밥

쌀밥 또는 백반이라 불리며 가장 보편적인 밥이다. 흰밥은 돌이나 혼인, 회갑, 제사, 장례 등의 통과의례에서도 중요한 날에 차리는 밥이다.

재료 및 분량

쌀 2컵
물 2½컵

만드는 방법

1 쌀 불리기 쌀은 가볍게 비벼 씻어 건져 냄비에 담고 밥할 물을 부어 30분 정도 불린다.

2 밥 짓기 센 불로 가열하여 끓어오르면 밥물이 넘치지 않도록 불을 줄이면서 5분 정도 끓이고 아주 약한 불로 15분 정도 물이 잦아들게 가열한다. 불을 끄고 잠시 두어 뜸을 들인다.

3 밥 뒤적이기 뜸이 들면 밥알이 눌리지 않도록 위아래로 잘 뒤적인다.

흑미밥

흑미를 흰쌀과 섞어 지은 밥이다.

재료 및 분량

쌀 2컵
흑미 ¼컵
물 3컵

만드는 방법

1 쌀 불리기 흑미는 잠깐 씻어 밥할 물에 3시간 정도 담가 불리고 쌀은 가볍게 비벼 씻어 밥짓기 30분 전에 흑미와 같이 불린다.

2 밥 짓기 센 불로 가열하여 밥을 짓는다(흰밥 2 밥 짓기 참조).

3 밥 뒤적이기 뜸이 들면 밥알이 눌리지 않도록 위아래로 잘 뒤적인다.

팥물밥

홍반紅飯이라고 하며 팥 삶은 물로 지은 쌀밥이다. 붉은색으로 별미스럽게 지어 수라상에 올린 밥으로 중등밥이라 하였다.

재료 및 분량

쌀 2컵
물(팥 삶은 물) 2½컵

팥물
붉은 팥 ½컵, 물 2컵

팥을 약불에서 30분 이상 가열하면 팥이 터지고 팥물은 혼탁해진다.

만드는 방법

1 팥 삶기 · 쌀 불리기 팥은 돌을 일어 문질러 씻어 약불에서 30분 정도 삶아 체에 내린다. 팥물을 냄비에 붓고, 쌀은 가볍게 비벼 씻어 팥물에 담가 30분 정도 불린다.

2 밥 짓기 센 불로 가열하여 밥을 짓는다(흰밥 2 밥 짓기 참조).

3 밥 뒤적이기 뜸이 들면 밥알이 눌리지 않도록 위아래로 잘 뒤적인다.

팥물밥
흑미밥

보리밥 꽁보리밥

보리를 쌀과 섞어 짓거나 보리만으로 지은 밥이다.

재료 및 분량

보리쌀(늘보리) 2컵
쌀 ½컵
물 3컵

만드는 방법

1 **보리 불리기** 보리는 비벼 씻어 건져 밥할 물을 부어 충분히 불리고 쌀은 가볍게 비벼 씻어 불린 보리에 섞어 넣는다.

2 **밥 짓기** 센 불로 가열하여 끓어오르면 밥물이 넘치지 않도록 불을 줄이면서 5분 정도 끓이고 아주 약한 불로 15분 정도 물이 잦아들게 가열한다. 불을 끄고 잠시 두어 뜸을 들인다.

3 **밥 뒤적이기** 뜸이 들면 밥알이 눌리지 않도록 위아래로 잘 뒤적인다.

팥 밥

붉은 팥을 삶아 쌀과 섞어 지은 밥이다.

재료 및 분량

쌀 2컵
물(팥 삶은 물 포함) 2½컵
소금 약간

팥물
붉은 팥 ½컵, 물 2컵

만드는 방법

1 **팥 삶기 · 쌀 불리기** 팥은 돌을 일어 문질러 씻어 약불에서 20분 정도 삶아 체에 내린다. 쌀은 가볍게 비벼 씻어 30분 정도 불린다.

2 **밥 짓기** 냄비에 쌀과 팥, 소금을 넣고 물을 부어 센 불로 가열하여 끓어오르면 밥물이 넘치지 않도록 불을 줄이면서 5분 정도 끓이고 아주 약한 불로 15분 정도 물이 잦아들게 가열한다. 불을 끄고 잠시 두어 뜸을 들인다.

3 **밥 뒤적이기** 뜸이 들면 밥알이 눌리지 않도록 위아래로 잘 뒤적인다.

광저기동부콩밤밥

동부콩과 밤을 쌀과 섞어 지은 밥이다.

재료 및 분량

쌀 2컵
동부콩 ½컵
밤 7개
물 2½컵

만드는 방법

1 쌀 불리기 쌀은 가볍게 비벼 씻어 건져 냄비에 담고 밥할 물을 부어 30분 정도 불린다.

2 재료 준비하기 밤은 속껍질을 벗기고 2~4등분 하며, 콩은 씻는다.

3 밥 짓기 불린 쌀 냄비에 밤 · 콩을 넣고 센 불로 가열하여 밥을 짓는다(팥밥 2 밥 짓기 참조).

4 밥 뒤적이기 뜸이 들면 밥알이 눌리지 않도록 위아래로 잘 뒤적인다.

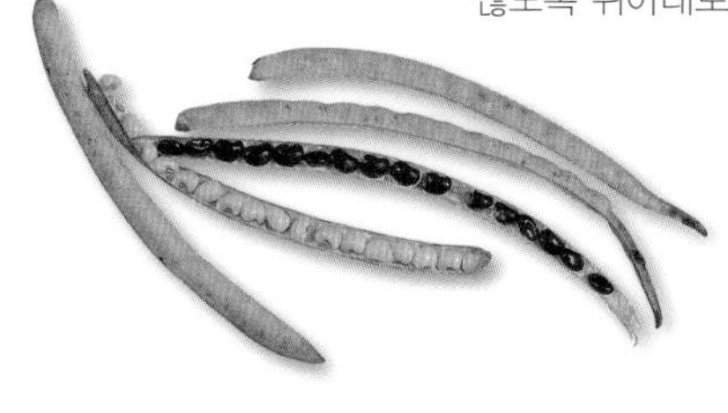

오곡밥

검은콩, 팥, 수수, 조 등의 잡곡을 쌀과 섞어 지은 밥이다.

재료 및 분량

쌀 2컵
찹쌀 1컵
검은콩 · 팥 ½컵
수수 ⅓컵
차조 ⅓컵
물(팥 삶은 물) 3½컵
소금 1작은술

팥물
붉은 팥 ½컵, 물 2컵

만드는 방법

1 곡류 불리기 · 팥 삶기 검은콩, 수수, 팥, 차조는 돌을 일어 문질러 씻어 차조는 바로 건지고, 검은 콩과 수수는 3시간 이상 불린다. 쌀과 찹쌀은 가볍게 비벼 씻어 불리고, 팥은 약불에서 20분 정도 삶아 체에 내린다. ❶

2 밥 짓기 냄비에 쌀과 찹쌀, 콩, 수수, 팥, 차조를 넣고 물을 부어 밥을 짓는다(팥밥 2 밥 짓기 참조). ❷

3 밥 뒤적이기 뜸이 들면 밥알이 눌리지 않도록 위아래로 잘 뒤적인다.

찜기를 이용하여 오곡밥을 만들 경우에는 쌀을 먼저 팥 삶은 물로 물을 들인 후에 함께 찐다.

콩나물밥 30분

콩나물을 쌀과 섞어 지은 밥이다. 육류를 넣기도 한다.

재료 및 분량

불린 쌀 150g
콩나물 60g
소고기 30g

소고기 양념
간장 ½작은술, 다진 파 ½작은술, 다진 마늘 ¼작은술, 참기름 약간

만드는 방법

1 재료 준비하기 콩나물은 꼬리를 다듬어 씻는다. 소고기는 결대로 곱게 채 썰고 파, 마늘은 다져 양념한다.

2 밥 짓기 냄비에 쌀을 넣고 그 위에 콩나물, 소고기를 얹는다. 콩나물 양을 감안하여 1컵보다 적은 양의 물을 부어 센 불로 가열하여 끓어오르면 불을 줄이면서 5분 정도 끓이고 약불로 15분 정도 밥물이 잦아들게 가열한다. 불을 끄고 잠시 두어 뜸을 들인다.

3 담기 뜸이 들면 소고기와 콩나물을 고루 섞어 담는다.

김치밥

신 배추김치를 쌀과 섞어 지은 밥이다.

재료 및 분량

쌀 2컵
돼지고기 100g
배추김치 200g
물 2컵

돼지고기 양념
국간장 2작은술, 다진 파 1작은술, 다진 마늘 · 다진 생강 · 참기름 ½작은술, 후춧가루 약간

양념장(곁들임)
고춧가루 · 다진 파 · 깨소금 1큰술, 간장 5큰술, 다진 마늘 1작은술, 참기름 2작은술

만드는 방법

1 쌀 불리기 쌀은 가볍게 비벼 씻어 물에 담가 불린다.

2 재료 준비하기 돼지고기는 굵게 채 썰어 양념하고, 배추김치는 속을 털어 낸 다음 물기를 짜서 채 썬다.

3 밥 짓기 냄비에 쌀을 넣고 그 위에 돼지고기, 김치를 얹는다. 약간 적은 양의 밥할 물을 부어 밥을 짓는다(콩나물밥 2 밥 짓기 참조).

4 밥 뒤적이기 뜸이 들면 고루 섞어 담고 양념장을 곁들인다.

굴 밥

굴과 쌀을 섞어 지은 밥이다. 무를 썰어 넣기도 한다.

재료 및 분량

쌀 2컵
굴 200g
무 200g
소금(손질용) 적량
물 2컵
(물량은 굴과 무의 수분량을 감안한다)

양념장(곁들임)
고춧가루 · 참기름 1작은술, 간장 2큰술, 다진 파 2작은술, 다진 마늘 · 깨소금 ½작은술

만드는 방법

1 **재료 준비하기** 쌀은 물에 담가 불린다. 무는 굵게 채 썰어 소금을 뿌려 잠시 절이고, 굴은 일어 씻고 각각 헹군 후 물빼기를 한다.

2 **밥 짓기** 냄비에 쌀을 넣고 무를 얹는다. 물을 부어 센 불로 가열하여 끓어오르면 약불로 가열한다. 밥물이 거의 다 잦아들 때 굴을 넣고 잠시 후 불을 끄고 뜸을 들인다.

3 **담기** 뜸이 들면 고루 섞어 담고 양념장을 곁들인다.

닭온반

밥에 닭고기와 나물을 얹고 닭 육수를 부어 말아 먹는 밥이다.

재료 및 분량

닭 ½마리(500g)
밥 4공기
애호박 · 당근 50g
마른 표고버섯 3개
국간장 1큰술
물 6컵
소금 · 후춧가루 약간

향신채소
대파 ½대, 마늘 5쪽, 생강 1쪽, 통후추 약간

나물 양념
간장 · 참기름 · 다진 마늘 1작은술, 다진 파 2작은술

만드는 방법

1 **육수 · 버섯 준비하기** 닭은 씻어 향신채소와 함께 삶는다. 마른 표고버섯은 불린 후 가늘게 채 썬다.

2 **재료 준비하기** 당근은 5cm 길이로, 애호박은 껍질 쪽만 각각 가늘게 채 썰어 소금을 뿌려 잠깐 절인 후 헹구어 물기를 짠다. 삶은 닭은 찢어 양념(국간장 · 다진 파 ½큰술, 다진 마늘 · 참기름 · 깨소금 1작은술, 후춧가루 약간)하고 국물은 체에 내려 기름기를 제거한 후 간을 맞춘다.

3 **볶아 담기** 당근과 애호박, 표고버섯 순으로 나물 양념을 약간씩 넣으면서 볶은 후 밥에 닭고기와 함께 담고 육수를 붓는다.

혼돈밥

밤, 대추, 은행, 잣, 수삼 등을 쌀과 섞어 지은 밥으로 영양밥이라고도 한다.

재료 및 분량

쌀 1½컵
찹쌀 ½컵
수삼 2뿌리
밤 · 대추 5개
은행 10개
잣 ½큰술
물 2컵

양념장(곁들임)
고춧가루 · 참기름 ½큰술
간장 3큰술
다진 파 · 깨소금 1큰술

만드는 방법

1 쌀 불리기 쌀과 찹쌀은 가볍게 비벼 씻어 물에 담가 30분 정도 불린다.

2 재료 준비하기 수삼은 솔로 문질러 씻고 어슷썬다. 밤은 속껍질을 벗기고, 대추는 칼집을 넣어 씨를 제거한 후 각각 먹기 좋은 크기로 자른다. 잣은 고깔을 뗀다. 은행은 번철에 볶은 후 비벼 껍질을 벗긴다.

3 밥 짓기 솥에 쌀과 재료를 넣고 물을 부어 센 불로 가열하여 끓어오르면 밥물이 넘치지 않도록 불을 줄이면서 5분 정도 끓이고 아주 약한 불로 15분 정도 물이 잦아들게 가열한다. 불을 끄고 잠시 두어 뜸을 들인다.

4 밥 뒤적이기 뜸이 들면 밥알이 눌리지 않도록 위아래로 잘 뒤적인다. 양념장을 곁들인다.

약밥 약식

찹쌀 고두밥에 기름과 꿀설탕을 섞어 달게 하고, 밤, 대추, 잣을 넣어 푹 쪄낸 밥이다. 꿀을 보약이라 하여 약반藥飯이라 한 데서 유래되었다.

재료 및 분량

찹쌀 5컵
밤 2컵
대추 1~2컵
잣 2큰술
간장 3큰술
황설탕 1컵
꿀 4큰술
참기름 6큰술
계핏가루 1큰술
소금 약간

캐러멜소스
황설탕 6큰술
물 3큰술

만드는 방법

1 찹쌀 불려 찌기 찹쌀은 가볍게 씻어 충분히 불린 후 찜기에 면포를 깔고 30분 정도 찐다. ❶

2 견과류 손질하기 밤은 속껍질을 벗기고 대추는 칼집을 넣어 씨를 제거한 후 각각 먹기 좋은 크기로 썬다. 잣은 고깔을 뗀다.

3 캐러멜소스 만들기 냄비에 분량의 설탕과 물을 붓고 진한 갈색이 될 때까지 서서히 끓여 캐러멜소스를 만든다. 완성되면 바로 온수 2큰술을 섞어 굳지 않게 한다.

4 섞어 찌기 큰 용기에 찐 고두밥을 뜨거울 때 담아 캐러멜소스와 설탕을 넣어 녹인다. 꿀, 간장, 소금, 참기름, 계핏가루를 섞어 색과 맛을 본 후 밤, 대추, 잣과 섞는다. 찜기에 면포를 깔고 밥을 올려 1시간 정도 푹 찐다. ❷, ❸, ❹

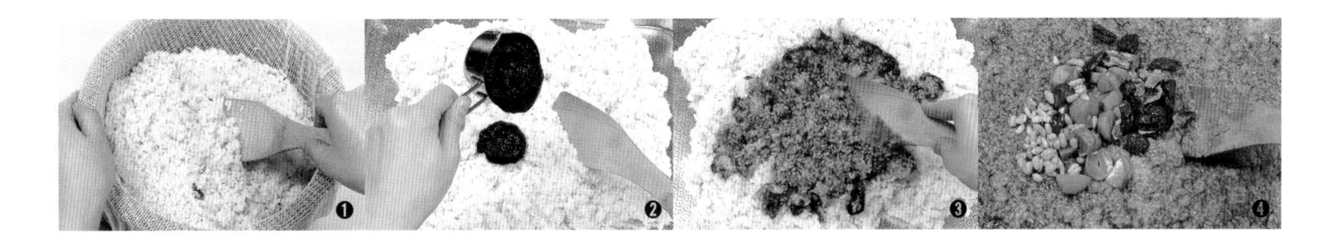

비빔밥 골동반 50분

밥에 갖가지 나물과 고기, 튀각 등을 얹어 비빈 밥이다. 궁중에서는 골동반이라 하고 섣달그믐에 남은 음식은 해를 넘기지 않는다는 뜻으로 만들었다고 한다.

재료 및 분량

불린 쌀 150g
소고기 30g
애호박(중, 길이 6cm) 60g
도라지(찢은 것) 20g
고사리(불린 것) 30g
청포묵(중, 길이 6cm) 40g
달걀 1개
마른다시마(사방 5cm) 1장
대파(흰 부분 4cm) 1토막
마늘(중, 깐 것) 2쪽
고추장 40g
간장 15mL
참기름 5mL
식용유 30mL
소금 10g

소고기 양념
간장 ½작은술, 설탕 ¼작은술, 다진 파 ¼작은술, 다진 마늘 ¼작은술, 참기름 ⅛작은술, 깨소금 ⅛작은술, 후춧가루 약간

볶음(약)고추장 양념
고추장 1큰술, 설탕 ½큰술, 참기름 약간, 물 1큰술

만드는 방법

1 밥 짓기 쌀은 동량의 물 1컵으로 밥을 질지 않게 짓는다(흰밥 2 밥 짓기 참조).

2 재료 준비하기 청포묵은 0.5×0.5×5cm로 썰어 데쳐서 약간의 소금, 참기름에 무친다. 애호박은 5cm로 자르고 0.3cm 두께로 돌려 깎아 0.3cm 폭으로 채 썰어 소금을 뿌려 잠깐 절인 후 헹구어 물기를 짠다.
도라지는 호박과 같은 크기로 썰어 소금으로 주물러 씻는다. 고사리는 5cm 길이로 잘라서 약간의 간장, 참기름으로 밑간을 한다. 파, 마늘은 다져 놓는다.
소고기는 5cm 정도 길이와 0.3×0.3cm 굵기로 먼저 채 썰고, 나머지 ¼ 정도를 다진 후 각각 양념한다.

3 볶기 달걀은 0.3cm 두께의 황 · 백 지단을 부쳐 식힌 후 0.3×5cm로 채 썬다.
다시마는 튀겨 잘게 부순다. 준비한 도라지, 애호박, 소고기, 고사리 순으로 다진 파, 마늘을 약간 넣으면서 볶는다. 이때 고사리는 물을 조금 넣어 부드럽게 볶는다.
다진 고기는 볶다가 볶음(약)고추장 양념을 넣어 더 볶아 약고추장을 만든다.

4 담기 밥 위에 준비한 재료를 돌려 담고, 볶음(약)고추장을 얹는다.

식용유는 30mL만 지급되므로 튀김을 먼저 한 후 채소 등을 볶는다.
번철 하나로 지단→다시마→도라지→애호박→소고기→고사리→볶음고추장 순서로 끝내면 조리시간이 단축된다.
불린 쌀 150g은 1컵 분량이다. 쌀 1컵(180g)을 30분 정도 불리면 240g이 된다.

김 밥

밥에 꾸미를 놓고 김으로 말아 싸거나, 주먹밥을 김으로 싼 밥이다.

재료 및 분량

밥(쌀 5컵, 물 6컵, 소금 1큰술)
소고기 · 시금치 300g
통단무지 1개
당근 200g
달걀 3개
김 10장
소금 약간

촛물
식초 3큰술, 설탕 2큰술

소고기 양념
간장 2큰술, 설탕 · 다진 파 1큰술, 다진 마늘 ½큰술, 참기름 · 깨소금 ¾작은술, 후춧가루 약간

시금치 양념
참기름 · 깨소금 1작은술, 소금 약간

만드는 방법

1 밥 준비하기 냄비에 쌀을 씻어 넣고 소금, 물을 부어 잠시 불린 후 된 밥으로 짓는다(흰밥 2 밥 짓기 참조). 밥이 뜸이 들면 뜨거울 때 촛물을 뿌리면서 뒤적여 식혀 둔다.

2 재료 준비하기 소고기는 다져 양념하고 단무지와 당근은 0.5cm 굵기로 길게 썬다. 시금치는 살짝 데쳐서 찬물에 헹구어 물기를 짠 후 양념한다. 달걀은 풀어 0.5cm 누께의 지단을 부치고 당근은 소금을 뿌려 볶은 다음 소고기도 볶는다. 김은 살짝 굽는다.

3 김 말기 김발에 김을 펴고 ⅔ 정도의 밥을 펴놓고 그 위에 준비한 재료를 색의 조화를 맞추어 담아 얹는다. 펴놓은 밥의 양끝이 서로 연결되도록 김발로 말아준 다음 한입 크기로 자른다.

죽·미음·응이

죽은 곡식에 물을 많이 넣고 푹 무르도록 끓여 곡식의 낱알이 연하게 퍼지고 물과 함께 걸쭉하게 어우러진 부드러운 곡물음식이다. 『조선무쌍신식요리제법』1943에서 '죽이란 물만 뵈고 쌀이 뵈지 않아도 죽이 아니오, 쌀만 뵈고 물이 뵈지 않아도 죽이 아니라, 반드시 물과 쌀이 서로 화해야 부드럽고 기름지게 되어 한결같이 된 연후에야 죽이라 이른다'라고 하여 죽의 알맞은 상태를 설명하고 있다. 죽은 옛날 가난하여 배고픔을 달래기 위한 구황음식으로 여럿이 나눌 수 있는 음식이 되었고 몸이 허한 사람에게 보양식으로 또는 병인식으로 이용되었다. 『영조실록』에 왕이 종루의 걸인들에게 죽을 내렸다고 한다. 『임원십육지』1827에는 죽기粥記를 인용하여 '아침에 죽을 먹으면 허한 위를 보하는 효과가 있고, 부드러워 위장에 좋다'고 쓰여 있다. 왕은 이른 아침에 초조반으로 죽이나 미음, 응이를 드는 것이 일상적이었고, 일반인도 아침밥 대신 죽을 많이 이용하였다. 불교에서는 죽반粥飯이라 하여 아침에 죽을 먹는 것이 오랜 관습으로 되어 있다. 죽은 쌀 외에 다른 곡물이나 채소, 열매, 약이성 재료, 육류, 어패류 등을 섞어 죽을 끓였다. 우리의 죽은 매우 발달하였고 미음, 응이 등 다양하게 분화되어 독특한 명칭이 생겼다.

죽은 곡류의 낱알이나 재료의 건더기가 대부분 있고 미음米飮은 죽의 건더기를 체에 내려 형체가 없이 걸쭉하게 흐르는 유동식이다. 응이란 말은 의이薏苡에서 온 말로 율무를 가리킨다. 『성호사설』1763에 의이는 율무라는 곡물 이름인데, 죽의 이름으로 의이라고 하는 것은 잘못이라고 하였다. 『조선요리제법』에 의이를 입에 순케 부르노라고 응이라 하였다고 쓰여 있다. 지금도 응이는 곡류나 덩이뿌리 등의 전분으로 끓이고 미음보다 더 고운 상태로 마실 수 있는 정도이며, 옛 문헌에서처럼 그대로 이어져 오고 있다.

죽·미음·응이의 약사

중국 『서경書經』 주서周書에 의하면 황제가 곡물을 삶아서 죽을 만들었다고 한다. 이것은 농경문화의 시작과 함께 인류는 토기를 갖게 되고, 토기에다 곡물과 물을 넣고 가열하여 죽을 만들게 되었다. 예기禮記, 내칙內則 소에 의하면 죽에는 된 것과 묽은 것이 있는데, 된 것은 범벅이라 하고 묽은 것을 죽이라 하였다. 우리나라에서 빗살무늬토기나 발형토기의 유물로 보아 여기에 죽을 끓였을 것으로 추정할 수 있으며, 이때 채집한 나물이나 어패류 또는 사냥한 고기 등을 함께 넣어 익혔을 것이다.

해안지역에 분포하고 있는 패총貝塚과 나진초도패총羅津草擣貝塚, 무산호곡유적茂山虎谷遺蹟에서 숟가락이 출토됨으로써 이 무렵에 죽을 끓여 먹었음을 확인할 수 있다. 삼국시대 숟가락은 대나무 잎이나 풀잎모양으로 좁고 긴 모양을 하고 있다. 농경 초기 때 죽은 곡물이 부족하여 물을 많이 붓고 쑨 묽은 죽의 형태로 많은 사람이 나누어 먹던 우리의 상용음식이었을 것이다. 따라서 곡물조리의 최초 형태로 추정되고 묽은 죽은 잡곡이나 산채, 열매 등 먹을 수 있는 재료들을 함께 섞어 끓인 죽으 로 오랜 세월 이어져 왔다. 조선시대에는 매우 보편화된 음식으로 많은 조리서에 기록이 남아 있다.

『도문대작』1611에 방풍죽을 '단맛이 입 안에 가득하여 3일이 지나도 없어지지 않는다'라고 칭송하고, 『수친총서류집』1620을 비롯하여 『치생요람』1691, 『산림경제』1715, 『증보산림경제』1766 등에 죽은 먹기 편한 노인음식, 약이藥餌음식으로 장생술을 설명하고 있다. 『국조오례의』1474에서는 상례 때는 슬픔에 지쳐 밥을 먹을 수 없으니 죽을 먹이라고 하였다. 이때 죽은 마시는 정도로 볼 수 있다. 따라서 죽을 탕湯으로 표기하는 일도 있는데, 『요록』1680에서는 콩죽을 두탕豆湯이라 하였다. 『동의보감』1611에 흰죽, 녹각죽, 『규합총서』1815에 팥죽, 개암죽, 『임원경제지』1827에 본초강목을 인용하여 구기자죽, 율무죽, 지황죽, 행인죽 등 병을 치료하는 죽들이 많이 수록되어 있다.

『증보산림경제』에 흰죽은 늦벼쌀晩稻米로 쑨 것이 제일 좋고, 돌솥에 쑨 죽이 가장 맛있으며, 다음이 무쇠솥이고 노구솥놋쇠솥은 좋지 않으며, 물이 좋지 않으면 죽이 누런색을 띠고 맛이 없으니 물맛이 좋은 우물물을 사용하라고 하였다. 『조선무쌍신식요리제법』1943에서 '흰죽은 늦게 거둔 쌀이 제일이며, 돌솥에 고는 것이 맛이 좋고, 물은 단샘이 매우 좋으니…'라고 같은 방법으로 이어져 오고 있음을 알게 하고 또 죽을 쑮는 것은 나뭇잎이나 콩깍지, 등겨와 같은 땔감을 때고, 장작으로 불을 맹렬하게 말지니라. 때던 남은 불을 솥 밑에 두어 오래 쑮으면 쌀집이 다 나와야 죽이 되고 맛이 있어 장부臟腑에 가장 유익하다고 하였다. 이와 같이 약불로 오래 쑮아 어우러지게 죽을 쑤는 방법을 일깨워주고 있다. 『규합총서』1815에 마른 해삼, 홍합, 소고기, 찹쌀로 만든 삼합미음이 설명되어 있고, 『원행을묘정리의궤』1795에는 궁중 일상식으로 쌀미음, 메조미음, 생동쌀미음, 대추미음 등이 나온다. 『증보산림경제』, 『규합총서』, 『옹희잡지』1800년대 초 등에 의이죽응이은 율무의 껍질을 벗기고 물에 불려 갈아서 얻은 앙금으로 쑨 죽이다. 그런데 언제부터인지 어떤 재료이든 갈아 얻은 앙금으로 쑨 죽을 통틀어 의이라고 부르게 되었다고 하고, 『아언각비』1819에서는 율무는 의이응이로 쑬 수 있는데, 사람들이 다른 곡물로 쑨 것에도 수수의이, 갈근의이, 녹말의이, 메밀의이라고 습관적으로 쓰고 있다고 지적하였다. 『조선요리제법』에 미음, 응이 쑤는 법과 쌀암죽, 식혜암죽 쑤는 법이 설명되어 있다.

오늘날 죽은 환자를 위한 병인식이나 보양식, 유아를 위한 식이로, 다양한 재료들을 혼합하여 맛과 영양을 보충한 별미식과 체중 관리식으로, 바쁜 현대인들을 위한 간편 식사 및 저칼로리의 영양식 등으로 재조명받고 있으며 활발한 연구개발과 산업화가 이루어지고 있다.

죽의 종류

죽의 종류에는 쌀로 만든 흰죽과 잡곡류, 채소류, 견과류, 어패류, 수조육류 등의 재료를 쌀과 섞어 만든 것 등이 있다. 함께 사용되는 재료에 따라 죽의 종류를 구분하고 조리법에 따라 다음과 같이 분류할 수 있다.

재료에 따른 분류

쌀만으로 쑨 죽

- 흰죽 : 쌀을 끓인 죽이다. 용도에 따라 쌀을 통째로 쑤거나 반쯤 굵게 또는 아주 곱게 갈아서 죽을 쑨다.

| 죽의 종류 |

구분		종류
재료에 따른 죽	쌀만으로 쑨 죽	흰죽
	잡곡류를 섞어 쑨 죽	녹두죽, 묵물죽, 보리죽, 양원죽, 오누이죽(남매죽), 율무죽, 조죽, 청량죽, 청모죽, 콩죽, 팥죽
	채소류 · 서류를 섞어 쑨 죽	고구마죽, 근대죽, 김치죽, 나복자죽, 두릅죽, 무죽, 박죽, 버섯죽, 아욱죽, 애호박죽, 우거지죽, 우분죽(연뿌리가루죽), 콩나물죽, 호박범벅, 호박죽
	견과류를 섞어 쑨 죽	개암죽(진자죽), 낙화생죽, 대추죽, 밤죽(율자죽), 오자죽, 잣죽, 행인죽, 호두죽
	깨를 섞어 쑨 죽	들깨죽, 참깨죽, 흑임자죽
	어패류를 섞어 쑨 죽	가자미죽, 게죽, 낙지죽, 대구죽, 붕어죽, 비웃죽, 생굴죽, 섭죽, 옥돔죽, 우렁죽, 전복죽, 추어죽, 피라미죽, 홍합죽
	수조육류를 섞어 쑨 죽	녹갱죽, 닭죽, 양신죽, 양육죽, 양죽, 장국죽
	유제품을 섞어 쑨 죽	우유죽(타락죽)
	약재를 섞어 쑨 죽	가시연밥(감인)죽, 갈분죽, 강분죽, 구선왕도고의이, 녹각죽, 마름열매죽, 문동죽, 방풍죽, 방풍잎죽, 변두죽, 복령죽, 산약죽, 서여죽, 송엽말죽, 육선죽, 황정죽
	기타 재료를 섞어 쑨 죽	국묘죽, 매화죽, 모과죽, 백시죽, 백합죽, 소마죽, 소주원미, 자소죽, 재강죽, 죽력죽, 죽엽죽, 차조기죽
조리법에 따른 죽	낟알의 형태에 따른 죽	옹근죽, 원미죽, 무리죽
	미 음	메조미음, 속미음, 쌀미음, 차조미음
	응 이	갈분응이, 수수응이, 연근응이, 오미자응이, 율무응이
	암 죽	떡암죽, 식혜암죽, 쌀암죽

잡곡류를 섞어 쑨 죽

- 녹두죽 : 녹두를 삶아 체에 거른 것과 쌀을 넣어 쑨 죽이다.
- 묵물죽 : 녹두를 갈아서 가라앉힌 앙금의 윗물에 쌀을 넣어 쑨 죽이다.
- 보리죽 : 보리를 갈아서 쑨 죽이다.
- 양원죽 : 멥쌀과 찹쌀을 동량으로 넣고 볶아서 쑨 죽이다.
- 오누이죽남매죽 : 팥을 삶아 체에 거른 것과 찹쌀가루, 칼국수를 넣어 쑨 죽이다. 황해도 향토음식이다.
- 율무죽 : 율무가루와 쌀가루를 섞어 쑨 죽이다.
- 조죽 : 쌀과 조를 섞어 쑨 죽이다.
- 청량죽 : 쌀과 차조를 섞어 쑨 죽이다.
- 청모죽 : 쪄서 말린 풋보릿가루와 쌀가루를 섞어 쑨 죽이다.
- 콩죽 : 흰콩을 삶아 갈아놓은 콩물과 쌀을 섞어 쑨 죽이다.
- 팥죽 : 팥을 삶아 체에 거른 것과 쌀을 섞어 쑨 죽이다.

채소류 · 서류를 섞어 쑨 죽

- 고구마죽 : 고구마와 팥, 콩 등의 잡곡을 넣어 쑨 죽이다.
- 근대죽 : 근대와 쌀을 장국에 넣어 쑨 죽이다.
- 김치죽 : 쌀을 김칫국에 넣어 쑨 죽이다.
- 나복자죽 : 무씨를 삶아 쌀을 넣어 쑨 죽이다.
- 두릅죽 : 두릅과 쌀을 넣어 쑨 죽이다.
- 무죽 : 무와 쌀을 넣어 쑨 죽이다.
- 박죽 : 박과 쌀을 넣어 쑨 죽이다.
- 버섯죽 : 버섯과 쌀을 장국에 넣어 쑨 죽이다.
- 아욱죽 : 아욱과 쌀을 장국에 넣어 쑨 죽이다.
- 애호박죽 : 애호박과 쌀을 장국에 넣어 쑨 죽이다.
- 우거지죽 : 우거지와 쌀을 장국에 넣어 쑨 죽이다.
- 우분죽연뿌리가루죽 : 연뿌리가루와 쌀가루를 넣어 쑨 죽이다.
- 콩나물죽 : 콩나물과 쌀을 장국에 넣어 쑨 죽이다.
- 호박범벅 : 호박을 삶아 찹쌀가루와 팥 등을 넣어 쑨 죽이다.
- 호박죽 : 호박을 삶아 으깬 것과 찹쌀가루를 넣어 쑨 죽이다.

견과류를 섞어 쑨 죽

- 개암죽진자죽 : 개암가루와 쌀가루로 쑨 죽이다.
- 낙화생죽 : 낙화생가루와 쌀가루로 쑨 죽이다.
- 대추죽 : 대추를 삶아 거른 과육과 쌀가루를 섞어 쑨 죽이다.
- 밤죽율자죽 : 밤율자가루와 쌀가루로 쑨 죽이다.
- 오자죽 : 잣, 호두, 깨, 복숭아씨, 살구씨, 쌀을 반 정도 갈아 쑨 죽이다.
- 잣죽 : 잣과 쌀을 곱게 갈아 쑨 죽이다.
- 행인죽 : 살구씨와 쌀을 곱게 갈아 쑨 죽이다.
- 호두죽 : 호두와 쌀을 곱게 갈아 쑨 죽이다.

깨를 섞어 쑨 죽

- 들깨죽 : 볶은 들깨를 갈아 체에 내린 깻국물에 곱게 간 쌀을 넣어 쑨 죽이다.
- 참깨죽 : 볶은 참깨를 갈아 체에 내린 깻국물에 곱게 간 쌀을 넣어 쑨 죽이다.

- 흑임자죽 : 볶은 흑임자를 갈아 체에 내린 깻국물에 곱게 간 쌀을 넣어 쑨 죽이다.

어패류를 섞어 쑨 죽

- 가자미죽 : 가자미살과 쌀을 넣어 쑨 죽이다.
- 게죽 : 게살과 쌀을 넣어 쑨 죽이다.
- 낙지죽 : 낙지와 쌀 또는 조를 넣어 쑨 죽이다.
- 대구죽 : 말린 대구가루와 쌀을 넣어 쑨 죽이다.
- 붕어죽 : 붕어를 고아 내린 국물에 쌀을 넣고 쑨 죽이다.
- 비웃죽 : 청어를 고아 내린 국물에 쌀을 넣어 쑨 죽이다.
- 생굴죽 : 생굴과 쌀을 넣어 쑨 죽이다.
- 섭죽 : 섭조갯살과 쌀을 넣어 쑨 죽이다.
- 옥돔죽 : 옥돔을 삶아 내린 국물에 쌀을 넣어 쑨 죽이다.
- 우렁죽 : 우렁살과 쌀을 넣어 쑨 죽이다.
- 전복죽 : 전복과 쌀을 넣어 쑨 죽이다.
- 추어죽 : 미꾸라지를 고아 내린 국물에 쌀을 넣어 쑨 죽이다.
- 피라미죽 : 피라미를 고아 내린 국물에 쌀을 넣어 쑨 죽이다.
- 홍합죽 : 홍합과 쌀을 넣어 쑨 죽이다.

수조육류를 섞어 쑨 죽

- 녹갱죽 : 사슴고기와 쌀을 넣어 쑨 죽이다.
- 닭죽 : 닭을 고아 내린 국물에 쌀과 닭고기를 넣어 쑨 죽이다.
- 양신죽 : 양의 콩팥과 쌀을 넣어 쑨 죽이다.
- 양육죽 : 양고기와 쌀을 넣어 쑨 죽이다.
- 양죽 : 소의 양을 고아 내린 국물에 쌀을 넣어 쑨 죽이다.
- 장국죽 : 소고기와 쌀을 반 정도로 으깨어 넣고 쑨 죽이다.

유제품을 섞어 쑨 죽

- 우유죽타락죽 : 쌀을 곱게 갈아서 우유를 넣어 쑨 죽이다.

약재를 섞어 쑨 죽

- 가시연밥감인죽 : 연꽃열매를 쪄서 말린 가루와 쌀을 넣어 쑨 죽이다.
- 갈분죽 : 칡뿌리전분과 쌀가루를 넣어 쑨 죽이다.
- 강분죽 : 생강가루와 쌀가루를 넣어 쑨 죽이다.
- 구선왕도고의이 : 율무, 백복령, 산약, 맥아, 백변두, 연자육, 능인가루와 쌀을 넣어 쑨 죽이다.
- 녹각죽 : 녹각가루와 쌀을 넣어 쑨 죽이다.
- 마름열매죽 : 마름열매가루와 쌀을 넣어 쑨 죽이다.
- 문동죽 : 율무가루, 맥문동, 생지황즙, 생강즙에 쌀가루를 넣어 쑨 죽이다.
- 방풍죽 : 방풍과 쌀을 넣어 쑨 죽이다.
- 방풍잎죽 : 데친 방풍잎과 쌀을 넣어 쑨 죽이다.
- 변두죽 : 백두가루와 인삼가루를 넣어 쑨 죽이다.
- 복령죽 : 백복령가루와 찹쌀가루를 넣어 쑨 죽이다.
- 산약죽 : 산약(마)을 갈아 넣어 쑨 죽이다.
- 서여죽 : 마의 앙금과 녹말가루를 넣어 쑨 죽이다.
- 송엽말죽 : 송엽가루에 쌀가루와 유피를 넣어 쑨 죽이다.

- 육선죽 : 복령 · 연자 · 황인 · 능각 · 건속 등의 가루를 넣어 쑨 죽이다.
- 황정죽 : 죽대의 뿌리를 데쳐 쓴맛을 뺀 가루를 넣어 쑨 죽이다.

기타 재료를 섞어 쑨 죽

- 국묘죽 : 감국싹과 쌀을 넣어 쑨 죽이다.
- 매화죽 : 매화와 쌀을 넣어 쑨 죽이다.
- 모과죽 : 모과가루와 좁쌀 또는 쌀을 넣어 쑨 죽이다.
- 백시죽 : 곶감을 물에 담가 불린 후 체에 내려 쌀뜨물을 넣고 끓여 꿀을 섞어 만든 죽이다.
- 백합죽 : 백합의 줄기와 뿌리를 찧은 것에 꿀을 넣어 쑨 죽이다.
- 소마죽 : 차조기씨와 삼씨를 볶아 가루 낸 것에 쌀가루를 넣어 쑨 죽이다.
- 소주원미 : 찹쌀을 미음처럼 끓여 소주, 꿀, 생강즙을 섞어 만든 죽이다.
- 자소죽 : 차조기잎 즙에 쌀을 넣어 쑨 죽이다.
- 재강죽 : 술지게미인 재강에 쌀을 넣어 쑨 죽이다.
- 죽력죽 : 푸른 대쪽을 구워서 받은 진액과 쌀을 넣어 쑨 죽이다.
- 죽엽죽 : 대나무잎과 석고를 달여서 따라 낸 윗물에 쌀을 넣어 쑨 죽이다.
- 차조기죽 : 차조기씨 볶은 것과 쌀가루를 넣어 쑨 죽이다.

조리법에 따른 분류

낟알의 형태에 따른 죽

- 옹근죽 : 쌀 등 낟알을 통째로 넣어 쑨 죽이다.
- 원미죽 : 쌀 등 낟알을 반쯤 갈아 넣어 쑨 죽이다.
- 무리죽 : 쌀 등 낟알을 곱게 갈아 넣어 쑨 죽이다.

미 음

- 메조미음 : 메조와 쌀에 황률, 대추를 넣어 푹 끓여 체에 내린 미음이다.
- 속미음 : 찹쌀이나 생동쌀(차조)에 황률, 대추, 잘게 썬 인삼을 넣어 푹 끓여 체에 내린 미음이다.
- 쌀미음 : 쌀을 무르게 퍼지도록 푹 끓여 체에 내린 미음이다.
- 차조미음 : 차조에 황률, 대추, 인삼을 넣어 푹 끓여 체에 내린 미음이다.

응 이

- 갈분응이 : 오미자국에 칡녹말가루를 넣어 끓인 응이이다.
- 수수응이 : 물에 차수수녹말가루를 넣어 끓인 응이이다.
- 연근응이 : 물에 연근녹말가루를 넣어 끓인 응이이다.
- 오미자응이 : 오미자국에 녹두녹말가루를 넣어 끓인 응이이다.
- 율무응이 : 물에 율무녹말가루를 넣어 끓인 응이이다.

암 죽

- 떡암죽 : 백설기를 말려 두었다가 죽을 쑬 때 찬물에 담가 풀어지면 물을 넣어 끓인 암죽이다.
- 식혜암죽 : 식혜의 밥알과 쌀가루에 물을 넣어 끓인 암죽이다.
- 쌀암죽 : 쌀을 쪄서 말려 볶은 다음, 만든 가루에 물을 넣어 끓인 암죽이다.

죽의 기본조리법

쌀 씻어 불리기

쌀은 물과 열의 침투력을 빠르게 하기 위하여 불린다. 일반적으로 상온(20℃)에서 쌀을 불리면 물과 열이 골고루 전달되어 전분호화가 신속하고 완전히 일어나게 하므로 맛있는 죽이 된다(p.59 쌀 씻어 불리기 참조).

죽 쑤는 솥 · 물의 양

- **솥** : 바닥이 두껍고 깊은 냄비가 좋다.
- **물의 양** : 쌀의 경우 6배 정도가 적당하다.

죽 쑤기

처음부터 필요한 양의 물을 넣고 끓인다. 끓이는 도중에 물이 부족하여 더 넣게 되면 죽 전체가 잘 어우러지지 않고 맛이 없다.

죽을 쑤는 동안 너무 자주 젓지 않도록 하고 쌀이 익어 퍼지면 더 이상 가열하지 않는다. 너무 오래 가열하면 죽이 풀어지기 쉬우므로 쌀 낱알로 쑬 경우에는 20분 남짓 가열하면 걸쭉하게 잘 어우러진다.

녹두, 팥 등을 섞어 쑬 경우에는 앙금을 가라앉혀 두었다가 윗물에 쌀을 넣고 먼저 끓인 후 익어 퍼졌을 때 가라앉혔던 앙금을 넣고 잠시 끓이면 눋지 않는다. 앙금을 먼저 넣고 끓이면 눋기 쉽다.

- **죽의 간** : 죽에 간을 할 때는 곡물이 완전히 호화되어 부드럽게 퍼진 후에 하거나 먹을 때 한다. 간을 하여 오래 두면 삭기 쉽다.
- **곁들임** : 소금, 간장, 꿀, 설탕 등을 곁들인다.

녹두죽

녹두를 삶아 체에 거른 것과 쌀을 넣어 쑨 죽이다.

재료 및 분량

녹두 2컵
쌀 1컵
물 10컵
소금 약간

만드는 방법

1 **재료 준비하기** 쌀은 가볍게 비벼 씻어 불리고 녹두는 문질러 씻은 다음 일어서 물 6컵을 붓고 무르게 삶아 체에 내려 앙금을 가라앉힌다.

2 **끓이기** 냄비에 남은 물(녹두 윗물)과 쌀을 넣어 먼저 끓이고, 쌀알이 퍼지면 저으면서 녹두 앙금을 넣어 잠시 더 끓인다. 소금을 곁들인다.

녹두죽은 미리 간을 하면 삭는다.

오누이죽 남매죽

팥을 삶아 체에 거른 것과 찹쌀가루, 칼국수를 넣어 쑨 죽이다. 황해도 향토음식이다.

재료 및 분량

칼국수 반죽(밀가루 1컵, 물 4큰술, 소금 약간)
붉은 팥 2컵
물 9컵
소금 약간
밀가루(덧가루용) 적량
찹쌀가루 ½컵

만드는 방법

1 **팥 삶고 반죽하기** 팥은 문질러 씻고 일어서 푹 무르게 삶는다. 밀가루는 되직하게 반죽하여 비닐봉지에 넣어 둔다.

2 **재료 준비하기** 찹쌀가루는 물에 풀어 놓고 삶은 팥은 체에 내려 앙금을 가라앉힌다. 반죽덩이는 밀어 굵게 썰어 서로 붙지 않도록 덧가루를 뿌려 펼쳐 놓는다.

3 **끓이기** 냄비에 팥 윗물을 붓고 끓으면 국수를 넣어 끓인다. 국수가 거의 익을 때 찹쌀가루와 팥 앙금을 넣어 잠시 더 끓인 후 소금으로 간을 한다.

팥 죽

팥을 삶아 체에 거른 것과 쌀을 섞어 쑨 죽이다.

재료 및 분량

쌀 ½컵
붉은 팥 2컵
물 9컵
소금 1작은술
새알심

만드는 방법

1 **재료 준비 · 팥 삶기** 팥은 문질러 씻고 일어서 푹 무르게 삶아 체에 으깨어 내린다. 쌀은 불리고 새알심(찹쌀가루 1컵, 온수 3큰술, 소금 약간)은 반죽하여 동그랗게 빚어 놓는다.

2 **끓이기** 냄비에 팥 윗물과 쌀을 넣고 먼저 끓인다. 쌀알이 퍼지면 저으면서 팥 앙금을 넣고 끓으면 새알심을 넣는다. 새알심이 끓어 위로 뜨면 소금으로 간을 한다. ❶, ❷, ❸

콩 죽

흰콩을 삶아 갈아놓은 콩물과 쌀을 섞어 쑨 죽이다.

재료 및 분량

흰콩 1컵
쌀 ½컵
물 7컵
소금 1작은술

봄철 콩죽에 어린 쑥을 넣으면 별미이다.

만드는 방법

1 **재료 준비 · 콩 삶기** 쌀은 불리고, 콩은 일어 씻은 다음 4시간 이상 충분히 불린 후 냄비에 넣고 물 2컵을 부어 5분 정도 삶는다. 식으면 손으로 껍질을 제거한다. 블랜더에 물 3컵을 붓고 곱게 갈아 체에 내린다.

2 **끓이기** 냄비에 쌀과 남은 물(콩 윗물 포함)을 넣어 흰죽을 끓인다. 쌀알이 퍼지기 시작하면 저으면서 콩앙금을 넣고, 잠시 더 끓인 후 소금으로 간을 한다.

검은콩죽
검은콩을 갈아서 쌀을 섞어 쑨 죽이다.

호박범벅

호박을 삶아 찹쌀가루와 팥 등을 넣어 쑨 죽이다.

재료 및 분량

늙은 호박 1kg
팥 ¾컵
풋콩 ½컵
찹쌀가루 1컵
물 8컵
소금 · 설탕 약간

새알심
찹쌀가루 1컵, 온수 3큰술, 소금 약간

만드는 방법

1 **재료 준비하기** 늙은 호박은 씻어 쪼개어 속과 껍질을 제거한 후 크게 잘라 물 6컵을 부어 무르게 삶고, 팥은 문질러 씻고 일어서 물 2컵을 부어 30분 정도 삶아 체에 내린다. 새알심은 찹쌀가루를 익반죽하여 동그랗게 빚어 놓는다.

2 **끓이기** 호박이 무르게 익으면 팥, 콩을 넣어 끓이다가 새알심을 넣어 끓어 떠오르면 찹쌀가루를 뿌리듯이 넣고 농도를 맞춘다. 설탕, 소금으로 간을 한다.

우거지죽

우거지와 쌀을 장국에 넣어 쑨 죽이다.

재료 및 분량

삶은 우거지 300g
양지머리 100g
쌀 1컵
보리 ½컵
물 10컵
된장 · 고추장 약간

고기 양념
국간장 · 소금 · 다진 마늘 · 참기름 1작은술, 후춧가루 약간

우거지 양념
된장 2큰술, 고추장 ½큰술

만드는 방법

1 **쌀 · 보리 불리기** 쌀은 가볍게 비벼 씻고, 보리는 문질러 씻어 불린다.

2 **재료 준비하기** 양지머리는 한입 크기로 썬 다음 양념하여 물을 붓고 끓이고, 우거지는 무르게 삶아 헹구어 우려낸 후 2~3개로 잘라 양념한다.

3 **끓이기** 장국이 끓으면 우거지와 보리, 쌀을 넣어 끓인다. 쌀알이 퍼지면 저으면서 된장, 고추장으로 간을 맞춘다.

호박죽

우유죽 타락죽

쌀을 곱게 갈아서 우유를 넣어 쑨 죽이다.

재료 및 분량

쌀 ½컵
우유 · 물 1½컵
소금 약간

만드는 방법

1 **쌀 준비하기** 쌀은 가볍게 비벼 씻어 불린 후 블랜더에 물을 붓고 곱게 갈아 둔다.

2 **끓이기** 냄비에 쌀 윗물을 먼저 넣어 끓이다가 쌀 앙금을 넣어 저으면서 끓이고 걸쭉해지면 우유를 넣어 잠시 더 끓인 후 소금으로 간을 한다.

우유는 약불에서 가열하고 오랜 시간 가열하지 않는다.

호박죽

호박을 삶아 으깬 것과 찹쌀가루를 넣어 쑨 죽이다.

재료 및 분량

청둥호박 400g
물 4컵
마른 찹쌀가루 ½컵
소금 · 설탕 약간

만드는 방법

1 **재료 준비하기** 호박은 씻어 쪼개어 속을 제거하고 물 2컵을 부어 무르게 삶는다. 찹쌀가루는 물 1컵에 풀어 놓는다.

2 **끓이기** 호박이 무르게 익으면 살을 긁어내어 으깬 후 찹쌀가루를 넣고 저어 가며 끓인다. 걸쭉해지면 설탕, 소금으로 간을 한다.

우유죽

대추죽

대추를 삶아 거른 과육과 쌀가루를 섞어 쑨 죽이다.

재료 및 분량

대추 100g
쌀 ½컵
물 5~6컵
소금 약간

만드는 방법

1 재료 준비하기 쌀은 가볍게 비벼 씻어 불리고 대추는 물 4컵을 부어 무르게 삶아 체에 으깨어 내린다. 쌀은 블랜더에 물을 붓고 곱게 간다.

2 끓이기 냄비에 쌀과 대추 윗물을 먼저 끓이다가 앙금을 넣고 저어 가며 끓이고 걸쭉해지면 소금으로 간을 한다. 설탕이나 꿀을 곁들인다.

잣죽

잣 죽

잣과 쌀을 곱게 갈아 쑨 죽이다.

재료 및 분량

잣 ¼컵
쌀 ½컵
물 3컵
소금 약간

만드는 방법

1 재료 준비하기 쌀은 가볍게 비벼 씻어 불리고 잣은 고깔을 떼고 씻는다. 쌀과 잣은 각각 블랜더에 물을 붓고 곱게 간다. 잣은 체에 내린다.

2 끓이기 냄비에 쌀과 잣 윗물을 먼저 넣어 끓이다가 쌀 앙금을 넣어 끓인다. 걸쭉해지면 저으면서 잣 앙금을 넣어 잠시 더 끓인 후 소금으로 간을 한다.

대추죽

행인죽

살구씨와 쌀을 곱게 갈아 쑨 죽이다.

호두죽

호두와 쌀을 곱게 갈아 끓인 죽이다.

재료 및 분량

호두 ½컵
쌀 1컵
물 6½컵
소금 약간

만드는 방법

1 **재료 준비하기** 쌀은 가볍게 비벼 씻어 불리고 호두는 뜨거운 물에 불린 후 속껍질을 꼬치로 벗겨 씻는다. 쌀과 호두는 각각 블랜더에 물을 붓고 곱게 간다. 호두는 체에 내린다.

2 **끓이기** 냄비에 쌀과 호두 윗물을 먼저 넣어 끓이다가 쌀 앙금을 넣어 끓인다. 걸쭉해지면 저으면서 호두 앙금을 넣어 잠시 더 끓인 후 소금으로 간을 한다.

재료 및 분량

행인(살구씨) ¼컵
쌀 1컵
물 6컵
소금 약간

만드는 방법

1 **쌀 · 행인 불리기** 쌀은 가볍게 비벼 씻어 불리고, 살구씨는 물에 담가 쓴맛을 우려낸다.

2 **재료 준비하기** 쌀과 살구씨는 각각 블랜더에 물을 붓고 곱게 간다.

3 **끓이기** 냄비에 쌀과 살구씨 윗물을 먼저 넣어 끓이다가 쌀 앙금을 넣고 끓인다. 걸쭉해지면 저으면서 살구씨 앙금을 넣어 잠시 더 끓인 후 소금으로 간을 한다. 꿀이나 설탕을 곁들인다.

살구씨는 쓴맛이 강하므로 우려내어 사용한다.

오자죽

잣, 호두, 깨, 복숭아씨, 살구씨,
쌀을 반 정도 갈아 쑨 죽이다.

재료 및 분량

쌀 1컵
잣 2큰술
호두 5개
깨 2큰술
복숭아씨 · 살구씨 1큰술
물 7컵
참기름 1큰술
소금 약간

만드는 방법

1 재료 불리기 쌀은 가볍게 비벼 씻어 불리고, 깨는 문질러 씻은 다음 일어서 2시간 이상 불린다. 호두는 뜨거운 물에 불리고, 살구씨는 물에 담가 쓴맛을 우려낸다.

2 재료 준비하기 불린 쌀은 밀대로 반 정도의 싸라기가 되도록 으깨어 부순다. 잣, 복숭아씨는 씻고 깨는 실깨를 만든다. 호두는 속껍질을 꼬치로 벗긴다. 다섯 가지 씨앗은 고명으로 조금 남기고 블랜더에 간다.

3 끓이기 냄비에 참기름을 두르고 쌀을 넣어 볶다가 물을 부어 끓이고, 쌀이 퍼지면 저으면서 갈아 놓은 씨앗과 고명을 넣어 끓인 후 소금으로 간을 한다.

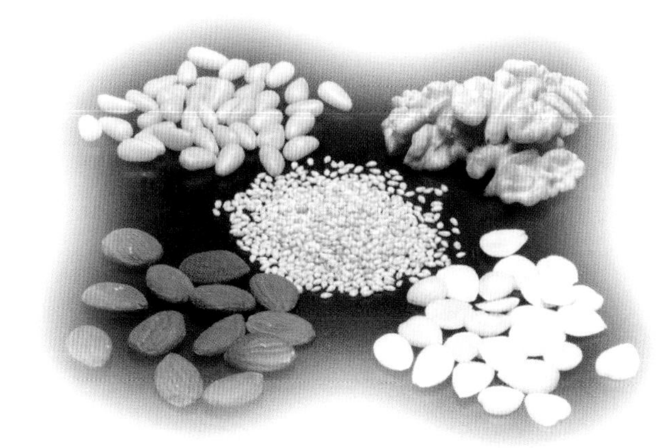

실깨 만들기
불린 깨는 문지른 후 물을 부어 뜨는 껍질을 버린다.
물빼기를 하고 볶아서 실깨를 만든다.

들깨죽

볶은 들깨를 갈아 체에 내린 깻국물에 곱게 간 쌀을 넣어 쑨 죽이다.

재료 및 분량

들깨 ½컵
쌀 1컵
물 6컵
소금 약간

만드는 방법

1 **재료 준비하기** 쌀은 가볍게 비벼 씻어 불리고 들깨는 씻어서 일어 건진 후 볶는다. 쌀과 깨는 각각 블랜더에 물을 붓고 곱게 간다. 깨는 체에 내린다.

2 **끓이기** 냄비에 쌀과 들깨 윗물을 먼저 넣어 끓이다가 쌀 앙금을 넣어 끓인다. 걸쭉해지면 저으면서 들깨 앙금을 넣어 잠시 더 끓인 후 소금으로 간을 한다.

흑임자죽

볶은 흑임자를 갈아 체에 내린 깻국물에 곱게 간 쌀을 넣어 쑨 죽이다.

재료 및 분량

검은깨 ½컵
쌀 1컵
물 6컵
소금 약간

만드는 방법

1 **재료 준비하기** 쌀은 가볍게 비벼 씻어 불리고 검은깨는 씻어서 일어 건진 후 볶는다. 쌀과 깨는 각각 블랜더에 물을 붓고 곱게 간다. 깨는 체에 내린다.

2 **끓이기** 냄비에 쌀과 깨 윗물을 먼저 넣어 끓이다가 쌀 앙금을 넣어 끓인다. 걸쭉해지면 저으면서 깨 앙금을 넣어 잠시 더 끓인 후 소금으로 간을 한다.

문동죽

율무가루, 맥문동, 생지황즙, 생강즙에 쌀가루를 넣어 쑨 죽이다.

재료 및 분량

쌀 · 생지황 ½컵
율무 50g
맥문동 20g
생강즙 1큰술
물 6컵
소금 약간

만드는 방법

1 **재료 준비하기** 쌀과 율무는 비벼 씻어 불린 후 블랜더에 물을 붓고 곱게 간다. 맥문동과 생지황, 생강은 갈아 즙을 낸다.

2 **끓이기** 냄비에 갈아 놓은 윗물을 먼저 넣어 끓이다가 앙금을 넣어 끓이고 걸쭉해지면, 저으면서 맥문동즙, 생지황즙, 생강즙을 넣어 잠시 더 끓인 후 소금으로 간을 한다.

방풍잎죽

데친 방풍잎과 쌀을 넣어 쑨 죽이다.

재료 및 분량

방풍잎 100g
쌀 1컵
물 6컵
참기름 2작은술
소금 약간

만드는 방법

1 **재료 준비하기** 쌀은 가볍게 비벼 씻어 불리고 방풍잎은 밑동을 자르고 껍질을 벗긴 후 끓는 물에 데쳐 찬물에 헹구어 물빼기를 한다.

2 **끓이기** 냄비에 쌀과 참기름을 넣어 볶다가 물을 붓고 끓인다. 쌀알이 퍼지기 시작하면 저으면서 방풍잎을 넣어 조금 더 끓인 후 소금으로 간을 한다.

전복죽

전복과 쌀을 넣어 쑨 죽이다.

재료 및 분량

전복(중) 2개
쌀 1컵
참기름 1큰술
물 6컵
소금 1작은술

만드는 방법

1 재료 준비하기 쌀은 가볍게 비벼 씻어 불리고 전복은 솔로 문질러 씻은 다음 숟가락을 이용하여 살과 내장을 떼 낸 후 살은 얇게 저민다.

2 끓이기 냄비에 불린 쌀과 전복내장, 참기름을 넣어 주무른 후 볶다가 물을 붓고 끓인다. 쌀알이 퍼지면 저으면서 전복살을 넣고 잠시 더 끓인 후 소금으로 간을 한다. ❶, ❷, ❸

전복죽의 색상은 전복내장의 사용에 따라 달라진다.

장국죽 30분

소고기와 쌀을 반 정도로 으깨어 넣고 쑨 죽이다.

재료 및 분량

불린 쌀 100g
소고기 20g
마른표고버섯(불린 것) 1개
간장 15mL
참기름 10mL

소고기 · 버섯 양념
간장 1작은술, 다진 파 ½작은술, 다진 마늘 ¼작은술, 참기름 ⅛작은술, 깨소금 ⅛작은술, 후춧가루 약간

만드는 방법

1 재료 준비하기 소고기는 다진다. 표고버섯은 3cm 길이로 채 썰고 파, 마늘은 다져 양념한다. 불린 쌀은 먼저 계량컵에 담아 분량을 확인한 후 그 양의 5~6배의 물을 계량해 둔다. 밀대로 반 정도의 싸라기가 되도록 으깨어 부순다. ❶

2 끓이기 냄비에 참기름을 두르고 소고기, 표고버섯, 쌀의 순서로 볶다가 계량해둔 물을 붓고 끓인다. 쌀이 퍼져 물과 잘 어우러지면 저으면서 간장으로 색상에 유의하면서 간을 한다.

불린 쌀 1컵은 150g이다. 죽은 미리 끓여두면 되직해지므로 제출 직전에 뜨거울 때 담아낸다.

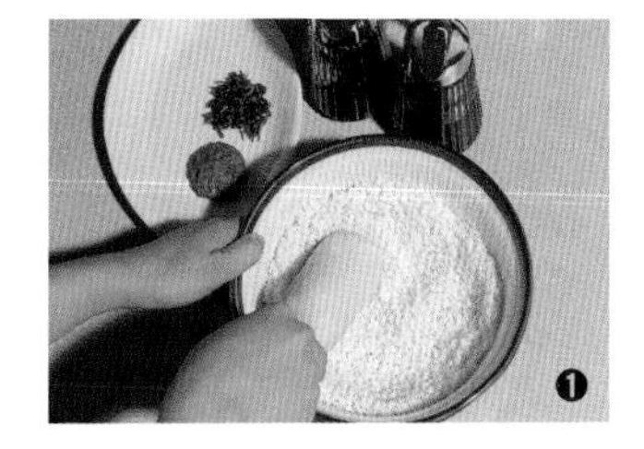

옹근죽

옹근죽

쌀 등 낟알을 통째로 넣어 쑨 죽이다.

재료 및 분량

쌀 1컵
물 6컵
참기름 2작은술
소금 약간

만드는 방법

1 **쌀 불리기** 쌀은 가볍게 비벼 씻어 불린다.

2 **끓이기** 냄비에 참기름을 두르고 쌀을 넣어 볶다가 물을 붓고 끓인다. 쌀알이 퍼지면 저으면서 소금으로 간을 한다.

쌀만 사용할 경우에는 흰죽이라고 한다.

원미죽

원미죽

쌀 등 낟알을 반쯤 갈아 넣어 쑨 죽이다.

재료 및 분량

쌀 1컵
물 6컵
참기름 2작은술
소금 약간

만드는 방법

1 **재료 준비하기** 쌀은 가볍게 비벼 씻어 불린 후 밀대로 반 정도의 싸라기가 되도록 으깨어 부순다.

2 **끓이기** 냄비에 참기름을 두르고 쌀을 넣고 볶다가 물을 붓고 끓인다. 쌀알이 퍼지면 저으면서 소금으로 간을 한다.

무리죽

쌀 등 낟알을 곱게 갈아 넣어 쑨 죽이다.

속미음

찹쌀이나 생동쌀(차조)에 황률, 대추, 잘게 썬 인삼을 넣어 푹 끓여 체에 내린 미음이다.

재료 및 분량

생동쌀(차조) 1컵
황률 · 대추 10개
인삼 1뿌리
물 10컵
소금 약간

만드는 방법

1 재료 준비하기 생동쌀(차조)은 일어 비벼 씻고 황률, 대추, 인삼은 씻는다.

2 끓이기 냄비에 생동쌀과 황률, 대추, 인삼을 넣고 물을 부어 1시간 이상 끓인 후 걸쭉해지면 체에 내려 소금으로 간을 한다. ❶, ❷, ❸

일반적으로 많이 사용하는 쌀미음이 있다. 쌀미음은 쌀을 무르게 퍼지도록 끓여 체에 내린 미음이다.

갈분응이

갈분응이

오미자국에 칡녹말가루를 넣어 끓인 응이이다.

재료 및 분량

칡녹말가루(갈분) 1½큰술
오미자국 1컵
소금 · 꿀 약간

만드는 방법

1 **녹말가루 풀기** 칡녹말가루를 오미자국 2큰술에 푼다.

2 **끓이기** 냄비에 남은 오미자국을 넣어 약불에서 끓이다가 풀어 놓은 갈분을 넣고 저으면서 끓인 후 소금으로 간을 한다. 꿀(설탕)을 곁들인다.

수수응이

물에 차수수녹말가루를 넣어 끓인 응이이다.

재료 및 분량

차수수녹말가루 1½큰술
물 1컵
소금 · 꿀 약간

만드는 방법

1 **녹말가루 풀기** 차수수녹말가루는 물 2큰술에 푼다.

2 **끓이기** 냄비에 남은 물을 넣어 약불에서 끓이다가 차수수녹말가루를 넣고 저으면서 끓인 후 소금으로 간을 한다. 꿀(설탕)을 곁들인다.

수수응이

연근응이

물에 연근녹말가루를 넣어 끓인 응이이다.

연근응이

재료 및 분량

연근녹말가루 1½큰술
물 1컵
소금 · 꿀 약간

만드는 방법

1 **녹말가루 풀기** 연근녹말가루를 물 2큰술에 푼다.

2 **끓이기** 냄비에 남은 물을 넣어 약불에서 끓이다가 연근녹말가루를 넣고 저으면서 끓인 후 소금으로 간을 한다. 꿀(설탕)을 곁들인다.

율무응이

물에 율무녹말가루를 넣어 끓인 응이이다.

재료 및 분량

율무녹말가루 1½큰술
물 1컵
소금 · 꿀 약간

만드는 방법

1 **녹말가루 풀기** 율무녹말가루를 물 2큰술에 푼다.

2 **끓이기** 냄비에 남은 물을 넣어 약불에서 끓이다가 율무녹말가루를 넣고 저으면서 끓인 후 소금으로 간을 한다. 꿀(설탕)을 곁들인다.

율무응이

식혜암죽

식혜의 밥알과 쌀가루에 물을 넣어 끓인 암죽이다.

재료 및 분량

식혜 2컵
쌀 ½컵
물 2컵

만드는 방법

1 **재료 준비하기** 쌀은 씻어 불려서 블랜더에 물을 붓고 곱게 간다. 식혜는 체에 내려 밥알을 건져 둔다.

2 **끓이기** 냄비에 쌀 윗물과 식혜물을 붓고 끓으면 앙금을 넣어 저으면서 끓인다. 걸쭉해지면 식혜 밥알을 넣고 한소끔 더 끓인다.

식혜암죽

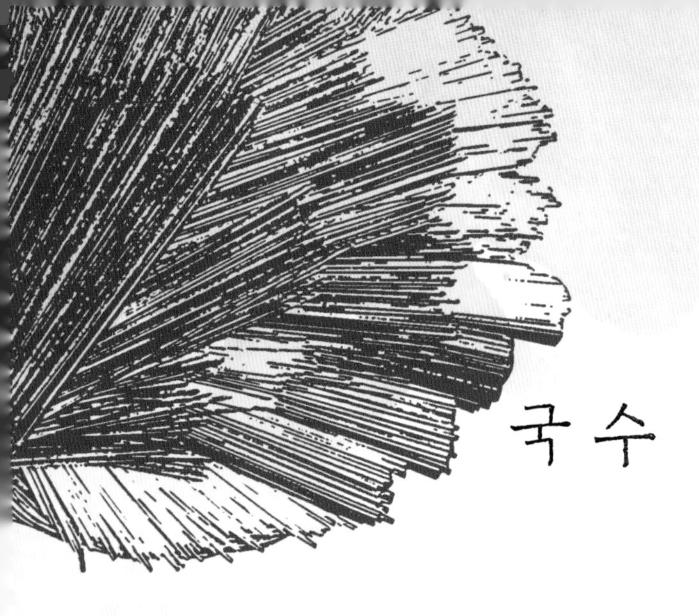

국수

국수는 밀가루나 메밀가루 등을 반죽하여 얇게 밀어 칼로 썰거나 국수 틀에서 길게 뽑아 낸 것으로 삶아 건져 국물에 말거나 양념장으로 비벼 섞기도 하고, 생국수를 장국에 넣어서 끓이기도 한다. 『고려도경』1123에 '식미食味에는 십여 가지가 있는데, 그중에 면식麵食이 으뜸이다', '고려에는 밀이 귀하기 때문에 성례成禮 때가 아니면 먹지 못한다'라고 하고, 『고려사』 예법에 '제례祭禮에 면을 쓰고 사원에서는 면을 만들어 판다'는 기록을 보면 밀이 제사나 잔치 등의 특별한 날에만 먹을 수 있었던 상류층 반가의 사치스런 음식이었으며, 제면업도 절에서 관장하여 일찍이 상품화되었음을 알 수 있다. 우리는 이런 면麵을 왜 국수라 하였을까?

중국에서는 밀가루를 면麵이라 하였다. 『송남잡식』에는 '면麵, 밀가루으로서 면麵, 국수을 만든다. 면麵으로 국麴도 만든다. 그러나 우리나라의 면麵은 주로 메밀가루를 쓴다. 따라서 주미酒味가 없다. 그러면 국麴으로 봐서 수讐이니 국수麴讐라 한 것은 속설이다.'라고 하였다. 이는 밀기울로는 누룩을 만들 수 있지만 메밀기울로는 누룩을 만들 수 없으니 비교가 된다 하여 비교할 수讐를 써서 국수라고 한 것으로 해석된다. 『금화경독기』1827에 중국 사람들은 국수를 색면索麵이라 하고, 우리나라에서는 국수掬水라 하는데, 그 뜻이 무엇인지 알 수 없다고 하였다. 면국수을 만들 때 중국에서는 반죽덩이를 잡아 늘이는 납면법인 반면 우리나라는 구멍을 통해 눌러 밀어내는 착면법으로 만든다. 이런 의미에서 국수掬水는 반죽덩이를 구멍으로 밀어내어 끓는 물에서 익혀 건지고, 찬물에 식히면서 움켜쥐어 건져내는 면이기에 국掬, 양손으로 움켜질 국 수水, 물수라고 하지 않았나 생각해 본다.

밀이 부족했던 옛날에는 국수재료로 주로 메밀이 사용되었고, 녹말을 이용하기도 하였다. 국수를 마는 국물은 간장국, 꿩 · 닭국, 김치나 동치미국, 깻국, 콩국이며 오미자국, 꿀물도 이용하였다. 국수는 일상식에서 밥 대신 이용하기도 하고 별미음식으로서의 특징을 가지고 있다. 잔치 때 국수는 가정이 계속 이어져야 한다는 염원으로 이웃과 더불어 나누어 먹었고, 오늘날 혼례에도 국수를 대접하므로 잔치국수라고 하며, 혼인의 의미로 미혼인 사람에게 언제 국수를 주느냐고 묻기도 한다. 또한 국수처럼 길게 오래 살라는 뜻으로 생일에 국수를 먹는 풍습이 오늘날까지 이어지고 있다.

국수의 약사

국수는 중국에서 우리나라로 전해진 음식으로 남송시대에 면식점麵食店이 크게 번창하였고, 송나라와 밀접한 교역을 하였던 고려시대에 국수문화가 전래된 것으로 보고 있다. 고려시대의 면은 어떤 것인지? 노걸대고려 말에 고려인은 습면濕麵을 먹는 습관이 있다고 하였고, 『옹희잡지』1800년대 초에 마른乾 것을 병餠이라 하고 습濕한 것을 가리켜 면이라 하였다. 건한 것은 시루에 찌고 습한 것은 끓는 물에 삶거나 물에 넣는다고 기록하였다. 이것은 습면은 국수를 의미하지만, 면도 국수를 뜻하는 것으로 보인다. 그런데 중국의 국수는 면이라 적고 재료는 밀가루인데, 『고사십이지』1787에 면국수은 본디 밀가루로 만든 것이나 우리나라에서는 메밀가루로 만든다고 하고, 『요록』1680, 『증보산림경제』1766, 『옹희잡지』에도 국수재료는 메밀, 녹말, 콩이었으나 모두 면이라 하였다. 『음식디미방』1670에 메밀칼국수가 나오고, 밀가루로 만든 밀칼국수가 있다. 이 국수는 밀가루에 달걀을 섞은 반죽덩이를 칼국수로 하여 꿩고기 삶은 즙에 마는 것으로 난면법이라 하고, 면가루에 토장가루참깨가루를 섞어 반죽한 것을 쇠면별법이라 하였다. 경북 안동의 건진국수는 밀가루에 콩가루를 섞어 만든 칼국수를 삶아 찬물에서 건진 데서 유래된 명물음식이다.

『음식디미방』, 『주방문』1600년대 말, 『증보산림경제』에 녹두녹말로 국수를 만들고 있는데, 나화, 낭화, 탁면, 착면着麵, 창면昌麵, 창면暢麵, 화면花麵 등이 있다. 나화는 밀국수의 하나인 낭화浪花에서 비롯된 것으로 해석된다. 나화는 녹두녹말을 물에 풀어 넓은 그릇에 담아 끓는 물에서 중탕하여 말갛게 익으면 냉수에 담가 식혀 편편히 지어 썬 것이라고 설명하였다. 꿀을 탄 오미자국물에 말면 여름음식으로 가장 좋은데, 이것을 탁면이라고 하였다. 『증보산림경제』, 『임원십육지』1827에는 창면暢麵이라 하고 『동국세시기』1849에는 화면花麵이라 하였다. 이것은 아름다울 창昌, 화창할 창暢, 꽃화花의 뜻으로 보아 오미자국물의 청량감과 시원한 느낌에서 온 듯하다. 『음식디미방』, 『주방문』에 참깨를 볶아 찧어서 거른 국물에 만 국수를 토장녹두나화 또는 토장착면이라고 하였다.

『음식디미방』에 녹말만으로 또는 녹말에 밀가루를 섞어 바가지에 구멍을 뚫어 반죽을 부어 빼내는 면과 『증보산림경제』에 메밀가루와 녹두가루를 섞어 반죽하여 국수 틀에 넣어 눌러 뽑아낸 압착면은 오늘날 냉면의 원형으로 본다. 냉면은 『동국세시기』1849, 『진찬의궤』1873, 『시의전서』1800년대 말, 『부인필지』1915에서 메밀국수를 김치, 동치미국, 고기국물에 말아 먹는 것으로 설명하고 있다. 평안도에 메밀이 많이 생산되어 녹말을 섞어 뽑아낸 국수가 평양에서 냉면으로 정착되고, 꿩탕과 동치미국물에 마는 평양냉면정창회을 노래하는 가사가 있었다. 다음은 50여 년 전 아이들이 많이 불렀던 노래의 가사이다. '한 촌사람 하루는 성에 와서 구경을 하다가, 이 골목 저 골목 다니면서 별별 것 다 봤네. 맛있는 냉면이 여기 있소. 맛있고 달콤한 냉면이요. 냉면국물 더 주시오. 아이고나 맛 좋다.'

남쪽에는 순 메밀만으로 만든 진주냉면과 춘천의 메밀막국수도 냉면으로 이어지고 있다. 『동국세시기』에 여러 가지 식품을 뒤섞어 만든 골동면骨董麵과 『시의전서』에 비빔국수가 있는데, 이것은 오늘날 함흥비빔냉면의 원형이라 할 수 있다. 함경도 지역은 감자가 많이 생산되어 감자녹말로 국수를 뽑는다. 국수발이 매우 질기고 씹힘성이 좋다. 고기나 생선회를 얹고 얼큰하게 비벼낸 것이 함흥냉면이다.

당면은 녹두와 감자녹말로 뽑아 익힌 국수로, 기원을 『제민요술』535에서 찾아볼 수 있겠으나 1912년 평양에서 일본인이 당면의 상품화를 시작하였고, 1920년 녹두 생산지인 황해도 사리원에서 양재하가 대량생산하였다. 1900년대 이후에는 회전압력식 국수 틀이 개발되어 마른국수가 보급되기 시작하였고, 1945년 이후부터는 UN과 미국의 구호식량으로 들어온 밀가루가 많아지면서 밀국수가 일반화되었다. 1960년대 후반에 라면이 생산되고 식품산업의 발달로 현재는 쫄면, 생면 등 그 종류가 매우 다양하다.

국수의 종류

온 면

온면은 삶은 국수를 뜨거운 장국에 마는 국수와 장국에 국수를 넣어 끓이는 국수가 있다.

- 국수장국 : 국수는 삶아 사리를 짓고 소고기, 호박 등의 고명을 얹어 뜨거운 장국을 부어 만드는 국수이다.
- 생떡국수 : 멥쌀가루를 익반죽하여 치대어 밀고 국수모양으로 썰어 장국에 넣어 끓인 국수이다.
- 세끼미 : 녹말가루와 메밀가루를 섞어 만든 국수를 삶아 사리를 짓고 고명을 얹어 뜨거운 장국에 마는 국수이다.
- 칼국수 : 밀가루를 반죽하여 얇게 밀어 썰어서 붙여진 이름으로 칼국수를 장국에 넣어 끓인 국수이다. 국수를 삶아서 넣지 않고 장국에서 삶았다 하여 제물칼국수라고도 한다.

냉 면

냉면은 삶은 국수를 차게 마는 국수로 찬 육수나 김칫국물 등을 이용한다.

- 메밀막국수 : 메밀가루를 반죽하여 내린 국수에 김칫국물과 닭육수를 섞은 국물을 부어 차게 한 국수이다. 메밀 생산이 많은 지역에서 메밀가루 반죽을 국수 틀에서 바로 눌러 내려서 만들었다 하여 막국수라고 하였다.
- 동치미냉면 : 국수를 삶아 사리를 짓고 동치미와 육수를 섞어 만든 국물을 부어 만드는 찬 국수

| 국수의 종류 |

구분	종류
온 면	국수장국, 생떡국수, 세끼미, 칼국수
냉 면	(메밀)막국수, 동치미냉면, 열무냉면, 콩국수
비빔면	비빔국수, 회냉면

로 평안도 향토음식이다.

- 열무냉면 : 국수를 삶아 사리를 짓고 열무김치와 육수를 섞어 만든 국물을 부어 먹는 찬 국수이다.
- 콩국수 : 국수를 삶아 사리를 짓고 콩을 곱게 갈아 만든 콩국을 부어 만드는 찬 국수로 여름철 복 중 음식이다.

비빔면

비빔면은 삶은 국수를 간장이나 고추장 양념으로 비빈 국수이다.

- 비빔국수 : 삶아 건진 국수에 소고기, 오이, 표고버섯 등을 채 썰어 볶아 넣고 간장이나 고추장으로 비벼 무친 국수이다.
- 회냉면 : 홍어를 매운 양념으로 무쳐 국수에 얹어 비빈 국수로 비빔냉면 또는 함흥냉면이라고도 한다.

국수의 기본조리법

장국 만들기

온면에는 소고기나 닭고기를 이용한 장국과 다시마나 멸치장국을 사용한다(육수 만들기는 국의 조리방법 중 끓이는 방법 참조).

마른 국수 삶기

국수를 삶을 때는 물의 양을 넉넉하게 하여 물이 끓으면 국수를 펴 넣고 센 불에서 휘저으며 삶으면서 끓어오를 때 찬물을 한 컵 부어 계속 끓인다. 국수가 익어 투명해지면 찬물에 여러 번 헹군다.

사리 지어 담기

채반에 건져 낼 때 1인분씩 사리를 지어 건져 놓아 물빼기를 한다.

국수를 담아 낼 때는 장국의 간을 약간 세게 하여 먹기 직전에 뜨거운 장국으로 토렴을 한다.

- 토렴은 삶아 건진 국수를 먹기 전에 끓는 장국에 한 번 넣었다 건지는 것을 뜻한다.
- 토렴용 물은 간을 한 소금물이나 장국국물을 따로 쓰는 것이 좋다.

국수장국 30분

국수는 삶아 사리를 짓고 소고기, 호박 등의 고명을 얹어 뜨거운 장국을 부어 만드는 국수이다.

재료 및 분량

마른 국수(소면) 80g
소고기 50g
애호박(중, 길이 6cm) 60g
석이버섯(넓은 잎 1장) 5g
대파(흰 부분 4cm) 1토막
마늘(중, 깐 것) 1쪽
실고추 1g
간장 10mL
달걀 1개
식용유 5mL
참기름 5mL
소금 5g

삶은 고기 양념
간장 ½작은술, 다진 파 ¼ 작은술, 다진 마늘 ⅛작은술, 참기름 약간

만드는 방법

1 장국 준비 · 버섯 불리기 석이버섯은 뜨거운 물에 담그고, 소고기는 물 3컵을 부어 파 한 토막(2cm), 마늘 반쪽과 함께 덩어리째 끓여 무르게 익으면 건지고 국물은 면포에 걸러 기름기를 걷어낸다. 간장으로 색을 내고 소금으로 간을 한다.

2 재료 준비하기 애호박은 5cm로 자르고 0.2cm 두께로 돌려 깎아 0.2cm 폭으로 채 썰어 소금을 뿌려 잠깐 절인 후 헹구어 물기를 짠다. 석이버섯은 비벼 씻어 헹군 후 곱게 채 썰어 소금, 참기름으로 무친다. 삶은 고기는 길이 5cm, 굵기 0.2cm로 썰고 파, 마늘은 다져 양념한다. 달걀은 황·백 지단을 0.2cm 두께로 부쳐 0.2×5cm로 채 썰고, 애호박, 석이버섯 순으로 볶는다. 실고추는 2cm 길이로 자른다.

3 사리지어 담기 끓는 물에 국수를 넣고 투명하게 삶아지면 찬물에 헹구어(마른 국수 삶기(p. 93) 참조) 사리를 짓고 물 빼기를 한 후, 그릇에 담아 준비된 고기, 지단, 애호박, 버섯, 실고추를 얹고, 담음새가 흐트러지지 않게 뜨거운 장국을 붓는다.

칼국수 30분

밀가루를 반죽하여 얇게 밀어 썰어서 붙여진 이름으로 칼국수를 장국에 넣어 끓인 국수이다. 국수를 삶아서 넣지 않고 장국에서 삶았다 하여 제물칼국수라고도 한다.

재료 및 분량

밀가루(중력분) 100g
애호박(중, 길이 6cm) 60g
마른 표고버섯(불린 것) 1개
실고추 1g
간장 5mL
설탕 5g
식용유 10mL
참기름 5mL
소금 5g

멸치국물

멸치(장국용) 20g, 물 3컵, 대파(흰 부분 4cm) 1토막, 마늘(중, 깐 것) 1쪽

만드는 방법

1 **장국 준비하기** 멸치는 머리와 내장을 제거하고 물을 부어 파, 마늘과 함께 약불로 끓여서 우려내어 면포에 걸러둔다. 간장으로 색을 내고 소금으로 간을 한다.

2 **밀가루 반죽하기** 밀가루는 덧가루용(1큰술)을 남겨 두고 소금을 약간 넣은 물 3~4큰술로 되직하게 반죽하여 비닐봉지에 넣어둔다.

3 **재료 준비하기** 애호박은 5cm로 자르고 0.2cm 두께로 돌려 깎아 0.2cm 폭으로 채 썰어 소금을 뿌려 잠깐 절인 후 헹구어 물기를 짠다. 표고버섯은 기둥을 제거하여 곱게 채 썰어 간장, 참기름으로 양념한다. 먼저 호박을 볶아 식히고 버섯을 볶는다. 실고추는 2cm 길이로 자른다.
반죽은 0.2cm 두께로 밀어 덧가루를 뿌리고 겹겹이 접은 후 0.3cm 폭으로 일정하게 썰어 서로 붙지 않도록 덧가루를 뿌려 펼쳐 놓는다.

4 **끓이기** 장국이 끓으면 국수는 서로 붙지 않게 털어서 넣고 바닥에 붙지 않도록 저어 주면서 끓인 후 국수와 국물을 1 : 2 정도로 그릇에 담아 호박, 표고버섯, 실고추를 얹는다.

동치미냉면

국수를 삶아 사리를 짓고 동치미와 육수를 섞어 만든 국물을 부어 만드는 찬 국수로 평안도 향토음식이다.

재료 및 분량

냉면 국수 300g
동치미국물 3컵
동치미 무 · 배 100g
오이 · 달걀 1개
육수 7컵
식용유 · 간장 · 소금 약간
설탕 · 식초 적량
숙성된 겨자(곁들임) 약간

육수
양지머리 300g, 돼지 살코기 300g, 물 2L

향신채소
대파 1대, 마늘 10쪽, 양파 1개, 통후추 약간

만드는 방법

1 **육수 준비하기** 고기는 찬물에 담가 핏물을 빼고 향신채소와 함께 끓인다.

2 **재료 준비하기** 오이는 길게 반으로 쪼개어 편으로 썰고 소금을 살짝 뿌린 후 물기를 짠 다음 설탕, 식초로 무친다. 고기가 무르게 익으면 건져서 식히고, 국물은 체에 내려 기름기를 걷어낸다. 동치미 무와 배, 편육은 한입 크기의 편으로 썬다. 달걀은 황 · 백 지단을 도톰하게 부쳐 골패 모양으로 썬다.

3 **냉면국물 준비하기** 동치미국물과 육수를 섞고 간장, 소금, 설탕, 식초로 간을 맞추어 냉장 보관한다.

4 **국수 삶아 담기** 국수는 삶아(마른 국수 삶기(p. 93) 참조) 사리를 지어 물빼기를 한 후 그릇에 담아 건더기를 얹고 냉면국물을 붓는다. 겨자를 곁들인다.

동치미국물에 돼지고기 살코기를 삶아 낸 육수와 소고기의 육수를 섞으면 깊은 맛이 난다.

열무냉면

국수를 삶아 사리를 짓고 열무김치와 육수를 섞어 만든 국물을 부어 먹는 찬 국수이다.

재료 및 분량

냉면국수 300g
열무김칫국물 · 육수 3컵
열무김치 1컵
배 ¼개
소금 · 설탕 약간

열무김치 양념
설탕 · 참기름 · 깨소금 1작은술

육수
양지머리 300g, 물 5컵

향신채소
대파 1대, 마늘 10쪽, 양파 1개, 통후추 약간

만드는 방법

1 **육수 준비하기** 양지머리는 찬물에 담가 핏물을 빼고 향신채소와 함께 끓인다.

2 **재료 준비하기** 열무김치는 한입 크기로 썰어서 양념한다. 고기가 무르게 익으면 건져서 식히고, 국물은 체에 내려 기름기를 걷어낸다. 편육과 배는 얇은 편으로 썬다.

3 **냉면국물 준비하기** 김칫국물과 육수를 섞어 설탕, 소금으로 간을 하여 냉장보관한다.

4 **국수 삶아 담기** 국수는 삶아(마른 국수 삶기(p. 93) 참조) 사리를 지어 물빼기를 한 후 그릇에 담고, 고명을 얹어 국물을 붓는다.

콩국수

국수를 삶아 사리를 짓고 콩을 곱게 갈아 만든 콩국을 부어 만드는 찬 국수로 여름철 복 중 음식이다.

재료 및 분량

국수 200g
오이 1개
소금 약간

콩국
흰콩 1컵, 흰깨 ⅓컵, 물 7컵, 소금 약간

만드는 방법

1 콩국 · 재료 준비하기 콩은 문질러 씻은 다음 일어서 4시간 이상 충분히 불린 후 냄비에 넣고 물 2컵을 부어 5분 정도 삶는다. 식으면 손으로 껍질을 제거한다. 깨는 씻어 일어 건진 후 볶는다. 블랜더에 물 3컵을 붓고 깨와 콩을 넣어 곱게 갈아 체에 내려서 차게 보관한다. 오이는 곱게 채 썬다.

2 국수 삶아 담기 국수는 삶아(마른 국수 삶기(p. 93) 참조) 사리를 지어 물빼기를 한 후 그릇에 담아 오이를 얹고 콩국에 소금간을 하여 붓는다.

콩국용 콩은 오래 삶지 않는다.

수수생산이 많은 황해도 지방에서는 수수경단을 넣기도 한다.

비빔국수 30분

삶아 건진 국수에 소고기, 오이, 표고버섯 등을 채 썰어 볶아 넣고 간장이나 고추장으로 비벼 무친 국수이다.

재료 및 분량

소면 70g
소고기 30g
마른 표고버섯(불린 것) 1개
석이버섯(1장) 5g
오이(길이 6cm) 1토막
달걀 1개
실고추 1g
식용유 20mL
참기름 5mL
소금 10g

소고기 · 표고버섯 양념
간장 ½작은술, 설탕 ½작은술, 다진 파 ½작은술, 다진 마늘 ¼작은술, 참기름 ⅙작은술, 깨소금 ⅙작은술, 후춧가루 약간

국수 양념
간장 ½작은술, 설탕 ½작은술, 참기름 ½작은술

만드는 방법

1 버섯 불리기 석이버섯은 뜨거운 물에 담근다.

2 재료 준비하기 오이는 5cm로 자르고 0.3cm 두께로 돌려 깎아 0.3cm 폭으로 채 썰어 소금을 뿌려 잠깐 절인 후 헹구어 물기를 짠다.
소고기와 표고버섯은 오이와 같은 크기로 썰고 파, 마늘은 곱게 다져 양념한다. 석이버섯은 비벼 씻어 헹군 후 곱게 채 썰어 소금, 참기름으로 무친다. 달걀은 황 · 백지단을 부쳐 0.2×0.2×5cm로 채 썬다. 오이, 석이버섯, 소고기, 표고버섯 순으로 볶는다.

3 국수 삶아 담기 국수는 삶아(마른 국수 삶기(p. 93) 참조) 헹구어 물 빼기를 한 후 국수 양념으로 밑간하고 오이, 소고기, 표고버섯을 넣고 가볍게 비벼 섞어 그릇에 담아 황 · 백 지단과 석이버섯, 실고추를 얹는다.

회냉면

홍어를 매운 양념으로 무쳐 국수에 얹어 비빈 국수로 비빔냉면 또는 함흥냉면이라고도 한다.

재료 및 분량

냉면국수 300g
홍어(가오리) 200g
식초(절임용) 4큰술
무 · 배 · 미나리 50g
오이 100g
소금(절임용) 적량
소금 약간

홍어 양념장
고춧가루 · 국간장 · 설탕 1큰술, 참기름 · 깨소금 1작은술

초고추장 양념(곁들임)
고추장 · 식초 3큰술, 고춧가루 · 다진 파 2작은술, 다진 마늘 1작은술, 다진 생강 ½작은술, 설탕 · 참기름 · 깨소금 1큰술

만드는 방법

1 무 · 오이 절이기 무와 오이는 굵은 막대 모양으로 썰어 소금을 뿌려 절인다.

2 재료 준비하기 홍어는 껍질을 벗기고 결 반대로 한입 크기로 썰어 식초에 버무려 30분 정도 둔다. 홍어가 단단해지면 면포로 물기를 짜고 무, 오이도 물기를 짜서 홍어 양념장으로 무친 후 나중에 미나리를 5cm 정도로 잘라 섞는다. 배는 굵은 채로 썬다.

3 국수 삶아 담기 국수는 삶아서 사리 지어 물을 뺀 후 그릇에 담고 홍어무침과 배를 얹고 초고추장 양념장을 곁들인다.

함경도지방에서는 홍어보다 참가자미를 많이 이용한다.

비빔국수

만 두

만두는 주로 만두피에 만두소를 넣고 빚어 장국에 끓이거나 찜 등의 조리방법으로 익힌 음식이며 만두소를 빚어 밀가루나 녹말가루에 굴려서 익히기도 한다. 『음식디미방』에서 만두는 메밀가루 껍질로 한 것을 만두라 하고 밀가루 껍질로 한 것은 수교의라 하며 얇게 저민 생선으로 한 것을 어만두라고 하였다.

만두의 약사

만두는 송나라와 교류가 활발하였던 고려 때 우리나라에 들어왔다. 만두라는 말은 송나라 때 『사물기원』에 제갈공명이 여수의 풍랑을 잠재우기 위해 사람의 머리를 요구하는 수신에게 양고기와 돼지고기를 밀가루 반죽에 싸서 사람의 머리처럼 만들어 귀신을 속여 제를 지냈는데, 여기서 만두饅頭란 이름이 비롯되었다고 한다. 만饅은 기만한다는 뜻이고 두頭는 머리를 가리킨다. 그러면 중국의 만두는 어떤 것일가? 『거가필용』1367에 밀가루를 발효시켜 고기나 채소를 소로 하여 시루에서 둥글게 쪄낸 것으로 설명하고 있다. 고려 때 우리는 이 만두를 상화라 불렀고, 『훈몽자회』에는 만饅을 상화만, 두頭를 상화두라 하였다. 『성호사설』1763에는 상화는 기수起溲, 술로 발효시킨 떡라고 하였고, 『명물기략』1870에는 상화병이라 하였다. 송나라의 『연익화모록』에 의하면 인종의 탄일에 포자包子를 내렸다 하였는데, 포자는 일명 만두로서 발효시킨 것으로 소를 싸기도 하고 없이도 만든다 하였다. 오늘날 중국에서는 찐빵처럼 두꺼운 밀가루 속에 소를 싼 것은 포자라 하고, 꽃빵처럼 소를 넣지 않은 것은 만두라고도 한다. 우리의 상화를 중국에서는 여전히 만두라 하고 있다.

당나라시대에 혼돈餛飩이란 말이 나오는데, 명나라의 '정자통'에 혼돈은 지금의 교자餃子의 별명이라고 하고, 혼돈은 밀가루 반죽을 얇게 하여 소를 싼 것으로 총알모양으로 하여 쪄서 먹거나 육즙에 넣거나 한 것이라고 하였다. 혼돈은 국수와 더불어 옛 박탁餺飥에서 시작되어 지금의 교자에 연결

된다. 교자에는 수교자水餃子, 끓는 물에서 익혀 건진, 물만두, 탕교자湯餃子, 장국에 끓이는, 만둣국, 증교자蒸餃子, 쪄내는, 찐만두, 전교자煎餃子, 기름에 지진, 군만두 등이 있다. 우리의 만두는 박탁에서 혼돈을 거쳐 만들어진 중국 교자에 해당된다.

『음식디미방』1670에서 수교의는 밀가루 반죽을 얇게 밀어 소를 넣고 오무려 반달모양의 만두탕교자로 설명하고, 『열량세시기』1819에서는 찐 교자를 수교의라 하고 있다. 『시의전서』1800년대 말에 밀만두를 귀나게 썰어 소를 넣고 귀로 싸서 만드는 편수片水가 있다. 『규합총서』1815에는 편수를 변시만두라 하고 『명물기략』1870, 『동국세시기』1849, 『옹희잡지』1800년대 초에서는 세모모양으로 만들고 변卞씨가 처음 만들었다 하여 변씨만두라고 하였다. 『진연의궤』1719에 밀만두 병시餠匙가 있는데, 이 병시가 변씨만두로, 나아가서 편수가 된 것 같기도 하다. 밀가루가 귀하던 시절에 생선이나 채소 등으로도 만두껍질을 만들어 이용했고, 밀이 흔한 지금은 중국에서와 같이 상화형태의 찐빵 같은 만두도 흔하게 만들고 있다.

만두의 종류

피만두

만두는 대부분 피만두를 의미하고 피만두는 만두소를 만두 껍질에 싸서 빚은 만두이다. 껍질 반죽의 재료, 소의 재료 또는 만든 모양 등에 따라 다음과 같은 종류가 있다.

- 규아상미만두 : 오이, 표고버섯, 소고기를 소로 넣고 해삼모양으로 빚어 찐 만두이다. 일명 미만두라고 한다. 미는 해삼의 옛말이다.
- 동아만두 : 동아의 과육을 얇게 저며서 소를 넣어 맞붙이고 녹말가루를 뿌려 찐 만두이다.
- 메밀만두 : 메밀가루를 반죽하여 얇게 빚어서 소를 넣고 빚은 만두이다.
- 밀만두만둣국 : 밀가루를 반죽하여 얇고 둥근 만두피를 만들어 소를 넣고 빚어 장국에 넣고 끓인 만두이다.
- 보만두 : 작은 만두 여러 개를 큰 만두 껍질에 넣어 복주머니처럼 감싸 묶어 만든 것으로 보찜만두라고도 한다.

| 만두의 종류 |

구 분	종 류
피만두	규아상(미만두), 동아만두, 메밀만두, 밀만두(만둣국), 보만두, 병시, 석류만두, 소만두, 어만두, 편수
굴림만두	도토리만두, 생치만두, 준치만두
기타(달걀물)	난만두, 대합조개만두, 파만두

- 병시餠匙 : 밀가루를 반죽하여 둥근 만두피를 만들어 소를 넣고 반달모양으로 빚어 장국에 넣어 끓인 만두이다.
- 석류만두 : 밀반죽을 얇게 밀고 소를 넣어 석류모양으로 빚어 육수에 넣고 끓인 만두이다.
- 소蔬만두 : 고기 없이 채소로만 소를 넣어 빚은 밀만두이다.
- 어만두 : 생선을 얇게 저며 뜨고 소를 넣어 말아 붙인 다음 녹말가루를 씌워서 쪄 낸 만두이다.
- 편수 : 만두껍질을 정사각형으로 하여 소를 넣고 각진 모양으로 빚은 만두이다. 『훈몽자회』에 만두를 뜻하는 변시가 편시구급간이방를 거쳐 편수국한회어가 되었다. 변시만두는 변시와 만두의 복합어인데, 변시가 변씨로 되어 변씨만두卞氏饅頭가 되었다. 『규합총서』에 변시만두가 나온다. 『임원경제지』1835 정조지에 세모로 만드는 변씨만두방이 있고, 『동국세시기』1849에 세모모양으로 만든 만두를 변씨만두라 하였다.

굴림만두

굴림만두는 만두소를 밀가루나 녹말가루에 굴려 찌거나 끓인 만두이다.

- 도토리만두 : 만두소를 도토리모양으로 빚고 밀가루를 묻혀 찐 만두이다.
- 생치만두 : 꿩고기를 다져서 소를 만들어 빚고 밀가루나 녹말가루를 묻혀 찌거나 장국에 넣어 끓인 만두이다.
- 준치만두 : 준치살과 소고기를 다져 소를 만들어 빚고 녹말가루를 묻혀 찐 만두이다.

기타달걀물

만두피 대신 만두소를 달걀물로 입히거나 부어서 만든 만두이다.

- 난만두 : 그릇에 소를 담고 달걀물을 부어 찐 만두이다.
- 대합조개만두 : 대합 껍데기에 소를 넣어 달걀물을 입혀서 삶아 낸 만두이다.
- 파만두 : 대파 뿌리 부분을 쪼개어 가운데 소를 넣고 옥잠화처럼 만들어 밀가루를 씌우고 달걀물을 입혀 끓는 물에 삶아 익힌 것이다. 전라도 향토음식이다.

만두의 기본조리법

만두의 조리는 만두피와 만두소를 만들어 빚는 것으로 요령은 다음과 같다.

만두피와 만두 빚기

- **밀가루 종류** : 강력분 또는 다목적용 밀가루가 좋다.
- **반죽** : 된 반죽으로 하여 끈기가 생기도록 잘 치댄다.
- **숙성** : 반죽덩이가 완성되면 젖은 면포나 비닐봉지로 잘 감싸둔다.
- **빚기** : 소를 넣고 빚어 부칠 때 부침 새는 잘 눌러 붙여 모양을 유지하고 터지지 않게 한다.

만두소 만들기

- **소 재료** : 육류, 두부, 채소류를 많이 사용한다.
- **다지기** : 육류, 채소 등은 다져서 쓴다. 숙주나 김치 등은 적당한 크기로 잘라 재료의 씹힘성과 맛을 부여하도록 한다.
- **물기 제거** : 모든 소 재료는 물기를 짠다. 풋내를 유발하는 부추나 파 등은 마찰에 유의한다.
- **밑간하기** : 두부는 소금, 참기름으로 밑간하고 육류도 양념으로 밑간하여 혼합한다.

끓이기

끓는 물 또는 육수에 만두를 넣어 중불에서 가열하고 만두가 끓어오르면 1분 정도 익혀서 건져 낸다. 센 불에서 가열하면 만두가 터지기 쉽다.

규아상 미만두

오이, 표고버섯, 소고기를 소로 넣고 해삼모양으로 빚어 찐 만두이다. 일명 미만두라고 한다. 미는 해삼의 옛말이다.

재료 및 분량

만두피(밀가루 2컵, 물 ½컵, 소금 약간)
소고기(우둔) 100g
마른 표고버섯 3개
오이 2개
잣 1큰술
소금 약간
식용유 · 담쟁이잎(면포) 적량

소고기 · 버섯 양념
간장 2작은술, 설탕 · 다진 파 1작은술, 다진 마늘 ½작은술, 참기름 · 깨소금 ¼작은술, 후춧가루 약간

만드는 방법

1 **만두피 준비 · 버섯 불리기** 밀가루에 소금물을 넣고 반죽하여 비닐봉지에 넣어 둔다. 표고버섯은 물에 담가 불린다.

2 **재료 준비하기** 소고기는 곱게 다지고 표고버섯은 기둥을 제거하여 채 썬 다음 양념하여 볶는다. 오이는 4cm 길이로 채 썰어 소금을 뿌려 잠깐 절인 후 물기를 짜서 살짝 볶아 식힌다. 고기, 버섯, 오이, 잣을 섞어 소를 만든다.

3 **만두 빚기** 반죽은 지름 8cm의 둥근 모양으로 얇게 밀어 소를 놓고 양쪽 자락의 맞닿는 부분을 붙인다. 양 끝을 삼각지게 하여 해삼처럼 등에 주름을 잡아가며 붙인다.

4 **찌기** 김이 오른 찜기에 담쟁이 잎이나 면포를 깔고 만두를 놓아 5분 정도 찐다.

어만두

생선을 얇게 저며 뜨고 소를 넣어 말아 붙인 다음 녹말가루를 씌워서 쪄 낸 만두이다.

재료 및 분량

흰살생선 300g
소고기(우둔)·숙주 100g
마른 표고버섯·목이버섯 3개
오이 1개
녹말가루 적량
소금·후춧가루 약간

소고기 양념
간장 2작은술, 설탕·다진 파 1작은술, 다진 마늘 ½작은술, 참기름·깨소금 ¼작은술, 후춧가루 약간

소 양념
설탕·다진 마늘·깨소금 ½작은술, 다진 마늘·참기름 1작은술, 소금·후춧가루 약간

만드는 방법

1 **생선 손질·버섯 불리기** 생선은 머리를 자르고 내장을 꺼내어 씻고 3장 뜨기를 한 다음 길이 8cm, 폭 5cm 정도로 얇게 포를 떠서 소금, 후춧가루를 뿌린다. 표고버섯, 목이버섯은 물에 담가 불린다.

2 **재료 준비하기** 소고기는 곱게 다져 양념하고, 표고버섯의 기둥과 목이버섯의 뿌리를 제거한 후 각각 채 썬다. 오이는 돌려 깎아 소금을 뿌려 잠시 절인 후 물기를 짠다. 소고기, 버섯, 오이는 각각 볶는다. 숙주는 데쳐 찬물에 헹군 후 잘게 썰어 물기를 짜고 모든 재료를 섞어 소 양념을 하여 소를 만든다.

3 **만두 빚기** 생선포는 마른 면포로 물기를 거두고 펴 놓는다. 그 위에 녹말가루를 뿌린 후 소를 놓아 동그랗게 만다.

4 **찌기** 말아놓은 생선에 녹말가루를 덧뿌려 풀어지지 않게 하여 김이 오른 찜기에 젖은 면포를 깔고 찐다.

밀만두 만둣국 45분

밀가루를 반죽하여 얇고 둥근 만두피를 만들어 소를 넣고 빚어 장국에 넣고 끓인 만두이다.

재료 및 분량

밀가루(중력분) 60g
소고기 60g
물(국물) 3컵
두부 50g
숙주 30g
배추김치 40g
미나리 20g
대파(흰 부분 4cm) 1토막
마늘(중, 깐 것) 2쪽
달걀 1개
국간장 5mL
식용유 5mL
소금 5g
산적꽂이 1개

소 양념
다진 파 1작은술, 다진 마늘 ½작은술, 참기름 1작은술, 깨소금 2작은술, 소금·후춧가루 약간

만드는 방법

1 육수 · 만두피 준비하기 소고기의 ¼은 물을 부어 파 한 토막(2cm), 마늘 한 쪽과 함께 끓인 후 국물은 면포에 걸러 기름기를 걷어낸다. 간장으로 색을 내고 소금으로 간을 한다. 밀가루는 덧가루용 밀가루를 남겨두고 반죽하여 비닐봉지에 넣어둔다.

2 재료 준비하기 숙주는 데쳐 짧게 썰고, 김치는 다지고, 두부는 으깨어 각각 물기를 짠다. 소고기의 ¾은 곱게 다져 핏물을 제거한다. 파, 마늘은 다진다. 모든 재료는 소 양념을 섞어 소를 만든다. 달걀은 황 · 백 지단과 미나리초대를 부쳐 2×2cm의 마름모꼴로 썬다.

3 만두 빚기 밀가루 반죽을 밀대로 밀어 얇고 둥글게 지름 8cm의 만두피를 만들어 소를 한 숟가락을 넣고 접어서 붙인 후 양끝을 맞붙여 둥근 모양으로 5개를 빚는다.

4 끓이기 장국이 끓으면 만두를 넣고 끓어오르면 1분 정도 푹 익혀서 국물과 함께 만두 5개를 담아 황 · 백 지단과 미나리초대를 각 2개씩 얹는다.

병 시

밀가루를 반죽하여 둥근 만두피를 만들어 소를 넣고 반달모양으로 빚어 장국에 넣어 끓인 만두이다.

재료 및 분량

만두피(밀가루 1컵, 물 3큰술, 소금 약간)
소고기 50g
마른 표고버섯 2개
배추김치 100g
두부 · 숙주 80g
국간장 1작은술
소금 · 후춧가루 약간

육수 · 향신채소
소고기 200g, 물 4컵, 대파 1대, 마늘 5쪽, 통후추 약간

고명
달걀 1개, 식용유 적량, 석이버섯 2개, 실고추 약간

소고기 · 표고버섯 양념
간장 1작은술, 설탕 · 다진 파 ½작은술, 다진 마늘 ¼작은술, 참기름 · 깨소금 ⅛작은술, 후춧가루 약간

소 양념
다진 파 1큰술, 다진 마늘 · 참기름 · 깨소금 1작은술, 소금 · 후춧가루 약간

만드는 방법

1 육수 준비 · 버섯 불리기 소고기는 찬물에 담가 핏물을 뺀 후 향신채소와 함께 물을 붓고 끓인다. 고기가 무르게 익으면 체에 내려 기름기를 걷어내어 간을 하여 육수를 만든다. 표고버섯은 물에 담가 불리고 석이버섯은 뜨거운 물에 담근다.

2 만두피 준비하기 밀가루는 반죽하여 비닐봉지에 넣어 둔다.

3 재료 준비하기 소고기는 곱게 다져 양념하고 두부는 으깨어 물기를 짠다. 배추김치는 다지고 숙주는 데쳐 짧게 썰어 물기를 짠다.
표고버섯은 기둥을 제거한 다음 채 썰고, 석이버섯은 비벼 씻어 헹군 후 채 썰어 살짝 볶고, 실고추는 짧게 자른다.
달걀은 황 · 백 지단을 부쳐 채 썰고 소 양념을 준비하여 만두소를 만든다.
대파는 어슷썰며 마늘은 다진다.

4 만두 빚기 밀가루 반죽을 지름 7cm로 밀어 만두소를 넣고 반달모양으로 만두를 빚는다.

5 끓이기 국이 끓으면 만두를 넣어 끓어오르면 1분 정도 푹 익혀서 국물과 함께 그릇에 담아 고명을 얹는다.

편 수

만두껍질을 정사각형으로 하여 소를 넣고 각진 모양으로 빚은 만두이다. 『훈몽자회』에 만두를 뜻하는 변시가 편시구급간이방를 거쳐 편수국한회어가 되었다. 변시만두는 변시와 만두의 복합어인데, 변시가 변씨로 되어 변씨만두卞氏饅頭가 되었다. 『규합총서』에 변시만두가 나온다. 『임원경제지』1835 정조지에 세모로 만드는 변씨만두방이 있고, 『동국세시기』1849에 세모모양으로 만든 만두를 변씨만두라 하였다.

재료 및 분량

만두피(밀가루 2컵, 물 ½컵, 소금 약간)
소고기(우둔) · 숙주 100g
마른 표고버섯 2개
애호박 1개
잣 1큰술
소금 약간

소고기 · 버섯 양념
간장 2작은술, 설탕 · 다진 파 1작은술, 다진 마늘 ½작은술, 참기름 · 깨소금 ¼작은술, 후춧가루 약간

초간장(곁들임)
간장 · 식초 1큰술

만드는 방법

1 만두피 준비 · 버섯 불리기 밀가루는 소금물을 넣어 반죽하여 비닐봉지에 넣어 둔다. 표고버섯은 물에 담가 불린다.

2 재료 준비하기 애호박은 2cm 길이로 채 썰어 소금을 뿌려 잠깐 절인 후 헹구어 물기를 짜서 볶아 식힌다. 숙주는 데쳐 찬물에 헹군 후 잘게 썰어 물기를 짠다. 소고기는 곱게 다지고, 표고버섯은 기둥을 제거한 후 얇게 채 썰어 고기와 양념하여 볶는다. 재료를 섞어 소를 만든다.

3 만두 빚기 밀가루는 얇게 밀어 8cm 정도의 정사각형으로 잘라 소와 잣을 넣고 네 귀를 모아서 가장자리를 눌러 붙인다.

4 끓이기 찜기에 찌거나 끓는 물에 삶은 후 찬물에 헹구어 접시에 담고 초간장을 곁들인다. 또는 편수에 찬 육수를 부어 담기도 한다.

동아만두

동아의 과육을 얇게 저며서 소를 넣어 맞붙이고 녹말가루를 뿌려 쪄 낸 만두이다.

재료 및 분량

동아 600g
소고기 200g
숙주 150g
마른 표고버섯 4개
석이버섯 4개
달걀 1개
잣 1큰술
녹말가루 1컵
소금 약간

소고기 양념
간장 1½큰술, 설탕 · 다진 파 2작은술, 다진 마늘 1작은술, 참기름 · 깨소금 ½작은술, 후춧가루 약간

버섯 양념
간장 · 참기름 약간

만드는 방법

1 **만두피 준비 · 버섯 불리기** 동아는 껍질을 벗기고 얇게 저며서 소금을 약간 뿌린 후 살짝 데친다. 표고버섯은 물에 담가 불리고, 석이버섯은 뜨거운 물에 담근다.

2 **재료 준비하기** 소고기는 곱게 채 썰어 양념하여 볶는다. 숙주는 데쳐 찬물에 헹구어 잘게 썰고, 표고버섯은 기둥을 제거하고 석이버섯은 비벼 씻어 헹군 후 각각 채 썰어 양념하여 볶는다. 달걀은 황 · 백 지단을 부쳐 짧게 채 썰고 잣과 준비한 모든 재료를 섞어 소금으로 간을 맞추어 소를 만든다.

3 **만두 빚기** 동아는 마른 면포로 물기를 거두고 한 조각씩 펴서 만두소를 넣어 맞붙인다.

4 **찌기** 만두 전체에 녹말가루를 뿌려서 김이 오른 찜기에 면포를 깔고 찐다.

석류만두

밀반죽을 얇게 밀고 소를 넣어 석류 모양으로 빚어 육수에 넣고 끓인 만두이다.

재료 및 분량

만두피(밀가루 2컵, 물 ½컵, 소금 약간)
소고기 · 닭고기 · 무 · 숙주 50g
미나리 30g
마른표고버섯 2개
두부 100g
달걀 1개
잣 1작은술
국간장 · 소금 · 후춧가루 약간
식용유 적량

육수 · 향신채소

소고기 200g, 물 4컵, 대파 1대, 마늘 5쪽, 통후추 약간

소고기 · 닭고기 양념

간장 2작은술, 설탕 · 다진 파 1작은술, 다진 마늘 ½작은술, 참기름 · 깨소금 ¼작은술, 후춧가루 약간

만드는 방법

1 육수 준비 · 버섯 불리기 소고기는 찬물에 담가 핏물을 뺀 후 향신채소와 함께 물을 붓고 끓인다. 고기가 무르게 익으면 체에 내려 기름기를 걷어내어 간을 하여 육수를 만든다. 표고버섯은 물에 담가 불린다.

2 만두피 준비하기 밀가루는 반죽하여 비닐봉지에 넣어 둔다.

3 재료 준비하기 소고기와 닭고기는 곱게 다져 양념한다. 무는 채 썰어 데쳐 내고, 숙주는 꼬리를 다듬고 미나리는 줄기만, 각각 데쳐서 짧게 썬다. 표고버섯은 기둥을 제거하여 곱게 채 썰고, 두부는 으깬다. 무, 숙주, 미나리, 표고버섯, 두부는 물기를 짜고 모든 재료는 소 양념(다진 파 1큰술, 다진 마늘 · 생강즙 · 참기름 · 깨소금 1작은술, 소금 · 후춧가루 약간)을 섞어 소를 만든다. 달걀은 황 · 백 지단을 부쳐 마름모로 썬다.

4 만두 빚기 밀가루 반죽은 지름 7cm 정도로 얇게 밀어 소를 넣고 잣을 넣어 석류모양으로 빚는다.

5 끓이기 육수가 끓으면 만두를 넣어 끓어오르면 잠시 더 익혀 국물과 함께 그릇에 담는다.

보만두

작은 만두 여러 개를 큰 만두 껍질에 넣어 복주머니처럼 감싸 묶어 만든 것으로 보찜만두라고도 한다.

재료 및 분량

만두피(밀가루 2컵, 물 ½컵, 소금 약간)
돼지고기 · 두부 · 배추 100g
마른 표고버섯 2개
미나리 30g
잣 약간
국간장 1작은술
소금 · 후춧가루 약간

육수 · 향신채소
소고기 200g, 물 4컵, 대파 1대, 마늘 5쪽, 통후추 약간

소 양념
다진 파 1큰술, 다진 마늘 · 생강즙 · 참기름 · 깨소금 1작은술, 소금 · 후춧가루 약간

만드는 방법

1 **육수 준비 · 버섯 불리기** 소고기는 찬물에 담가 핏물을 뺀 후 향신채소와 함께 물을 붓고 끓인다. 고기가 무르게 익으면 체에 내려 기름기를 걷어내어 간을 하여 육수를 만든다. 표고버섯은 물에 담가 불린다.

2 **만두피 준비하기** 밀가루는 반죽하여 비닐봉지에 넣어 둔다.

3 **재료 준비하기** 표고버섯은 기둥을 제거하여 채 썰고, 두부는 으깨어 물기를 짠다. 배추는 데쳐 짧게 썰어 물기를 짜고, 고기는 다진다. 모든 재료에 소 양념을 넣어 버무려 소를 만든다. 미나리는 데친다.

4 **만두 빚기** 속 만두피는 지름 4cm의 원형, 겉 만두피는 지름 20cm의 원형으로 덧가루를 뿌려서 얇게 민다. 속 만두피에 소와 잣을 넣고 반달모양으로 빚어 양 끝은 붙여 둥근 모양으로 빚는다. 겉 만두피에 작은 만두를 소로 넣고 복주머니모양으로 모아 잡아 입구를 미나리로 묶는다. ❶

5 **끓이기** 국이 끓으면 만두를 넣어 끓어오르면 1분 정도 푹 익혀서 국물과 함께 그릇에 담는다.

생치만두

꿩고기를 다져서 소를 만들어 빚고 밀가루나 녹말가루를 묻혀 찌거나 장국에 넣어 끓인 만두이다.

재료 및 분량

꿩 1마리
마른 표고버섯 5개
밀가루 1컵
녹말가루 ½컵
잣 1큰술
물 5컵
소금 · 후춧가루 약간

육수
양지머리 200g, 무 500g, 물 5컵

향신채소
대파 1대, 마늘 10쪽, 통후추 약간

꿩 양념
간장 · 다진 파 1큰술, 소금 · 설탕 · 다진 마늘 · 참기름 · 깨소금 1작은술, 후춧가루 약간

만드는 방법

1 육수 준비 · 버섯 불리기 양지머리는 찬물에 담가 핏물을 빼고 무와 향신채소를 넣어 끓인다. 꿩은 씻어 살을 발라내고 뼈는 물을 부어 끓인다. 표고버섯은 물에 담가 불린다.

2 재료 준비하기 꿩 살은 다져서 양념하고, 표고버섯은 기둥을 제거한 다음 채 썰어 섞는다. 삶은 무는 물기를 짜고 양념(다진 파 1큰술, 다진 마늘 · 생강즙 · 참기름 · 깨소금 1작은술, 소금 · 후춧가루 약간)하여 만두소를 만든다. 국물은 체에 내려 기름기를 걷어내고 꿩 육수와 양지머리 육수를 섞는다.

3 만두 빚기 만두소는 큰 대추 정도로 빚어 잣 2개씩 눌러 붙여 밀가루에 한 번 묻히고, 녹말가루에 굴린다.

4 끓이기 국이 끓으면 간을 맞추고 만두를 넣어 끓어오르면 잠시 더 익혀 국물과 함께 그릇에 담는다.

꿩이 넉넉하면 꿩 국물만으로도 좋으며, 꿩만두는 만두피로 싸서 빚기도 한다.

준치만두

준치살과 소고기를 다져 소를 만들어 빚고 녹말가루를 묻혀 찐 만두이다.

재료 및 분량

준치(살) 300g
소고기 · 두부 100g
오이 200g
마른 표고버섯 6개
잣 1큰술
녹말가루 1컵
소금 · 참기름 약간
식용유 · 담쟁이잎(면포) 적량

소고기 · 버섯 양념

간장 1큰술, 설탕 · 다진 파 1½작은술, 다진 마늘 ¾작은술, 참기름 · 깨소금 ⅓작은술, 후춧가루 약간

소 양념

다진 파 1큰술, 다진 마늘 · 생강즙 · 참기름 · 깨소금 1작은술, 소금 · 후춧가루 약간

만드는 방법

1 준치 손질 · 버섯 불리기 준치는 비늘을 긁고 내장을 제거하여 씻은 후 반으로 포를 떠서 숟가락 등으로 살을 발라내어 다진다. 표고버섯은 물에 담가 불린다.

2 재료 준비하기 오이는 채 썰어 소금을 뿌려 절인 후 물기를 짜고 소고기는 곱게 다진다. 표고버섯은 기둥을 제거하고 채 썰어 양념한다. 두부는 으깨어 물기를 짜고 소금, 참기름으로 무친다. 달군 번철에 기름을 두르고 오이, 소고기, 표고버섯 순으로 볶은 후 식힌다. 준비한 모든 재료를 소 양념과 섞어 만두소를 만든다.

3 만두 빚기 만두소는 큰 대추 정도로 하여 잣을 넣어 빚고 녹말가루를 묻힌다.

4 찌기 김이 오른 찜기에 담쟁이잎이나 면포를 깔고 만두를 얹어 찐다.

난만두

그릇에 소를 담고 달걀물을 부어 찐 만두이다.

재료 및 분량

소고기 · 두부 · 숙주나물 100g
마른 표고버섯 · 달걀 3개
미나리 50g
석이버섯 채 · 실고추 · 잣가루 약간

소고기 양념

간장 1⅓큰술, 설탕 · 다진 파 2작은술, 다진 마늘 1작은술, 참기름 · 깨소금 ½작은술, 후춧가루 약간

소 양념

설탕 · 참기름 · 깨소금 ½작은술, 다진 파 2작은술, 다진 마늘 1작은술, 소금 · 후춧가루 약간

만드는 방법

1 **버섯 불리기** 표고버섯은 물에 담가 불리고, 석이버섯은 뜨거운 물에 담근다.

2 **재료 준비하기** 소고기는 곱게 다져 양념하고 두부는 으깨어 물기를 짠다. 숙주나물은 꼬리를 다듬고 미나리는 줄기만, 각각 데쳐서 찬물에 헹군 후 곱게 다져 물기를 짠다. 달걀 1개는 황 · 백 지단을 부쳐 채 썰고 남은 달걀은 풀어 놓는다. 표고버섯은 다지고 석이버섯은 곱게 채 썬다. 지단채와 석이버섯채는 고명으로 쓰고 모든 재료는 섞어서 양념한다.

3 **만두 만들기** 용기에 참기름을 바르고 만두소를 담은 후 달걀물을 위에서부터 고르게 붓고 지단채, 석이버섯채, 실고추, 잣가루를 얹는다. ❶, ❷

4 **찌기** 김이 오른 찜기에 넣어 찐다. 식힌 후 꺼내어 먹기 좋은 크기로 잘라 담는다. ❸

파만두

대파 뿌리 부분을 쪼개어 가운데 소를 넣고 옥잠화처럼 만들어 밀가루를 씌우고 달걀물을 입혀 끓는 물에 삶아 익힌 것이다. 전라도 향토음식이다.

재료 및 분량

대파 10대
무 · 소고기 · 조갯살 · 생선살 100g
밀가루 1컵
달걀 2개
소금 약간

소 양념
간장 · 다진 파 2작은술, 설탕 · 다진 마늘 · 깨소금 1작은술, 참기름 ½작은술, 소금 · 후춧가루 약간

만드는 방법

1 파 손질하기 대파는 흰 부분만 7cm 정도의 길이로 자른다. 파 뿌리 쪽을 3cm 정도 길이로 4~6 등분한다.

2 재료 준비하기 무는 곱게 채 썰어 소금을 뿌려 잠깐 절인 후 물기를 짠다. 소고기, 조갯살, 생선살은 다져서 양념하여 무와 함께 섞어 소를 만든다. ❶

3 만두 빚기 파 쪼갠 부분에 밀가루를 묻혀서 소를 넣어 끝을 옥잠화처럼 만든다. ❷, ❸, ❹, ❺

4 삶기 밀가루 · 달걀물을 입혀 끓는 물에 삶는다.

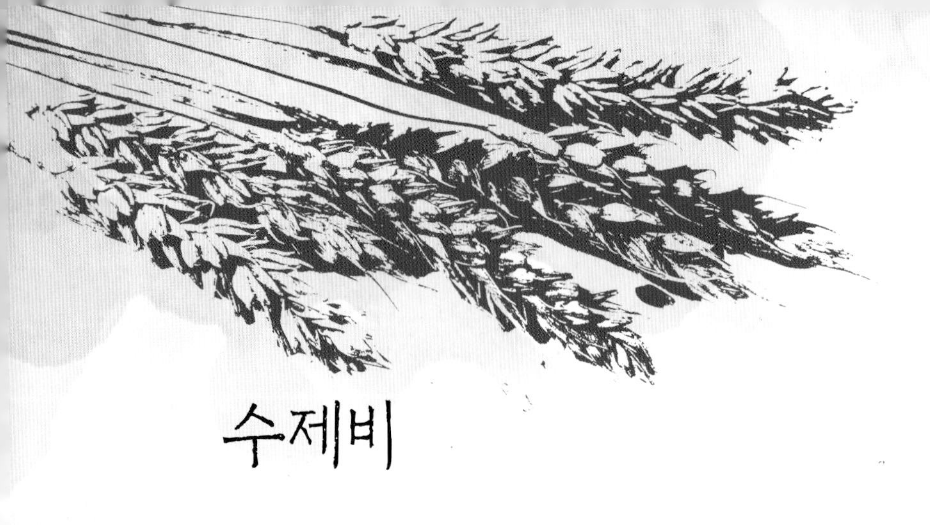

수제비

수제비는 장국에 밀가루 등의 반죽을 부드럽게 하여 손으로 떼어 넣어 끓인 국물음식이다. 곡분을 여러 형태로 하여 끓이는 탕병의 한 종류이며 모양은 일정하지 않다. 큰 나무주걱에 반죽덩이를 놓아 숟가락 등으로 긁어 떼어 넣기도 한다.

수제비의 약사

수제비는 『귀전록』송나라에 박탁餺飥이란 말이 나오는데, 이것은 밀가루 반죽을 엄지손가락 정도로 하여 지압으로 얇게 눌러서 끓는 물에 삶아낸 것이라 하였다. 『훈몽자회』1527에서는 이 박탁을 나화라고 하나 우리나라 사전에는 수제비 박餺, 수제비 탁飥으로 쓰여 있어 이것을 수제비라고 본다. 조선시대에 수제비를 『운두병』雲頭餠이라고 하였는데, 『조선무쌍신식요리제법』1943에 "밀가루에 연한 고기를 난도하고 파, 장, 기름, 후춧가루와 계핏가루를 치고 지직하게 반죽하여 노코 장국이나 미역이나 닭을 삶아내어 살만 뜨더 노코 끌른 국에 반죽한 것을 숫까락으로 띠어 너코 다 끄러 떠오르거든 퍼낼제 닭고기도 함께 너어 먹나니라"라고 운두병 만드는 방법을 설명하고 있다.

『옹희잡지』1800년대 초에는 찹쌀단자를 장국에 끓이는 수제비법이 있고, 『임원십육지』1827에는 『거가필용』을 인용하여 밀가루에 고기나 콩가루를 반죽하여 한 숟가락씩 끓는 물에 떨어뜨리는, 마치 물고기가 뛰노는 듯 보이는 영롱발어방玲瓏撥魚方을 설명하고 있다. 밀가루가 귀하여 잘사는 반가에서나 이용하였을 것으로 짐작된다.

6·25 전쟁 이후 다량의 밀가루가 구호물자로 유입되면서 식량난에 허덕이던 시절에 정책적으로 분식장려를 하였고 싼값으로 한 끼 식사를 해결할 수 있는 가난한 사람들의 주식이 되었다. 쌀 자급이 된 오늘날은 별미음식으로 여러 가지 형태의 수제비가 기계화되어 판매되고 있다.

수제비의 종류

- 감자녹말수제비 : 감자녹말가루로 만든 반죽을 장국에 얇게 떼어 넣어 끓인 것이다.
- 막갈이수제비 : 통밀을 맷돌에 갈거나 통밀가루 반죽을 장국에 얇게 떼어 넣어 끓인 것이다.
- 메밀수제비 : 메밀가루를 반죽하여 장국에 얇게 떼어 넣어 끓인 것이다.
- 밀수제비 : 밀가루를 부드럽게 반죽하여 장국에 얇게 떼어 넣어 끓인 것이다.
- 보리수제비 : 보릿가루를 반죽하여 장국에 얇게 떼어 넣어 끓인 것이다.
- 칡수제비 : 칡뿌리녹말가루로 만든 반죽을 장국에 얇게 떼어 넣어 끓인 것이다.

| 수제비의 종류 |

구 분	종 류
수제비	감자녹말수제비, 막갈이수제비, 메밀수제비, 밀수제비, 보리수제비, 칡수제비

수제비의 기본조리법

장국 만들기

수제비국물은 시원한 맛을 내도록 조개류나 멸치 장국을 사용한다(육수 만들기는 국의 조리방법 중 끓이는 방법 참조).

수제비 반죽 · 끓이기

수제비 반죽은 다른 일반 반죽보다 물을 더 넣어 많이 치대지 않고 질척하게 반죽하여 떼어 쓰기 편하게 한다.

장국이 끓으면 수제비 반죽을 손으로 얇게 떼어 넣는다. 장국의 간은 싱겁게 하여 양념장을 곁들인다.

밀수제비

밀가루를 부드럽게 반죽하여 장국에 얇게 떼어 넣어 끓인 것이다.

재료 및 분량

밀가루 반죽(밀가루 1컵, 물 ½컵, 소금 약간)
감자 2개
애호박 ½개
대파 1대
바지락 1컵
다진 마늘 ½큰술
물 3컵

양념장(곁들임)

고춧가루 ½큰술, 간장 2큰술, 국간상 · 나신 풋고추 · 다진 홍고추 · 깨소금 1큰술, 실파 2개

만드는 방법

1 **장국 준비 · 밀가루 반죽하기** 바지락은 소금물에 담가 해감을 토해 내고 비벼 씻은 다음 물 2컵을 부어 약불로 끓인 후 조개가 벌어지면 불을 끄고 젖은 면포에 거른다. 밀가루는 부드럽게 반죽을 하여 젖은 면포로 씌운다.

2 **재료 준비하기** 감자는 한입 크기로 굵게 썰고, 애호박은 채 썬다. 대파는 어슷썰고 마늘은 다진다.

3 **끓이기** 냄비에 물과 조개 끓인 물을 붓고 감자를 넣어 끓이다가 반죽을 얇게 떼어 넣는다. 마늘, 대파와 애호박을 차례로 넣고 끓이다가 수제비가 떠오르면 익힌 조개를 넣는다. 양념장을 곁들인다.

수제비 국물은 조개류가 시원하여 맛이 잘 어울리나 해감에 주의한다.

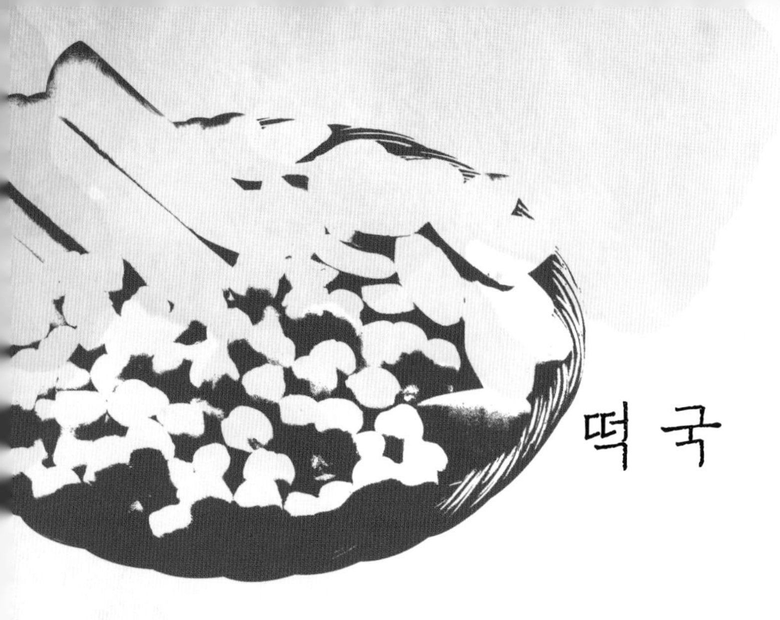

떡국

떡국은 장국에 가래떡을 얇게 썰어 넣고 끓인 음식이다. 탕병의 한 종류로 우리나라의 세시풍속을 기록한 『동국세시기』, 『열양세시기』 등에 정초 차례와 세찬에 없어서는 안 되는 음식으로 기록되어 있다. 떡국 그릇의 숫자로 나이를 지칭하여 떡국을 몇 그릇 먹었느냐고 한다. 떡국은 설날에는 물론 평소에도 한 끼 음식으로 상용되고 있으며 근래에는 떡국에 만두를 넣어 떡만둣국으로 끓이기도 한다.

떡국의 약사

탕병湯餠, 떡국은 옛날 중국인이 국물이 있는 밀가루 음식을 통틀어 일컫고, 『제민요술』535에는 탕병으로 국수, 수제비, 만둣국, 기자면밀가루 가래떡을 들고 있다. 송나라 때 국수는 여기서 분리되고 나머지의 국물이 있는 면제품을 탕병이라 하였다. 우리나라에서는 탕병을 그대로 유지시키면서 밀가루가 아닌 다른 곡물제품도 포함시켜 탕병이라 하고 있다. 육방옹의 『세수서사』의 주註에 시골풍속에 설날에는 반드시 탕병을 쓰는데, 이를 동혼돈冬餛飩, 연박탁年餺飥이라고 한다. 『경도잡지』, 『동국세시기』에 탕병은 멥쌀로 떡을 치고 비벼 한 가닥으로 만드는데, 백병白餠이라 한다. 굳어지기를 기다려 가로 자르는데, 동전과 같다. 그것을 끓이다가 꿩고기 등을 섞어 세찬에 없어서는 안 되는 것을 만든다 하고, 『조선요리학』1940에는 백병을 어석어석 써는 것은 전국적이지만 개성만은 떡을 배배 틀어 경단같이 잘라내어 끓여 먹는데, 조롱떡국이라 한다 하였다. 『조선상식』1948에서 떡국은 매우 오래된 풍속으로 상고시대의 신년 축제 시에 먹던 음복적飮福的 성격에서 유래된 것이라고 하였다. 즉, 설날은 천지만물이 새로 태어나 새해를 시작하므로 엄숙하고 청결해야 한다는 의미로 하얀색의 떡을 끓여 먹게 되었다고 한다.

떡국의 종류

- 떡국흰떡국, 가래떡국 : 가래떡을 어슷하게 타원형으로 얇게 썰어 장국에 넣어 끓인 국이다.
- 생떡국 : 멥쌀가루를 반죽한 후 밀어 썰거나 빚어 장국에 넣어 끓인 국으로 충청도의 향토음식이다.
- 조랭이떡국 : 조랭이떡을 장국에 넣어 끓인 국으로 개성지방의 향토음식이다. 조랭이떡은 가는 가래떡을 도토리만 하게 자르고 가운데를 눌러 누에고치모양으로 만든 떡이다.

| 떡국의 종류 |

구 분	종 류
떡 국	떡국(흰떡국, 가래떡국), 생떡국, 조랭이떡국

떡국의 기본조리법

떡국의 조리는 국물 준비와 떡을 익히는 것으로 요령은 다음과 같다.

국물 준비

사골, 양지머리, 사태 등을 고아서 육수를 만들거나 소고기를 잘게 썰어 양념하여 볶다가 물을 부어 끓여서 맑은 육수를 만든다(육수 만들기는 국의 조리방법 중 끓이는 방법 참조).

떡국 끓이기

- **가래떡 불리기** : 끓이기 전에 물에 잠시 담가 부드럽게 하여 사용한다.
- **끓이기** : 떡은 오래 끓이면 퍼지므로 먹을 시간에 맞추어 끓인다.
- **고명** : 떡국에 사용하는 고명은 소고기, 파산적, 달걀, 김구이 등으로 다양하다.

떡 국

가래떡을 어슷하게 타원형으로 얇게 썰어 장국에 넣어 끓인 국이다.

재료 및 분량

가래떡 300g
대파 1대
다진 마늘 1작은술
국간장 · 소금 약간

육수
사골 600g, 양지머리 300g, 물 2L

삶은 고기 양념
국간장 · 다진 파 · 다진 마늘 · 참기름 1작은술, 후춧가루 약간

향신채소
대파 1대, 마늘 10쪽, 통후추 약간

만드는 방법

1 **육수 준비 · 떡 불리기** 사골과 양지머리는 찬물에 담가 핏물을 뺀 후 향신채소와 함께 푹 끓인다. 떡은 물에 잠시 담가둔다.

2 **재료 준비하기** 고기가 무르게 익으면 건져 낸 다음 채 썰어 양념하고 국물은 체에 내린다. 대파는 어슷썬다.

3 **떡국 끓이기** 국이 끓으면 파, 마늘을 넣고 간을 맞춘 후 떡을 넣어 끓어오르면 잠시 더 익혀 국물과 함께 그릇에 담고 고명을 얹는다.

사골은 1시간 정도씩 3~4회 끓여 섞어서 사용하면 국물맛이 일정하다.
파산적 고명은 제2장 부식류 적 중 파산적을 참조한다.

조랭이떡국

조랭이떡을 장국에 넣어 끓인 국으로 개성지방의 향토음식이다. 조랭이떡은 가는 가래떡을 도토리만 하게 자르고 가운데를 눌러 누에고치모양으로 만든 떡이다.

재료 및 분량

멥쌀가루 3컵
대파 1대
다진 마늘 1작은술
달걀 1개
실고추 · 국간장 · 소금 약간
식용유 적량

육수
양지머리 300g, 물 5컵

삶은 고기 양념
국간장 · 다진 파 ½큰술, 다진 마늘 · 참기름 · 깨소금 1작은술, 후춧가루 약간

향신채소
대파 1대, 마늘 10쪽, 통후추 약간

만드는 방법

1 **육수 준비하기** 양지머리는 찬물에 담가 핏물을 뺀 후 향신채소와 함께 끓여 무르게 익으면 건지고, 국물은 체에 내려 기름기를 제거한다.

2 **재료 준비하기** 멥쌀가루에 물을 뿌려 찐 후 절구에 쳐서 손으로 가늘게 가래떡을 밀고, 나무칼로 가운데를 눌러 누에고치모양으로 자른다. 달걀은 황 · 백 지단을 부쳐 마름모꼴로 썰고, 파는 어슷썰고 삶은 고기는 채 썰어 양념한다.

3 **떡국 끓이기** 국이 끓으면 떡과 파, 마늘을 넣고 간을 맞춘 후 떡을 넣어 끓어오르면 국물과 함께 그릇에 담고 고명을 얹는다.

생떡국

멥쌀가루를 반죽한 후 밀어 썰거나 빚어 장국에 넣어 끓인 국으로 충청도의 향토음식이다.

재료 및 분량

멥쌀가루 3컵
소고기 100g
달걀 1개
대파 1대
다진 마늘 1작은술
물 5컵
국간장 · 소금 약간
식용유 적량

소고기 양념
소금 · 다진 마늘 · 참기름 1작은술, 후춧가루 약간

만드는 방법

1 **장국 준비하기** 소고기는 저며서 양념하여 볶다가 물을 넣고 끓인다.

2 **재료 준비하기** 멥쌀가루는 익반죽하여 치대고 가래떡모양으로 밀어 조금 두껍게 썬다. 달걀은 황 · 백 지단을 부쳐 마름모꼴로 썰고 대파는 어슷썬다.

3 **떡국 끓이기** 국이 끓으면 파, 마늘을 넣고 간을 맞춘 후 떡을 넣어 끓어오르면 잠시 더 익혀 국물과 함께 그릇에 담고 지단을 얹는다.

제2장

부식류

국 | 전골 | 찌개 · 지짐이 | 조림 · 초 | 찜 | 선 | 나물
쌈 | 회 | 편육 | 족편 | 순대 | 적 | 구이 | 전 | 볶음
마른찬 | 장아찌 | 김치 | 젓갈 · 식해 | 장

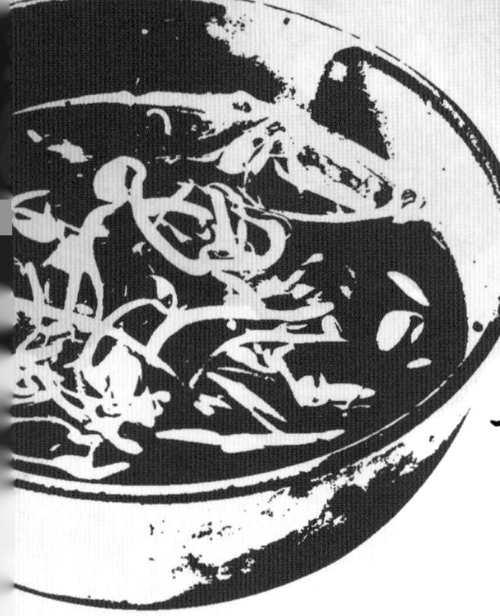

국

국은 수조육류, 어패류, 채소류, 해조류 등의 재료를 물과 함께 끓여 우려낸 국물과 건더기를 함께 먹는 국물음식이다. 국은 끓이는 조리법으로 수조육류나 어패류를 끓임으로써 식품 속에 함유된 아미노산, 이노신산 등의 감칠맛을 이용하고 건더기재료의 각각 다른 향미성분 등이 어우러져 조화된 국물 맛을 내는 음식이다. 국은 갱羹, 확臛, 탕湯이라고도 하는데, 기원전 3세기경 중국의 시집인 「초사楚辭」에 갱羹, 국 갱은 채소가 섞인 고깃국이고, 확臛, 곰국 확은 채소가 섞이지 않은 고깃국이라 하였다. 『훈몽자회』1527에 확은 고기탕 확이라고 하였고, 『지문별집』1849~1863에 『설문해자』100년경를 인용하여 확은 육갱이라고 하였다. 『제민요술』535에서는 갱과 확의 구별이 없어지고 확은 갱 속에 흡수되었다. 당대618~907에 와서 갱과 탕은 국을 가리키고 있으며, 『거가필용』1260~1367에는 국은 대부분 갱이고 탕은 음료나 약용에만 쓰인다고 하였다. 『동의보감』1611에서 탕은 약재를 달여서 질병이나 보강제로 사용하는 것이라 하였고, 『임원경제지』1935에 탕은 약용식물을 달여서 마시는 음료라고 하였다. 『증보산림경제』에는 국물이 많은 국을 탕, 건더기가 많은 국을 갱이라 하여 구별하고 있다. 궁중에서는 원반에 놓이는 국을 갱이라 하고 협반에 놓이는 국을 탕이라 한다. 『원행을묘정리의궤』1795의 수라상에서 갱이라 하면서 배추탕, 냉이탕 등으로 표기하고, 협반에 소꼬리탕, 잡탕 등이 있는 것을 보면 갱은 채소가 섞인 국이고 탕은 채소가 적거나 없는 국이라고 볼 수 있다. 이는 초사에 나오는 갱과 확의 내용과 유사하다. 『사례편람』1844에는 '갱이란 본디 고깃국이고 채갱이란 채소국인데, 요즘은 탕에다 어육을 쓰고 있으니 이제 탕도 국이 되었다'고 하였다. 이와 같이 탕을 가리켜 국, 약, 음료라고 하고 있다. 우리는 갱과 탕을 왜 국이라 하였을까? 『명물기략』1870에는 위魏나라 때 광아廣雅에서 갱을 읍湆, 국물 읍이라 하였는데, 읍은 급脏, 고깃국 급이라고도 적는다. 급이 굽으로, 굽이 국으로 변한 것으로 보인다. 보통 국을 높이는 말로 탕이라고도 하였고, 『시의전서』1800년대 말에 생치국과 생치탕이 있는데, 국이 제물로 쓰일 때 탕이 된다 하였다. 『국어사전』에서는 제사에 쓰이는 국은 갱이라 하고 탕은 보통 국을 가리키고 있다. 국은 국물이 많고 간이 싱거우며 밥과 함께 먹는 찬 중에 으뜸이 되는 찬물이다.

국의 약사

국은 주나라시대부터 밥과 함께 올려진 음식으로 가장 기본이 되는 음식구성이었다. 우리나라는 농경생활의 시작과 함께 조, 피 등으로 죽을 끓였고 채집한 나물이나 잡은 고기, 어패류 등을 토기에 끓임으로써 국은 일찍이 발달하였다고 본다. 우리의 국은 한漢나라의 영향을 많이 받았다. 국은 갱羹, 확臛, 탕湯이라고도 하는데, 『초사』, 『제민요술』, 『거가필용』 등에서 국의 변천을 볼 수 있다. 삼국시대 후기에 밥과 반찬으로 구성되는 밥상차림이 형성되었으니 밥상에 국이 시작된 것은 통일신라시대쯤이라고 짐작된다. 고려의 관중館中에서 금나라 채송연이 지은 시에 '시원한 조갯국 아침 해장에 좋고'라는 글귀가 있다. 『성호사설』1723에 '아침과 저녁에 밥과 갱, 고기 하나 채소 하나를 먹는다'하였고, 『조선무쌍신식요리제법』1943에 국은 밥 다음이요, 반찬에 으뜸이라, 국이 없으면 얼굴에 눈이 없는 것 같으므로 온갖 잔치에 국 없으면 못쓴다 하여 국이 조석으로 밥상에 꼭 따르는 음식임을 알린다. 한국의 음식문화는 탕의 식문화라 할 수 있을 만큼 국이 발달하였고 맑은장국, 토장국, 고음국 등으로 다양하다. 『음식디미방』1670에서는 쑥탕, 별탕, 석류탕같이 간장으로 간을 한 것을 탕이라 하고 동아갱처럼 새우젓으로 간을 하여 끓인 것을 갱이라 한다. 『증보산림경제』1766에서는 미나리탕, 완자탕, 뱅어탕 등 간장으로 간을 한 맑은장국류는 탕이라 하였고, 아욱갱, 생선갱, 석화갱 등은 된장이나 젓국으로 간을 한 것으로 갱이라 하였다. 고기로 갱이나 탕을 할 때는 고기를 썰어 참기름으로 볶아 장수醬水에 넣어서 끓인다, 고기는 탕이 끓을 때 넣도록 한다고 설명하였다. 국물 맛을 주로 간장으로 한 것은 맑은장국으로, 된장이나 젓국으로 한 것은 토장국 또는 된장찌개, 젓국찌개 등의 국물요리로 분화됨을 알 수 있다.

『임원십육지』1827에는 『거가필용』을 인용하여 토끼고기맑은장국은 '토끼고기를 삶아 채쳐서 참기름에 양념하여 볶아 토끼고기 삶은 물에 장醬을 넣고 다시 끓인다'고 하였다. 이와 비슷한 조리법으로 우리의 개장狗醬, 보신탕이 있으며, 개고기 대신 소고기를 이용하여 육肉은 소고기를 가리킨다개장을 만들고 있다.

토장국은 채소건더기를 많이 쓰는 우리 국에서 감칠맛 등의 국의 맛을 고기에만 의존할 수 없어 된장을 넣어 끓였다. 어패류나 멸치도 쓰였다. 국에 멸치를 쓴 것은 18세기 말에서 19세기 초이다. 뼈를 곤 국물로 토장국을 만들어 토속적인 맛을 즐기던 국은 해장解腸국이 되었다. 고려말엽 『노걸대』에 성주탕醒酒湯, 술 깨는 국은 육즙에 고기를 잘게 썰어 국수와 함께 넣고, 산초가루와 파를 넣는다 하였다. 이런 것이 토장국 형태로 주막의 해장국이 된 것이다. 『해동죽지』1925에 효종갱曉鐘羹이성우은 광주廣州성내에서는 이 갱을 잘 끓인다. 배추속대, 콩나물, 송이, 표고버섯, 소갈비, 전복, 해삼을 토장에 섞어 종일 푹 곤다. 밤에 국 항아리를 솜에 싸서 서울로 보내면 새벽종이 울릴 때 재상집에 이른다. 아직 따뜻한 국은 해장에 더 없이 좋다고 하였다. 박종화는 양지머리뼈다귀를 밤새 고아 된장을 풀고 우거지 배추를 푹 무르게 삶아버리면 기막힌 진미가 된다고 양골국을 설명하였다.

고음국은 『시의전서』1800년대 말에 고음膏飮은 다리뼈, 사태, 도가니, 꼬리, 홀때기, 양, 곤자소니, 전복, 해삼을 큰 솥에 물을 많이 붓고 만화로 푹 고아야 맛이 진하고 뽀얗다고 하였다. 고음膏飮이란 말은 사전에 곰국, 곰탕 같은 것이라 하며, 『조선요리』1940에 곰국은 사태, 꼬리, 허파, 양, 곱창 등을 통째로 넣고 삶아 반쯤 익었을 때 무, 파, 간장을 넣고 다시 삶아 무르게 익으면 꺼내어 잘게 썰어 뜨거운 국물에 넣고 호초와 파를 넣는다 하였으며, 설렁탕은 소의 내장과 잡육 등을 뼈가 붙어 있는 그대로 하루쯤 곤다. 경성지방의 일품요리로 값싸고, 자양 있는 것이라고 하였다. 설렁탕은 장시간 가열로 뼈의 골수가 우러나서 뽀얀 국물이 됨을 알 수 있다.

설렁탕이란 말에 대해 『조선요리학』1940에서는 세종대왕이 선농단先農壇에서 친경할 때 갑자기 비가 내려 움직일 수가 없는 형편에다 배가 너무 고파서 친경 때 쓰던 농우를 잡아 맹물에 끓여 먹으니 이것이 설농탕設農湯이 되었다고 하였다. 몽고사람은 고기를 맹물에 끓이는 일이 많다고 한다. 『역어유해』1682에는 공탕空湯 고기물 → 쿵탕이라 하였고, 『몽어유해』1768에는 공탕空湯, 고기 삶은 물 → 슈루이라 하였으며, 『방언류석』1778에는 공탕을 고기물, 쿵탕, 실러, 슐루라고 하였다. 공탕이 곰탕이 되고 슈루, 슐루, 실러를 한자로 뜻을 표기하는 데서 선농先農, 설농設農 등이 되어 설렁탕이란 말이 생겼다고도 한다. 또 설렁탕을 설농탕雪濃湯이라고도 하는데, 중국에서는 설렁탕에 해당되는 유백색의 탕을 백탕白湯, 농탕濃湯이라고 한다. 이 백白을 설雪로 보면 설농탕雪濃湯이라고 하는 것도 이해가 된다.

백숙白熟이란 고기나 생선을 물에 푹 삶는 것으로 닭, 오리, 꿩, 잉어 등을 쓰며 약으로 이용하기도 한다. 잉어와 닭을 백숙한 것을 용봉탕이라 한다. 영계에 인삼을 넣어 백숙한 것을 영계백숙, 또는 삼계탕이라고 한다. 즙汁은 고기나 내장을 충분히 고아서 보자기에 짠 국물이다. 양즙, 처녑즙, 육즙이 있으며, 환자나 허약자에게 보양식으로 이용한다. 『조선요리제법』1942에 나와 있는 양즙 만들기는 현재도 그대로 쓰고 있다. 밥과 국은 항상 함께하는 상용음식이다. 우리나라의 국은 풍부한 식재료와 조리법에 따라 여러 형태로 분화 발달하고 있다.

국의 종류

국의 종류는 조리법에 따라 국물을 맑게 끓이는 맑은 국과 된장이나 고추장을 풀어 넣어 끓인 토장국, 뼈나 살코기, 내장 등을 고아서 끓인 곰국, 수조육류 등을 끓여 식히거나 차게 먹는 찬국으로 분류할 수 있다.

맑은국

- 고깃국 : 고기 덩어리를 푹 끓이거나 저며서 맑게 끓인 국이다.
- 등골탕 : 등골을 저냐로 만들어 장국에 넣고 맑게 끓인 국이다.
- 완자탕 : 소고기를 완자로 빚어 장국에 넣고 맑게 끓인 국이다.

| 국의 종류 |

구 분	종 류
맑은국	고깃국, 등골탕, 완자탕, 대구탕, 북엇국, 어글탕(북어껍질탕), 어알탕, 조깃국, 준치국, 홍어탕, 백합탕, 비단조개탕, 재첩국, 감자국, 무맑은국, 송이국, 실파장국, 싸리버섯국, 애탕, 콩나물국, 다시마국, 매생이국, 미역국
곰 국	곰국, 갈비탕, 꼬리곰탕, 도가니곰탕, 설렁탕, 소머리곰탕, 우족탕, 육개장, 초교탕, 토란탕, 육즙, 양즙, 영계백숙(삼계탕), 오골계탕, 용봉탕, 잉어곰, 추어탕
토장국	근대국, 냉잇국, 배추속대국, 시금치국, 시래기국(우거지국), 쑥토장국, 아욱국, 호박순국, 해장국, 꽃게탕, 민어탕, 생태탕
찬 국	추포탕, 임자수탕, 굴냉국, 오이지냉국, 콩나물냉국, 파찬국, 미역오이냉국, 우무냉국

- 대구탕 : 대구를 장국에 넣고 맑게 끓인 국이다.
- 북엇국 : 북어를 장국에 넣고 맑게 끓인 국이다.
- 어글탕북어껍질탕 : 북어 껍질에 다진 소고기와 두부, 숙주를 섞어 밀가루 달걀물로 전을 지진 것을 장국에 넣고 맑게 끓인 국이다. 물에 불린 북어 껍질을 다져서 다진 소고기와 두부, 숙주와 밀가루 달걀물을 섞어 끓는 장국에 떠 넣어 끓이기도 한다.
- 어알탕 : 생선살을 완자로 빚어 장국에 넣고 맑게 끓인 국이다.
- 조깃국 : 조기를 장국에 넣고 맑게 끓인 국이다.
- 준치국 : 준치를 장국에 넣고 맑게 끓인 국이다.
- 홍어탕 : 홍어의 내장과 뼈를 넣어 맑게 끓인 국이다. 된장이나 청국장을 풀어 끓이기도 한다.
- 백합탕 : 백합을 엳은 소금물에 넣고 맑게 끓인 국이다.
- 비단조개탕 : 비단조개를 엳은 소금물에 넣고 맑게 끓인 국이다.
- 재첩국 : 재첩을 엳은 소금물에 넣고 맑게 끓인 국이다.
- 감자국 : 감자를 장국에 넣고 맑게 끓인 국이다.
- 무맑은국 : 무를 장국에 넣고 맑게 끓인 국이다.
- 송이국 : 송이버섯을 장국에 넣고 맑게 끓인 국이다.
- 실파장국 : 실파를 장국에 넣고 맑게 끓인 국이다.
- 싸리버섯국 : 싸리버섯을 장국에 넣고 맑게 끓인 국이다.
- 애탕 : 쑥을 소고기와 함께 완자로 빚어 장국에 넣고 맑게 끓인 국이다. 어린 쑥은 그대로 끓이기도 한다.
- 콩나물국 : 콩나물을 장국에 넣고 맑게 끓인 국이다. 토장국에도 많이 사용하며 소금만 넣어 끓여도 맛이 개운한 국이다.
- 다시마국 : 다시마를 장국에 넣고 맑게 끓인 국이다.
- 매생이국 : 매생이를 장국에 넣고 맑게 끓인 국이다. 매생이는 파래와 같은 진한 향이 있는 해조류이다. 매생이 철에 굴이 많이 나와 함께 이용한다.
- 미역국곽탕 : 미역을 장국에 넣고 맑게 끓인 국이다. 곽탕이라고도 한다.

곰 국

- 곰국 : 양, 곱창 등 소의 내장과 양지머리, 사태 등의 살코기를 푹 고아 끓인 곰국이다.
- 갈비탕 : 소갈비 토막을 푹 고아 끓인 곰국이다.
- 꼬리곰탕 : 소꼬리를 푹 고아 끓인 곰국이다.
- 도가니곰탕 : 도가니를 푹 고아 끓인 곰국이다.
- 설렁탕 : 소머리, 우설, 우족, 사골, 사태, 양지머리 등을 푹 고아 끓인 곰국이다.
- 소머리곰탕 : 소머리, 우설, 사태, 양지머리를 푹 고아 끓인 곰국이다.
- 우족탕 : 우족을 푹 고아 끓인 곰국이다.
- 육개장 : 양지머리, 양, 곱창을 삶아 대파 등과 함께 끓인 곰국이다.
- 초교탕 : 닭을 삶아 곤 국물에 삶은 닭과 도라지, 미나리, 버섯 등과 밀가루, 달걀물을 섞어 끓는 육수에 떠넣어 끓인 곰국이다.
- 토란탕 : 소고기 사태를 푹 곤 국물에 토란을 넣어 끓인 국이다.
- 육즙 : 소고기를 다져서 중탕하여 짜 낸 즙이다.
- 양즙 : 소의 양을 다져서 중탕하여 짜 낸 즙이다.
- 영계백숙삼계탕 : 어린 닭 속에 찹쌀 등을 넣어 푹 고아 끓인 곰국이다. 여름철 보양식으로 삼계탕이라고도 한다.
- 오골계탕 : 오골계 속에 찹쌀 등을 채워 넣고 푹 고아 끓인 곰국이다.
- 용봉탕 : 잉어와 닭을 함께 고아 끓인 곰국으로, 잉어는 용으로, 닭은 봉황을 뜻하는 상징적 이름을 갖고 있는 여름철 보양탕이다.
- 잉어곰 : 잉어를 찹쌀과 푹 곤 후 체에 내린 즙 형태의 곰국이다.
- 추어탕 : 미꾸라지를 고아 끓인 후 체에 내린 국물에 풋배추, 토란대 등을 넣어 끓인 미꾸라지 곰국이다.

토장국

- 근대국 : 된장을 풀어 넣은 장국에 근대를 넣어 끓인 토장국이다.
- 냉잇국 : 된장, 고추장을 풀어 넣은 장국에 냉이를 넣어 끓인 토장국이다.
- 배추속대국 : 된장을 풀어 넣은 장국에 배추속대를 넣어 끓인 토장국이다. 기름진 소고기 부위나 내장육과 잘 어울리는 배춧국이다.
- 시금치국 : 된장, 고추장을 풀어 넣은 장국에 시금치를 넣어 끓인 토장국이다. 콩나물을 섞어 끓이면 씹히는 질감과 구수한 맛이 잘 어울린다.
- 시래기국우거지국 : 된장을 풀어 넣은 장국에 시래기를 넣어 끓인 토장국이다. 우거지국이라고도 하며, 콩나물을 섞어 끓이기도 한다.
- 쑥토장국 : 된장을 풀어 넣은 장국에 어린 쑥을 넣어 굴과 함께 끓인 토장국이다.
- 아욱국 : 된장을 풀어 넣은 장국에 아욱을 넣어 마른 새우와 함께 끓인 토장국이다.
- 호박순국 : 된장을 풀어 넣은 장국에 호박잎을 넣어 끓인 토장국이다.
- 해장국 : 소의 뼈를 푹 곤 국물에 된장, 콩나물, 무, 배추, 파 등을 넣어 무르게 끓인 곰국이다. 선지를 삶아 넣었다 하여 선짓국이라고도 한다. 해장국은 술로 시달린 속을 풀어준다는 뜻의 원어인 해정국解酲국, 술깰 정에서 유래되었다.
- 꽃게탕 : 고추장된장을 풀어 넣은 장국에 꽃게를

토막내거나 게살을 꺼내어 저냐로 만들어 넣어 끓인 토장국이다.
- 민어탕 : 고추장을 풀어 넣은 장국에 민어를 넣어 끓인 국으로 여름철 보양식이다.
- 생태탕 : 고추장이나 고춧가루를 풀어 넣은 장국에 생태를 넣어 끓인 국이다. 겨울철이 제 맛이다.

찬국냉국

- 추포탕 : 소의 내장 등을 푹 고아 익히고 깻국물을 섞어서 오이 등을 넣어 차게 만든 냉국으로 여름철 보양식이다.
- 임자수탕 : 닭을 곤 국물과 깻국물을 섞어서 닭고기와 오이 등을 넣어 차게 만든 냉국이다.
- 굴냉국 : 굴을 동치미국물에 넣어 차게 만든 냉국이다.
- 오이지냉국 : 오이지에 물을 부어 차게 만든 냉국이다.
- 콩나물냉국 : 콩나물을 양념하여 무치고 물을 부어 차게 만든 냉국이다.
- 파찬국 : 실파를 양념하고 물을 부어 차게 만든 냉국이다.
- 미역오이냉국 : 미역을 양념하고 오이와 물을 부어 차게 만든 냉국이다.
- 우무냉국 : 우무를 양념하고 물을 부어 차게 만든 냉국이다.

국의 기본조리법

국의 조리는 국물과 건더기가 조화된 맛을 갖도록 하며 만드는 요령은 다음과 같다.

재 료

- **맑은국** : 소의 양지머리, 사태, 우둔 등의 살코기와 닭고기, 멸치, 조개류, 다시마 등으로 맛을 내고 건더기는 주로 육류, 흰살생선, 조개류, 채소류, 해조류 등을 사용한다. 소고기 100g은 국물 500mL의 국건더기 양으로 적당하다.
- **곰국** : 고기뼈와 갈비, 쇠머리, 꼬리, 우족, 양지머리, 내장, 닭, 생선 등을 고아 구수한 맛을 내고 무르게 익은 살코기, 내장 등은 건더기가 된다.
- **토장국** : 소의 살코기양지머리 등, 내장, 뼈와 멸치, 조개류 등을 사용한다. 건더기는 주로 근대, 냉이, 배추 등의 채소류를 많이 쓰고 꽃게, 명태 등의 흰살생선으로 끓인다.
- **찬국** : 소고기 살코기와 내장, 닭 , 콩국, 깨국, 동치미국물 등을 사용한다. 삶은고기, 미역, 오이 등을 건더기로 한다.

전처리

- 고기와 뼈는 찬물에 담가 핏물을 빼고 조개류는 소금물에 담가 해감을 토해 낸 후에 사용한다.
- 멸치는 내장을 제거한 후 달군 번철에 조금씩 빨리 볶아 비린내를 제거하고 찬물에 담가 충분히 우려낸다.
- 향신채소파, 마늘, 양파 등와 함께 끓이면 고기나 생선 등의 나쁜 냄새를 없애 주고 국물육수를 맛있게 한다.
- 단단한 재료무르는 데 시간이 걸리는 배추, 우거지, 질긴 고기내장 등는 미리 데치거나 삶아 사용한다.
- 쌀뜨물은 쌀을 한 번 씻어 헹군 후 비벼서 물을 붓고 뽀얀 물을 받는다. 또는 전분을 쌀뜨물 농도로 풀어서 사용해도 된다.

가열냄비

두꺼운 재질로 넓은 것보다 깊은 냄비가 좋다. 수증기 증발을 적게 하여 국물을 맛있게 한다.

국의 간

- **맑은국과 찬국** : 국간장과 소금으로 간을 한다.
- **곰국** : 소금으로 간을 한다.
- **토장국** : 국간장과 소금 또는 된장이나 고추장으로 간을 한다. 된장, 고추장을 섞어 쓰는 토장국은 기호에 따라 섞는 양을 조절한다.

끓이는 방법

국을 끓이는 방법은 표와 같다.

| 국을 끓이는 방법 |

국의 종류	끓이는 방법
소고기맑은국	• 고기가 잠기도록 물을 넉넉히 붓는다. • 향신채소와 함께 센 불에서 끓기 시작하면 약불로 계속 끓인다. • 약간의 소금을 넣어 끓이면 단백질의 용출을 돕는다. • 고기가 무르게 익을 때까지 충분히 끓이되 3시간이 지나면 오히려 탁해지기 쉬우므로 고기의 양에 따라 30분~1시간 정도로 맑게 끓인다.
생선과 조개류의 국	• 가열 조리 시 단백질은 응고되고 맛과 조직의 변화가 심하다. • 센 불이나 오랜 시간 가열하면 살이 단단해지고 질겨지므로 잠시 가열한다. • 함께 사용되는 단단한 재료는 미리 전처리하여 가열시간에 유념한다.
멸치다시마국	멸치다시마는 처음부터 끓이기보다는 충분히 불린 후에 약불로 잠시 가열한다.
사골곰국	• 사골은 오랜 시간 가열하여 용해성 성분을 충분히 용출시켜 국물의 맛을 낸다. • 곰국은 3시간 이상 끓여야 국물 맛을 낼 수 있다. • 질긴 부위의 고기(양지머리, 내장 등)는 무르게 익힌다.
토장국	• 토장국은 오랜 시간 가열하면 텁텁해지므로 잠시 가열한다. • 단단한 재료는 된장을 넣기 전에 전처리하여 사용한다. • 쌀뜨물은 채소의 풋내를 없애고 부드럽게 한다. • 된장, 고추장으로 맛을 조절한다.

완자탕 30분

소고기를 완자로 빚어 장국에 넣고 맑게 끓인 국이다.

재료 및 분량

소고기(살코기) 50g
소고기(사태) 20g
두부 15g
물 2컵
대파(흰 부분 2cm) 1토막
마늘(중, 깐 것) 2쪽
밀가루(중력분) 10g
달걀 1개
식용유 20mL
국간장 5mL
후춧가루 2g
소금 10g
키친타월(종이) 1장

소고기 · 두부 양념
간장 1작은술, 설탕 ½작은술, 다진 파 ½작은술, 다진 마늘 ¼작은술, 참기름 ⅛작은술, 깨소금 ⅛작은술, 후춧가루 약간

만드는 방법

1 **장국 · 재료 준비하기** 사태는 물을 부어 파 한 토막(1cm), 마늘 한 쪽과 함께 무르게 끓인 후 면포에 걸러 기름기를 걷어낸다. 간장으로 색을 내고 소금으로 간을 한다. 살코기는 곱게 다지고 두부는 으깨어 물기를 짠다. 파, 마늘은 곱게 다져 소고기와 두부를 양념하여 치댄 후, 지름 3cm 크기의 완자 6개를 빚는다. 달걀은 황 · 백으로 나누어 절반은 황 · 백 지단을 부쳐 2×2cm의 마름모꼴로 2개씩 썰고 나머지 달걀물은 합하여 완자에 밀가루 · 달걀물을 입혀 번철에 굴려가며 익힌다. 종이를 이용하여 기름기를 흡수시킨다.

2 **끓이기** 장국이 끓으면 완자를 넣고 끓어 떠오르면 먼저 건져 담아 둔다. 제출 직전에 국물 1컵을 붓고 황 · 백 지단 2개씩을 띄운다.

달걀은 한 개만 지급되므로 황 · 백 지단용과 완자용으로 나누어 사용해야 한다.

등골탕

등골을 저냐로 만들어 장국에 넣고 맑게 끓인 국이다.

재료 및 분량

소고기 100g
마른 표고버섯 2개
실파 5개
물 5컵
국간장 · 소금 · 후춧가루 약간

등골전
소의 등골 1보, 밀가루 1컵, 달걀 2개, 식용유 적량, 소금 · 후춧가루 약간

소고기 양념
소금 · 다진 마늘 · 참기름 1작은술, 후춧가루 약간

만드는 방법

1 **장국 준비 · 버섯 불리기** 소고기는 저며서 양념하여 볶다가 물을 부어 장국을 끓이고 표고버섯은 물에 담가 불린다.

2 **재료 준비하기** 등골전(p. 306) 참조. 소의 등골은 얇은 껍질을 벗기고 핏줄을 뽑는다. 8~12cm 길이로 토막을 내어 양쪽 옆을 편편하게 편 후 잔칼질을 하고 소금, 후춧가루를 뿌린다. 표고버섯은 기둥을 제거하여 채 썰고 실파는 2cm 길이로 썬다.

3 **등골저냐 지지기** 등골은 밀가루 · 달걀물을 입혀 전을 만들어 3~4cm로 썬다.

4 **끓이기** 장국이 끓으면 표고버섯을 넣고 끓이다가 등골전과 실파를 넣고 한소끔 끓인 후에 간을 맞춘다.

애 탕

쑥을 소고기와 함께 완자로 빚어 장국에 넣고 맑게 끓인 국이다. 어린 쑥은 그대로 끓이기도 한다.

재료 및 분량

쑥 100g
소고기 200g
실파 5개
밀가루 1컵
달걀 2개
물 4컵
국간장 · 소금 약간

소고기 양념(국물)
소금 · 다진 마늘 · 참기름 1작은술, 후춧가루 약간

소고기 양념(완자)
간장 2작은술, 설탕 · 다진 파 1작은술, 다진 마늘 ½작은술, 참기름 · 깨소금 ¼작은술, 후춧가루 약간

만드는 방법

1 장국 준비하기 소고기의 반은 저며서 양념하여 볶다가 물을 부어 끓인다.

2 재료 준비하기 쑥은 데쳐 찬물에 헹군 후 꼭 짜서 다지고 남은 소고기는 곱게 다져서 양념한 후 쑥과 함께 반죽하여 2cm 크기의 완자를 빚는다. 실파는 2cm로 썬다. ❶, ❷

3 완자 익히기 완자는 밀가루 · 달걀물을 입힌다. ❸

4 끓이기 장국이 끓으면 완자를 넣고 끓어오르면 실파를 넣은 다음 간을 맞춘다.

❶

❷

❸

어린 쑥은 씻어서 밀가루 · 달걀물을 묻혀 끓는 장국에 숟가락으로 떠 넣어 끓이기도 한다.

준치국

준치를 장국에 넣고 맑게 끓인 국이다.

재료 및 분량

준치 600g
소고기 100g
실파 5개
쑥갓 50g
생강즙 2작은술
물 5컵
소금 · 식초 · 후춧가루 약간

소고기 양념
소금 1작은술, 다진 마늘 1작은술, 참기름 1작은술, 후춧가루 약간

만드는 방법

1 장국 준비하기 소고기는 저며서 양념하여 볶다가 물을 부어 끓인다.

2 재료 준비하기 준치는 머리, 비늘, 내장을 제거하고 칼집을 넣어 토막을 낸 후 소금을 잠시 뿌려 둔다. 실파는 2cm로 썰고 쑥갓은 4cm 정도로 자른다.

3 끓이기 장국이 끓으면 준치와 생강즙을 넣고 끓이다가 준치가 익으면 쑥갓, 실파를 넣고 간을 맞춘다. 그릇에 담아 식초를 약간 떨어뜨린다.

준치는 조기보다 비린내가 강하여 생강이나 청양고추 등으로 비린내를 제거한다.

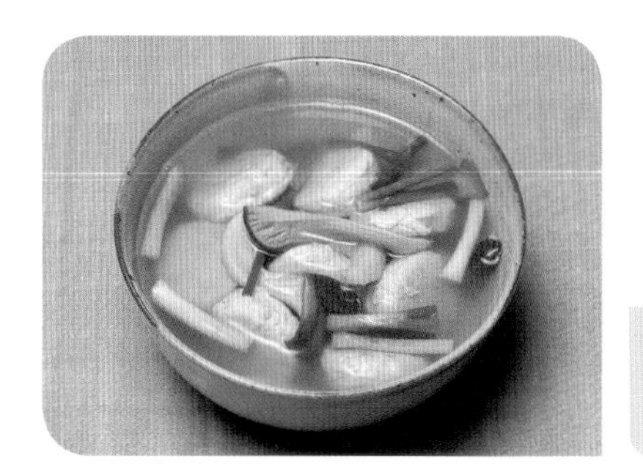

준치는 가시가 많아 살만 긁어모아 완자로 지져내어 장국에 끓이기도 한다.

대구탕

대구를 장국에 넣고 맑게 끓인 국이다.

재료 및 분량

대구 600g
소고기(양지) · 배추속대 100g
무 200g
느타리버섯 5개
미나리 20g
홍고추 1개
대파 1대
물 5컵
국간장 · 소금 · 후춧가루 약간

소고기 양념
소금 · 다진 마늘 · 참기름 1작은술, 후춧가루 약간

만드는 방법

1 장국 준비하기 소고기는 저며서 양념하여 복다가 물을 부어 끓인다.

2 재료 준비하기 대구는 비늘을 긁어내고 이리나 곤이를 제외한 내장을 떼어 낸 다음 씻어 6cm 크기로 토막 내어 소금을 살짝 뿌린다. 무는 4×4cm 크기로 썰고, 배추속대도 비슷한 크기로 썬다. 느타리버섯은 살짝 데쳐 찢고, 미나리는 4cm 길이로 썬다. 홍고추와 대파는 어슷썬다.

3 끓이기 장국이 끓으면 무, 배추속대, 대구머리를 넣고 끓이다가 무가 익으면 대구, 느타리버섯, 미나리, 홍고추, 대파를 넣고 끓인 후 간을 맞춘다.

북엇국

북어를 장국에 넣고 맑게 끓인 국이다.

재료 및 분량

통북어 1마리
소고기 100g
무 150g
대파 ½대
밀가루 2큰술
달걀 1개
물 4컵
국간장 · 소금 · 후춧가루 약간

소고기 양념
소금 · 다진 마늘 · 참기름 1작은술, 후춧가루 약간

만드는 방법

1 **북어 · 장국 준비하기** 북어는 젖은 면포로 싸서 불리고, 소고기는 저며서 양념하고 무는 한입 크기로 나박썰어 고기와 함께 볶다가 물을 부어 끓인다.

2 **재료 준비하기** 젖은 북어는 방망이로 두드려서 껍질과 뼈를 떼어 내고 잘게 찢어 소금, 후춧가루로 밑간한다. 대파는 어슷썬다.

3 **끓이기** 장국이 끓으면 대파를 넣고 북어를 밀가루 · 달걀물을 입혀 떠 넣어 약불로 끓인 후 간을 맞춘다.

북어는 건조된 상태를 보아 물을 뿌리거나, 젖은 면포로 싸서 부드럽게 한 다음 처리한다.
황태는 겨울에 얼었다 녹았다 해서 건조된 것으로 살이 부드럽다.

실파장국
북엇국과 같은 방법으로 맑은장국에 실파와 달걀을 풀어 넣어 끓인 맑은국이다.

어알탕

생선살을 완자로 빚어 장국에 넣고 맑게 끓인 국이다.

재료 및 분량

동태살 200g
실파 5개
녹말가루 1컵
육수 3컵
달걀 1개
식용유 · 잣 적량
국간장 · 소금 · 후춧가루 약간

육수 · 향신채소
양지머리 200g, 물 6컵, 대파 ½대, 마늘 5쪽, 통후추 약간

생선 양념
국간장 2작은술, 설탕 · 다진 파 1작은술, 다진 마늘 ½작은술, 참기름 · 깨소금 ¼작은술, 소금 · 후춧가루 약간

만드는 방법

1. **장국 준비하기** 양지머리는 찬물에 담가 핏물을 뺀 후 향신채소와 함께 무르게 끓인 다음 체에 내려 기름기를 걷어내고 간을 한다.
2. **재료 준비하기** 생선은 다져서 양념하고 완자를 잣 한 개씩 넣고 지름 2cm로 빚은 후 녹말가루에 굴려 찌고, 실파는 2cm로 썬다. 달걀은 황 · 백 지단을 부쳐 2×2cm의 마름모꼴로 썬다.
3. **끓이기** 장국이 끓으면 완자를 넣고 끓어오르면 실파를 넣어 간을 맞춘다. 그릇에 담고 완자를 띄운다.

홍어탕

홍어의 내장과 뼈를 넣어 맑게 끓인 국이다. 된장이나 청국장을 풀어 끓이기도 한다.

재료 및 분량

홍어(소) 600g
무 200g
대파 1대
홍고추 1개
다진 마늘 1큰술
물 5컵
국간장 · 후춧가루 약간

만드는 방법

1. **재료 준비하기** 홍어는 적당한 크기로 토막 내고 내장과 꼬리도 함께 사용한다. 무는 도톰하게 나박 썰고, 대파와 홍고추는 어슷썬다.
2. **끓이기** 냄비에 물을 붓고 무와 홍어를 넣어 끓이다가 대파, 홍고추, 다진 마늘을 함께 넣고 끓인 후 간을 맞춘다.

홍어 살은 회나 찜용으로 이용하고, 가운데 부분과 꼬리는 끓이면 물렁뼈로 먹을 수 있다.
홍어 삭히기는 홍어찜(p. 214) 참조

비단조개탕

비단조개를 열은 소금물에 넣고 맑게 끓인 국이다.

재료 및 분량

비단조개 500g
홍고추 1개
실파 5개
다진 마늘 1작은술
물 3컵
소금 · 후춧가루 약간

만드는 방법

1 조개 손질하기 조개는 소금물에 담가 해감을 토해 낸 후 솔로 문질러 씻는다.

2 고명 준비하기 홍고추는 2cm 길이로 채 썰고 실파도 같은 크기로 썬다.

3 끓이기 냄비에 물과 소금, 조개를 넣어 끓이고 껍질이 벌어지면 채 썬 홍고추와 마늘을 넣어 한소끔 끓인 후 실파를 넣고 간을 맞춘다.

조개류는 오랜 시간 가열하면 단단하고 질겨진다.

백합탕
백합을 비단조개탕과 같은 방법으로 끓인 맑은국이다.

재첩국

재첩을 열은 소금물에 넣고 맑게 끓인 국이다.

재료 및 분량

재첩 300g
홍고추 ½개
실파 5개
물 3컵
소금 · 후춧가루 약간

만드는 방법

1 재첩 손질하기 재첩은 소금물에 담가 해감을 토해 낸 후 껍질을 비벼 씻는다.

2 고명 준비하기 홍고추는 2cm 길이로 채 썰고, 실파도 같은 크기로 썬다.

3 끓이기 냄비에 물과 재첩을 넣어 끓이고, 주걱으로 휘저어 껍질과 살이 분리되면 껍질을 건져낸다. 홍고추를 넣어 한소끔 끓인 다음 실파를 넣고 간을 맞춘다.

재첩은 검은 갈색의 작은 새조개로 맑은 강에서 서식한다.

무맑은국

무를 장국에 넣고 맑게 끓인 국이다.

재료 및 분량

무 200g
소고기 100g
다시마 사방 10cm 1개
대파 ½대
물 5컵
국간장 · 소금 · 후춧가루 약간

소고기 양념

소금 · 다진 마늘 · 참기름 1작은술, 후춧가루 약간

만드는 방법

1. **재료 준비하기** 소고기는 저며서 양념하고 다시마는 씻어 물에 담가 불린다. 무는 2.5cm로 나박썰고 대파는 어슷썬다.
2. **끓이기** 소고기와 무를 넣고 볶다가 다시마 담근 물을 건더기와 함께 부어 끓인다. 무가 익으면 다시마는 건져서 1.5×2cm 정도로 썰어 넣고 대파와 함께 잠시 더 끓인 후 간을 맞춘다.

콩나물국

콩나물을 장국에 넣고 맑게 끓인 국이다. 토장국에도 많이 사용하며 소금만 넣어 끓여도 맛이 개운한 국이다.

재료 및 분량

콩나물 200g
소고기 100g
다진 마늘 1작은술
실파 5개
홍고추 1개
물 5컵
소금 약간

소고기 양념

소금 · 다진 마늘 · 참기름 1작은술, 후춧가루 약간

만드는 방법

1. **장국 준비하기** 소고기는 저며서 양념하여 볶다가 물을 부어 끓인다.
2. **재료 준비하기** 콩나물은 꼬리를 떼어 씻고, 실파는 2cm 길이로, 홍고추는 잘게 썬다.
3. **끓이기** 고기가 무르게 익으면 콩나물과 마늘을 넣어 5분 정도 끓이다가 실파, 홍고추를 넣고 간을 맞춘다.

새우젓으로도 간을 한다.

싸리버섯국

싸리버섯을 장국에 넣고 맑게 끓인 국이다.

재료 및 분량

싸리버섯 · 소고기 100g
실파 5개
물 4컵
국간장 · 소금 약간

소고기 양념

소금 · 다진 마늘 · 참기름 1작은술, 후춧가루 약간

싸리버섯은 새큼한 맛과 독성이 있고 부서지기 쉬우므로 소금물에 담갔다가 조리한다.

만드는 방법

1. **장국 준비하기** 소고기는 채 썰어 양념하여 볶다가 물을 부어 끓인다.
2. **재료 준비하기** 싸리버섯은 소금물에 담갔다가 씻고 삶아 우려낸 후 찢는다. 실파는 2cm 길이로 썬다.
3. **끓이기** 고기가 무르게 익으면 버섯과 실파를 넣어 끓인 후 간을 맞춘다.

무맑은국

콩나물국

매생이국

매생이를 장국에 넣고 맑게 끓인 국이다. 매생이는 파래와 같은 진한 향이 있는 해조류이다. 매생이 철에 굴이 많이 나와 함께 이용한다.

재료 및 분량

매생이 · 굴 100g
소금(손질용) 적량
다진 마늘 1작은술
참기름 ½큰술
물 2컵
국간장 · 후춧가루 약간

만드는 방법

1 **재료 준비하기** 매생이는 소금으로 주물러 씻고, 굴은 소금을 넣어 흔들어 씻어 일어 헹군 후 각각 물빼기를 한다.

2 **끓이기** 냄비가 달구어지면 참기름, 마늘, 굴을 넣고 살짝 볶다가 물어 부어 끓이고 굴이 반 정도 익으면 매생이를 넣어 1분 정도 끓인 후 간을 맞춘다.

매생이는 가늘고 부드러우므로 오래 끓이지 않는다.

미역국 곽탕

미역을 장국에 넣고 맑게 끓인 국이다. 곽탕이라고도 한다.

재료 및 분량

마른 미역 20g
소고기 100g
물 5컵
국간장 · 후춧가루 약간

소고기 양념
소금 · 다진 마늘 · 참기름 1작은술, 후춧가루 약간

미역 양념
국간장 1큰술, 다진 마늘 · 참기름 1작은술, 후춧가루 약간

만드는 방법

1 **재료 준비하기** 마른 미역은 물에 담가 불리고, 소고기는 저며서 양념한다. 불린 미역은 주물러 씻어 헹군 후 5cm 정도로 썰어 양념한다.

2 **끓이기** 냄비에 참기름과 마늘을 넣고 고기, 미역 순으로 볶다가 물을 부어 센 불로 끓인다. 펄펄 끓으면 약불로 하여 부드럽게 익힌 후 간을 맞춘다.

마른 미역(기장각) 약 5g이면 한 그릇의 국량으로 적당하고 불리면 10~11배의 젖은 미역이 된다.

미역의 비린 냄새는 마늘, 참기름으로 제거하고 국물 맛은 국간장만으로 맛을 내기도 하며, 멸치나 어패류 국물도 사용한다.

매생이국

싸리버섯국

미역국

갈비탕

소갈비 토막을 푹 고아 끓인 곰국이다.

재료 및 분량

갈비 1kg
무 300g
물 1.5L
달걀 1개
식용유 · 소금 · 후춧가루 약간

향신채소
대파 1대, 마늘 10쪽, 통후추 약간

갈비 · 무 양념
국간장 · 다진 파 1½큰술, 다진 마늘 · 참기름 · 깨소금 1큰술, 후춧가루 약간

만드는 방법

1 **곰국 준비하기** 갈비는 찬물에 담가 핏물을 뺀다. 냄비에 갈비와 무를 덩어리째 넣고 잠길 정도로 물을 부어 향신채소와 함께 삶는다.

2 **건더기 준비하기** 달걀은 황 · 백 지단을 부쳐 마름모꼴로 썬다. 무가 익으면 건져 내어 3×4cm로 도톰하게 썰고, 갈비는 좀 더 무르게 익힌 후 무와 함께 양념한다. 국물은 체에 내려 기름기를 제거한다.

3 **끓이기** 국이 끓으면 양념한 갈비와 무를 넣어 잠시 더 끓여서 간을 맞추고 그릇에 담아 지단을 얹는다.

곰 국

양, 곱창 등 소의 내장과 양지머리, 사태 등의 살코기를 푹 고아 끓인 곰국이다.

재료 및 분량

소고기(양지머리) · 무 300g
소고기(사태) · 허파 · 양 · 곱창 100g
소금 · 밀가루(손질용) 적량
대파 1대
물 2L
소금 · 후춧가루 약간

향신채소
대파 1대, 마늘 10쪽, 통후추 약간

삶은 건더기 양념
국간장 · 다진 파 · 참기름 1큰술, 다진 마늘 · 깨소금 2작은술, 후춧가루 약간

만드는 방법

1 **곰국 준비하기** 양지머리와 사태, 허파는 찬물에 담가 핏물을 뺀다. 곱창과 양은 안쪽 기름기를 떼어 내고 소금과 밀가루를 뿌려 문질러 씻는다. 양은 끓는 물에 데쳐 내어 겉쪽의 검은 막을 칼로 긁어낸다. 냄비에 모든 살코기와 내장, 무를 덩어리째로 넣고 잠길 정도로 물을 부어 향신채소와 함께 삶는다.

2 **건더기 준비하기** 먼저 무르게 익은 순서대로 건져 내어 한입 크기로 썬 후 양념한다. 국물은 체에 내려 기름기를 제거한다.

3 **끓이기** 국이 고아져 맛이 들면 양념한 건더기를 넣고 한소끔 더 끓여 소금으로 간을 맞추고 그릇에 담아 썬 대파를 송송 썰어 얹는다.

소머리곰탕

소머리곰탕

소머리, 우설, 사태, 양지머리를 푹 고아 끓인 곰국이다.

재료 및 분량

소머리 2kg
우설 1개
소고기(양지머리) 600g
소고기(사태) 700g
대파 2대
물 10L
소금 · 후춧가루 약간

향신채소
대파 2대, 마늘 20쪽, 통후추 약간

삶은 고기 양념
국간장 3큰술, 소금 1작은술, 다진 파 4큰술, 다진 마늘 · 참기름 2큰술, 후춧가루 ¼작은술

만드는 방법

1 **곰국 준비하기** 소머리, 우설, 양지머리, 사태는 찬물에 담가 핏물을 뺀다. 우설은 끓는 물에 데쳐 내어 표면을 칼로 긁어 벗긴 후 냄비에 모든 재료를 넣고 잠길 정도로 물을 부어 향신채소와 함께 삶는다.

2 **건더기 준비하기** 소머리는 건져 뼈를 제거하고 나머지는 무르게 익은 순서대로 건져 내어 한입 크기로 썰어 양념한다. 국물은 체에 내려 기름기를 걷어낸다.

3 **끓이기** 국이 끓어 맛이 들면 양념한 건더기를 넣고 한소끔 더 끓여 간을 맞추고 그릇에 담아 대파를 송송 썰어 얹는다.

소머리는 냄비에 들어갈 수 있는 크기로 쪼개어 구입한다.

설렁탕

소머리, 우설, 우족, 사골, 사태, 양지머리 등을 푹 고아 끓인 곰국이다.

재료 및 분량

소머리 2kg
우설 · 우족 · 사골 · 도가니 1개
소고기(사태 · 양지머리) 500g
물 20L
대파 5대
소금 · 후춧가루 약간

향신채소
대파 2대, 마늘 20쪽, 생강 2쪽, 통후추 약간

만드는 방법

1 **곰국 준비하기** 모든 뼈와 고기는 찬물에 담가 핏물을 뺀다. 우설은 끓는 물에 데쳐 내어 표면을 칼로 긁어 벗긴다. 큰 냄비에 모든 재료를 넣고 잠길 정도로 물을 부어 향신채소와 함께 삶는다.

2 **건더기 준비하기** 먼저 무르게 익은 순서대로 건져내어 한입 크기로 썬다. 뼈에 붙어 있는 고기는 잘라 내어 썰고, 뼈는 더 고아 끓인다. 국물은 체에 내려 기름기를 제거한다.

3 **끓이기** 국이 충분히 고아져 맛이 들면 건더기를 넣고 한소끔 더 끓인 후 간을 맞추고 그릇에 담아 소금, 후춧가루와 대파를 송송 썰어 곁들인다.

육개장

양지머리, 양, 곱창을 삶아 대파 등과 함께 끓인 곰국이다.

재료 및 분량

소고기(양지머리) 600g
양 · 곱창 300g
소금 · 밀가루(손질용) 적량
대파 5대
물 3L
고추장 · 소금 약간

향신채소
대파 1대, 마늘 10쪽, 통후추 약간

삶은 건더기 양념
고춧가루 3큰술, 고추장 · 국간장 · 식용유 · 다진 마늘 1큰술, 참기름 2큰술, 후춧가루 약간

만드는 방법

1 **곰국 준비하기** 양지머리는 찬물에 담가 핏물을 뺀다. 양과 곱창은 기름기를 떼어 내고 소금과 밀가루를 뿌려 문질러 씻는다. 양은 데쳐 내어 겉쪽의 검은 막을 칼로 긁어낸다. 냄비에 양지머리와 양, 곱창을 넣고 잠길 정도로 물을 부어 향신채소와 함께 삶는다.

2 **건더기 준비하기** 대파는 8cm 정도로 토막 썰어 끓는 물에 삶아 내어 서너 갈래로 찢는다. 고기가 익은 순서대로 건져 내어 양지머리는 결대로 찢고 곱창은 한입 크기로, 양은 저며 썰어 대파와 함께 양념한다. 국물은 체에 내려 기름기를 걷어낸다. ❶

3 **끓이기** 국이 끓으면 양념한 고기와 파를 넣어 끓이고 고추장, 소금으로 간을 맞춘다.

무, 숙주, 토란 줄기 등을 넣어 끓이는 대구육개장도 있다.

우족탕

우족을 푹 고아 끓인 곰국이다.

재료 및 분량

우족 1kg
소고기(사태) 300g
무 400g
대파 2대
물 4L
소금 · 후춧가루 약간

향신채소
대파 1대, 마늘 10쪽, 생강 1쪽, 통후추 약간

삶은 건더기 양념
국간장 · 다진 파 2큰술, 다진 마늘 · 참기름 · 깨소금 1큰술, 후춧가루 약간

양념장(곁들임)
고춧가루 · 통깨 2작은술, 간장 3큰술, 송송 썬 대파 1큰술, 참기름 1작은술, 후춧가루 · 물 약간

만드는 방법

1 **곰국 준비하기** 우족은 털을 태우거나 긁어 없애고 사태와 찬물에 담가 핏물을 뺀다. 펄펄 끓는 물에 우족을 한 번 삶아 내고 물을 버린 다음 두 번째 우족과 사태, 무를 덩어리째 넣고 잠길 정도로 물을 부어 향신채소와 함께 삶는다.

2 **건더기 준비하기** 먼저 무르게 익은 순서대로 건져 내어 한입 크기로 썬 후 양념한다. 국물은 체에 내려 기름기를 걷어낸다.

3 **끓이기** 국이 고아져 맛이 들면 양념한 고기와 무를 넣어 한소끔 더 끓인 후 간을 맞추고 그릇에 담아 송송 썬 대파와 양념장을 곁들인다.

우족 1개는 1.7~2.3kg이다.

양 즙

소의 양을 다져서 중탕하여 짜 낸 즙이다.

재료 및 분량

소 양 600g
소금 · 밀가루(손질용) 적량
잣 ⅓컵

양념
생강즙 · 참기름 · 소금 · 후춧가루 약간

만드는 방법

1 **양 손질하기** 양은 안쪽의 기름기를 떼어 내고 소금과 밀가루를 뿌려 문질러 씻은 후 끓는 물에 데쳐 내어 겉의 검은 막을 칼로 긁어낸다.

2 **재료 준비하기** 양은 곱게 다지다가 잣을 넣어 함께 다진 후 양념하여 잠시 재어둔다. ❶

3 **중탕하기** 중탕냄비에 양념된 양을 넣어 볶아 익혀 뽀얀 물이 생기면 베보자기에 짠다. ❷, ❸

토란탕

소고기 사태를 푹 곤 국물에 토란을 넣어
끓인 국이다.

재료 및 분량

토란 300g
소고기(사태) · 무 200g
북어머리 2개
다시마 10cm
물 8컵
소금 · 후춧가루 약간

향신채소
대파 1대, 마늘 5쪽, 통후추 약간

건더기 양념
국간장 · 다진 파 · 다진 마늘 · 참기름 · 깨소금 1작은술, 후춧가루 약간

만드는 방법

1 **곰국 준비 · 다시마 불리기** 사태는 찬물에 담가 핏물을 뺀다. 북어머리와 다시마는 씻어 물에 담가 불린 다음 사태와 무를 넣고 물을 부어 향신채소와 함께 삶는다. ❶

2 **건더기 준비하기** 토란은 껍질을 깎아 옅은 소금물에 삶은 후 헹구어 점액물질을 제거한다. ❷, ❸
먼저 무르게 익은 재료부터 건져 내어 한입 크기로 썬 후 양념한다. 국물은 체에 내리고 기름기는 걷어낸다. ❹, ❺

3 **끓이기** 국이 끓으면 토란을 넣어 끓이고 양념한 고기, 다시마, 무를 넣어 한소끔 더 끓인 후 간을 맞춘다.

토란은 피부염증을 유발할 수 있으므로 껍질을 벗길 때는 고무장갑을 끼고 세게 문질러 벗기거나 칼로 벗긴다. 쉽게 갈변되므로 물 또는 식초 · 소금물 등에 담가 둔다.

초교탕

닭을 삶아 곤 국물에 삶은 닭과 도라지, 미나리, 버섯 등과 밀가루, 달걀물을 섞어 끓는 육수에 떠넣어 끓인 곰국이다.

재료 및 분량

닭(½마리) 500g
소고기(우둔) 50g
마른 표고버섯 4개
도라지 100g
미나리 5개
밀가루 2큰술
달걀 2개
물 5컵
소금 · 후춧가루 약간

향신채소

대파 ½대, 마늘 5쪽, 생강 1쪽, 양파 ½개, 통후추 약간

삶은 닭 양념

국간장 · 생강즙 1작은술, 다진 파 1큰술, 다진 마늘 2작은술, 참기름 ½큰술, 소금 · 후춧가루 약간

만드는 방법

1 곰국 준비 · 버섯 불리기 닭은 씻어 냄비에 넣고 잠길 정도로 물을 부어 향신채소와 함께 삶는다. 마른 표고버섯은 물에 담가 불린다.

2 건더기 준비하기 소고기는 곱게 다지고, 표고버섯은 곱게 채 썰어 함께 양념(간장 1작은술, 설탕 · 다진 파 ½작은술, 다진 마늘 ¼작은술, 참기름 · 깨소금 ⅛작은술, 후춧가루 약간)한다. 도라지는 잘게 썬 후 소금으로 주물러 씻어 쓴맛을 제거하고 살짝 데친다. 미나리는 줄기 부분을 살짝 데쳐 3cm 길이로 썬다. 닭이 익으면 살은 찢어 양념하고 국물은 체에 내려 기름기를 걷어낸다. 준비한 모든 재료와 밀가루를 섞은 다음 달걀을 풀어 가볍게 섞는다. ❶, ❷

3 끓이기 국이 끓으면 건더기를 한 숟가락씩 떠 넣어 약불로 끓인 후 간을 맞춘다. ❸

❶ ❷ ❸

영계백숙

어린 닭 속에 찹쌀 등을 넣어 푹 고아 끓인 곰국이다. 여름철 보양식으로 삼계탕이라고도 한다.

재료 및 분량

영계 600g
찹쌀 ½컵
마늘 5쪽
수삼(소) 1~2뿌리
대추(소) 5개
물 5컵
소금 · 후춧가루 약간

만드는 방법

1 **닭 손질 · 속 준비하기** 닭은 내장을 긁어내어 씻고 찹쌀은 가볍게 비벼 씻어 불린다. 수삼은 솔로 문질러 씻고 대추와 마늘은 씻는다. 닭 속에 찹쌀, 수삼, 대추, 마늘을 채워 넣고, 몸통 끝 부분에 칼집을 내어 양쪽 다리를 끼운다. ❶, ❷, ❸

2 **끓이기** 냄비에 닭과 남은 수삼, 대추를 넣고 잠길 정도로 물을 부어 닭 속의 찹쌀이 익을 때까지 40분 이상 끓인 후 간을 맞추고 그릇에 담아 소금, 후춧가루를 곁들인다.

오골계탕

오골계 속에 찹쌀 등을 채워 넣고 푹 고아 끓인 곰국이다.

만드는 방법

영계백숙과 동일하다. 인삼 대신 황기나 황률을 쓰기도 한다.

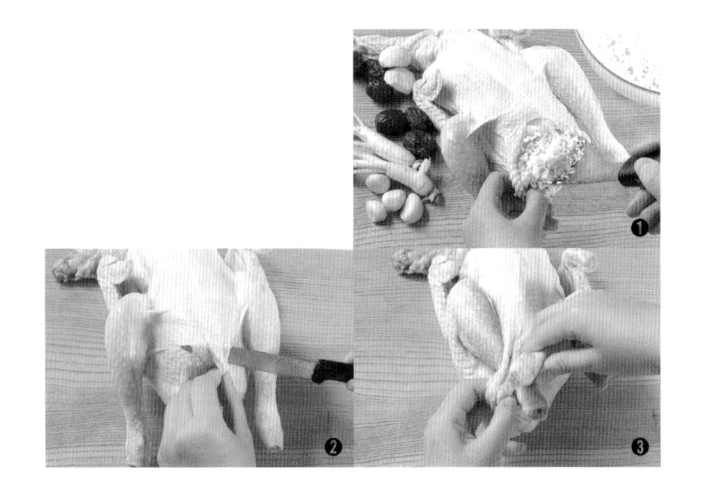

용봉탕

잉어와 닭을 함께 고아 끓인 곰국으로, 잉어는 용으로, 닭은 봉황을 뜻하는 상징적 이름을 갖고 있는 여름철 보양탕이다.

재료 및 분량

잉어 (중) 1마리
닭 1마리(1kg)
마른 표고버섯 5개
석이버섯 5개
목이버섯 5개
달걀 1개
식용유 적량
물 2L
잣 약간
국간장 · 참기름 · 소금 · 후춧가루 약간

향신채소
대파 1대, 마늘 10쪽, 통후추 약간

닭고기 양념
국간장 1큰술, 다진 파 2작은술, 다진 마늘 1작은술, 참기름 1작은술, 깨소금 1작은술, 후춧가루 약간

만드는 방법

1 곰국 준비 · 버섯 불리기 닭은 내장을 긁어내고 씻어 냄비에 잠길 정도로 물을 붓고 향신채소와 함께 삶는다. 표고 · 목이버섯은 물에 담가 불리고 석이버섯은 뜨거운 물에 담근다.

2 건더기 준비하기 잉어는 목뼈와 꼬리 쪽 뼈에 칼집을 깊게 넣고 찬물에 담가 피를 뺀 후 비늘과 내장을 제거하여 토막을 낸다. 표고버섯의 기둥과 목이버섯 뿌리를 제거하고, 석이버섯은 비벼 씻어 헹군 다음 각각 골패모양으로 썰어 간장, 참기름으로 양념한다. 달걀은 황 · 백 지단을 부쳐 골패모양으로 썬다. 석이버섯은 살짝 볶는다.
닭은 익으면 살을 굵직하게 찢어 양념하고, 국물은 체에 내려 기름기를 제거한다. ❶

3 끓이기 국이 끓으면 잉어와 표고 · 목이버섯을 넣고 끓인 후 소금으로 간을 맞춘다. 국물과 함께 그릇에 담고 닭고기와 석이버섯, 잣, 지단을 얹는다. ❷

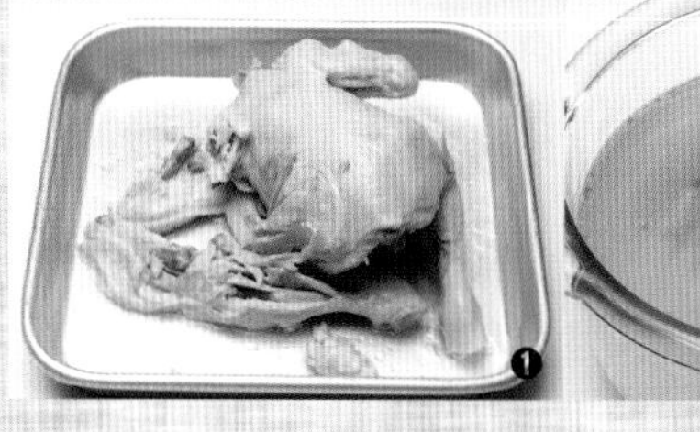
❶

❷

추어탕

미꾸라지를 고아 끓인 후 체에 내린 국물에 풋배추, 토란대 등을 넣어 끓인 미꾸라지곰국이다.

재료 및 분량

미꾸라지 600g
소금(손질용) 적량
풋배추(시래기) 400g
고사리 200g
토란대(불린 것) 150g
풋고추 2개
홍고추 · 대파 1개
물 2L
소금 · 산초가루 약간

토란대 · 고사리 양념
소금 · 생강 1작은술, 다진 마늘 2작은술, 후춧가루 약간

배추 양념
된장 3큰술, 고춧가루 1큰술, 찹쌀가루 · 들깨가루 2큰술, 다진 마늘 1⅓큰술, 생강 2작은술

만드는 방법

1 곰국 준비하기 산 미꾸라지는 소금을 쳐서 뚜껑을 덮어 두면 서로 부대껴 해감을 토해 낸다. 여러 번 헹구어 씻은 다음 냄비에 넣고 잠길 정도로 물을 부어 푹 삶는다.

2 건더기 준비하기 풋배추, 고사리, 토란대를 삶아서 잘게 썰어 양념으로 무친다. 파는 어슷하게 썰고 풋고추와 홍고추는 잘게 썬다.

3 끓이기 푹 곤 미꾸라지는 체에 국물을 부어 가며 으깨어 내리고, 손질한 채소를 넣어 푹 어우러지게 끓이며, 산초가루를 넣어 한소끔 더 끓인 후 간을 맞춘다.

호박잎을 쓰기도 한다.

근대국

된장을 풀어 넣은 장국에 근대를 넣어 끓인 토장국이다.

재료 및 분량

근대 200g
소고기 100g
애호박 100g
대파 1대
된장 2큰술
다진 마늘 1작은술
물(쌀뜨물) 5컵
국간장 · 소금 약간

소고기 양념

소금 1작은술, 다진 마늘 1작은술, 참기름 1작은술, 후춧가루 약간

만드는 방법

1 장국 준비하기 소고기는 저며서 양념하여 볶다가 쌀뜨물을 부어 끓인다.

2 재료 준비하기 근대는 줄기를 꺾어 섬유질을 벗겨 내고 씻은 후 데쳐서 찬물에 헹구어 6cm 정도로 썬다. 애호박은 길이로 반을 갈라 도톰한 반달모양으로 썬다. 대파는 어슷썬다.

3 끓이기 고기가 무르게 익으면 된장을 풀고 근대, 대파, 다진 마늘을 넣고 끓이다가, 애호박을 넣어 잠시 더 끓인 후 간을 맞춘다.

냉잇국

된장, 고추장을 풀어 넣은 장국에 냉이를 넣어 끓인 토장국이다.

재료 및 분량

냉이 200g
소고기 100g
모시조개 10개
소금(손질용) 적량
대파 1대
된장 2큰술
고추장 · 다진 마늘 1작은술
물(쌀뜨물) 5컵
국간장 · 소금 약간

소고기 양념

소금 · 다진 마늘 · 참기름 1작은술, 후춧가루 약간

만드는 방법

1 장국 준비하기 조개는 소금물에 담가 해감을 토해 낸 후 솔로 문질러 씻는다. 냄비에 물을 붓고 끓여 조개의 껍질이 벌어지면 건지고 국물은 면포에 거른다. 소고기는 저며서 양념하여 볶다가 쌀뜨물을 부어 끓인다.

2 재료 준비하기 냉이는 뿌리째 다듬어 씻어 끓는 물에 데친 후 헹구고 대파는 어슷썬다.

3 끓이기 고기가 무르게 익으면 조개국물을 합하여 된장, 고추장을 풀고 냉이와 대파, 마늘을 넣어 끓이다가 조개를 넣고 잠시 더 끓인 후 간을 맞춘다.

배추속대국

된장을 풀어 넣은 장국에 배추속대를 넣어 끓인 토장국이다. 기름진 소고기 부위나 내장육과 잘 어울리는 배춧국이다.

재료 및 분량

배추속대 300g
무 200g
대파 1대
된장 2큰술
고춧가루 1큰술
다진 마늘 1작은술
국간장 · 소금 약간

육수 · 향신채소
소고기(양지머리) · 양 200g, 물 8컵, 대파 1대, 마늘 10쪽, 통후추 약간

소고기 · 삶은 양 양념
국간장 · 다진 파 · 참기름 2작은술, 다진 마늘 · 깨소금 1작은술, 후춧가루 약간

만드는 방법

1 육수 준비하기 양지머리는 찬물에 담가 핏물을 뺀다. 양은 안쪽 기름기를 떼어 내고 소금과 밀가루를 뿌려 문질러 씻은 후 끓는 물에 데쳐 내어 겉쪽의 검은 막을 칼로 긁어 낸다. 냄비에 양지머리와 양을 넣고 잠길 정도로 물을 부어 향신채소와 함께 삶는다. 고기가 무르게 익으면 건진 다음 국물은 체에 내려 기름기를 걷어낸다.

2 재료 준비하기 배추속대는 한 잎씩 씻어 찢고, 무는 마구 썰며, 대파는 어슷썬다. 삶은 고기는 한입 크기로 썰어 양념한다.

3 끓이기 육수에 무와 배추속대를 넣어 푹 끓인 후 된장을 풀고 소고기, 양, 대파, 다진 마늘, 고춧가루를 넣고 한소끔 더 끓인 후 간을 맞춘다.

시금치국

된장, 고추장을 풀어 넣은 장국에 시금치를 넣어 끓인 토장국이다. 콩나물을 섞어 끓이면 씹히는 질감과 구수한 맛이 잘 어울린다.

재료 및 분량

시금치 200g
소고기 · 콩나물 100g
대파 1대
고추장 · 다진 마늘 1작은술
된장 2큰술
물(쌀뜨물) 5컵
국간장 · 소금 약간

소고기 양념
소금 · 다진 마늘 · 참기름 1작은술, 후춧가루 약간

만드는 방법

1 **장국 준비하기** 소고기는 저며서 양념하여 볶다가 쌀뜨물을 부어 끓인다.

2 **재료 준비하기** 시금치는 끓는 물에 데쳐 찬물에 헹군 후 한두 번 자르고 콩나물은 꼬리를 다듬고 씻는다. 대파는 어슷썬다.

3 **끓이기** 장국에 된장과 고추장을 풀고 시금치, 콩나물, 대파, 마늘을 넣어 끓인 후 간을 맞춘다.

쑥토장국

된장을 풀어 넣은 장국에 어린 쑥을 넣어 굴과 함께 끓인 토장국이다.

재료 및 분량

쑥 · 굴 100g
소금(손질용) 적량
대파 1대
된장 2큰술
다진 마늘 1작은술
물(쌀뜨물) 5컵
국간장 · 소금 약간

만드는 방법

1 **재료 준비하기** 쑥은 다듬어 씻고 굴은 소금을 넣어 흔들어 씻어 일어 헹군 후 물빼기를 한다. 대파는 어슷썬다.

2 **끓이기** 쌀뜨물에 된장을 풀고 쑥과 대파를 넣어 끓이다가 마늘과 굴을 넣고 약불로 끓인 후 간을 맞춘다.

장국에 쑥을 넣을 때 날콩가루나 밀가루를 살짝 묻혀서 넣기도 하고 어린 쑥은 그대로 사용한다.

아욱국

된장을 풀어 넣은 장국에 아욱을 넣어 마른 새우와 함께 끓인 토장국이다.

재료 및 분량

아욱 200g
마른 새우 30g
대파 1대
된장 2큰술
물(쌀뜨물) 5컵
국간장 · 소금 약간

만드는 방법

1 **재료 준비하기** 아욱은 줄기를 꺾어 껍질을 벗기고 찢어 주물러서 파란 물을 헹구어 물빼기를 한다. 새우는 살짝 볶아 밀대로 밀어 새우를 부드럽게 한다. 대파는 어슷썬다. ❶

2 **끓이기** 쌀뜨물에 아욱과 대파를 넣어 끓이다가 아욱이 익으면 된장을 풀고 새우를 넣어 아욱을 더 무르게 끓인 후 간을 맞춘다.

마른 새우 대신 소고기나 멸치국물도 사용한다.

❶

호박순국

된장을 풀어 넣은 장국에 호박잎을 넣어 끓인 토장국이다.

재료 및 분량

호박순 · 애호박 100g
풋(반불겅이)고추 2개
대파 1대
밀가루(손질용) 적량
된장 3큰술
다진 마늘 1작은술
국간장 · 소금 약간

육수 · 향신채소
소고기(양지머리) 100g, 양 200g, 물 7컵, 대파 1대, 마늘 10쪽, 통후추 약간

소고기 · 삶은 양 양념
국간장 · 다진 파 · 참기름 1작은술, 다진 마늘 ½작은술, 깨소금 · 후춧가루 약간

만드는 방법

1 **육수 준비하기** 양지머리는 찬물에 담가 핏물을 뺀다. 양은 안쪽 기름기를 떼어 내고 소금과 밀가루를 뿌려 문질러 씻은 후 끓는 물에 데쳐 내어 겉의 검은 막을 칼로 긁어 낸다. 냄비에 양지와 양을 넣고 잠길 정도로 물을 부어 향신채소와 함께 삶는다.

2 **재료 준비하기** 호박순은 줄기를 꺾어 껍질을 벗기고 잎은 찢어 주물러 씻는다. 애호박은 반달모양으로 썰고, 고추는 송송 썰며 대파는 어슷썬다. 고기가 무르게 익으면 건져내어 한입 크기로 썰어 양념하고 국물은 체에 내려 기름기를 걷어낸다.

3 **끓이기** 육수에 호박순을 넣어 푹 끓이다가 된장을 풀고 삶은 고기, 애호박, 대파, 고추, 마늘을 넣고 한소끔 더 끓인 후 간을 맞춘다.

추포탕

소의 내장 등을 푹 고아 익히고 깻국물을 섞어서 오이 등을 넣어 차게 만든 냉국으로 여름철 보양식이다.

재료 및 분량

곱창 · 양 200g
소금 · 밀가루(손질용) 적량
소고기(양지머리) · 무 300g
오이 ½개
달걀 1개
물 2L
소금 · 식용유 약간

향신채소
대파 1대, 마늘 10쪽, 통후추 약간

깻국
볶은 깨 1컵, 물 3컵, 소금 약간

삶은 고기 · 무 양념
국간장 · 다진 파 1½큰술, 다진 마늘 · 참기름 · 깨소금 1큰술, 후춧가루 약간

만드는 방법

1 곰국 준비하기 곱창과 양은 안쪽 기름기를 떼어 내고 소금과 밀가루를 뿌려 문질러 씻는다. 양은 끓는 물에 데쳐 내어 겉쪽의 검은 막을 칼로 긁어낸다. 냄비에 무와 양, 곱창, 양지머리를 넣고 잠길 정도로 물을 부어 향신채소와 함께 삶는다.

2 건더기 준비하기 오이는 1×4cm로 썰어 소금을 뿌려 잠깐 절인 후 물기를 짜고 아삭하게 볶아 식힌다. 달걀은 황 · 백 지단으로 부쳐, 골패모양으로 썬다.
먼저 무르게 익은 순서대로 건져 내어 무는 오이와 같은 크기로 썰고, 곱창은 조금 짧게 썬다. 양지머리와 양은 저며서 양념한다. 국물은 체에 내려 기름기를 제거한다.

3 깻국물 준비하기 깨는 볶아서 블랜더에 갈아 체에 내려 육수와 깻국을 섞고 소금으로 간을 맞추어 차게 둔다. 그릇에 건더기를 담고 오이, 지단을 얹어 깻국을 붓는다.

임자수탕

닭을 곤 국물과 깻국물을 섞어서 닭고기와 오이 등을 넣어 차게 만든 냉국이다.

재료 및 분량

닭(소) 1마리 800g
소고기 · 두부 50g
오이 100g
홍고추 1개
마른 표고버섯 · 달걀 2개
배 ¼개
물 8컵
소금 약간
밀가루 ½컵
녹말가루 · 식용유 적량

향신채소
대파 1대, 마늘 5쪽, 생강 1쪽, 양파 1개, 통후추 약간

깻국
볶은 깨 1컵, 물 3컵, 소금 약간

삶은 닭 양념
국간장 1큰술, 다진 파 2작은술, 다진 마늘 · 생강즙 · 깨소금 1작은술, 소금 · 후춧가루 약간

만드는 방법

1 닭 삶기 · 버섯 불리기 닭은 내장을 긁어내고 꽁지 부분을 잘라 버린 후 향신채소를 넣어 삶는다. 마른 표고버섯은 물에 담가 불린다.

2 재료 준비하기 오이는 4cm 길이로 토막을 내어 골패모양으로 썰어 소금을 뿌려 잠깐 절인 후 물기를 짠다. 소고기는 곱게 다져 양념하고 두부는 으깨어 물기를 짠 후 소고기와 섞어 반죽하여 완자(간장 1작은술, 설탕 · 다진 파 ½작은술, 다진 마늘 ¼작은술, 참기름 · 깨소금 ⅛작은술, 후춧가루 약간)를 빚는다. 표고버섯은 기둥을 제거하고, 홍고추는 반으로 갈라 씨를 빼고 배는 편으로 썰어 각각 골패모양으로 썬다. 달걀은 황 · 백으로 지단을 부쳐 골패모양으로 썰고 완자는 밀가루 · 달걀물을 씌워 번철에 굴려 가며 익힌다. 오이, 표고버섯, 홍고추는 녹말가루를 묻혀 끓는 물에 데쳐 찬물에 식힌다. 삶은 닭은 살을 발라내어 저며서 양념하고 국물은 체에 내려 기름기를 제거한다.

3 깻국물 준비하기 깨는 볶아서 블랜더에 갈아 체에 걸러 내어 깻국을 만든 다음 닭 육수와 섞어 소금으로 간을 하여 차게 둔다. 모든 재료를 돌려 담고 깻국을 붓는다.

굴냉국

굴을 동치미국물에 넣어 차게 만든 냉국이다.

재료 및 분량

굴 200g
동치미국물 4컵
물 1컵
동치미 건더기 적량
대파 ½대
소금 약간

양념
고춧가루 · 국간장 · 다진 파 · 깨소금 1작은술, 식초 1큰술, 다진 마늘 ½작은술

만드는 방법

1 **냉국 준비하기** 동치미국물에 물을 섞어 간을 맞춘다.

2 **재료 준비하기** 굴은 소금을 넣어 흔들어 씻어 일어 헹군 후 물빼기를 하고 양념한다. 동치미 건더기와 대파는 송송 썬다.

3 **담기** 굴과 동치미 건더기를 담고 파를 얹어 국물을 붓는다.

파찬국

실파를 양념하고 물을 부어 차게 만든 냉국이다.

재료 및 분량

실파 100g
홍고추 1개

냉국
국간장 2작은술, 식초 1큰술, 물 4컵, 설탕 약간

양념
고춧가루 · 간장 1큰술, 참기름 · 깨소금 1작은술

만드는 방법

1 **냉국 준비하기** 물에 간장, 식초, 설탕을 넣어 냉국을 만든다.

2 **재료 준비하기** 파는 2cm 정도로 썬다. 홍고추는 송송 썰고 양념으로 무친다.

3 **담기** 파무침을 담고 냉국을 붓는다.

미역오이냉국

미역을 양념하고 오이와 물을 부어 차게 만든 냉국이다.

재료 및 분량

마른 미역 20g
오이 1개
홍고추 1개

미역 양념
국간장 1작은술, 식초 1큰술, 깨소금 2작은술, 다진 마늘 · 참기름 1작은술

냉국
국간장 2작은술, 식초 1큰술, 물 4컵, 설탕 약간

만드는 방법

1 **냉국 준비 · 미역 불리기** 물에 국간장, 식초, 설탕을 넣어 냉국을 만들고 미역은 물에 담가 불린다.

2 **재료 준비하기** 오이는 씻어서 채 썰고 미역은 잘게 잘라 양념한다. 홍고추는 송송 썬다.

3 **담기** 미역과 오이, 홍고추를 담고 냉국을 붓는다.

미역이 억세면 데쳐서 사용한다.

우무냉국

우무를 양념하고 물을 부어 차게 만든 냉국이다.

재료 및 분량

우무 400g
오이 100g
홍고추 1개
실파 2개

우무 양념
고춧가루 · 다진 파 2작은술, 참기름 · 깨소금 1작은술

냉국
국간장 · 식초 2큰술, 물 2컵, 설탕 약간

만드는 방법

1 **냉국 준비하기** 물에 국간장, 식초, 설탕을 넣어 냉국을 만든다.

2 **재료 준비하기** 우무는 가늘게 채 썰어 양념한다. 오이는 채 썰고 실파는 송송 썰며 홍고추는 다진다.

3 **담기** 우무와 준비한 재료를 담고 냉국을 붓는다.

우무는 우뭇가사리를 고아서 굳힌 묵이다.

전골

전골은 수조육류, 어패류, 채소류 등의 재료를 얇게 준비하여 전골냄비에 담고 육수를 부어 끓이는 국물음식이다. 전골은 많은 건더기에 육수를 잠길 정도로 부어 끓이므로 국보다 국물 농도는 진하고 간은 비슷하다. 여러 가지 재료들이 섞여 조화된 맛을 내는 음식이다.

전골의 약사

『증보산림경제』1766에 건더기가 많은 국을 갱이라 하였다. 전골은 국에서 분화된 것으로 보인다. 『만국사물기원역사』1909에서 '상고시대 군사들이 머리에 쓰던 철로 만든 전립을 벗어 여러 가지 식품을 넣어 끓였다. 이것이 계기가 되어 여염집에서도 냄비를 전립모양으로 만들어 고기와 채소를 넣어 끓이는 것을 전골이라 하여 왔다.'고 전골의 유래를 설명하였다. 『경도잡지』1700년대 말에서는 냄비이름이 전립투氈笠套라는 것이 있는데, 벙거지모양에서 이런 이름이 생긴 것이다. 채소는 움푹하게 들어간 곳에서 데치고 변두리의 편편한 곳에서 고기를 굽는다. 술안주나 반찬에 모두 좋다고 하였다. 『옹희잡지』1800년대 초에는 적육기炙肉器에 전립을 거꾸로 눕힌 것과 같은 모양의 그릇이 있는데, 여기에 무, 미나리, 파의 무리를 세절하여 복판의 우묵한 곳에 넣어둔 장수醬水에 담근다. 이것을 숯불 위에 놓고 철을 달군다. 고기는 종이처럼 얇게 썰어 유장油醬에 적시고 젓가락으로 집어서 사면四面의 전에 지져 굽는다. 이것을 전철煎鐵 또는 전립투라고 한다고 하였다. 『송남잡식』에 전골氈骨이란 전립골氈笠骨모양으로 만들어 고기를 굽기 때문에 이 이름이 생겼다고 하였다. 『경도잡지』, 『옹희잡지』, 『송남잡식』 등에서 보듯 전골은 가운데 움푹한 곳에 장수醬水가 있는 구이전골이었다. 『수문사설』1740, 『진작의궤』1827에 열구자탕悅口資湯이 나오는데, 이것은 신선로를 뜻하고, 『송남잡식』에는 열구지悅口旨라 하였다. 열구자탕이란 맛있는 재료로 만든 탕이란 뜻이다. 『임원십육지』1827 정조지鼎俎志에 열구자탕은 무쇠를 쓰고 중앙에 작은 분과 같은 것을 설치한 철기모양은 두툼이가 위로 튀어나온 넓은 항아리 같고 뚜껑이 있다. 손가락만 한 숯을 피워 주위의 것을 익힌다. 7~8그릇 정도 재료를 담을 수 있다고 하여 열구자탕이 지금의 신선로神仙爐와 같은 것임을 알 수 있다. 『규합총서』1815, 『시의전서』1800년대 말, 『동국세시기』1849, 『진찬의궤』1868, 『해동죽지』1925 등에서는 신선로神仙爐라 하였고 『연대 규곤요람』1896에는 구자탕이라 하였다. 『동궁가례』1882 때 면신선로, 탕신선로, 잡탕신선로 등이 나온다. 신선로란 화통이 있는 냄비이름이고 음식 이름이 열구자탕이었는데, 지금은 신선로가 음식이름이 되었다. 『옹희잡지』1800년대 초에 있는 신선로 제법은 지금의 신선로 만드는 방법과 같다. 열구자탕신선로의 기원은 어디일까? 『조선요리학』1940에서 연산군 때 정희량이 귀양 갔다 돌아와 더 큰 사화가 있을 것을 예측하고 산중에 들어가 화로火爐를 만들어 여러 가지 채소를 끓여 먹었는데, 후세 사람들이 이 화로를 신선로라 부르게 되었다고 한다. 『수문사설』1740에 열구자탕 설명 중에서 '끓이고 익히는 기구가 별도로 있다. 우리나라 사람들이 사가지고 온중국에서 이 기구는 전별모임이나 겨울 밤 모여앉아 술자리를 벌일 때 좋다'고 하였다. 『송남잡식』의 열구지를 보면, 나부영 노인이 골동갱을 만들었는데, 이것이 지금의 열구지이고 이 냄비를 화과자火鍋子, 훠거즈 또는 신선로라 한다고 하였다. 『조선상식문답』1946~1948에서 '신선로는 조선의 독특한 음식이 아니다. 중국음식에 신선로와 똑같은 그릇을 훠궈르火鍋兒, 화과아라 한다. 여기에 십경대과十景大鍋를 만들었으니 이는 신선로와 흡사한 음식이다'라고 하였다. 중국에 화과자를 사용하는 십경화과十景火鍋 등이 있으니 우리의 신선로는 중국에서 들어온 것으로 보인다.

신선로로 끓여 먹는 맛이 매우 좋은 승가기탕이 있다. 순조 때 김해로 유배 갔던 이학규의 『금관죽지사』1809에서 승가기勝歌妓, 노래나 기생보다 좋다는 뜻라는 고깃국은 본디 일본으로부터 전래된 것이라고 하였다. 『규합총서』1815에 승기악탕勝妓樂湯은 닭 속에 술, 기름, 초를 쳐서 박오가리, 표고버섯, 파를 넣고 수란을 넣어 국을 만든다. 이것은 왜관음식으로 기생이나 음악보다 낫다는 뜻이다 라고 쓰여 있다. 『해동죽지』1925에 승가기勝佳妓는 본디 해주 명물로 서울 도미국수처럼 맛이 매우 좋으므로 승가기라 한다고 하였다. 『조선요리학』1940에는 성종 때 허종이 의주에서 오랑캐의 침입을 막으니 주민이 감읍하여 도미에 갖은 고명으로 맛있게 만들어 바쳤는데, 허종이 이 음식이름을 승기악탕勝妓樂湯이라고 하였다고 하나 근거를 알 수가 없다. 『조선상식』에 일본의 스키야키가 쓰기악勝妓樂으로 되었다는 것은 설득력이 없다 하였다. 그러나 일본의 정보正保 4년1647에 『요리물어』란 요리서의 고려자高麗煮를 보면 '냄비에 도미를 넣고 술과 물을 부어 삶다가 버섯이나 파를 넣어서 먹는 맑은 장국이다'라 하였고 조선의 국명에 따른 『명사고』란 책의 고려자高麗煮에는 지금 조선에 이것과 비슷한 어류 요리법이 있다. 덕천시대 조선통신사가 데리고 온 요리인을 통해 배운 것이 아닐까? 라고 적고 있다. 그런데 이것이 오히려 승기악탕과 비슷하니, 앞으로 더 연구가 필요하겠지만, 승기악탕은 우리나라에서 일본으로 건너간 것으로 생각된다.

전골은 상 옆에서 화로에 전골 틀을 올려놓고 즉석에서 익혀 먹던 음식이다. 개화기에 철제 냄

전골냄비

비가 만들어지면서 국물을 부어 끓이는 냄비전골로 바뀌게 되었다. 현대는 식탁에서 끓일 수 있는 편한 열원과 쇠 또는 합금으로 된 냄비, 돌냄비, 도자기냄비, 신선로 등 전골용 냄비가 많이 있다.

전골의 종류

- 신선로열구자탕 : 여러 가지 어육과 채소를 신선로에 색의 조화를 맞추어 돌려 담고 육수를 부어 끓인 전골이다.
- 면신선로 : 어패류와 채소를 신선로에 돌려 담고 육수를 부어 끓이면서 국수와 함께 먹는 전골이다.
- 어복쟁반 : 양지머리, 우설 등의 편육과 채소류 등을 쟁반에 돌려 담고 육수를 부어 끓이면서 메밀국수와 함께 먹는 전골이다.
- 소고기전골 : 소고기와 채소를 전골냄비에 돌려 담고 육수를 부어 끓인 전골이다.
- 갖은전골 : 소고기와 간, 양, 천엽의 내장과 채소를 전골냄비에 돌려 담고 육수를 부어 끓인 전골이다. 각색전골이라고도 한다.
- 곱창전골 : 곱창과 양을 채소와 함께 전골냄비에 돌려 담고 육수를 부어 끓인 전골이다.
- 닭고기전골 : 닭고기와 채소를 전골냄비에 돌려 담고 닭육수를 부어 끓인 전골이다.

| 전골의 종류 |

구 분	종 류
전 골	신선로(열구자탕), 면신선로, 어복쟁반, 소고기전골, 갖은전골, 곱창전골, 닭고기전골, 도미면, 승기악탕, 해물전골, 낙지전골, 조개관자(패주)전골, 버섯전골, 송이전골, 두부전골

- 도미면 : 도미살과 소내장 등을 전을 만들어 삶은 고기와 채소, 당면을 전골냄비에 돌려 담고 육수를 부어 끓인 전골이다.
- 승기악탕 : 숭어 살을 포를 떠서 구운 다음 채소와 함께 전골냄비에 돌려 담고, 숭어 뼈 삶은 육수를 부어 끓인 전골이다. 풍류보다도 좋고 맛있는 탕이라는 뜻이다.
- 해물전골 : 꽃게, 새우, 오징어, 조갯살, 굴 등과 향신채소를 전골냄비에 돌려 담고 육수를 부어 끓인 전골이다.
- 낙지전골 : 낙지 등의 해산물과 채소를 전골냄비에 돌려 담고 육수를 부어 끓인 전골이다.
- 조개관자貝柱전골 : 조개관자패주 등의 해산물과 채소를 전골냄비에 돌려 담고 육수를 부어 끓인 전골이다.
- 버섯전골 : 여러 가지 버섯과 소고기를 전골냄비에 돌려 담고 육수를 부어 끓인 전골이다.
- 송이전골 : 송이버섯과 소고기를 전골냄비에 돌려 담고 육수를 부어 끓인 전골이다.
- 두부전골 : 두부와 소고기, 채소를 전골냄비에 돌려 담고 육수를 부어 끓인 전골이다.

전골의 기본조리법

육수 준비

육수재료는 소고기를 주로 쓰고 닭고기, 어패류, 버섯류, 다시마 등을 사용한다.

소고기 육수는 소고기 300g을 물 1L에 향신채소대파, 마늘, 양파, 통후추와 함께 끓이면 900mL를 만들 수 있다.

재료 준비

- 모든 재료는 한 번 끓으면 먹을 수 있을 정도로 미리 준비해 둔다.
- 생 채소는 얇게 썰고 단단한 재료는 미리 데치거나 삶아 사용한다.
- 전골에 쓰이는 재료는 각각 간장, 참기름 등으로 밑간하거나 양념하여 사용한다.

고명 · 저냐 준비

고명 · 저냐를 준비할 경우 색상이 연한 색부터 지져 익히고 볶는 재료는 나중에 사용하면 번철 닦는 시간을 절약할 수 있다.

| 가열시간에 따른 육수와 고기량 |

가열 전 무게	가열시간	가열 후 고기무게(30% 감소)와 육수
소고기 300g(3~4토막) + 물 1L 향신채소(대파 1대(50g), 마늘 5쪽, 양파 1개(150g), 소금, 후추 약간)	30분 60분	익힌 고기 210g + 육수 900mL 익힌 고기 190g + 육수 900mL

※ 육수 끓이는 자세한 방법은 국의 조리법 참조

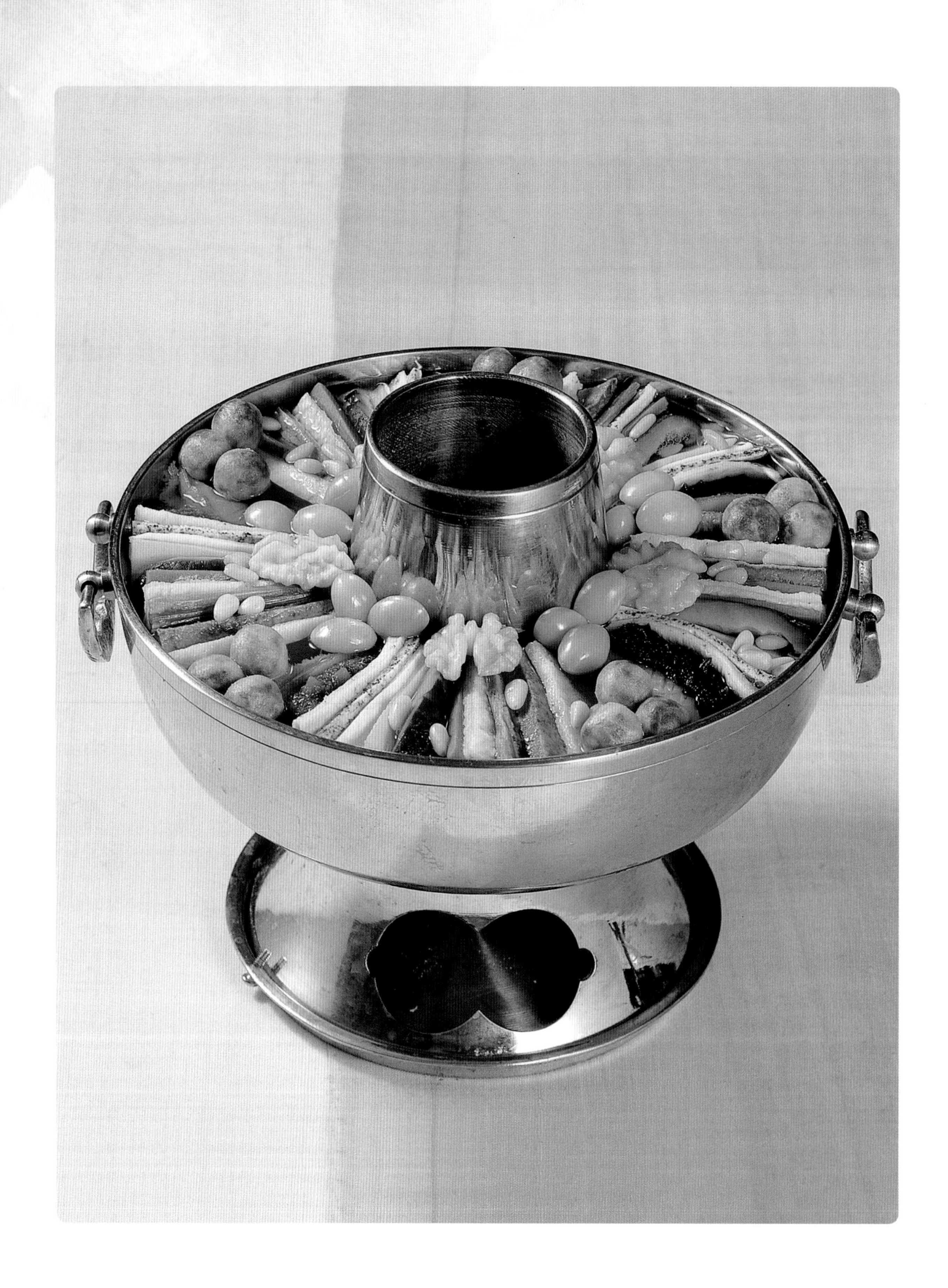

신선로 열구자탕

여러 가지 어육과 채소를 신선로에 색의 조화를 맞추어 돌려 담고 육수를 부어 끓인 전골이다.

재료 및 분량

소고기(우둔) 200g
두부 · 간 · 천엽 100g
소금 · 밀가루(손질용) 적량
흰살생선 100g
전복(중) 2개
불린 해삼 100g
마른 표고버섯 3개
석이버섯 5개
당근 · 미나리 100g
홍고추 2개
소금 · 후춧가루 약간

고명
호두 6개, 은행 2큰술, 잣 1큰술

저냐용
밀가루 1컵, 달걀 5개, 소금 · 식용유 약간

육수 · 향신채소
소고기(양지머리) 300g, 무 200g, 물 6컵, 대파 1대, 마늘 10쪽, 양파 1개, 통후추 약간

소고기 100g 양념
간장 2작은술, 설탕 · 다진 파 1작은술, 다진 마늘 ½작은술, 참기름 · 깨소금 ¼작은술, 후춧가루 약간

삶은 고기 · 무 양념
국간장 · 다진 파 · 참기름 1큰술, 설탕 1작은술, 다진 마늘 · 깨소금 2작은술, 후춧가루 약간

만드는 방법

1 **육수 준비 · 버섯 · 견과류 불리기** 양지머리는 찬물에 담가 핏물을 뺀 후 무, 향신채소와 함께 물을 붓고 끓인다. 고기가 무르게 익으면 체에 내려 기름기를 걷어내고 간을 하여 육수를 만든다. 표고버섯은 물에 담가 불리고 호두와 석이버섯은 뜨거운 물에 담근다.

2 **저냐 · 재료 준비하기** 천엽은 안쪽 기름기를 떼어 내고 소금과 밀가루를 뿌려 문질러 씻은 후 끓는 물에 데쳐 낸다. 겹겹이 붙어 있는 천엽을 한 개씩 잘라내어 검은 막을 긁어낸 다음 크게 잘라 잔칼질을 한다. 간은 끓는 물에 데쳐 내어 크게 편 썰기를 하고 생선도 포를 크게 떠서 소금, 후춧가루로 밑간을 한다.
소고기의 반은 채 썰어 양념하고 반은 다져서 양념하여 물기 짠 두부와 섞어 완자를 빚는다.
석이버섯은 비벼 씻어 헹군 후 다지고, 미나리는 가운데 줄기 부분을 10cm로 하여 꿴다.
전복은 솔로 문질러 씻은 후 숟가락을 이용하여 살을 떼 내어 내장을 제거한다.
해삼도 내장을 꺼낸 후 각각 모양을 살려 편으로 썬다.
표고버섯은 기둥을 제거하고 당근과 같이 골패모양으로 썰며, 홍고추는 반으로 갈라 신선로 폭에 맞게 썬다. 당근, 홍고추는 살짝 데쳐 내고, 호두는 속껍질을 꼬치로 벗긴다.

3 **저냐 지지기** 달걀은 황 · 백 지단으로 약간 도톰하게 부치고 다진 석이버섯은 달걀흰자를 섞어 지단을 부친다. 미나리는 밀가루 · 달걀물을 입혀 지져서 초대를 만든다. 간, 천엽, 생선은 밀가루 · 달걀물을 입혀 지지고 완자는 밀가루 · 달걀물을 입혀 둥글리며 익힌다. 전복, 해삼, 표고버섯은 살짝 볶고 은행도 볶아 껍질을 벗긴다.

4 **재료 정리하기** 삶은 무와 고기는 한입 크기로 썰어 양념한다. 모든 저냐와 고명의 길이는 신선로 폭으로 하며 가운데 쪽은 2cm, 밖은 3cm 부채꼴로 썰면 가지런하게 담기 편하다. ❶

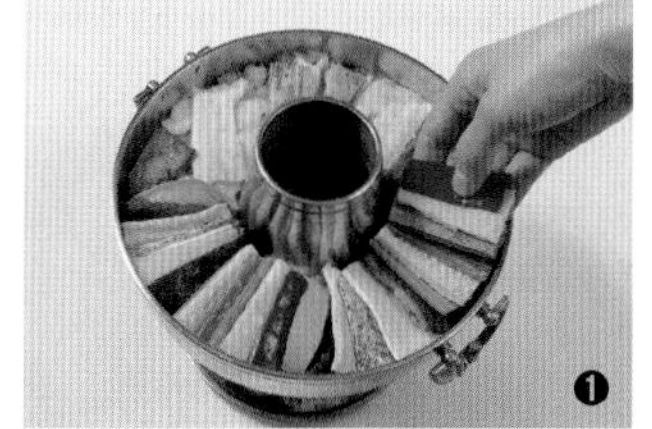

5 **끓이기** 신선로 바닥에 삶은 무와 고기, 날고기, 썰고 남은 저냐를 순서대로 편편하게 담고, 정리된 저냐 및 고명으로 돌려 담은 후 그 위에 완자와 견과류로 고명하여 육수를 붓고 끓인다.

마른 해삼은 하루 정도 물에 담근 후 1시간 동안 삶아 헹구고 찬물을 부어 2일간 담근다. 해삼을 불린 후 배를 갈라 내장을 꺼내어 씻고 다시 한 번 삶아 사용한다.

갖은전골

소고기와 간, 양, 천엽의 내장과 채소를 전골냄비에 돌려 담고 육수를 부어 끓인 전골이다. 각색전골이라고도 한다.

재료 및 분량

소고기 200g
간 · 천엽 · 양 100g
소금 · 밀가루(손질용) 적량
마른 표고버섯 · 목이버섯 3개
느타리버섯 · 당근 50g
송이버섯 70g
두부 · 미나리 100g
잣가루 ½큰술
소금 · 후춧가루 약간
밀가루 1컵
달걀 2개
소금 약간
식용유 적량

육수 · 향신채소
양지머리 200g, 물 4컵, 대파 1대, 마늘 5쪽, 양파 1개, 통후추 약간

소고기 100g 양념
간장 2작은술, 설탕 · 다진 파 1작은술, 다진 마늘 ½작은술, 참기름 · 깨소금 ¼작은술, 후춧가루 약간

간 양념
간장 · 참기름 1작은술, 후춧가루 약간

천엽 · 양 양념
다진 생강(즙) · 참기름 2작은술, 소금 · 후춧가루 약간

만드는 방법

1 육수 준비 · 버섯 불리기 양지머리는 찬물에 담가 핏물을 뺀 후 향신채소와 함께 물을 붓고 끓인다. 고기가 무르게 익으면 체에 내려 기름기를 걷어내고 간을 하여 육수를 만든다. 표고버섯은 물에 담가 불린다.

2 내장 · 재료 준비하기 간은 얇은 막을 벗기고 데친 후 저민다.
양과 천엽은 안쪽 기름기를 떼어 내고 소금과 밀가루를 뿌려 문질러 씻은 후 끓는 물에 데쳐 낸다. 양은 겉쪽의 검은막을, 천엽은 한 개씩 잘라내어 검은 막을 긁어낸다.
양은 저미고 천엽은 굵게 채 썰어 각각 양념한다.
소고기의 반은 채 썰어 양념하고 반은 다져서 양념하여 물기 짠 두부와 섞어 완자를 빚는다. 목이버섯의 뿌리와 표고버섯의 기둥을 제거하여 편으로 썰고 느타리버섯은 살짝 데친 후 찢는다.
송이버섯은 모래가 붙은 뿌리 부분은 도려 내고, 겉껍질은 옅은 소금물에 담가 칼로 긁어 벗기고, 송이모양이 나도록 갓 부분부터 0.5cm 두께로 저민 후 긴 것은 반으로 자른다.
당근은 골패모양으로 썰어 데친다.
달걀은 황 · 백 지단으로 약간 도톰하게 부친다. 미나리는 밀가루 · 달걀물을 입혀 지져서 초대를 만든다. 완자는 밀가루 · 달걀물을 입혀 둥글리며 익힌다.

3 끓이기 전골냄비에 준비된 재료를 돌려 담고 잣가루를 뿌린 후 육수를 부어 끓인다.

어복쟁반

양지머리, 우설 등의 편육과 채소류 등을 쟁반에 돌려 담고 육수를 부어 끓이면서 메밀국수와 함께 먹는 전골이다.

재료 및 분량

메밀국수 200g
홍고추 1개
실파 50g
배 ½개
메추리알(달걀 3개) 10개
은행 ½컵
쑥갓 100g

육수 · 향신채소

양지머리 · 우설 300g, 사태 200g, 물 2L, 대파 1대, 마늘 10쪽, 양파 1개, 통후추 약간

양념장

간장 3큰술, 설탕 · 참기름 ½작은술, 다진 홍고추 · 실파 · 깨소금 1큰술, 물 1½큰술

만드는 방법

1 육수 준비하기 우설, 양지머리, 사태는 찬물에 담가 핏물을 뺀다. 우설은 끓는 물에 데쳐 내어 표면을 칼로 긁어 벗긴 후 냄비에 모든 재료를 넣고 잠길 정도로 물을 부어 향신채소와 함께 삶는다. 무르게 익으면 건져서 식히고, 국물은 체에 내려 기름기를 걷어내고 간을 하여 육수를 만든다.

2 재료 준비하기 메추리알은 삶아 껍질을 벗겨 두고 달걀을 사용할 경우에는 완숙으로 삶아서 등분한다. 양지머리, 우설, 사태는 3×5cm로 얇게 썰고 은행은 파랗게 볶아서 속껍질을 비벼 벗긴다. 배는 편육과 같은 크기로 썰고, 홍고추와 실파는 굵게 채 썬다. 쑥갓은 잎 쪽을 손으로 끊어 찬물에 담근다.

3 국수 삶아 담기 메밀국수는 삶아서 사리를 짓는다. 쟁반냄비에 모든 재료를 돌려 담고, 육수를 부어 끓인다. 육수가 끓으면 담은 재료를 육수에 잠시 넣었다가 건져 양념장에 찍어 먹고, 국수를 가운데 넣어 먹는다.

면신선로

어패류와 채소를 신선로에 돌려 담고 육수를 부어 끓이면서 국수와 함께 먹는 전골이다.

재료 및 분량

소고기(우둔) 100g
조개관자(중) 3개
새우(중) 5마리
불린 해삼 100g
석이버섯 · 실파 5개
삶은 죽순 · 미나리 100g
홍고추 1개
밀국수 150g
소금 · 후춧가루 약간
밀가루 ½컵
달걀 3개
식용유 · 꼬치 적량

육수 · 향신채소
소고기(양지머리) 300g, 물 6컵, 대파 1대, 마늘 10쪽, 양파 1개, 통후추 약간

소고기 양념
간장 2작은술, 설탕 · 다진 파 1작은술, 다진 마늘 ½작은술, 참기름 · 깨소금 ¼작은술, 후춧가루 약간

삶은 고기 양념
국간장 · 다진 파 · 참기름 ½큰술, 다진 마늘 · 깨소금 1작은술, 후춧가루 약간

만드는 방법

1 육수 준비 · 버섯 불리기 양지머리는 찬물에 담가 핏물을 뺀 후 향신채소와 함께 물을 붓고 끓인다. 고기가 무르게 익으면 체에 내려 기름기를 걷어내고 간을 하여 육수를 만든다. 석이버섯은 뜨거운 물에 담근다.

2 재료 준비하기 소고기는 잘게 썰어 양념하고 조개관자는 가장자리의 막과 내장을 떼어 내고 해삼도 내장을 꺼낸 후 각각 모양을 살려 편으로 썬다.
새우는 머리를 떼어 내고 껍질을 벗겨 등 쪽에 내장을 꼬치로 꺼낸 후 배 쪽으로 얕게 칼집을 넣는다. 모든 해산물은 약간의 소금과 후춧가루로 밑간을 한다.
석이버섯은 비벼 씻어 헹군 후 곱게 다지고 미나리는 가운데 줄기 부분을 10cm로 길게 하여 꿴다.
죽순은 반으로 갈라서 빗살모양으로 얇게 썰고 홍고추는 반으로 갈라 신선로 폭에 맞게 썬다.
삶은 고기는 한입 크기로 저며서 양념한다.
달걀은 황 · 백 지단으로 약간 도톰하게 부치고 다진 석이버섯은 달걀흰자와 섞어 지단을 부친다.
미나리는 밀가루 · 달걀물을 입혀 지져서 초대를 만든다. 준비한 재료의 길이는 신선로 폭으로 하며 가운데 쪽은 2cm, 밖은 3cm 부채꼴로 썰면 담기가 편하다.

3 국수 삶기 국수는 삶아서 사리를 짓는다.

4 끓이기 신선로 틀에 삶은 고기와 날고기를 편편하게 담고 준비된 재료로 돌려 담은 후 육수를 붓고 끓인다. 국수는 한 번 토렴하여 그릇에 담고 신선로가 어우러져 끓으면 국물과 건더기를 국수에 부어 담는다.

도미면

도미살과 소내장 등을 전을 만들어 삶은 고기와 채소, 당면을 전골냄비에 돌려 담고 육수를 부어 끓인 전골이다.

재료 및 분량

도미 1마리
등골 1보
간 · 천엽 100g
소금 · 밀가루(손질용) 적량
소고기 150g
두부 · 당근 50g
마른 표고버섯 · 목이버섯 2개
느타리버섯 30g
석이버섯 3개
홍고추 2개
미나리 100g
쑥갓 약간
당면 20g
호두 5개
소금 · 후춧가루 약간

저냐용
밀가루 2컵, 달걀 7개, 소금 약간, 식용유 적량

육수 · 향신채소
소고기(양지머리 또는 사태) 300g, 물 5컵, 소금 약간, 대파 1대, 마늘 10쪽, 양파 1개, 통후추 약간

삶은 고기 양념
국간장 · 다진 파 ½큰술, 다진 마늘 · 참기름 · 깨소금 1작은술, 후춧가루 약간

소고기 50g 양념
간장 1작은술, 설탕 · 다진 파 ½작은술, 다진 마늘 ¼작은술, 참기름 · 깨소금 ⅛작은술, 후춧가루 약간

만드는 방법

1 육수 준비 · 버섯 · 견과류 불리기 양지머리는 찬물에 담가 핏물을 뺀 후 향신채소와 함께 물을 붓고 끓인다. 고기가 무르게 익으면 체에 내려 기름기를 걷어내고 간을 하여 육수를 만든다. 마른 표고버섯은 물에 담가 불리고 호두와 석이버섯은 뜨거운 물에 담근다.

2 저냐 · 재료 준비하기 도미는 비늘을 긁고 내장을 꺼내어 씻은 후 5장으로 포를 떠 토막을 내고 소금과 후춧가루를 뿌려 둔다.
소의 등골은 얇은 껍질을 벗기고 핏줄을 뽑는다. 8~12cm 길이로 토막을 내어 양쪽 옆을 편편하게 편 후 잔칼질을 하고 소금, 후춧가루를 뿌린다(등골전(p. 306) 참조).
천엽은 안쪽 기름기를 떼어 내고 소금과 밀가루를 뿌려 문질러 씻은 후 끓는 물에 데쳐 낸다. 겹겹이 붙어 있는 천엽을 한 개씩 잘라내어 검은 막을 긁어낸 다음 크게 잘라 잔칼질한다.
간은 얇은 막을 벗기고 데친 후 저민다. 소고기의 50g은 곱게 다져 양념하고 두부는 으깨어 물기를 짠 후 소고기와 섞어 완자를 빚는다. 남은 고기는 채 썰어 양념한다.
석이버섯은 비벼 씻어 헹군 후 다지고 미나리는 줄기 부분을 10cm로 길게 하여 꿴다.
당근은 골패모양으로 썰고 목이버섯은 뿌리를, 표고버섯은 기둥을 제거하여 당근과 같은 모양으로 썬다. 홍고추는 반으로 갈라 채 썬다.
당근, 홍고추, 느타리버섯은 살짝 데쳐 내고, 느타리버섯은 찢는다. 쑥갓은 4cm 길이로 자르고, 호두는 속껍질을 꼬치로 벗긴다. 당면은 물에 담가 불린다.

3 저냐 · 지단 지지기 달걀은 황 · 백 지단으로 약간 도톰하게 부치고 다진 석이버섯은 달걀흰자와 섞어 지단을 부친다. 미나리는 밀가루 · 달걀물을 입혀 지져서 초대를 만든다. 도미 살, 등골, 간, 천엽은 밀가루 · 달걀물을 입혀 지지고 완자는 밀가루 · 달걀물을 입혀 둥글리며 익힌다. ❶
표고버섯, 목이버섯은 볶는다.

4 재료 정리하기 삶은 고기는 한입 크기로 썰어 양념한다. 모든 저냐와 고명의 길이는 5×2cm 정도로 썬다.

5 끓이기 전골냄비 바닥에 삶은 고기를 깔고 그 위에 도미의 머리와 꼬리를 살려 냄비에 넣는다. 도미전으로 도미 형체를 만들어 담는다. 당면과 정리된 저냐 및 채소를 돌려 담고 그 위에 완자와 호두, 쑥갓을 얹어 육수를 붓고 끓인다.

❶

승기악탕
勝妓樂湯

숭어 살을 포를 떠서 구운 다음 채소와 함께 전골냄비에 돌려 담고, 숭어 뼈 삶은 육수를 부어 끓인 전골이다. 풍류보다도 좋고 맛있는 탕이라는 뜻이다.

재료 및 분량

숭어 1마리
소고기 100g
마른 표고버섯 3개
당근 50g
무 200g
미나리 50g
숙주 100g
흰떡(국수) 적량
달걀 1개
식용유 적량
육수(숭어) 3컵
소금 · 후춧가루 · 참기름 약간

유장
참기름 1큰술, 간장 1작은술

소고기 양념
간장 2작은술, 설탕 · 다진 파 1작은술, 다진 마늘 ½작은술, 참기름 · 깨소금 ¼작은술, 후춧가루 약간

표고버섯 양념
간장 1작은술, 설탕 ½작은술, 참기름 약간

만드는 방법

1 **생선육수 준비, 버섯 불리기** 숭어는 비늘을 긁고 내장을 제거하여 포를 떠서 5cm 정도로 토막 내고 소금, 후춧가루를 뿌려둔다. 머리와 뼈는 끓인 다음 체에 내린다. 표고버섯은 물에 담가 불린다.

2 **재료 준비하기** 소고기는 5cm 정도로 채 썰어 양념한다. 숙주는 다듬어 살짝 데친 후 소금, 참기름으로 양념한다.
표고버섯은 기둥을 제거하고 편 썰어 양념한다.
무와 당근은 4~5cm 길이의 골패모양으로 썰고, 미나리는 같은 길이로 썬다. ❶
달걀은 황 · 백 지단으로 도톰하게 지져 골패모양으로 썬다. 숭어 살은 유장을 발라 번철이나 석쇠에 굽는다. ❷

❶

❷

3 **끓이기** 전골냄비에 소고기와 무를 넣고 볶다가 육수를 부어 끓인다. 끓으면 숭어와 준비된 재료를 돌려 담고 끓이면서 먹다가 떡을 넣어 끓인다.

낙지전골

낙지 등의 해산물과 채소를 전골냄비에 돌려 담고 육수를 부어 끓인 전골이다.

재료 및 분량

낙지 2마리(400g)
소금 · 밀가루(손질용) 적량
소고기 150g
두부 40g
불린 해삼 100g
조개관자(중) 4개
새우(중) 5마리
마른 표고버섯 3개
양파 · 미나리 100g
홍고추 · 풋고추 1개
밀가루 1컵
달걀 2개
식용유 적량
소금 · 후춧가루 약간

육수 · 향신채소
양지머리 200g, 물 4컵, 대파 1대, 마늘 5쪽, 양파 1개, 통후추 약간

소고기 100g 양념
간장 2작은술, 설탕 · 다진 파 1작은술, 다진 마늘 ½작은술, 참기름 · 깨소금 ¼작은술, 후춧가루 약간

표고버섯 양념
간장 1작은술, 설탕 ½작은술, 참기름 약간

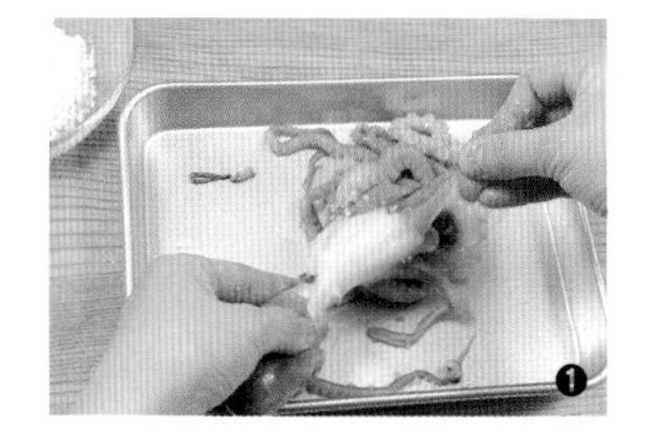

만드는 방법

1 육수 준비 · 버섯 불리기 양지머리는 찬물에 담가 핏물을 뺀 후 향신채소와 함께 물을 붓고 끓인다. 고기가 무르게 익으면 체에 내려 기름기를 걷어내고 간을 하여 육수를 만든다. 표고버섯은 물에 담가 불린다.

2 재료 준비하기 낙지는 내장과 먹물을 제거하고 소금과 밀가루를 뿌려 주물러 씻은 후 껍질을 벗기고 길이 6cm 정도로 썬다. ❶ 조개관자는 가장자리의 막과 내장을 떼어 내고 해삼도 내장을 꺼낸 후 각각 모양을 살려 편으로 썬다.
새우는 머리를 떼어 내고 껍질을 벗겨 등 쪽에 내장을 꼬치로 꺼낸 후 배 쪽으로 얇게 칼집을 넣는다. 모든 해산물은 약간의 소금, 후춧가루로 밑간을 한다.
소고기 100g은 채 썰어 양념하고 50g은 다져서 양념한 후 물기 짠 두부와 섞어 완자를 빚는다. 표고버섯은 기둥을 제거하고 편 썰어 양념한다.
미나리는 데쳐서 6cm 정도로 썰고 풋고추와 홍고추는 씨를 제거하여 같은 길이로 썬다. 양파는 굵게 채 썬다.
달걀은 황 · 백 지단으로 약간 도톰하게 부치고, 완자는 밀가루 · 달걀물을 입혀 둥글리며 익힌다.

3 끓이기 전골냄비에 준비된 재료를 돌려 담고 육수를 부어 끓인다.

낙지는 고추장 양념으로 맵게 하여 끓이기도 한다.

조개관자전골

조개관자패주 등의 해산물과 채소를 전골냄비에 돌려 담고 육수를 부어 끓인 전골이다.

재료 및 분량

조개관자 400g
소고기 200g
불린 해삼 100g
전복(중) · 마른 표고버섯 3개
당근 70g
양파 150g
미나리 100g
홍고추 1개
소금 · 후춧가루 약간

육수 · 향신채소
양지머리 200g, 물 4컵, 대파 1대, 마늘 5쪽, 양파 1개, 통후추 약간

소고기 양념
간장 1⅓큰술, 설탕 · 다진 파 2작은술, 다진 마늘 1작은술, 참기름 · 깨소금 ½작은술, 후춧가루 약간

만드는 방법

1 육수 준비 · 버섯 불리기 양지머리는 찬물에 담가 핏물을 뺀 후 향신채소와 함께 물을 붓고 끓인다. 고기가 무르게 익으면 체에 내려 기름기를 걷어내고 간을 하여 육수를 만든다. 표고버섯은 물에 담가 불린다.

2 재료 준비하기 소고기는 채 썰어 양념한다.
조개관자는 가장자리의 막과 내장을 떼어 내고 전복은 솔로 문질러 씻은 후 숟가락을 이용하여 살을 떼 내어 내장을 제거한다.
해삼도 내장을 꺼낸 후 각각 모양을 살려 편으로 썬다.
표고버섯은 기둥을 제거하여 당근과 같이 골패모양으로 썰고 홍고추는 채 썬다.
미나리는 줄기 부분을 데친 후 5cm로 썰고 양파는 굵게 채 썬다.

3 끓이기 전골냄비에 준비된 재료를 돌려 담고 육수를 부어 끓인다.

버섯전골

여러 가지 버섯과 소고기를 전골냄비에 돌려 담고 육수를 부어 끓인 전골이다.

재료 및 분량

마른 표고버섯 · 송이버섯 5개
새송이버섯 3개
느타리버섯 · 팽이버섯 50g
소고기 200g
미나리 100g
실파 10개
소금 · 후춧가루 약간

육수 · 향신채소
양지머리 200g, 물 4컵, 대파 1대, 마늘 5쪽, 양파 1개, 통후추 약간

소고기 양념
간장 1⅓큰술, 설탕 · 다진 파 2작은술, 다진 마늘 1작은술, 참기름 · 깨소금 ½작은술, 후춧가루 약간

만드는 방법

1 육수 준비 · 버섯 불리기 양지머리는 찬물에 담가 핏물을 뺀 후 향신채소와 함께 물을 붓고 끓인다. 고기가 무르게 익으면 체에 내려 기름기를 걷어내고 간을 하여 육수를 만든다. 표고버섯은 물에 담가 불린다.

2 재료 준비하기 소고기는 채 썰어 양념한다. 실파와 미나리는 5cm 길이로 썬다.
표고버섯은 기둥을 제거하여 편으로 썰고 느타리버섯은 살짝 데친 후 찢는다.
송이버섯은 모래가 붙은 뿌리 부분은 도려 내고, 겉껍질은 옅은 소금물에 담가 칼로 껍질을 긁어내며 송이모양이 나도록 갓 부분부터 0.5cm 두께로 저민 후 긴 것은 반으로 자른다.
새송이버섯은 송이버섯과 같은 모양으로 자른다. 팽이버섯은 뿌리 부분을 잘라 헹군다.

3 끓이기 전골냄비에 준비된 재료를 돌려 담고 육수를 부어 끓인다.

두부전골

두부와 소고기, 채소를 전골냄비에 돌려 담고 육수를 부어 끓인 전골이다.

재료 및 분량

두부 1모
소고기 · 미나리 200g
마른 표고버섯 3개
느타리버섯 · 숙주 100g
석이버섯 5개
죽순 · 홍고추 1개
대파 1대
달걀 2개
밀가루 ½컵
식용유 적량
소금 · 참기름 · 후춧가루 약간

육수 · 향신채소
양지머리 200g, 물 4컵, 대파 1대, 마늘 5쪽, 양파 1개, 통후추 약간

소고기 100g 양념
간장 2작은술, 설탕 · 다진 파 1작은술, 다진 마늘 ½작은술, 참기름 · 깨소금 ¼작은술, 후춧가루 약간

만드는 방법

1 육수 준비 · 버섯 불리기 양지머리는 찬물에 담가 핏물을 뺀 후 향신채소와 함께 물을 붓고 끓인다. 고기가 무르게 익으면 체에 내려 기름기를 걷어내고 간을 하여 육수를 만든다.
표고버섯은 물에 담가 불리고 석이버섯은 뜨거운 물에 담근다.

2 재료 준비하기 두부는 3×5×1.5cm로 도톰하게 썰어 소금을 뿌린다.
소고기의 반은 채 썰고, 반은 곱게 다져 양념한다.
표고버섯의 기둥을 제거하여 굵게 채 썰고 느타리버섯은 살짝 데친 후 찢는다.
석이버섯은 비벼 씻어 헹군 후 채 썬다.
숙주는 머리, 꼬리를 다듬어 살짝 데친 후 소금, 참기름으로 양념하고 대파는 굵게 채 썬다.
미나리의 반은 줄기 부분을 10cm로 하여 꿰고 반은 데친 후 헹구어 5cm 길이로 썬다.
죽순은 5cm 길이로 빗살모양으로 썰고 홍고추는 반으로 갈라 죽순 길이로 썰어 살짝 데친다.
달걀은 황 · 백 지단으로 약간 도톰하게 부치고 꿴 미나리는 밀가루 · 달걀물을 입혀 지져서 초대를 만들고 각각 골패모양으로 썬다. 석이버섯은 살짝 볶는다.

3 두부 소 넣어 지지기 두부는 한 쪽 끝을 0.5cm 남기고 떨어지지 않도록 가운데에 칼집을 깊게 넣어 그 사이에 밀가루를 뿌리고 다진 소고기로 채운 후 밀가루를 입혀 지진다. ❶, ❷, ❸, ❹

4 끓이기 전골냄비에 준비된 재료를 돌려 담고 육수를 부어 끓인다.

찌개·지짐이

찌개는 된장, 고추장, 젓국 등을 풀어 넣은 장국에 두부, 풋고추 등의 재료를 넣어 끓인 국물과 건더기를 함께 먹는 국물음식이다. 국보다 국물이 적고 건더기와 국물이 동량이 될 정도로 끓인다. 찌개의 간은 국보다 센 편이다. 찌개와 비슷한 말로 조치, 감정, 지짐이 등이 있다. 조치와 감정은 궁중용어로 찌개를 조치라 하고, 고추장찌개를 감정이라고 일컫는다. 뜨거운 국물을 좋아하는 우리는 찌개를 두꺼운 냄비나 뚝배기에 끓여 오래 동안 식지 않게 하면서 밥과 함께 먹는 우리의 토속적인 찬물이다. 지짐이는 국물이 찌개보다 적은 편이고 고추장찌개와 비슷하며 건더기가 많다. 보통 지짐이는 기름을 두르고 양면을 지져내는 것으로 쓰이는데, 여기서는 끓이는 것을 말하고 있다.

찌개·지짐이의 약사

중국 시집인 「초사」기원전 300년경에 갱은 채소가 있는 국이라 하였다. 『음식디미방』1670에는 동아갱처럼 새우젓으로 간을 하여 끓인 것을 갱이라 하였고, 『증보산림경제』1766에는 국물이 많은 국을 탕, 건더기가 많은 국을 갱이라 하고 있으며, 아욱갱, 생선갱, 석화갱 등은 된장이나 젓국으로 간을 한 것으로 이를 갱이라 하였다. 『시의전서』1800년대 말에 처녑조치, 생선조치 등이 처음 나오고, 간장이나 젓국으로 하는 것을 맑은 조치, 된장이나 고추장으로 하는 것을 토장조치라 하고 있다. 찌개는 이때쯤 국에서 분화된 것으로 보인다. 건더기가 많은 갱, 즉 국에서 국물 맛을 주로 된장이나 젓국으로 하는 된장찌개, 젓국찌개 등의 찌개로 이어진 것으로 본다. 지짐이는 『요리제법』1913에서 호박지짐이, 무지짐이, 암치지짐이 등 지짐이 무리를 분류하고 있다. 지짐이는 이때쯤 찌개에서 분화된 것으로 보는데, 『조선요리법』1938에는 아직도 지짐이를 토장국류에 소속시키고 있었다. 『조선무쌍신식요리제법』1943에서는 지짐이를 "대체로 국보다 지짐이가 맛이 좋고, 지짐이보다 찌개가 맛이 좋은 것은 적게 만들고 양념을 잘하기 때문이라고 하였다. 작은 냄비나 뚝배기에 무슨 찌개든지 만들어 먼저 밥에 쪄내어 모닥불에 다시 바특하게 끓인 후에 그릇째 접시에 받쳐 소반에 놓고 먹는데, 큰 뚝배기에 끓여서 보시기에 여러 군데 떠내어 먹는 것은 찌개라 할 수 없고 지짐이라 할 것이니라."라고 하였다.

찌개의 종류

된장찌개

된장찌개는 콩이나 다른 곡류와 함께 발효시킨 장을 여러 가지 맛성분을 내는 국물에 풀어 넣어 끓인 찌개로, 건더기는 두부, 풋고추, 애호박을 주로 사용한다.

- 강된장찌개 : 된장과 고추장을 섞어 풋고추 등과 함께 되직하게 끓인 찌개이다. 쌈 상차림에 많이 이용한다.
- 더풀장찌개 : 더풀장과 풋고추, 홍고추를 넣어 얼큰하게 끓인 찌개이다. 청국장과 비슷한 평안도의 향토음식이다.
- 된장찌개 : 된장을 풀어 넣은 장국에 풋고추, 애호박 등을 넣어 끓인 찌개이다.
- 청국장찌개 : 청국장을 풀어 넣은 장국에 두부, 김치 등을 넣어 끓인 찌개이다.

고추장찌개

고추장찌개는 고추장을 풀어 넣어 얼큰한 맛을 내는 찌개이며 주로 어패류조리에 많이 이용한다.

- 대구찌개 : 고추장을 풀어 넣은 장국에 대구를 넣어 끓인 찌개이다.
- 동태찌개 : 고추장을 풀어 넣은 장국에 동태를 넣어 끓인 찌개이다.
- 조기찌개 : 고추장을 풀어 넣은 장국에 조기를 넣어 끓인 찌개이다.
- 맛살찌개 : 고추장을 풀어 넣은 장국에 맛살을 넣어 끓인 찌개이다.
- 두부찌개 : 고추장이나 새우젓국을 풀어 넣은 장국에 두부를 넣어 끓인 찌개이다.
- 민어감정 : 고추장을 풀어 넣은 장국에 민어를 넣어 끓인 찌개이다.
- 병어감정 : 고추장을 풀어 넣은 장국에 병어를 넣어 끓인 찌개이다.

| 찌개의 종류 |

구 분	종 류
된장찌개	강된장찌개, 더풀장찌개, 된장찌개, 청국장찌개
고추장찌개	대구찌개, 동태찌개, 조기찌개, 맛살찌개, 두부찌개, 민어감정, 병어감정, 게감정, 오이감정, 호박감정
젓국찌개	굴비젓국찌개, 두부젓국찌개, 명란젓찌개, 알찌개, 애호박젓국찌개
기 타	김치찌개, 순두부찌개, 짠지찌개, 콩비지찌개, 호박지찌개

• 게감정 : 고추장을 풀어 넣은 장국에 게를 넣어 끓인 찌개이다. 게는 살을 발라내어 소를 만들어 등딱지에 채워 넣고 지져서 끓인다.
• 오이감정 : 고추장, 된장을 풀어 넣은 장국에 오이를 넣어 끓인 찌개이다.
• 호박감정 : 고추장, 된장을 풀어 넣은 장국에 호박을 넣어 끓인 찌개이다.

젓국찌개

젓국찌개는 젓국 등으로 맛을 내어 끓인 찌개로, 주로 새우젓과 명란젓 또는 염장한 건어물과 두부, 풋고추, 애호박을 사용한다.

• 굴비젓국찌개 : 새우젓국과 굴비로 간을 맞추어 끓인 찌개이다.
• 두부젓국찌개 : 새우젓국으로 간을 맞추고 두부를 넣어 끓인 찌개이다. 굴과 함께 잘 어울린다.
• 명란젓찌개 : 명란젓을 무 또는 두부, 풋고추 등과 함께 끓인 찌개이다.
• 알찌개 : 알은 달걀을 뜻하고, 새우젓으로 간을 하여 달걀을 풀어 넣어 끓인 찌개로 알찜의 형태이나 알찌개라고 한다.
• 애호박젓국찌개 : 새우젓국으로 간을 맞추고 애호박을 넣어 끓인 찌개이다.

기 타

콩이나 두부를 이용하거나 신김치를 이용하여 손쉽게 끓이는 찌개가 있다.

• 김치찌개 : 신 배추김치와 돼지고기 등을 넣어 끓인 찌개이다.
• 순두부찌개 : 조개류 또는 소고기나 돼지고기와 함께 순두부를 넣어 끓인 찌개이다.
• 짼지찌개 : 배추김치에 진하게 만든 콩국을 넣어 끓인 찌개이다.
• 콩비지찌개 : 신 배추김치에 콩을 갈아 넣고 끓인 찌개이다. 돼지고기갈비를 많이 이용한다. 평안도 향토음식으로 콩을 되직하게 갈아서 되비지찌개라고도 한다.
• 호박지찌개 : 늙은 호박김치와 돼지고기를 넣어 끓인 찌개이다.

지짐이의 종류

어패류 지짐이

어패류 지짐이는 얼간생선과 반건어를 주로 쓰고 일반 어패류도 사용한다.

• 가자미지짐이 : 고추장을 풀어 넣은 장국에 가자미를 넣어 끓인 지짐이이다.
• 도루묵지짐이 : 고춧가루 양념장을 풀어 넣은 장국에 도루묵을 넣어 끓인 지짐이이다.
• 박대지짐이 : 고추장을 풀어 넣은 장국에 박대를 넣어 끓인 지짐이이다.
• 생이지짐이 : 고추장을 풀어 넣은 장국에 생이토하를 넣어 끓인 지짐이이다.

| 지짐이의 종류 |

구 분	종 류
어패류 지짐이	가자미지짐이, 도루묵지짐이, 박대지짐이, 생이지짐이
채소류 지짐이	노각지짐이, 무왁저지, 우거지지짐이, 호박순지짐이

채소류 지짐이

- 노각지짐이 : 고추장을 풀어 넣은 장국에 노각을 넣어 끓인 지짐이이다.
- 무왁저지 : 고춧가루를 풀어 넣은 장국에 무를 넣어 끓인 지짐이이다.
- 우거지지짐이 : 된장과 고추장을 풀어 넣은 장국에 우거지를 넣어 끓인 지짐이이다.
- 호박순지짐이 : 된장과 고추장을 풀어 넣은 장국에 호박순을 넣어 끓인 지짐이이다.

찌개 · 지짐이의 기본조리법

재 료

- **국물맛** : 소의 살코기양지머리 등, 내장, 뼈 등과 멸치, 조개류 등을 사용한다. 된장이나 고추장 등을 풀어 국물 맛을 낸다.
- **건더기** : 배추, 우거지 등과 두부, 풋고추, 애호박, 꽃게, 흰살생선을 많이 쓴다.

소고기 100g은 국물 300mL의 찌개 건더기 양으로 적당하다.

전처리 · 끓이는 방법

- **고기와 뼈** : 핏물을 뺀 후 향신채소와 함께 끓여 나쁜 냄새를 제거한다.
- **조개류** : 해감을 토해 낸 후 약불로 단시간 가열한다.
- **멸치류** : 충분히 담가 우려낸 후 약불로 단시간 가열한다.
- **얼간생선, 반건어** : 물에 담가 짠맛을 우려낸 후 고추장 조미를 한다.
- **단단한 재료** : 우거지, 질긴 고기 등은 미리 삶거나 무르게 하여 사용한다.
- **된장 · 고추장 풀기** : 재료가 거의 무르게 익었을 때 풀어 잠시 가열한다.

* 국의 조리법 중 전처리, 끓이는 방법 참조

가열냄비

두꺼운 재질의 냄비나 뚝배기가 좋다. 뚝배기에 끓인 것은 불에서 내려도 쉽게 식지 않는다.

찌개 · 지짐이의 간

국간장, 소금, 된장, 고추장, 젓국으로 간을 한다.

된장찌개

된장을 풀어 넣은 장국에 풋고추, 애호박 등을 넣어 끓인 찌개이다.

재료 및 분량

된장 3큰술
다진 마늘 1작은술
참기름 2작은술
물(쌀뜨물) 3컵
멸치 20g
풋고추 2개
애호박 ½개
두부 100g
국간장 · 소금 약간

만드는 방법

1 **재료 준비하기** 된장에 참기름, 마늘을 섞고, 멸치는 머리와 내장을 제거하여 2~3쪽으로 찢는다. 두부와 애호박은 한입 크기로 썰며 풋고추는 송송 썬다.

2 **끓이기** 쌀뜨물에 멸치를 넣어 약불로 끓이다가 된장을 풀고 두부를 넣는다. 다시 끓으면 풋고추, 애호박을 넣어 잠시 더 끓인 후 간을 맞춘다.

된장찌개는 소고기나 뼈 국물 또는 조갯살 등으로도 맛을 낸다.

청국장찌개

청국장을 풀어 넣은 장국에 두부, 김치 등을 넣어 끓인 찌개이다.

재료 및 분량

청국장 6큰술
소고기(양지머리) 100g
배추김치 100g
무 50g
두부 200g
대파 1대
다진 마늘 2작은술
물(쌀뜨물) 3컵
국간장 · 소금 약간

소고기 양념
국간장 2작은술, 다진 파 1작은술, 다진 마늘 ½작은술, 참기름 ¼작은술, 후춧가루 약간

만드는 방법

1 **장국 · 재료 준비하기** 소고기는 저며서 양념하여 볶다가 물을 넣고 끓인다. 무는 나박썰고 김치는 2cm 폭으로 썰며 두부는 한입 크기로 썰고, 대파는 어슷썬다.

2 **끓이기** 고기가 무르게 익으면 무, 김치, 대파, 마늘을 넣고 끓이다가, 청국장, 두부를 넣어 잠시 더 끓인 후 간을 맞춘다.

청국장찌개

된장찌개

강된장찌개

강된장찌개

된장과 고추장을 섞어 풋고추 등과 함께 되직하게 끓인 찌개이다. 쌈 상차림에 많이 이용한다.

재료 및 분량

소고기 100g
마른 표고버섯 · 풋고추 2개
된장 4큰술
고추장 · 꿀 ½큰술
참기름 2작은술
물(육수) ½컵

소고기 · 버섯 양념
국간장 2작은술, 다진 파 1작은술, 다진 마늘 ½작은술, 참기름 ¼작은술, 후춧가루 약간

만드는 방법

1 **된장 준비 · 버섯 불리기** 된장은 고추장과 참기름, 꿀을 넣어 섞고 마른 표고버섯은 물에 담가 불린다.

2 **재료 준비하기** 표고버섯은 기둥을 제거하여 채 썰고 소고기도 채 썰어 양념한다. 풋고추는 어슷썬다.

3 **끓이기** 뚝배기에 소고기를 한 켜 놓고 그 위에 된장, 버섯, 풋고추 순으로 켜켜로 담은 후 육수를 부어 찌거나 중탕을 한다. 또는 약불로 끓인다. ❶, ❷, ❸

강된상찌개는 되직하여 직화로 끓일 경우에는 타지 않도록 주의한다.

두부젓국찌개

두부젓국찌개 20분

새우젓국으로 간을 맞추고 두부를 넣어 끓인 찌개이다. 굴과 함께 잘 어울린다.

재료 및 분량

두부 100g
생굴 30g
홍고추(생) ½개
실파 1뿌리
마늘(중, 깐 것) 1쪽
참기름 5mL
새우젓 10g
물 1½컵
소금 5g

만드는 방법

1 **젓국 준비하기** 새우젓은 다져 물을 부어 놓는다.

2 **재료 준비하기** 굴은 약간의 소금을 넣어 흔들어 씻어 일어 헹군 후 물 빼기를 한다. 두부는 폭과 길이가 2×3cm, 두께 1cm로 썬다. 홍고추는 반으로 갈라 씨를 제거한 후 길이 0.5×3cm로 썰고, 실파는 3cm로 썬다. 마늘은 다진다.

3 **끓이기** 냄비에 새우젓 국물을 체에 내려 끓인다. 국물이 끓으면 두부를 넣어 끓이다가 굴, 홍고추, 마늘을 넣고 잠시 더 끓인 후 참기름 1~2방울과 실파를 넣고 불을 끈다. 건더기를 담고 국물 1컵을 붓는다.

굴은 오래 끓이면 국물이 탁하고 질겨진다.

동태생선찌개 30분

고추장을 풀어 넣은 장국에 동태를 넣어 끓인 찌개이다.

재료 및 분량

동태 1마리(300g)
무 60g
애호박 30g
두부 60g
풋고추 1개
홍고추 1개
쑥갓 10g
실파 2뿌리
소금 10g

양념장

고추장 1½큰술, 고춧가루 2큰술, 다진 마늘 1큰술, 다진 생강 ½큰술, 소금 약간

만드는 방법

1 재료 준비하기 동태는 비늘을 긁고 내장(알, 곤이는 사용), 지느러미, 입(1cm 정도), 꼬리를 제거하여 씻은 다음 4~5cm 길이로 토막을 낸다.
무와 두부는 2.5×3.5cm, 두께 0.8cm로, 애호박은 0.5cm 두께의 반달모양 또는 은행잎모양으로 썰고, 쑥갓과 실파는 4cm 길이로, 풋고추 · 홍고추는 0.5cm 폭으로 어슷썬다.
마늘, 생강은 다져서 양념장을 만든다.

2 끓이기 냄비에 양념장과 물 3컵을 붓고 무를 넣어 끓인다.
무가 반쯤 익으면 생선을 넣고, 끓으면 두부, 호박을 넣는다. 찌개가 다시 끓으면 풋고추, 홍고추를 넣고, 살짝 익으면 소금으로 간을 한 후 실파와 쑥갓을 넣고 불을 끈다.
그릇에 생선머리와 생선살이 부서지지 않도록 담아낸다.

생선살은 너무 센 불로 끓이면 부서지기 쉽다. 오래 끓이면 국물이 탁해진다.

소고기와 함께 콩나물도 많이 쓰인다.

민어감정

고추장을 풀어 넣은 장국에 민어를 넣어 끓인 찌개이다.

재료 및 분량

민어 600g
소고기 100g
고추장 2큰술
물(쌀뜨물) 3컵
무 150g
애호박 ½개
쑥갓 50g
풋고추 2개
홍고추 1개
대파 1대
다진 마늘 2작은술
다진 생강 ½작은술
국간장 · 소금 약간

만드는 방법

1 장국 준비하기 소고기는 저며서 양념(국간장 2작은술, 다진 파 1작은술, 다진 마늘 ½작은술, 참기름 ¼작은술, 후춧가루 약간)하여 볶다가 물을 부어 끓인다. 고기가 무르게 익으면 고추장을 풀고 무는 도톰하게 썰어 넣어 끓인다.

2 재료 준비하기 민어는 비늘을 긁고 머리를 잘라 내어 쪼갠다. 내장과 꼬리를 제거하여 씻은 다음 4cm 길이로 토막낸다. 애호박은 도톰하게 썰고 풋고추, 홍고추, 대파는 어슷 썰며, 쑥갓은 끊어 둔다.

3 끓이기 무가 반쯤 익으면 민어를 넣고 끓이다가 대파, 고추, 애호박, 다진 마늘, 다진 생강을 넣어 한소끔 끓인 후 간을 맞추고 쑥갓을 넣는다.

호박감정

고추장, 된장을 풀어 넣은 장국에 호박을 넣어 끓인 찌개이다.

재료 및 분량

애호박 200g
소고기 100g
풋고추 1개
대파 1대
고추장 2큰술
된장 1큰술
물(쌀뜨물) 2컵
국간장 · 소금 약간

소고기 양념
국간장 2작은술, 다진 파 1작은술, 다진 마늘 ½작은술, 참기름 ¼작은술, 후춧가루 약간

만드는 방법

1 장국 준비하기 소고기는 저며서 양념하여 볶다가 물을 부어 끓인다. 고기가 무르게 익으면 된장과 고추장을 풀어 더 끓인다.

2 재료 준비하기 애호박은 3cm 정도로 토막 내어 4~5등분 한다. 풋고추와 대파는 어슷썰거나 채 썬다.

3 끓이기 장국이 끓어 맛이 들면 애호박, 풋고추, 대파를 넣어 끓인 후 간을 맞춘다.

게감정

고추장을 풀어 넣은 장국에 게를 넣어 끓인 찌개이다. 게는 살을 발라내어 소를 만들어 등딱지에 채워 넣고 지져서 끓인다.

재료 및 분량

장국 재료
소고기 100g, 고추장 2큰술, 된장 1큰술, 물(쌀뜨물) 3컵, 무 150g, 풋고추 2개, 대파 1대, 다진 마늘 2작은술, 국간장 · 소금 약간

소 재료
꽃게 800g, 다진 소고기 100g, 숙주 50g, 마른 표고버섯 2개, 두부 50g, 녹말가루 1큰술

소지짐
달걀 1개, 밀가루 · 식용유 적량

소고기 양념
국간장 2작은술, 다진 파 1작은술, 다진 마늘 ½작은술, 참기름 ¼작은술, 후춧가루 약간

소 양념
간장 · 다진파 2작은술, 설탕 · 깨소금 · 다진 마늘 1작은술, 생강즙 · 참기름 ½작은술, 소금 · 후춧가루 약간

만드는 방법

1 장국 준비 · 버섯 불리기 소고기는 저며서 양념하여 볶다가 물을 부어 끓이고 표고버섯은 물에 담가 불린다.

2 소 준비하기 게는 솔로 문질러 씻고 삼각딱지를 떼어 낸 후 몸통과 등딱지를 분리한다. 등딱지에 있는 모래주머니와 몸통 양쪽에 붙어 있는 회갈색의 아가미를 제거한다. 등딱지 속의 내장과 알은 꺼내어 두고, 몸통은 반으로 자른다. 몸통과 다리살을 밀대로 밀어 게살을 모으고, 게의 등딱지는 씻어서 물기 없이 준비한다. 풋고추와 대파는 어슷썬다. 게살은 발라내고 남은 다리는 물을 부어 끓여 내어 국물로 쓴다. ❶ 두부는 으깨어 물기를 짠 후 다진 소고기와 주물러 섞는다. 표고버섯은 기둥을 제거하여 곱게 채 썰고 숙주는 다듬어 데친 후 잘게 썰어 물기를 짠다. 게살과 소 재료를 모두 섞어 소 양념을 하고 녹말가루를 섞는다. ❷

3 소 넣어 지지기 게의 등딱지 안쪽에 밀가루를 뿌리고, 양념한 소를 채운다. 그 위에 밀가루를 뿌리고 달걀물을 씌워 기름 두른 번철에 지진다. 남은 소는 한입 크기로 둥글납작하게 전을 지진다. ❸, ❹, ❺, ❻

4 끓이기 고기가 무르게 익으면 게 삶은 국물을 합한다. 고추장, 된장을 풀고 무는 도톰하게 썰어 넣어 끓이다가 지져 놓은 게와 풋고추, 대파, 마늘을 넣어 끓인 후 간을 맞춘다. ❼

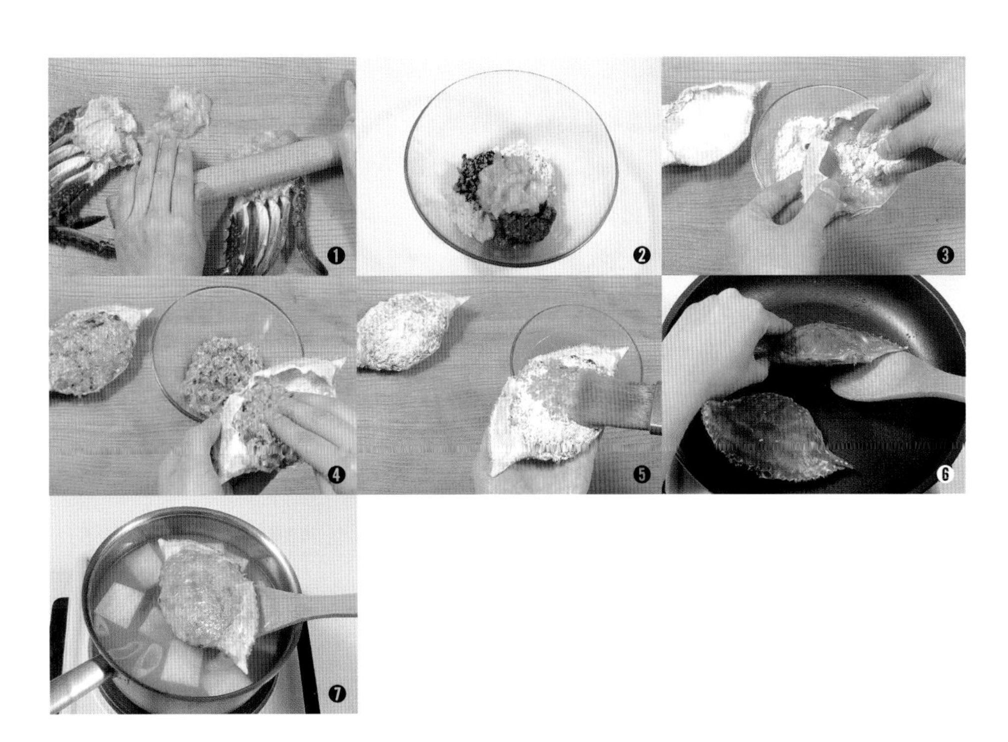

호박지찌개

늙은 호박김치와 돼지고기를 넣어 끓인 찌개이다.

재료 및 분량

늙은 호박김치 300g
돼지고기 100g
두부 200g
대파 1대
물 2컵
소금 약간

돼지고기 양념
고춧가루 · 간장 · 다진 마늘 2작은술, 다진 생강 1작은술

만드는 방법

1 **재료 준비하기** 돼지고기는 한입 크기로 썰어 양념하고 늙은 호박김치와 주물러 놓는다. 두부는 한입 크기로 도톰하게 썰고 대파는 어슷썬다.

2 **끓이기** 돼지고기와 김치를 볶다가 물을 부어 끓인다. 늙은 호박김치가 무르게 익으면 두부와 대파를 넣어 끓인 후 간을 맞춘다.

김치찌개

신 배추김치와 돼지고기 등을 넣어 끓인 찌개이다.

재료 및 분량

신 배추김치 300g
돼지고기 100g
두부 200g
대파 1대
물 2컵
소금 약간

돼지고기 양념
고춧가루 2작은술, 간장 2작은술, 다진 마늘 2작은술, 다진 생강 1작은술

만드는 방법

1 **재료 준비하기** 신 배추김치, 돼지고기, 두부를 한입 크기로 썰고, 대파는 어슷썬다. 돼지고기는 양념한다.

2 **끓이기** 돼지고기와 김치를 넣어 볶다가 물을 부어 끓인다. 김치가 무르게 익으면 두부와 대파를 넣어 잠시 더 끓인 후 간을 맞춘다.

순두부찌개

조개류 또는 소고기나 돼지고기와 함께 순두부를 넣어 끓인 찌개이다.

재료 및 분량

순두부 300~400g
조개 150g
굴 100g
소금(손질용) 적량
대파 1대
달걀 1개
물 2컵
국간장 · 소금 · 참기름 약간

양념장
고춧가루 · 다진 마늘 1큰술, 참기름 2작은술, 새우젓 1큰술

만드는 방법

1 **재료 준비하기** 조개는 소금물에 담가 해감을 토해 낸 후 비벼 씻는다. 굴은 소금을 넣어 흔들어 씻어 일어 헹군 후 물빼기를 한다. 대파는 어슷썬다.
마늘은 다져 양념장을 만든다.

2 **끓이기** 뚝배기에 대파와 순두부를 넣고 양념장을 얹어 물을 부어 끓이다가 조개와 굴을 넣고 끓으면 달걀과 참기름을 넣어 잠시 더 끓인다.

콩비지찌개

신 배추김치에 콩을 갈아 넣고 끓인 찌개이다. 돼지고기 갈비를 많이 이용한다. 평안도 향토음식으로 콩을 되직하게 갈아서 되비지찌개라고도 한다.

재료 및 분량

흰콩 ½컵
돼지갈비 · 배추김치 300g
무 100g
새우젓 1큰술
물 3컵

돼지갈비 양념
고춧가루 · 간장 · 다진 마늘 1큰술, 다진 생강 2작은술

양념장(곁들임)
국간장 2큰술, 굵은 고춧가루 · 다진 홍고추 · 다진 파 1큰술, 참기름 · 깨소금 ½큰술

만드는 방법

1 **재료 준비하기** 콩은 씻고 돌을 일어 4시간 이상 불린 후 비벼 껍질을 없애고 블랜더에 곱게 갈아 놓는다.
배추김치는 한입 크기로 썰고, 무는 3×4cm로 나박썬다. 돼지갈비는 양념한다.

2 **끓이기** 돼지갈비와 김치를 넣어 볶다가 무, 새우젓, 물을 부어 끓인다. 김치가 익으면 콩비지를 넣어 끓인 후 간을 싱겁게 맞추어 양념장을 곁들인다. ❶

신배추김치 대신 풋배추와 돼지고기로 끓인 콩비지찌개도 맛이 부드럽고 구수하다.

❶

가자미지짐이

고추장을 풀어 넣은 장국에 가자미를 넣어 끓인 지짐이이다.

재료 및 분량

가자미 300g
무 100g
대파 1대
홍고추 1개
물 1컵
국간장 · 소금 약간

양념
고추장 · 다진 마늘 1큰술, 고춧가루 2작은술, 국간장 · 소금 1작은술, 설탕 ½작은술

만드는 방법

1 **재료 준비하기** 가자미는 비늘을 긁고 내장을 제거한 후 씻어서 토막을 내고 소금을 뿌려 밑간한다. 무는 3×4cm 크기로 도톰하게 썰고, 홍고추와 대파는 어슷썬다.

2 **끓이기** 냄비에 양념과 물을 붓고 무를 넣어 끓이다가 가자미와 대파, 홍고추를 넣어 끓인 후 간을 맞춘다.

박대지짐이

고추장을 풀어 넣은 장국에 박대를 넣어 끓인 지짐이이다.

재료 및 분량

박대(반건조) 300g
무 100g
대파 1대
홍고추 1개
물 1컵
국간장 약간

양념
고추장 · 다진 마늘 1큰술, 고춧가루 2작은술, 국간장 · 소금 1작은술, 설탕 ½작은술

만드는 방법

1 **재료 준비하기** 박대는 물에 담가 부드럽게 한 후 씻어서 토막 낸다. 무는 3×4cm 크기로 도톰하게 썰고, 홍고추와 대파는 어슷썬다.

2 **끓이기** 냄비에 양념과 물을 붓고 무를 넣어 끓이다가 박대와 대파, 홍고추를 넣어 끓인 후 간을 맞춘다.

건조한 생선은 내장을 제거하였고 염장한 반건어는 물에 담가 짠맛을 우려낸 후 조리한다.

생이지짐이

고추장을 풀어 넣은 장국에 생이토하를 넣어 끓인 지짐이이다.

재료 및 분량

생이(민물새우) · 무 100g
소금 (손질용) 적량
대파 1대
물 1컵
국간장 약간

양념
고추장 · 다진 마늘 1큰술, 고춧가루 2작은술, 국간장 · 소금 1작은술, 설탕 ½작은술

만드는 방법

1 **재료 준비하기** 생이는 소금으로 문질러 씻어 헹군 다음 물빼기를 한다. 무는 마구 썰고 대파는 채 썬다.

2 **끓이기** 냄비에 양념과 물을 붓고 무를 넣어 끓인다. 무가 익으면 생이와 대파를 넣어 끓인 후 간을 맞춘다.

생이는 토하라고도 하며 새우의 방언으로 새뱅이라고도 한다.

무왁저지

고춧가루를 풀어 넣은 장국에 무를 넣어 끓인 지짐이이다.

재료 및 분량

무 300g
마른 새우 30g
풋고추 · 홍고추 1개
대파 ½대
물 1컵
국간장 약간

양념
고춧가루 2작은술, 국간장 · 다진 마늘 1큰술, 소금 1작은술, 설탕 ½작은술

만드는 방법

1 **재료 준비하기** 마른 새우는 망주머니에 넣어 밀대로 밀어 부드럽게 한다. 무는 4cm 길이로 1.5cm 두께로 썬다. 홍고추와 풋고추, 대파는 어슷하게 썬다.

2 **끓이기** 냄비에 양념과 물을 붓고 무를 넣어 끓인다. 무가 익으면 새우와 대파, 고추를 넣어 끓인 후 간을 맞춘다.

노각지짐이

고추장을 풀어 넣은 장국에 노각을 넣어 끓인 지짐이이다.

재료 및 분량

노각 1개 600g
소고기 200g
두부 70g
느타리버섯 5개
마른 표고버섯 2개
대파 1대
밀가루 1컵
달걀 2개
식용유 3큰술
꼬치 적량

국물
고추장 4큰술, 물 4컵, 국간장 · 소금 약간

소고기 양념(장국용)
국간장 2작은술, 다진 파 1작은술, 다진 마늘 ½작은술, 참기름 ¼작은술, 후춧가루 약간

소고기 양념(완자용)
간장 2작은술, 설탕 · 다진 파 1작은술, 다진 마늘 ½작은술, 참기름 · 깨소금 ¼작은술, 후춧가루 약간

만드는 방법

1 장국 준비 · 버섯 불리기 소고기 반은 저며서 양념하여 볶다가 물을 부어 끓인다. 표고버섯은 물에 담가 불린다.

2 재료 준비하기 남은 소고기는 곱게 다져 양념하고 두부는 으깨어 물기를 짠 후 소고기와 섞어 반죽하여 완자를 빚고, 밀가루 · 달걀물을 입혀 둥글리며 익힌다.
노각은 껍질을 벗겨 길이를 ¼ 정도 잘라 씨를 긁어내고, 작은 것은 뚜껑을 만든다.
노각 속에 완자를 가득 넣어 뚜껑을 덮고, 꼬치를 끼워 연결한다. ❶, ❷
달걀은 황 · 백 지단을 부쳐 마름모꼴로 썰고, 표고버섯은 기둥을 제거하여 채 썰며, 느타리는 찢고 대파는 어슷썬다.

3 끓이기 고기가 무르게 익으면 고추장을 풀고 속을 채운 노각과 버섯, 파를 넣고 끓인 후 간을 맞춘다. 익힌 노각은 큼직하게 잘라 그릇에 담고 국물을 붓는다.

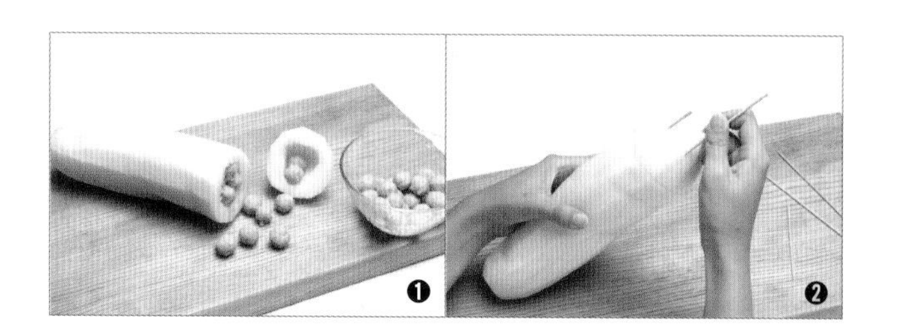

우거지지짐이

된장과 고추장을 풀어 넣은 장국에 우거지를 넣어 끓인 지짐이이다.

재료 및 분량

삶은 우거지 200g
무 · 소고기 100g
고추장 2큰술
된장 1큰술
물(쌀뜨물) 1컵
반불겅이(홍)고추 2개
대파 1대
국간장 약간

소고기 양념
국간장 2작은술, 다진 파 1작은술, 다진 마늘 ½작은술, 참기름 ¼작은술, 후춧가루 약간

만드는 방법

1 **장국 준비하기** 소고기는 저며서 양념하여 볶다가 물을 부어 끓인다.

2 **재료 준비하기** 우거지는 씻어 한입 크기로 썬다. 무는 3×4cm 크기로 도톰하게 썬다. 고추는 송송 썰고 대파는 어슷 썬다.

3 **끓이기** 고기가 무르게 익으면 무와 우거지를 넣어 푹 끓인 후 된장과 고추장을 풀고 고추, 대파를 넣어 잠시 더 끓인 후 간을 맞춘다.

우거지는 푹 무르도록 전처리를 잘한 후 조리한다.

호박순지짐이

된장과 고추장을 풀어 넣은 장국에 호박순을 넣어 끓인 지짐이이다.

재료 및 분량

호박순 200g
애호박 · 소고기 100g
고추장 2큰술
된장 1큰술
물(쌀뜨물) 1컵
반불겅이(홍)고추 2개
대파 1대
국간장 약간

소고기 양념
국간장 2작은술, 다진 파 1작은술, 다진 마늘 ½작은술, 참기름 ¼작은술, 후춧가루 약간

만드는 방법

1 **장국 준비하기** 소고기는 저며서 양념하여 볶다가 물을 부어 끓인다.

2 **재료 준비하기** 호박순은 겉껍질을 벗기고 파란 물이 나오도록 문질러 씻는다. 애호박은 반달모양으로 썬다. 고추는 송송 썰고 대파는 어슷썬다.

3 **끓이기** 고기가 무르게 익으면 호박순을 넣어 푹 끓인 후 된장과 고추장을 풀고 애호박, 고추, 대파를 넣어 더 끓인 후 간을 맞춘다.

조림·초

조림은 수조육류 · 어패류 · 채소류 등에 간장이나 고추장을 넣고 식품재료에 간이 충분히 배도록 조려낸 음식으로 조리개라고도 한다. 조림의 간은 센 편이고 건더기는 조림국물에 잠겨 있거나 국물을 바특하게 조린 것으로 저장성이 있으며 주로 반상차림에서 찬으로 쓰인다. 초炒는 볶을 초로 볶음을 의미하나 우리나라에서는 끓이는 조림법으로 하고 있다. 초는 조림보다 간이 약하고, 달게 하며 조림 국물이 거의 없어지게 졸이다가 녹말 물로 걸쭉하고 윤기가 나게 마무리한다. 홍합과 전복이 많이 쓰인다.

조림 · 초의 약사

조림은 『증보산림경제』1766에 "생선을 저며 썰어서 막장甘醬즙에 조려 쓴다"라고 설명하고 있고, 『옹희잡지』1800년대 초에 『육장방』肉醬方, 『임원십육지』1827에 동국육장법東國肉醬法으로 장조림법이 있다. 『시의전서』1800년대 말에 "정육을 크게 덩이지게 잘라 진장에 바짝 조리면 오래 두어도 변치 않고, 쪽쪽 찢어 쓰면 좋다."고 조림이란 말로 표기하고 있다. 조림은 조치와 함께 이때 분화된 것으로 보인다. 『간편요리제법』1934, 『조선요리제법』1942, 『조선무쌍신식요리제법』1943에서 장조림, 고기조림, 생선조림법을 설명하고 있다. 초炒는 조선시대 궁중연회 1719년에 생복초, 1795년에 전복초, 생복초, 1827년에 홍합초, 우족초, 부화초, 생소라초 등의 기록과 『시의전서』1800년대 말에 홍합초가 있다. 『조선무쌍신식요리제법』1943에는 우두초牛肚炒에서 '국은 국물이 가장 많고, 지짐이는 국물이 바특하고, 초는 국물이 더 바특하여 찜보다 조금 국물이 있는 것이다'고 초의 개념을 설명하였다. 따라서 초를 습열조리법으로 자煮에 소속시켜 우리나라 조리에서는 조림처럼 끓이다가 녹말물로 마무리하고 있다. 중국의 고중정은 중국요리에서 초란 재료를 넣어 볶다가 마무리 단계에서 물에 갈분가루를 넣어 걸쭉하게 한다고 하였다. 녹말 물의 사용은 이 중국 조리법에서 온 듯하다.

조림의 종류

수조육류 조림

- 장조림 : 소고기 우둔육을 양념장에 조린 찬물이다.
- 장똑똑이 : 소고기를 채 썰어 양념장에 바짝 조린 찬물이다.
- 강엿돼지족 : 돼지족을 엿과 함께 양념장에 조린 음식이다.
- 강엿닭 : 닭을 엿과 함께 양념장에 조린 음식이다.
- 닭조림 : 닭을 토막 내어 감자, 양파와 함께 양념장에 조린 음식이다.

어패류 조림

- 갈치조림 : 갈치를 토막 내어 무와 함께 양념장에 조린 찬물이다.
- 고등어조림 : 고등어를 토막 내어 무와 함께 양념장에 조린 찬물이다.
- 도미조림 : 도미를 토막 내어 무와 함께 양념장에 조린 찬물이다.
- 병어조림 : 병어를 토막 내어 감자와 함께 양념장에 조린 찬물이다.
- 북어조림 : 북어를 토막 내어 양념장에 조린 찬물이다.
- 붕어조림 : 붕어를 무와 함께 양념장에 조린 찬물이다.
- 조기조림 : 조기를 토막 내어 무와 함께 양념장에 조린 찬물이다. 봄철 조기가 제 맛이 난다.

채소류 조림

- 풋고추꽈리고추조림 : 꽈리고추를 조림멸치와 함께 간장에 조린 찬물이다.
- 감자조림 : 감사를 큼직하세 썰어 양님장에 조린 찬물이다.
- 연근조림 : 연근을 데쳐서 양념장에 조린 찬물이다.
- 우엉조림 : 우엉을 데쳐서 양념장에 조린 찬물이다.
- 두부조림 : 두부를 기름에 지진 후 양념장에 조린 찬물이다.
- 콩조림 : 콩을 불려서 양념장에 조린 찬물이다.
- 호두조림 : 호두를 속껍질을 벗겨 양념장에 조린 찬물이다.

| 조림의 종류 |

구 분	종 류
수조육류 조림	장조림, 장똑똑이, 강엿돼지족, 강엿닭, 닭조림
어패류 조림	갈치조림, 고등어조림, 도미조림, 병어조림, 북어조림, 붕어조림, 조기조림
채소류 조림	풋고추(꽈리고추)조림, 감자조림, 연근조림, 우엉조림, 두부조림, 콩조림, 호두조림

초의 종류

- 삼합초 : 전복, 해삼, 홍합과 소고기를 양념장과 함께 조린 음식이다.
- 전복초 : 전복을 데쳐 양념장과 함께 조린 음식이다.
- 홍합초 : 홍합을 데쳐 양념장과 함께 조린 음식이다.

| 초의 종류 |

구분	종류
초	삼합초, 전복초, 홍합초

조림 · 초의 조리법

조림의 간

- **조림 양념장** : 간장 1큰술, 고추장 1큰술, 고춧가루 1큰술에 대하여 각각 물 1큰술씩 넣어 1:1로 사용하면 농도와 간이 알맞다.
- **간장 조림장** : 간장 1큰술, 물 1큰술, 설탕 1작은술씩 넣어 배합하면 알맞고 주로 흰살생선과 소고기, 닭고기, 채소, 콩, 두부 등의 조림에 사용한다.
- **고추장 조림장** : 고추장 1큰술, 물 1큰술, 간장 1작은술, 설탕 1작은술씩 넣어 배합하면 알맞고 비린내가 강한 붉은살생선, 민물고기 등은 맵게 하여 조린다.

부재료와 조림 국물 양 · 가열방법

무, 감자, 깻잎, 김치 등의 채소를 냄비 아래 깔고 그 위에 생선 등을 얹어 끓이면 바닥에 눌러 붙지 않고 부재료와 어울리는 맛도 좋다.

조림국물은 자작할 정도로 부어 충분히 조린 후에도 타지 않도록 유의한다.

센 불로 끓이다가 중불에서 계속 끓여 조림장이 재료에 잘 침투하여 간이 충분히 배도록 한다.

- **질긴 고기 장조림** : 고기를 먼저 무르게 익힌 후 조림장을 넣고 조려야 간도 잘 배고 육즙과 조림장이 어우러져 국물도 맛있으며 고기도 연하다. 조림장을 처음부터 넣고 오래 삶으면 육즙이 빠져 근육이 딱딱해지고 질겨진다.

조림 냄비

두꺼운 재질로 깊은 것보다 넓은 냄비가 좋다. 넓은 냄비는 부서지기 쉬운 생선을 한 켜로 놓을 수 있어 조림장의 침투속도가 빠르다. 두꺼운 냄비는 수분 증발량이 적어 맛있게 조려진다.

초의 간 · 가열방법

조림보다 간을 약하게 하여 조림처럼 끓이다가 조려지면 녹말물로 국물이 걸쭉하고 전체가 윤이 나게 조린다.

장조림

소고기 우둔육을 양념장에 조린 찬물이다.

재료 및 분량

소고기(아롱사태 · 홍두깨살) 600g
달걀 3개
꽈리고추 50g
물 4컵
소금 약간

향신채소
대파 1대, 마늘 10쪽, 양파 1개, 통후추 약간

양념장
간장 1컵, 마늘 5쪽, 생강 1쪽, 홍고추 1개, 육수 1컵

만드는 방법

1 고기 손질하기 소고기는 찬물에 담가 핏물을 빼고 4cm 정도로 토막을 낸다. 냄비에 물과 향신채소를 넣고 물이 끓으면 고기를 넣어 40분 정도 무르게 삶는다.

2 재료 · 양념장 준비하기 달걀은 삶아 찬물에 담그고 껍질을 벗긴다. 꽈리고추는 씻고 홍고추는 송송 썬다. 마늘, 생강은 편으로 썰어 양념장을 만든다.

3 조리기 양념장에 고기를 넣어 끓이다가 고추와 달걀을 넣어 10분 정도 조린 후 고기를 얇게 썰거나 찢는다.

장똑똑이

소고기를 채 썰어 양념장에 바짝 조린 찬물이다.

재료 및 분량

소고기(우둔) 200g
대파 1대
마늘 2쪽
생강 1쪽
참기름 1작은술
식용유 1큰술

소고기 양념
간장 1⅓큰술, 설탕 2작은술, 다진 파 2작은술, 다진 마늘 1작은술, 참기름 ½작은술, 깨소금 ½작은술, 후춧가루 약간

조림장
간장 1큰술, 설탕 1작은술, 물 1큰술

만드는 방법

1 고기 손질하기 소고기는 가늘게 채 썬다.

2 재료 · 양념 준비하기 대파와 마늘, 생강은 모두 비슷한 크기로 채 또는 편으로 썰어 일부는 조림장에 넣고 나머지는 다져 양념을 만들어 소고기를 양념한다.

3 조리기 냄비에 소고기를 볶은 후 조림장으로 조리다가 참기름을 넣어 윤기나게 마무리한다.

강엿닭

닭을 엿과 함께 양념장에 조린 음식이다.

재료 및 분량

닭날개 1kg

양념장

간장 ½컵, 생강 20g, 강엿 100g, 물 2컵

만드는 방법

1 **닭 손질하기** 닭은 끓는 물에 잠시 끓여 내어 찬물로 헹군다.

2 **양념장 준비하기** 생강은 편으로 썰어 양념장을 만든다.

3 **조리기** 닭이 잠기도록 양념장을 넣고 센 불에서 삶다가 불을 줄여 가며 조린다.

강엿돼지족

돼지족을 엿과 함께 양념장에 조린 음식이다.

재료 및 분량

돼지족 1.5kg

양념장

간장 ½컵, 생강 30g, 강엿 100g, 물 10컵

만드는 방법

1 **돼지족 손질하기** 돼지족은 털을 긁거나 태워 없애고 찬물에 담가 둔다.

2 **양념장 준비하기** 생강은 편으로 썰어 양념장을 만든다.

3 **조리기** 돼지족이 잠기도록 양념장을 넣고 센 불에서 삶다가 불을 줄여 가며 조린다.

갈치조림

갈치를 토막 내어 무와 함께 양념장에 조린 찬물이다.

재료 및 분량

갈치(중) 600g
무 200g
대파 1대
풋고추 2개
홍고추 2개
물(조림용) ½컵
소금 약간

양념장
고춧가루 · 간장 2큰술, 설탕 2작은술, 다진 마늘 1큰술, 물 4큰술

만드는 방법

1 재료 준비하기 갈치는 비늘을 긁고 머리와 지느러미는 제거하여 씻은 후 10cm 크기로 토막 내어 소금을 뿌려 밑간한다. ❶
무는 두툼하게 편으로 썰고, 고추와 대파는 어슷썬다.

2 조리기 냄비에 무를 깔고, 대파와 갈치를 넣고 양념장을 얹은 후 조림용 물을 부어 센 불로 끓이다가 중불로 더 조린다. ❷

고등어조림

고등어를 토막 내어 무와 함께 양념장에 조린 찬물이다.

재료 및 분량

고등어(소) 300g
무 100g
대파 ½대
꽈리고추 30g
홍고추 1개
물(조림용) ⅓컵
소금 약간

양념장
고추장 · 고춧가루 1큰술, 간장 2큰술, 설탕 1작은술, 다진 마늘 2작은술, 물 4큰술

만드는 방법

1 재료 준비하기 고등어는 머리, 내장, 지느러미를 제거하여 씻은 후 3토막 내어 소금을 뿌려 밑간한다.
무는 두툼하게 편으로 썰고, 대파는 어슷썬다. 꽈리고추는 씻어 꼭지를 떼고 홍고추는 채 썬다.

2 조리기 냄비에 무를 깔고, 대파와 고등어를 넣은 다음 양념장을 얹고 조림용 물을 부어 센 불로 끓이다가 중불로 조리면서 고추를 넣고 더 조린다.

도미조림

도미를 토막 내어 무와 함께 양념장에 조린 찬물이다.

재료 및 분량

도미(소) 300g
무 100g
대파 ½대
쑥갓 3개
물(조림용) ⅓컵
소금 · 실고추 약간

양념장
간장 2큰술, 설탕 1작은술, 다진 마늘 · 청주 2작은술, 다진 생강(즙) ½작은술, 물 2큰술, 후춧가루 약간

만드는 방법

1. **재료 준비하기** 도미는 비늘을 긁고 내장을 제거하여 2~3토막으로 썬 다음 소금을 뿌려 밑간한다.
   무는 도톰하게 편으로 썰고, 대파는 어슷썰며 쑥갓은 4cm로 썬다.
2. **조리기** 냄비에 무를 깔고, 대파와 도미를 넣은 후 양념장을 얹고 조림용 물을 부어 센 불로 끓이다가 중불로 조린 다음 쑥갓, 실고추를 넣고 불을 끈다.

병어조림

병어를 토막 내어 감자와 함께 양념장에 조린 찬물이다.

재료 및 분량

병어(중) 300g
감자 100g
꽈리고추 10개
홍고추 1개
대파 ½대
물(조림용) ½컵
소금 약간

양념장
고추장 · 고춧가루 · 간장 1큰술, 설탕 1작은술, 다진 마늘 2작은술, 물 3큰술

만드는 방법

1. **재료 준비하기** 병어는 비늘을 긁고, 내장과 지느러미를 제거하여 2토막으로 썰어 소금을 뿌려 밑간한다.
   감자는 두툼하게 편으로 썰고, 꽈리고추는 씻어 꼭지를 제거한다. 대파와 홍고추는 어슷썬다.
2. **조리기** 냄비에 감자를 깔고 대파와 병어를 넣은 후 양념장을 얹고 조림용 물을 부어 센 불로 끓이다가 중불로 조리면서 고추를 넣고 더 조린다.

붕어조림

붕어를 무와 함께 양념장에 조린 찬물이다.

재료 및 분량

참붕어 300g
무 200g
양파 1개
깻잎 10장
풋고추 · 홍고추 1개
물(조림용) ½컵
실고추 · 소금 약간

양념장
고추장 · 고춧가루 1큰술, 간장 2큰술, 설탕 1작은술, 다진 파 1큰술, 다진 마늘 2작은술, 물 4큰술

만드는 방법

1 재료 준비하기 붕어는 비늘을 긁고, 내장을 제거하여 소금을 뿌려 밑간한다. 무는 두툼하게 편으로 썰고, 양파와 깻잎은 굵게 채 썬다. 고추는 어슷썰고 양념장을 만든다.

2 조리기 냄비에 무, 양파를 깔고 붕어를 놓은 다음 깻잎, 고추, 실고추, 양념장을 얹고 조림용 물을 부어 센 불로 끓이다가 중불로 더 조린다. ❶

❶

감자조림

감자를 큼직하게 썰어 양념장에 조린 찬물이다.

재료 및 분량

감자 300g
조림멸치 15g
꽈리고추 10개
물(조림용) ⅔컵

양념장
간장 · 물 2큰술, 설탕 1작은술, 참기름 2작은술

만드는 방법

1 **재료 준비하기** 감자는 크기에 따라 4~6쪽으로 큼직하게 썰고 모서리를 다듬어 물에 담근다.
멸치는 번철에 살짝 볶아 비린내를 제거하고 고추는 씻어 꼭지를 제거한다.

2 **조리기** 감자와 물을 부어 센 불로 끓인 다음 약간 투명해지면 중불로 양념장을 넣고 조린다. 갈색으로 익으면 고추, 멸치를 넣고 잠시 더 조린 후 참기름을 넣어 뒤적인다.

감자, 연근, 우엉은 갈변하므로 물 또는 식초물, 소금물, 설탕물에 담근다.

풋고추꽈리고추조림

꽈리고추를 조림멸치와 함께 간장에 조린 찬물이다.

재료 및 분량

꽈리고추 200g
조림멸치 20g
마늘 5쪽
간장 2큰술
물 2큰술
식용유 1큰술

만드는 방법

1 **고추 손질하기** 고추는 씻어서 꼭지를 떼고, 마늘은 씻는다.

2 **조리기** 냄비에 식용유를 두르고 고추를 볶아 익히면서 간장과 마늘, 물을 넣고 뚜껑을 덮어 반쯤 익히다가 멸치를 넣고 잠시 뒤적이며 조린다.

우엉조림

우엉을 데쳐서 양념장에 조린 찬물이다.

재료 및 분량

우엉 200g
통깨 약간

양념장
간장 3큰술, 설탕 2작은술, 참기름 ¼작은술, 물엿 4큰술, 물 ½컵

만드는 방법

1 우엉 손질하기 우엉은 씻어서 껍질을 벗겨 얇고 어슷하게 썰고, 끓는 물에 데친다.

2 조리기 냄비에 양념장을 넣고 끓으면, 우엉을 넣어 조리다가 참기름을 넣고 더 조린 후 통깨를 뿌린다.

연근조림

연근을 데쳐서 양념장에 조린 찬물이다.

재료 및 분량

연근 200g
통깨 약간

양념장
간장 3큰술, 설탕 2작은술, 참기름 ¼작은술, 물엿 4큰술, 물 ½컵

만드는 방법

1 연근 손질하기 연근은 씻어서 껍질을 벗겨 0.5cm로 썰고, 끓는 물에 살짝 데친다.

2 조리기 냄비에 양념장을 넣어 끓으면, 연근을 넣어 조리다가 참기름을 넣고 더 조린 후 통깨를 뿌린다.

콩조림

콩을 불려서 양념장에 조린 찬물이다.

재료 및 분량

검은콩 1컵
통깨 1작은술

양념장
간장 3큰술, 설탕 · 물엿 1½큰술, 소금 ¼작은술

만드는 방법

1 **콩 손질하기** 콩은 씻고 일어서 물에 담가 불린다.

2 **조리기** 냄비에 불린 콩과 양념장을 넣어 중불로 10분 남짓 뒤적이며 끓인다. 바짝 조린 후 통깨를 뿌린다.

검은콩 1컵(150g)을 물에 불리면 2½컵(370g)이 된다.

두부조림 25분

두부를 기름에 지진 후 양념장에 조린 찬물이다.

재료 및 분량

두부 200g
소금 5g
대파(푸른 부분, 3cm) 1토막
실고추 1g
식용유 30mL

양념장
간장 1큰술, 설탕 1작은술, 다진 파 2작은술, 다진 마늘 1작은술, 참기름 ½작은술, 깨소금 ½작은술, 물 ¼컵, 후춧가루 약간

만드는 방법

1 **재료 준비하기** 두부는 3×4.5×0.8cm의 편으로 8쪽 이상 썰어 소금을 뿌린다. ❶ 파의 푸른 잎 부분은 길이 1.5cm로 잘라 곱게 채 썰고, 실고추도 짧게 자른다. 남은 파와 마늘은 다져서 양념장을 만든다.

2 **두부 지지기** 두부의 물기를 없애고, 달군 번철에 기름을 두른 후 앞뒤를 노릇하게 지진다.

3 **조리기** 냄비에 두부를 넣고 양념장을 고루 끼얹어 가며 약불에서 천천히 조린다. 두부가 거의 다 조려지면 실고추와 채 썬 파를 얹어 김을 올리고 국물과 함께 8쪽을 담는다.

두부조림의 색깔이 너무 검지 않도록 간장 사용에 유의한다.
두부조림은 타기 쉬우므로 불의 세기와 가열 시간에 유의한다.

전복초

전복을 데쳐 양념장과 함께 조린 음식이다.

재료 및 분량

전복(소) 5개
채 썬 생강 · 잣가루 · 참기름 약간

녹말물
녹말가루 1작은술, 물 1큰술

양념장
간장 2작은술, 설탕 · 참기름 1작은술, 물 1큰술, 후춧가루 약간

만드는 방법

1 **전복 손질하기** 전복은 솔로 문질러 씻은 후 숟가락을 이용하여 살을 떼 내어 내장을 제거하고 살짝 데친 다음 칼집을 넣고 도톰하게 저민다. ❶, ❷, ❸

2 **조리기** 냄비에 양념장을 넣고 끓이다가 전복을 넣어 잠깐 조리고 녹말물을 끼얹어 뒤적이면서 참기름을 넣고 채 썬 생강 · 잣가루를 얹는다.

홍합초 20분

홍합을 데쳐 양념장과 함께 조린 음식이다.

재료 및 분량

생홍합(깐 것) 100g
대파(흰 부분, 4cm) 1토막
마늘(중, 깐 것) 2쪽
생강 15g
잣(깐 것) 5개
참기름 5mL
A4 용지 1장

양념장
간장 2큰술, 설탕 2작은술, 참기름 ½작은술, 물 1큰술, 후춧가루 약간

만드는 방법

1 **재료 준비하기** 홍합은 안쪽의 털을 제거하고 씻어 끓는 물에 살짝 데친다. 파는 길이 2cm로 통썰고 마늘과 생강은 편으로 썬다. 잣은 종이에 놓고 곱게 다진다.

2 **조리기** 냄비에 양념장과 마늘, 생강, 파를 넣어 끓이다가 홍합을 넣어 조린다. 국물이 거의 조려지면 참기름을 넣어 윤기나게 하여 그릇에 담고 잣가루를 뿌린다.

찜

찜은 수조육류, 어패류, 채소류 등의 재료를 큼직하게 썰고 양념하여 끓여서 조린 형태로 무르게 익힌 음식이다. 형체를 보존해야 할 생선, 대하 등은 찜기에서 수증기로 찐다.

찜의 약사

찜은 선사시대부터 시루를 이용하여 밥의 조리를 하였고 지금도 떡을 만들 때 이용하고 있다. 그러나 찬물 조리에서의 찜은 거의 물과 함께 끓이거나 조려서 재료가 수증기로 찐 것처럼 젖어 있는 상태로 조리하고 있다. 『음식디미방』의 가지찜은 '가지를 네 쪽으로 갈라 된장, 기름, 후추, 파로 양념하여 사발에 담아 솥에서 찐다'하고 『증보산림경제』1766에 우육증방을 보면 '도자기 그릇에 고기와 술, 장, 초 등 조미액을 넣어 봉하고 중탕하여 끓인다'하고 있어 중탕찜을 말하고 있다. 또 다른 우육증방법은 고기를 술, 장으로 조미하고 솥 속에 물 한 사발 넣고 대나무를 횟대처럼 걸치고 고기를 여기에 안친다. 무거운 솥뚜껑으로 밀봉하여 만화로 찌고 솥 속에 끓는 소리가 들리면 껐다가 다시 끓이는 일을 세 번 반복한 후에 꺼내어 깨, 산초 등을 뿌려서 먹는다고 하고 있다. 이는 수증기가 나가지 않게 하여 찌는 일종의 압력식 수증기로 찌는 형태이다. 또 『우미증방』을 보면 '소꼬리와 우족을 솥에 넣어 삶아서 반숙되면 기름, 장, 생강, 산초 등을 넣어 다시 삶아 뼈와 살이 저절로 분리될 정도에 이르면 먹는다.'고 한다. 삶아서 익히는데, 증蒸이라 한다. 자증煮蒸, 삶는 찜이 되겠다. 『규합총서』1815에 메추라기찜은 '국물이 바특하여 제 몸이 다 익은 후는 젓을 만해야 좋다'고 하고, 『임원십육지』1827의 우육증방은 '자기그릇에 고기, 술, 장 등을 넣고 봉하여 끓여 익힌다'고 삶는 찜을 알리고 있다. 지금의 찜 조리법과 같다. 요즈음은 압력솥을 비롯한 편리성과 시간단축 그리고 영양 손실을 줄여 주는 여러 가지 찜기가 개발 보급되고 있다.

찜의 종류

수조육류찜

- 가리찜 : 소갈비를 양념하여 무르게 익혀 국물을 바특하게 조린 찜이다.
- 사태찜 : 삶은 사태를 양념하여 무르게 익혀 국물을 바특하게 조린 찜이다.
- 우설찜 : 우설을 삶아 썰고 양념하여 채소와 함께 끓인 찜이다.
- 돼지갈비찜 : 돼지갈비를 양념하여 무르게 익혀 국물을 바특하게 조린 찜이다.
- 궁중닭찜 : 닭을 삶아서 살을 발라내어 여러 가지 버섯과 함께 걸쭉하게 끓여 만든 음식이다.
- 닭찜 : 닭을 양념하여 무르게 익혀 국물을 바특하게 조린 찜이다.

어패류찜

- 도미찜 : 도미를 소고기, 버섯 등과 함께 끓인 찜이다.
- 북어찜 : 북어를 토막 내어 양념장을 얹어 찐 음식이다.
- 붕어찜 : 붕어를 뼈와 내장을 제거하여 다진 소고기와 버섯으로 만든 소를 채워 넣고 끓인 찜이다. 또는 무와 무청잎을 된장, 고추장으로 양념한 소를 넣고 고춧가루 양념장으로 끓이기도 한다.
- 숭어찜 : 숭어를 포를 떠서 지지고 소고기, 채소 등과 함께 육수를 부어 끓인 찜이다.
- 준치찜 : 준치를 살을 발라내어 저냐로 만들고 소고기, 무와 함께 끓인 찜이다.
- 홍어어시육홍어찜 : 홍어를 토막 내어 약간 말려서 양념장을 얹어 찐 음식이다.
- 대하찜 : 대하를 반으로 갈라서 찐 음식이다.
- 미더덕찜 : 미더덕을 콩나물, 미나리 등과 함께 끓인 찜이다.
- 전복찜 : 전복을 소고기, 표고버섯, 양파 등과 함께 조린 찜이다.

채소류찜

- 가지찜 : 가지를 칼집 내어 소고기로 소를 넣어 끓인 찜이다.

| 찜의 종류 |

구분	내용
수조육류찜	가리찜, 사태찜, 우설찜, 돼지갈비찜, 궁중닭찜, 닭찜
어패류찜	도미찜, 북어찜, 붕어찜, 숭어찜, 준치찜, 홍어어시육(홍어찜), 대하찜, 미더덕찜, 전복찜
채소류찜	가지찜, 깻잎찜, 꽈리고추찜, 송이찜, 죽순찜, 토란찜
기 타	떡찜, 달걀찜

- 깻잎찜 : 깻잎에 양념장을 켜켜로 얹어 찐 음식이다.
- 꽈리고추찜 : 꽈리고추를 밀가루 옷을 입혀 찐 후에 양념장을 얹은 찜이다.
- 송이찜 : 송이버섯을 전으로 지져 소고기와 함께 끓인 찜이다.
- 죽순찜 : 죽순을 소고기와 함께 끓인 찜이다.
- 토란찜 : 토란을 소고기와 함께 끓인 찜이다.

기 타

- 떡찜 : 가래떡을 토막 내어 소고기와 함께 끓인 찜이다.
- 달걀찜 : 달걀에 물을 섞어 쪄낸 부드러운 찜이다.

찜의 기본조리법

재료 · 부재료

갈비, 사태 등 질긴 부위를 주로 사용하다.

채소류 등 부재료는 오랜 가열시간을 감안하여 큼직하게 준비한다.

찜냄비

바닥이 두꺼운 냄비가 좋다. 압력냄비는 빨리 무르고 조리시간이 단축된다.

가열방법

- 물이 끓으면 고기를 넣는다. 고기표면의 단백질을 빨리 응고시켜 맛 성분의 용출을 적게 하기 위함이다.
- 양념장 물과 함께 끓일 때는 센 불에서 끓이다가 불을 줄여가며 무르게 익힌다.
- 고기 등은 무르게 익혀 간이 잘 배도록 한다.
- 양념장은 2~3번에 나누어 간과 색상이 잘 어우러지게 조절하면서 조린다.

우설찜

우설을 삶아 썰고 양념하여
채소와 함께 끓인 찜이다.

재료 및 분량

우설 400g
소고기(우둔) · 죽순 100g
마른 표고버섯 3개
당근 70g
양파 1개
미나리 50g
소금 약간

장국
물 1컵, 국간장 1큰술, 후춧가루 약간

우설 양념
간장 1큰술, 설탕 · 다진 파 · 참기름 2작은술, 다진 마늘 1작은술, 후춧가루 약간

소고기 양념
간장 2작은술, 설탕 · 다진 파 1작은술, 다진 마늘 ½작은술, 참기름 · 깨소금 ¼작은술, 후춧가루 약간

향신채소
대파 1대, 마늘 10쪽, 양파 1개, 통후추 약간

만드는 방법

1 **우설 손질 · 버섯 불리기** 우설은 끓는 물에 데쳐 칼로 표피막을 긁어낸 다음 살짝 삶아서 0.5cm 두께로 썬다. 표고버섯은 물에 담가 불린다.

2 **양념 · 재료 준비하기** 파, 마늘은 다져서 우설을 양념하고, 소고기는 채 썰어 양념한다. 표고버섯은 기둥을 제거하여 4등분 하고 양파도 4등분 한다. 죽순은 4cm 길이의 빗살모양으로 썰며, 당근도 같은 크기로 썬다. 미나리도 같은 길이로 썬다.

3 **끓이기** 냄비에 양파와 소고기를 깔고, 그 위에 당근, 죽순, 표고버섯, 우설을 얹고 장국을 1컵 정도 부어 무르게 끓인다. 간이 고르게 배면 미나리를 넣고 잠시 더 익힌다.

미나리는 초대로 만들어 쓰기도 하며 달걀 지단을 올리기도 한다.

가리찜

소갈비를 양념하여 무르게 익혀 국물을 바특하게 조린 찜이다.

재료 및 분량

갈비 1kg
물 6컵
무 300g
마른 표고버섯 3개
당근 100g
양파 · 달걀 1개
대추 · 은행 10개
밤 5개
잣 1큰술
식용유 적량
소금 약간

향신채소
대파 1대, 마늘 10쪽, 양파 1개, 통후추 약간

양념
간장 5큰술, 설탕 · 다진 파 3큰술, 다진 마늘 · 참기름 · 깨소금 1큰술, 배즙 ⅓컵, 후춧가루 약간

만드는 방법

1 **갈비 손질 · 버섯 불리기** 갈비는 5cm 정도로 잘라 찬물에 담가 핏물을 빼고 표고버섯은 물에 담가 불린다. 냄비에 물과 향신채소를 넣고 끓으면 갈비를 넣어 핏물이 나오지 않을 정도로 삶아 건진 후 뼈에 붙어 있는 질긴 힘줄이나 기름을 떼어 내고 2~3번 깊은 칼집을 넣고 양념장의 배즙과 설탕으로 먼저 재어 둔다. ❶, ❷, ❸, ❹
국물은 체에 내려 기름기를 걷어낸다.

2 **재료 준비하기** 무는 큼직하게 썰고 당근은 한입 크기로 썰어 각각 모서리를 다듬는다. 표고버섯은 기둥을 제거하여 4쪽으로 썰고, 양파는 4등분 한다. 대추는 칼집을 넣어 씨를 빼고 밤은 속껍질을 벗긴다.

3 **갈비 양념하기** 파, 마늘은 곱게 다져 양념을 만들어 양념의 반량으로 재어 둔다.

4 **고명 준비하기** 달걀은 황 · 백 지단을 부쳐 마름모꼴로 썰고, 은행은 파랗게 볶아 속껍질을 벗긴다. 잣은 고깔을 뗀다.

5 **끓이기** 냄비에 재어 둔 갈비를 넣고 육수를 부어 끓이다가 고기가 반 정도 무르면 남은 양념장을 넣어 섞고 손질한 당근, 양파, 대추, 밤을 넣어 무르게 조린다. ❺
간이 고르게 배면 은행을 넣어 잠시 익히고 그릇에 담아 고명을 올린다.

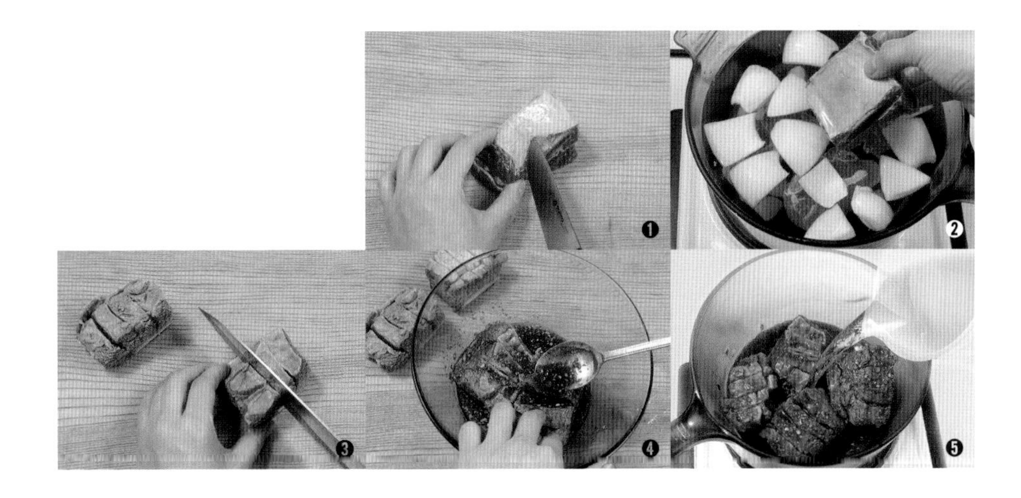

돼지갈비찜 30분

돼지갈비를 양념하여 무르게 익혀 국물을 바특하게 조린 찜이다.

재료 및 분량

돼지갈비(5cm, 토막) 200g
감자(150g 정도) ½개
당근 50g
양파 50g
홍고추(생) ½개
물 ⅔컵

양념장
간장 2큰술, 설탕 1큰술, 다진 파 2큰술, 다진 마늘 1큰술, 다진 생강(즙) 1작은술, 참기름 1작은술, 깨소금 1작은술, 후춧가루 약간

만드는 방법

1 **갈비 손질하기** 돼지갈비는 5cm 크기로 잘라 칼집을 넣은 후 물에 담가 핏물을 빼고 데쳐내어 기름기를 제거한다.

2 **재료 준비하기** 감자와 당근은 사방 3cm 정도로 썰어 모서리를 다듬고, 양파는 한입 크기로 썬다. 홍고추는 0.5cm 두께로 어슷썰고 씨를 제거한다. 파, 마늘, 생강은 다져서 양념장을 만들어 양념장의 반량으로 갈비를 재어둔다.

3 **끓이기** 냄비에 재어둔 갈비와 물을 넣어 센 불에서 끓이다가 고기가 반 정도 무르면 남은 양념장과 감자, 당근, 양파를 넣어 갈비는 부서지지 않고 채소의 형태는 흐트러지지 않게 무르게 조린다. 간이 고르게 배면 홍고추를 넣어 잠시 더 익혀 전량을 국물과 함께 담는다.

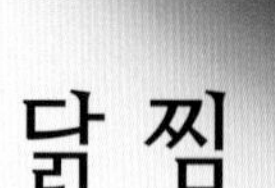

닭 찜 35분

닭을 양념하여 무르게 익혀 국물을 바특하게 조린 찜이다.

재료 및 분량

닭(½마리) 300g
당근 50g
양파 50g
마른 표고버섯(불린 것) 1개
달걀 1개
은행 3개
식용유 30mL
소금 5g
물 ⅔컵

양념장
간장 3큰술, 설탕 1½큰술, 다진 파 2큰술, 다진 마늘 1큰술, 다진 생강(즙) 1작은술, 참기름 2작은술, 깨소금 1작은술, 후춧가루 약간

만드는 방법

1 **닭 손질하기** 닭은 내장을 긁어내고 꽁지부분을 잘라버린 후 관절을 자르고 4~5cm 크기로 토막 내어 끓는 물에 데쳐내어 기름기를 제거한다.

2 **재료 준비하기** 당근, 양파, 표고버섯은 한입 크기로 썰고 당근은 모서리를 다듬는다. 파, 마늘, 생강은 다져서 양념장을 만들어 양념장의 반량으로 닭을 재어둔다. 달걀은 황·백 지단을 부쳐 마름모꼴로 썰고, 은행은 파랗게 볶아 속껍질을 벗긴다.

3 **끓이기** 냄비에 닭과 표고버섯, 물을 부어 센 불에서 끓이다가 고기가 반 정도 무르면 남은 양념장과 당근, 양파를 넣어 닭과 채소의 형태가 부서지지 않게 조린다. 간이 고르게 배면 은행을 넣어 잠시 더 익히고 그릇에 5토막 이상 담아 황·백 지단 2개씩을 얹는다.

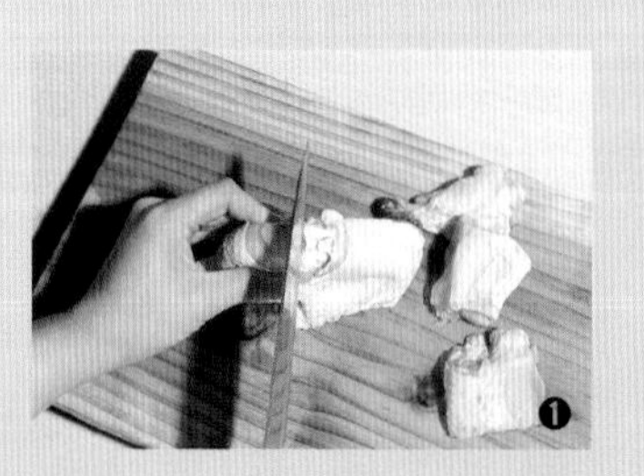
❶

북어찜 25분

북어를 토막 내어 양념장을 얹어 찐 음식이다.

재료 및 분량

북어포 1마리
대파(흰 부분, 4cm) 1토막
실고추 1g

양념
간장 1큰술, 설탕 ½큰술, 다진 파 2작은술, 다진 마늘 1작은술, 다진 생강(즙) ½작은술, 참기름 1작은술, 깨소금 1작은술, 물 ½컵, 후춧가루 약간

만드는 방법

1 **북어 손질하기** 북어포는 물에 잠시 적셔내어 머리, 지느러미, 꼬리를 제거하고 가시를 발라낸 다음 5~6cm 크기로 자르고 껍질 쪽에 칼집을 넣어 오그라들지 않게 한다.

2 **양념 준비하기** 대파는 일부 고명으로 채 썰고 남은 파와 마늘, 생강은 곱게 다져 양념장을 만든다. 실고추는 1.5cm로 썬다.

3 **찌기** 냄비에 북어를 넣고 약불에서 양념을 끼얹어 가며 끓이다가 북어가 잘 무르고 국물이 조금 남았을 때 실고추와 파를 얹고 잠시 더 익혀 국물과 함께 3토막 이상을 담아낸다.

북어포는 물에 오래 담가 두면 부서진다.
북어 색을 위하여 간장의 색에 유의한다.

달걀찜 25분

달걀에 물을 섞어 쪄낸 부드러운 찜이다.

재료 및 분량

달걀 1개(50g)
물 달걀의 1.5배
새우젓 10g
석이버섯 5g
실파 1뿌리
실고추 1g
참기름 · 소금 약간

만드는 방법

1 **달걀 준비 · 버섯 불리기** 석이버섯은 뜨거운 물에 담그고, 달걀은 알끈을 제거하여 물, 새우젓을 넣어 잘 혼합한 후 체에 내린다.

2 **재료 준비하기** 실파는 1cm로 가늘게 채 썰고, 실고추는 짧게 자른다. 석이버섯은 비벼 씻어 헹군 후 곱게 채 썰어 소금과 참기름으로 무쳐 약한 불에서 살짝 볶는다.

3 **찌기** 그릇에 달걀물을 담고 뚜껑을 덮어 15분 정도 중불에서 중탕하거나 찜통에 찐다. 달걀물이 익으면 준비한 고명을 얹고 다시 한 번 살짝 김을 올린다.

도미찜

도미를 소고기, 버섯 등과 함께 끓인 찜이다.

재료 및 분량

도미 1마리
소고기 200g
마른 표고버섯 2개
목이버섯 2개
석이버섯 2개
당근 · 숙주 100g
미나리 · 쑥갓 50g
호두 5개
은행 2큰술
육수 1컵
실고추 약간
달걀 3개
밀가루 · 식용유 · 꼬치 적량

육수 · 향신채소
소고기(양지머리) 300g, 물 5컵, 대파 1대, 마늘 10쪽, 양파 1개, 소금 · 통후추 약간

삶은 고기 양념
국간장 · 다진 파 ½큰술, 다진 마늘 · 참기름 · 깨소금 1작은술, 후춧가루 약간

소고기 100g 양념
간장 2작은술, 설탕 · 다진 파 1작은술, 다진 마늘 ½작은술, 참기름 · 깨소금 ¼작은술, 후춧가루 약간

만드는 방법

1 **육수 준비 · 버섯 · 견과류 불리기** 양지머리는 찬물에 담가 핏물을 빼고 향신채소와 함께 물을 붓고 끓인다. 고기가 무르게 익으면 체에 내려 기름기를 걷어낸 다음 간을 하여 육수를 만든다. 마른 표고버섯은 물에 담가 불리고 호두와 석이버섯은 뜨거운 물에 담근다.

2 **저냐 · 재료 준비하기** 도미는 비늘을 긁고 내장을 꺼내어 씻는다. 등뼈를 따라 깊게 칼집을 넣어 등 쪽 살만 포를 떠서 3~4토막을 낸 후 소금과 후춧가루를 뿌려 둔다. ❶, ❷
소고기는 반은 채 썰어 양념하고 반은 다져서 양념하여 완자를 빚는다. 목이버섯의 뿌리와 표고버섯의 기둥을 제거하고 석이버섯은 비벼 씻어 헹군 후 곱게 다진다. 미나리는 줄기 부분을 10cm로 하여 꿴다. 당근은 골패모양으로 썰고 숙주는 머리와 꼬리를 다듬어 반은 2cm 정도로 썰며 반은 데쳐 헹군다. 쑥갓은 4cm 길이로 자른다. 호두는 속 껍질을 꼬치로 벗기고 은행은 파랗게 볶아 속껍질을 벗긴다. 삶은 고기는 한입 크기로 얇게 썰어 양념한다.

3 **지단 · 저냐 · 지지기** 달걀은 황 · 백 지단으로 약간 도톰하게 부치고, 석이버섯 지단은 달걀흰자와 다진 석이를 섞어 지단을 부친다.
미나리는 밀가루 · 달걀물을 입혀 지져서 초대를 만든다.
도미포는 밀가루 · 달걀물을 입혀 기름에 지진다. ❸

4 **도미소 넣기** 채 썬 소고기와 숙주를 약간의 소금과 함께 섞어 도미 배 쪽으로 채워 넣고 터지지 않도록 꼬치로 여민다. ❹

5 **끓이기** 냄비 바닥에 삶은 고기를 깔고 소를 채운 도미를 올린다. 포 떠 낸 자리에 도미전을 얹고 모든 재료를 색의 조화를 맞추어 담아 육수를 부어 끓인다.

도미찜은 양면에 칼집을 넣어 통째로 쪄서 고명을 얹기도 한다.

홍어어시육 홍어찜

홍어를 토막 내어 약간 말려서 양념장을 얹어 찐 음식이다.

재료 및 분량

홍어 ½마리
대파 ½대
마늘 3쪽
실고추 약간

양념
간장 2큰술, 참기름 1큰술 , 깨소금 2작은술, 물 3큰술

만드는 방법

1 홍어 손질하기 홍어(삭힌 홍어)는 껍질을 벗기거나 그대로 씻어서 토막 내어 꾸덕꾸덕하게 말린다.

2 양념 준비하기 파와 마늘은 가늘게 채 썰고, 실고추는 짧게 썰어 양념을 준비한다.

3 찌기 찜기에 홍어를 넣고 양념을 얹어 10분 정도 찐다.

홍어 삭히는 방법 : 홍어를 종이에 싸서 항아리에 1~2일 두거나 여름철에는 냉장고에 며칠 두면 삭힌 홍어가 된다.

전복찜

전복을 소고기, 표고버섯, 양파 등과 함께 조린 찜이다.

재료 및 분량

전복(소) 5개
소고기 100g
마른 표고버섯 2개
당근 50g
양파 70g
달걀 1개
은행 10개
잣가루 1작은술
소금 · 설탕 약간
식용유 적량

소고기 양념
간장 2작은술, 설탕 · 다진 파 1작은술, 다진 마늘 ½작은술, 참기름 · 깨소금 ¼작은술, 후춧가루 약간

만드는 방법

1 재료 준비하기 전복은 솔로 문질러 씻은 후 숟가락을 이용하여 살을 떼 내어 내장을 제거하고 살짝 데쳐 칼집을 넣는다.

소고기는 저며서 양념하고, 표고버섯, 당근, 양파는 한입 크기로 썰고 당근은 모서리를 다듬는다. 달걀은 황 · 백 지단을 부쳐 마름모꼴로 썰고 은행은 볶아 속껍질을 벗긴다.

2 끓이기 소고기와 채소를 넣고 양념장(간장 · 설탕 ½큰술, 참기름 1작은술, 물 또는 육수 ½컵)을 부어 끓여 어우러지면 전복과 은행을 넣어 잠시 더 끓인 후 간을 맞춘다. 그릇에 담아 지단을 얹고 잣가루를 뿌린다.

대하찜

대하를 반으로 갈라서 찐 음식이다.

재료 및 분량

대하 4마리
대파 ½대
석이버섯 2개
달걀 1개
식용유 · 산적 꼬치 적량
실고추 약간

만드는 방법

1 대하 손질 · 버섯 불리기 대하는 껍질을 벗기고 등 쪽에 내장을 꼬치로 꺼내어 반으로 가르고 오그라들지 않도록 길이로 양쪽에 산적 꼬치를 꽂는다. 석이버섯은 뜨거운 물에 담근다.

2 고명 준비하기 대파는 가늘게 채 썰어 찬물에 담그고 석이버섯은 비벼 씻어 곱게 채 썬다. 달걀은 황 · 백 지단을 부쳐 곱게 채 썬다.

3 찌기 김이 오른 찜기에 대하를 2분 정도 살짝 찐다. 대하를 꺼내어 한 김 식힌 후에 양쪽의 꼬치를 빼고 고명을 얹는다.

미더덕찜

미더덕을 콩나물, 미나리 등과 함께 끓인 찜이다.

재료 및 분량

미더덕 300g
소금(손질용) 적량
콩나물 · 미나리 100g
대파 1대
식용유 적량

찹쌀가루물
찹쌀가루 · 물 2큰술

양념장
고춧가루 2큰술, 간장 · 설탕 1작은술, 다진 마늘 · 참기름 1큰술, 다진 생강 · 깨소금 1작은술, 물(육수) 1컵

만드는 방법

1 미더덕 손질하기 미더덕은 터뜨려 해감을 토해 낸 후 소금을 넣어 비벼 씻는다.

2 재료 준비 콩나물은 머리와 꼬리를 다듬어 씻는다. 대파는 길이로 4등분 하여 6cm로 썰고, 미나리는 줄기만 같은 길이로 썬다.

3 끓이기 냄비에 식용유를 두르고 콩나물을 앉친다. 미더덕, 대파, 미나리 순으로 얹고 양념장을 반 정도 붓는다. 뚜껑을 덮고 끓이고 재료가 익으면 남은 양념장을 넣어 끓이면서 찹쌀가루물을 넣고 잠시 뒤적인다. 걸쭉해지면 불을 끈다.

콩나물은 굵고 큰 콩나물을 사용한다.

가지찜

가지를 칼집 내어 소고기로 소를 넣어 끓인 찜이다.

재료 및 분량

가지 400g
소금(절임용) 적량
소고기 100g
대파 1대
달걀 1개
식용유 적량
실고추 약간

소고기 양념
고추장 · 간장 2작은술, 설탕 · 다진 파 1작은술, 다진 마늘 ½작은술, 참기름 · 깨소금 ¼작은술, 후춧가루 약간

양념장
간장 1큰술, 설탕 ½큰술, 참기름 1작은술, 물 ½컵

만드는 방법

1 가지 · 육수 준비하기 가지는 7~8cm 정도로 토막 내어 길이로 한두 번 칼집을 넣어 소금물에 살짝 절인 후 헹구어 물기를 짠다. 육수 만들기는 국의 조리방법 중 끓이는 방법을 참조한다.

2 재료 준비하기 소고기는 다져 양념하여 실고추를 섞고 대파는 굵게 채 썬다. 달걀은 황 · 백 지단을 부쳐 마름모꼴로 썬다.

3 소 넣기 가지의 칼집 사이에 소를 넣는다. ❶

4 끓이기 냄비에 가지와 파를 넣고 양념장을 부어 끓인 후 그릇에 담고 지단을 얹는다.

❶

송이찜

송이버섯을 전으로 지져 소고기와 함께 끓인 찜이다.

재료 및 분량

송이버섯 300g
소고기 200g
마른 표고버섯 2개
당근 · 미나리 50g
잣 · 국간장 적량
소금 약간
달걀 2개
밀가루 · 식용유 적량

육수 · 향신채소

소고기(양지머리) 300g, 물 5컵, 대파 1대, 마늘 10쪽, 양파 1개, 소금 · 통후추 약간

소고기 100g 양념

간장 2작은술, 설탕 · 다진 파 1작은술, 다진 마늘 ½작은술, 참기름 · 깨소금 ¼작은술, 후춧가루 약간

만드는 방법

1 **육수 준비 · 버섯 불리기** 표고버섯은 물에 담가 불리고 양지머리는 찬물에 담가 핏물을 빼고 향신채소와 함께 물을 붓고 끓인다. 고기가 무르게 익으면 체에 내려 기름기를 걷어낸 다음 간을 하여 육수를 만든다.

2 **송이 손질하기** 송이버섯은 모래가 붙은 뿌리 부분은 도려 내고, 겉껍질은 옅은 소금물에 담가 손이나 칼로 껍질을 긁어내고, 송이모양이 나도록 갓 부분부터 0.5cm 두께로 저민 후 긴 것은 반으로 자른다. ❶, ❷, ❸

3 **재료 준비하기** 소고기의 반은 채 썰고 반은 다져 각각 양념한다. 표고버섯은 기둥을 제거하여 당근과 함께 골패모양으로 썰어 각각 볶는다. 쪼갠 송이의 한쪽에 다진 고기를 얄팍하게 붙이고 다른 한쪽을 맞붙여 밀가루 · 달걀물을 입혀 지진다. ❹
달걀은 황 · 백 지단을 부쳐 골패모양으로 썰고 미나리는 줄기 부분을 꿰어 지져서 미나리초대를 만든다.

4 **끓이기** 냄비에 준비된 재료를 돌려 담는다. 잣을 얹고 육수를 부어 끓인 후 간을 맞춘다.

꽈리고추찜

꽈리고추를 밀가루 옷을 입혀 찐 후에 양념장을 얹은 찜이다.

재료 및 분량

꽈리고추 200g
밀가루 1컵
통깨 약간

양념장
고춧가루 · 다진 파 1작은술, 간장 1큰술, 다진 마늘 · 참기름 약간, 깨소금 · 물 약간

만드는 방법

1 **고추 손질하기** 꽈리고추는 씻어 꼭지를 떼고 밀가루에 굴려서 가볍게 털어낸다.

2 **찌기** 찜기에 김이 오르면 고추를 넣어 3~5분 정도 찐 후 꺼내어 양념장을 골고루 얹고 통깨를 뿌린다.

토란찜

토란을 소고기와 함께 끓인 찜이다.

재료 및 분량

토란(중) 400g
소고기(우둔) 100g
반불경이(홍)고추 2개
대파 ½대
물(쌀뜨물) 2컵
소금 약간

소고기 양념
간장 2작은술, 설탕 · 다진 파 1작은술, 다진 마늘 ½작은술, 참기름 · 깨소금 ¼작은술, 후춧가루 약간

양념
다진 마늘 · 참기름 · 깨소금 1작은술, 새우젓 1큰술, 후춧가루 약간

만드는 방법

1 **토란 손질하기** 토란은 고무장갑을 끼고 세게 문질러 씻거나 껍질을 벗기고 옅은 소금물에 삶은 후 헹구어 점액물질을 제거한다.

2 **재료 준비하기** 소고기는 다져서 양념하고, 새우젓도 곱게 다진다. 고추와 대파는 어슷썬다.

3 **끓이기** 냄비에 소고기, 토란, 양념을 모두 섞어 넣고 쌀뜨물을 부어 끓인다. 토란이 익으면 고추와 파를 넣고 한 번 더 끓인 후 간을 맞춘다.

토란은 피부에 염증을 유발할 수 있으므로 만진 후 바로 손을 씻는다. 껍질을 벗기면 갈변하므로 물에 담가 둔다.

떡 찜

가래떡을 토막 내어 소고기와 함께 끓인 찜이다.

재료 및 분량

가래떡 400g
소고기 100g
마른 표고버섯 2개
밤 5개
대추 5개
은행 10개
달걀 1개
식용유 적량

소고기 · 표고버섯 양념
간장 1큰술, 설탕 · 다진 파 1½작은술, 다진 마늘 ¾작은술, 참기름 · 깨소금 ⅓작은술, 후춧가루 약간

양념장
간장 1큰술, 설탕 ½큰술, 참기름 1작은술, 물 ½컵

만드는 방법

1 버섯 불리고 · 재료 준비하기 표고버섯은 물에 담가 불리고, 소고기는 곱게 다진다. 표고버섯은 기둥을 제거하여 채 썰어 소고기와 함께 양념하여 소를 만든다.
흰떡은 5cm 길이로 토막을 내어 십자로 칼집을 넣고 데친다. 밤은 속껍질을 벗기고 대추는 칼집을 넣어 씨를 뺀다. 달걀은 황 · 백 지단을 부쳐 마름모꼴로 썰고 은행은 볶아서 껍질을 벗긴다.

2 소 넣기 떡의 칼집 사이에 소를 넣는다.

3 끓이기 냄비바닥에 소 넣고 남은 재료를 깔고 떡, 밤, 대추와 양념장을 부어 뒤적이며 끓인다. 국물이 졸아들고 고기가 익으면 은행을 넣어 한 번 더 끓이고 그릇에 담아 지단을 얹는다.

선

선膳은 주로 가지, 오이, 애호박, 생선, 두부 등의 재료에 소를 넣어 국물을 부어 끓이거나 볶거나 수증기로 찐 음식이다. 『조선무쌍신식요리제법』1943에 양선羘膳, 황과선黃瓜膳, 계란선鷄卵膳, 두부선豆腐膳 만드는 방법을 설명하고 膳자로 표기하며 膳의 의미를 반찬이라는 뜻으로 쓰고 있다.

선의 약사

『음식디미방』1670에 동과선을 보면 '동아를 도독하게 저며서 데쳐내어 간장에 기름을 넣고 슴슴하게 끓인 다음 건져서 물에 담가둔다. 한참 만에 물을 따라 버리고 다시 새 간장에 생강을 넣고 다려서 쓸 때 초를 친다'고 하였다. 『시의전서』1800년대 말에 동아선은 동아를 둥글고 반듯하게 썰어 기름을 쳐서 볶아 겨자를 곁들여 먹는다 하고, 남과선호박선은 '애호박의 등 쪽을 도려내어 갖은 양념을 소로 넣고 푹 찐 다음 초장에 백청을 타서 붓고 고추, 석이, 계란을 채쳐 얹고 잣가루를 뿌려 쓴다'고 하였다. 오이선, 가지선도 비슷하다. 『음식법』1854에는 무선이 있다. 무를 도독하게 썰어 데쳐 건지고 생강, 파, 홍고추를 채 썰어 잣가루와 초간장에 무쳐 데친 무 두 장 사이에 넣고 초간장을 부어 먹는 음식으로 설명하였다. 『조선요리법』1938에 청어선, 양선, 태극선, 오이선, 호박선이 있다. 『조선무쌍신식요리제법』에 나와 있는 선 만드는 방법에서 두부선은 겨울에 두부를 보자기에 싸서 정육을 난도하고 파를 익히고 기름, 장, 후춧가루를 함께 주물러 증편 틀에 보자기를 깔고 주무른 것을 펴 놓고 그 위에 석이와 표고버섯을 볶아 채치고 실고추와 실백을 박아 쪄내어 밖에 내어 놓아 얼린 후에 썰어서 초장 찍어 먹으면 선뜻선뜻하야 좋으니라 하였다. 오늘의 두부선과 비슷하다. 이와 같이 선의 조리법은 소를 넣기도 하고 넣지 않기도 하며, 삶거나 기름에 볶기도 하고, 수증기 찜 등으로 다양하게 이어지고 있다.

선의 종류

채소류 선

• 가지선 : 가지에 칼집을 내어 소고기, 표고버섯, 달걀 고명을 소로 넣어 찐 음식이다.
• 무선 : 무를 칼집 내어 소고기, 표고버섯, 달걀 고명을 소로 넣어 끓인 음식이다.
• 오이선 : 오이를 칼집 내어 절인 후 살짝 볶아 익히고 칼집 속에 소고기, 표고버섯, 달걀 고명을 소로 넣어 단촛물을 끼얹어 상큼한 맛을 내는 음식이다.
• 호박선 : 애호박을 칼집 내어 절인 후 소고기, 표고버섯 등의 고명을 소로 넣어 장국물을 부어서 끓인 다음 달걀 고명을 얹은 음식이다.

기 타

• 두부선 : 두부를 으깨어 다진 고기와 섞어 양념한 후 고명을 올려서 찐 음식이다.
• 어선 : 흰살생선을 크게 포를 떠서 소고기, 버섯, 오이, 당근 등의 소를 색의 조화를 맞추어 넣어 말아 찐 음식이다.
• 수란 : 달걀을 수란 용기에 넣어 끓는 물 속에서 익힌 음식이다.
• 채란 : 달걀을 한쪽 끝부분의 껍질을 떼어 내어 달걀물을 꺼내고 빈 달걀 속에 달걀물과 소고기, 표고버섯 등의 소를 넣어 찐 음식이다.

| 선의 종류 |

구분	종류
채소류 선	가지선, 무선, 오이선, 호박선
기 타	두부선, 어선, 수란, 채란

선의 기본조리법

재료의 절임

가지, 오이, 애호박 등을 절이는 정도는 칼집 낸 곳이 잘 벌어질 정도로 약간 절인다. 절인 후에는 헹구어 간을 싱겁게 한다.

부재료소 준비

소에 사용되는 부재료소고기, 버섯류, 채소류는 곱게 채 썰어 소를 넣기 편하게 한다.

가열시간

가열시간은 짧게 하여 식물성 재료의 형체나 색이 변하지 않도록 하고 동물성 재료도 단시간 가열하여 부드럽게 익도록 유의한다.

가지선

가지에 칼집을 내어 소고기, 표고버섯, 달걀 고명을 소로 넣어 찐 음식이다.

재료 및 분량

가지 200g
소금(절임용) 적량
소고기 50g
당근 30g
오이 100g
마른 표고버섯 2개
달걀 1개
식용유 적량
녹말가루 약간

소고기 · 버섯 양념
간장 2작은술, 설탕 · 다진 파 1작은술, 다진 마늘 ½작은술, 참기름 · 깨소금 ¼작은술, 후춧가루 약간

겨자장(곁들임)
숙성된 겨자 1작은술, 물(육수) · 설탕 · 식초 1큰술, 간장 · 소금 약간

만드는 방법

1 **재료 준비하기** 가지는 길이로 반을 갈라서 5cm 길이로 잘라 어슷하게 칼집을 세 번 넣어 소금물에 절인다. 표고버섯은 물에 담가 불린다. 오이는 돌려 깎아 채 썰고 당근도 채 썰어 각각 소금을 뿌린 후 물기를 짠다. 표고버섯과 소고기는 채 썰어 양념한다. 달걀은 황 · 백 지단을 부쳐 채 썬다. 오이, 당근, 소고기, 표고버섯 순으로 볶은 다음 소 양념(다진 파 1작은술, 다진 마늘 · 참기름 · 깨소금 ½작은술, 소금 약간)을 하고 지단을 가볍게 섞어 소를 만든다.

2 **소 넣어 익히기** 절인 가지는 헹군 후 칼집 사이에 소를 끼워 넣는다. 가지에 녹말가루를 뿌려 잠깐 찐다. 겨자장이나 초간장을 곁들인다.

무 선

무를 칼집 내어 소고기, 표고버섯, 달걀 고명을 소로 넣어 끓인 음식이다.

재료 및 분량

무(중) 500g
소금(절임용) 적량
소고기 100g
마른 표고버섯 2개
달걀 1개
식용유 적량
물 1컵
실고추 · 소금 · 참기름 약간

소고기 · 표고버섯 양념
간장 2작은술, 설탕 · 다진 파 1작은술, 다진 마늘 ½작은술, 참기름 · 깨소금 ¼작은술, 후춧가루 약간

만드는 방법

1 **재료 준비하기** 표고버섯은 물에 담가 불리고 무는 3×4cm 정도의 토막으로 썰어 칼집을 세 번 넣어 소금물에 절인다. 소고기의 반은 저며서 약간의 소금, 후추로 주무른 후 물 1컵을 붓고 끓여 육수를 만든다. 남은 소고기와 표고버섯은 곱게 채 썰어 양념하여 소를 만든다. 달걀은 황 · 백 지단을 부쳐 채 썰고 실고추는 짧게 자른다.

2 **소 넣어 익히기** 절인 무는 물로 헹군 후 칼집 사이에 소를 끼워 넣는다. 냄비에 무를 넣고 육수를 부어 무르게 익힌다. 그릇에 담고 황 · 백 지단, 실고추를 올린다.

오이선 25분

오이를 칼집 내어 절인 후 살짝 볶아 익히고 칼집 속에 소고기, 표고버섯, 달걀 고명을 소로 넣어 단촛물을 끼얹어 상큼한 맛을 내는 음식이다.

재료 및 분량

오이 ½ 개
소금물(소금 1½큰술, 물 ⅓컵)
소고기 20g
마른 표고버섯(불린 것) 1개
달걀 1개
식용유 15mL

소고기 · 표고버섯 양념
간장 1작은술, 설탕 ½작은술, 다진 파 ½작은술, 다진 마늘 ¼작은술, 참기름 ⅛작은술, 깨소금 ⅛작은술, 후춧가루 약간

단촛물
설탕 1작은술, 식초 2작은술, 물 2작은술, 소금 약간

만드는 방법

1 오이 손질하기 오이는 씻어 길게 반을 갈라 4cm 길이로 어슷하게 썰어 4개를 만든다. 오이 껍질 쪽에 세 군데 칼집을 넣은 다음 소금물에 절인다.

2 재료 준비하기 소고기와 표고버섯은 3cm 길이로 곱게 채 썰어 양념한다. 달걀은 황 · 백지단을 부쳐 3cm 길이로 곱게 채 썰고 소고기, 표고버섯 순으로 볶는다. 절인 오이는 헹군 후 물기를 없애고 기름 두른 번철에 살짝 볶아 식힌다.

3 담기 오이 칼집 속에 볶은 소고기와 표고버섯, 황 · 백 지단을 보기 좋게 끼워 넣고 그릇에 담아 낼 때 단촛물을 끼얹는다. ❶

❶

호박선 35분

애호박을 칼집 내어 절인 후 소고기, 표고버섯 등의 고명을 소로 넣어 장국물을 부어서 끓인 다음 달걀 고명을 얹은 음식이다.

재료 및 분량

애호박 ½개(150g)
소고기 20g
마른 표고버섯(불린 것) 1개
마른 석이버섯 5g
당근(중) 50g
달걀 1개
잣(깐 것) 3개
실고추 1g
참기름 5mL
간장 10mL
소금 10g
겨자가루 5g
식용유 10mL

소고기 · 표고버섯 양념
간장 1작은술, 설탕 ½작은술, 다진 파 ½작은술, 다진 마늘 ¼작은술, 참기름 ⅛작은술, 깨소금 ⅛작은술, 후춧가루 약간

겨자장(곁들임)
숙성된 겨자 1작은술, 물(육수) · 설탕 · 식초 1큰술, 간장 · 소금 약간

만드는 방법

1 호박 손질 · 버섯 불리기 석이버섯은 뜨거운 물에 담근다. 호박은 길이로 반을 갈라 4cm 길이로 어슷하게 썬 후 호박 껍질 쪽에 세 군데 칼집을 넣은 다음 소금물에 절인다. 겨자가루는 따뜻한 물로 되직하게 개어 끓는 냄비뚜껑에 엎어 10분 정도 숙성시킨다.

2 재료 준비하기 당근은 2cm 길이로 곱게 채 썰어 소금을 뿌려 잠깐 절인 후 물기를 짠다. 소고기와 표고버섯은 2cm 길이로 곱게 채 썰고 파, 마늘은 다져 양념한다. 달걀은 황 · 백지단을 부쳐 2cm 길이로 채 썬다. 석이버섯은 비벼 씻어 헹군 후 곱게 채 썰어 소금, 참기름으로 밑간하여 살짝 볶는다. 실고추는 2cm로 자른다. 잣은 반으로 쪼개어 비늘잣을 만든다. 소고기, 표고버섯, 당근을 섞어 소를 만든다.

3 소 넣어 익히기 호박은 헹군 후 칼집 사이에 소를 끼워 넣는다. 냄비에 호박을 넣고, 물 ½컵을 부어 간장, 소금으로 간을 맞추고 끓여 속까지 익힌다. 그릇에 호박선 2개를 담고 황 · 백지단, 석이, 실고추, 잣을 얹고 겨자장을 곁들여 낸다.

어 선 50분

흰살생선을 크게 포를 떠서 소고기, 버섯, 오이, 당근 등의 소를 색의 조화를 맞추어 넣어 말아 찐 음식이다.

재료 및 분량

동태(500g) 1마리
당근 50g
오이 ⅓개
마른 표고버섯(불린 것) 2개
달걀 1개
녹말가루 30g
후춧가루 2g
생강 10g
소금 10g
식용유 30mL

표고버섯 양념
간장 1작은술, 설탕 ½작은술, 참기름 ½작은술

만드는 방법

1 생선 손질하기 생선은 머리를 자르고 내장을 제거한 후 3장 뜨기로 크게 포를 떠 뼈와 분리시키고 껍질을 벗긴다. 생선살은 얇게 포를 뜬다. ❶ 생강을 다져 만든 즙과 소금, 후춧가루로 밑간을 한다.

2 재료 준비하기 오이는 길게 0.3cm 두께로 돌려 깎아 채 썰고 당근도 같은 크기로 채 썰어 각각 소금을 뿌려 잠깐 절인 후 물기를 짜고, 표고버섯은 같은 굵기로 채 썬 후 양념한다. 달걀은 황 · 백 지단을 부쳐 채 썰고 오이, 당근, 표고버섯 순으로 볶는다.

3 찌기 대발에 젖은 면포를 깔고 생선살은 길이 12cm 이상이 되도록 두께를 고르게 펴서 녹말가루를 골고루 뿌린다. 생선살 위에 익힌 속 재료를 색의 조화를 맞추어 길게 놓고, 지름이 3cm가 되도록 터지지 않게 말아 면포로 모양을 잡는다. 찜기에 넣고 10분 정도 찐 후 꺼내어 식힌다. 식기 전에 자르면 부서지기 쉽다.

4 담기 식은 어선은 2cm 길이로 잘라 그릇에 6개를 담는다.

생선살은 얇게 떠야 어선의 결이 곱다.

두부선

두부를 으깨어 다진 고기와 섞어 양념한 후 고명을 올려서 찐 음식이다.

재료 및 분량

두부 200g
닭고기살 100g
석이버섯 2개
달걀 1개
잣 · 식용유 적량
실고추 · 녹말가루 약간

닭고기 양념

소금 ¼작은술, 설탕 · 다진 마늘 1작은술, 다진 파 2작은술, 참기름 ½작은술, 깨소금 · 후춧가루 약간

양념

소금 · 참기름 · 다진 파 1작은술, 다진 마늘 ½작은술, 후춧가루 약간

만드는 방법

1 재료 준비하기 석이버섯은 뜨거운 물에 담그고 닭고기는 곱게 다진다. 파, 마늘은 다져 양념을 만들고 두부는 으깨어 물기를 짜서 닭고기와 주물러 섞어 양념한다. 달걀은 황 · 백 지단을 부쳐 채 썰고 실고추는 짧게 자른다. 잣은 고깔을 떼고 석이버섯은 비벼 씻어 헹군 후 곱게 채 썬다.

2 찌기 젖은 면포를 이용하여 1~2cm 두께로 네모난 반대기를 만들고, 위에 버섯, 지단, 실고추, 잣을 고루 얹고 녹말가루를 뿌려 찐다.

수 란

달걀을 수란 용기에 넣어 끓는 물 속에서 익힌 음식이다.

재료 및 분량

달걀 · 석이버섯 · 실파 1개
실고추 · 소금 · 참기름 약간

만드는 방법

1 재료 준비하기 석이버섯은 뜨거운 물에 담근 후 비벼 씻어 헹구고 냄비에 수란기가 잠길 만큼 충분한 물을 담아 소금을 넣어 끓인다.
달걀은 작은 그릇에 깨뜨려 놓고, 실파는 1cm 길이로 곱게 채 썬 다음 실고추는 짧게 자른다. 석이버섯도 같은 크기로 채 썰어 소금, 참기름으로 살짝 볶는다.

2 익히기 수란기에 참기름 또는 식용유를 발라 달걀을 담고, 끓는 물 표면에 수란기를 놓아 달걀 표면이 반 정도 하얗게 응고되면 물 속에 잠기도록 넣어 반숙으로 익혀 건진다. ❶, ❷ 그릇에 담고 뜨거울 때 준비한 고명을 올린다.

채 란

달걀을 한쪽 끝부분의 껍질을 떼어 내어 달걀물을 꺼내고 빈 달걀 속에 달걀물과 소고기, 표고버섯 등의 소를 넣어 찐 음식이다.

재료 및 분량

달걀 6개
소고기 30g
마른 표고버섯 1개
석이버섯 2개
당근 30g
오이 50g
식용유 적량
소금 약간

소고기 양념
간장 1작은술, 설탕 · 다진 파 ½작은술, 다진 마늘 ¼작은술, 참기름 · 깨소금 ⅛작은술, 후춧가루 약간

만드는 방법

1 **달걀 손질 · 버섯 불리기** 달걀은 한쪽 끝부분의 껍질을 떼어 내어 달걀물을 꺼내고, 껍질은 씻어서 안쪽에 식용유를 바른다. 표고버섯은 물에 담가 불리고, 석이버섯은 뜨거운 물에 담근다.

2 **재료 준비하기** 소고기는 다져서 양념한다. 표고버섯은 기둥을 제거하고 석이버섯은 비벼 씻어 헹군 후 각각 곱게 채 썬다. 당근과 오이는 채 썰어 각각 소금을 뿌려 절인 후 물기를 짠다. 달군 번철에 식용유를 두르고 오이, 당근, 고기, 버섯 순으로 각각 볶는다.

3 **찌기** 풀어 놓은 달걀과 준비한 재료를 섞어 달걀 껍질 속에 윗공간을 조금 남기고 채운다. 은박지 또는 한지로 싸서 약불로 찐다. ❶

❶

나물

나물은 일상식에서 제공되는 일반적인 찬물의 하나로 채소류, 해조류, 버섯류, 발아시킨 콩나물, 녹두나물, 새싹, 나무의 새순 등을 익히거나 날것으로 양념하여 무친 음식이다. 나물은 숙채와 생채를 뜻하나 보통은 숙채를 말한다.『고사십이지』에서 녹두묵 만들기를 설명하면서 '녹두묵을 가늘게 썰어 유장에 무쳐 나물로 한다.'라고 하여 묵을 나물로 보았다.『진찬의궤』1848에 녹두묵으로 묵나물 만드는 방법을 설명하고 있다. 나물의 어원을 보면,『증보산림경제』,『농정회요』,『시의전서』,『고사십이지』,『산림경제』 등에는 가지, 오이, 부추, 상추, 아욱, 토란, 두릅, 원추리, 죽순, 국화싹, 송이, 참버섯 등을 통틀어 소채蔬菜라 하는데, 중국에서의 채菜는 소채蔬菜란 뜻도 있고 반찬이란 뜻도 있으며, 남부에서는 소채를 채소菜蔬라고 한다. 그런데 우리나라에서는 이것을 나물이라고 한다.『훈몽자회』1527에 菜나물 채는 풀로서 먹을 수 있는 것은 모두 菜라 한다고 하였고,『동언고략』1836에서 채소를 나물이라 함은 나물羅物에서 온 것이라 하였다.『명물기략』1870에서는 채소는 속언으로 나물羅物이고, 나羅는 나라 이름이지 식물食物의 이름이 아니라고 하였다. 그러면 나물이란 말은 羅物에서 비롯된 것일까?, 아니면 속설일까?

묵은 녹두, 메밀, 도토리 등의 전분으로 쑨 죽을 식혀서 엉기게 한 음식이다. 묵의 어원을 보면,『명물기략』에 '녹두가루를 쑤어 얻은 것을 삭索, 얽힐 삭이라 하는데, 속설로 삭을 가리켜 묵纆, 두겹노 묵이라고도 한다. 묵이란 억지로 뜻을 붙인 것이다.'고 쓰여 있다.

나물의 종류는『증보산림경제』1766 제6권에 여러 가지 나물은 독이 없으니 먹어도 좋다. 따라서 그 종류가 이루 다 적을 수가 없을 만치 많다. 그중에서 늘상 먹기에 좋은 것들은 냉이, 물망울, 다복쑥, 비름, 달래, 산갓, 고들빼기, 메꽃, 고비, 고사리, 돌나물, 물쑥 등이라고 기록되어 있다. 나물은 산이나 들에서 제철에 채취한 나물뿐만 아니라 재배기술의 발달로 연중 다양하게 생산되고 있다. 또한 나물을 말려서 갈무리해 두거나 냉동 보관함으로써 편리하게 어느 때나 이용하고 있다.

나물의 약사

『삼국유사』 '고조선조'에 마늘과 쑥이 나오는데, 마늘은 아마도 산마늘 종류였을 것으로 추정된다. 삼국시대는 무, 상추가 나타나고 있으며,『제민요술』530~535에 아욱, 상추, 미나리, 오이, 가지, 월과, 박 등이 나오는데, 북위와 교역이 있었으니 이런 채소들이 사용되었을 것이라 보인다. 미나리와 오이는 통일신라시대의 문헌에 나타나고 있다. 고려시대에는 불교의 숭상으로 곡류와 채식의 요리가 발달되어 가지, 오이, 아욱, 파, 비자, 당근, 더덕, 연근, 우엉, 토란, 죽순, 표고버섯 등을 확인할 수 있으며 마늘도 재배되었다. 『향약구급방』1236~1251에 메미나리, 창포, 오이풀, 쑥, 쇠비름, 모싯대, 인삼, 국화, 동아, 질경이, 쪽도리풀, 으름 등의 설명으로 보아 고려인들이 산과 들에 자생하는 야생초를 식용했음을 알게 한다. 중국의 『천록식여天祿識餘』에 고려의 상추는 질이 매우 좋아 고려사신이 가져온 상추종자는 천금을 주어야 얻을 수 있다 해서 천금채라 하였다고 기록되어 있다. 조선시대 『용재총화』1439~1504에 채소나 과일은 모두 땅에 맞는 것을 심어야 이利를 얻을 수 있다. 왕십리에는 무청, 배추, 청파와 노원에는 토란, 이태원에는 홍아紅芽 심기를 좋아한다. 충청도에는 마늘, 전라도에는 생강 심기를 좋아한다고 하였으며, 『도문대작』1611에 동과는 충주, 죽순, 무는 전라도, 원추리는 의주, 토란은 전라, 경상도, 표고버섯은 제주에서 생산된 것이 아름답고, 오대산, 태백산에도 있다고 지역특산품을 알리고 있다. 고사리, 아욱, 콩잎, 미나리, 배추, 송이버섯, 참버섯 등은 곳곳에서 나는 것이 모두 좋다 하였다. 『원행을묘정리의궤』1795의 궁중 일상식에 나오는 나물은 박고지, 미나리, 도라지, 무순, 죽순, 움파, 오이, 물쑥, 녹두길음, 동과 등이다. 『물명고』1830년경에 부추, 마늘, 콩나물, 참외, 천금채, 쑥갓 등이 기록되어 있다. 『동국세시기』1849에는 박고지, 표고버섯, 순무, 무 등을 저장하는데, 이것을 진채陳菜, 묵은나물라 하여 정월 대보름에 나물로 먹고, 외꼭지, 가지고지, 시래기 등도 말려두었다가 삶아서 먹으면 더위를 먹지 않는다고 하였다.

또한 콩과 녹두를 발아시켜 나물로 쓰는 콩나물, 녹두나물 등이 있다. 『산림경제』1715에는 『거가필용』, 『한정록』을 인용하여 녹두나물 기르는 법을 설명하였다. 녹두나물을 숙주나물이라 하는 이유는 『조선무쌍신식요리제법』1943에 '숙주라는 것은 세조 때 신숙주가 여러 신하를 고변하여 죽인 고로 미워하여 이 나물을 숙주라 한 것이라 하였고, 『조선문화총화』1946에 숙주나물은 잘 쉰다. 따라서 신숙주의 변절을 숙주나물의 변패에 비겨서 숙주라 하였다는 속설도 있다. 『만기요람』1808에도 속설로 숙주는 신숙주에서 온 것이라고 하였다.

나물은 조리법에 따라 숙채熟菜, 숙채나물와 생채生菜, 생채나물 그리고 골동채骨董菜로 나눌 수 있다. 나물을 데치거나, 삶거나, 찌거나 볶아 양념에 무친 것이 숙채이다. 데치는 나물로는 『음식디미방』1670에 동아돈채를 보면, 동아를 두부 누르미 크기로 썰어 데쳐 내어 간장과 기름을 달여 겨자, 초, 깨소금을 즙에 섞어 쓴다고 하였다. 『임원십육지』1827에 군방보를 인용하여 가지와 토란을, 『증보산림경제』1766를 인용하여 두릅, 쑥갓, 원추리를, 『산가청공』山家清供, 송나라을 인용하여 쑥을 설명하였다. 『주방문』1600년대 말에 양하나물무침을, 『시의전서』1800년대 말에 두릅나물, 가지나물, 박나물무침을 설명하였다, 삶아내는 나물로는 『임원십육지』에는 『순보』를 인용하여 죽순을 껍질째 데친 다음 충분히 삶아야 한다. 날것은 몸에 해롭다고 하였으며, 『신은』을 인용하여 대나무 새순은 끓는 물에 삶는 것이 좋고 뻣뻣한 죽순은 박하와 소금을 조금 넣고 삶으면 풀린다 하였다. 『산가청공』을 인용하여 버섯 삶는 법을 설명하였다. 『치생요람』1691에 토란을, 『시의전서』에 도라지, 더덕, 고비, 고사리나물을 삶아서 우려내어 무치는 법을 설명하였다.

볶는 나물로는 『증보산림경제』1766에 상치순을 삶은 후에 볶아내고, 『규합총서』1815, 『부인필지』1915에 호박나물을, 죽순을 데쳐서 볶는 법을 설명하였고, 『임원십육지』에 『식경』을 인용하여 가지나물을, 『시의전서』에 호박나물, 외나물, 콩나물을 설명하였다. 『조선무쌍신식요리제법』에서는 이를 '나물 볶는 법'으로 표기하였고 지금까지 이어지고 있다.

생채는 제철 채소 등을 소금에 약간 절이거나 생 것 그대로를 식초, 설탕 등의 양념으로 무친 것이다. 『증보산림경제』, 『농정회요』 등에 생채가 있다. 『다례상차림』1882에 무생채가 보이고, 『시의전서』에도 도랏생채, 외생채, 무생채 등이 설명되어 있다.

『동국세시기』에 '녹두묵을 잘게 썰고, 돼지고기, 미나리, 김을 섞고 초장을 쳐서 무친 음식을 탕평채蕩平菜라 한다'고 쓰여 있다. 『송남잡식』에 '청포에다 소고기, 돼지고기를 섞은 나물을 탕평채라 하는데, 이른바 골동채骨董菜, 잡채의 일종이다. 영조 때 송인명1689~1746이 골동채를 팔고 있는 소리를 듣고 깨닫게 되어 탕평논을 전개하고자 이 나물을 탕평채라 하였다'는 것이다. 『명물기략』1870에 '정조 때 당파사람들의 탕평을 바라는 마음에서 갖은 재료를 섞은 묵나물에 탕평채란 이름을 붙였다.'고 쓰여 있다. 권오정은 메밀묵을 채로 썰고, 고기는 제육을 잘게 썰어 양념한 후 볶은 배추김치와 무치면, 제육이 메밀묵 본맛과 조화가 되고 풍미가 좋다고 하였고, 찬 동치미국물을 먹어 가면서 먹는다는 것은 천하 일미라고 하였다. 겨울밤에 골목에서 '메밀묵 사려!'를 외치던 소리는 추억 속으로 사라져 가고 있다. 『옹희잡지』1800년대 초에 흉년에 산속의 유민들이 도토리가루를 맑게 걸러내어 청포처럼 묵을 만드는데, 맛도 담담하지만 능히 배고픔을 달랠 수 있다 하였고, 『오주연문장전산고』1850에는 도토리묵 만들기에 대하여 설명하고 있다. 『도문대작』1611에 우무는 우뭇가사리한천, 寒天를 끓여 식히면 묵처럼 엉긴다고 하였다. 『임원십육지』에 우무묵을 수정회水晶膾라 하였고 우무, 두부, 메밀묵, 녹두묵, 도토리묵 등을 소채묵 형태의 채소라 하였다.

나물의 쓰임새는 다양하여 『증보산림경제』에, 미나리탕, 아욱갱, 송이구이, 『음식디미방』에 동아갱, 가지찜, 외찜, 연근전, 『수문사설』에 열구자탕, 『음식보』에 외찜, 가지찜, 『임원십육지』에 『어우야담』을 인용한 송이구이 등은 우리 음식의 거의 모든 조리법에서 이용되고 있다.

나물의 종류

생 채

생채는 제철 채소 등을 소금에 살짝 절이거나 날것 그대로를 양념으로 무친다. 양념은 간장 양념, 고춧가루, 고추장 양념 등이 쓰인다.

- 노각생채 : 노각오이를 편으로 썰어 절인 후 양념으로 무친 생채이다.
- 오이생채 : 오이를 둥글납작하게 썰어 절인 후 양념으로 무친 생채이다.
- 무생채 : 무를 채 썰어 절인 후 양념으로 무친 생채이다.
- 도라지생채 : 도라지를 채 썰어 양념으로 무친 생채이다.
- 더덕생채 : 더덕을 가늘게 찢어 양념으로 무친 생채이다.
- 돌미나리생채 : 돌미나리를 양념으로 무친 생채이다.
- 배추겉절이 : 배추를 절인 후 양념으로 무친 생채이다. 생절이라고 한다.
- 상추생채 : 상추를 양념으로 무친 생채이다.
- 실파무침파장과 : 실파를 양념으로 무친 생채이다.
- 파래무침 : 파래를 무생채와 함께 초간장 양념 등으로 무친 생채이다.

숙 채

숙채는 채소 등을 데치거나 삶아내어 양념으로 무치거나 볶아 익히면서 양념을 한다. 양념은 간장 양념, 된장 양념, 고추장 양념 등이 쓰인다.

- 가지나물 : 가지를 쪄서 양념으로 무친 나물이다.
- 고들빼기나물 : 고들빼기를 삶아내어 양념으로 무친 나물이다.
- 고춧잎나물 : 고춧잎을 삶아내어 양념으로 무친 나물이다.
- 고구마줄기나물 : 고구마줄기를 삶아내어 양념과 함께 볶아 익힌 나물이다.
- 고사리나물 : 고사리를 삶아내어 양념과 함께 볶아 익힌 나물이다.
- 개두릅나물 : 엄나무순두릅을 데쳐내어 양념으로 무친 나물이다.

ı 나물의 종류 ı

구 분	내 용
생 채	노각생채, 오이생채, 무생채, 도라지생채, 더덕생채, (돌)미나리생채, 배추겉절이, 상추생채, 실파무침(파장과), 파래무침,
숙 채	가지나물, 고구마줄기나물, 고들빼기나물, 고사리나물, 고춧잎나물, (개)두릅나물, 냉이나물, 노각나물(황과채), 느타리버섯나물, 도라지나물, 머위대나물, 무나물, 미나리나물, 박나물, 비름나물, 숙주나물, 시금치나물, 시래기나물, 싸리버섯나물, 애호박(눈썹)나물, 외꽃버섯나물, 참나물, 취나물, 콩나물
골동채	잡채, 겨자채, 대하잣즙채, 밀쌈, 월과채, 죽순채, 족편채, 도토리묵무침, 메밀묵무침, 탕평채

- 냉이나물 : 냉이를 데쳐내어 양념으로 무친 나물이다.
- 노각나물황과채 : 노각 오이를 편 썰어 절인 후 양념과 함께 볶아 익힌 나물이다.
- 느타리버섯나물 : 느타리버섯을 데쳐내어 양념과 함께 볶아 익힌 나물이다.
- 도라지나물 : 도라지를 삶아내어 양념과 함께 볶아 익힌 나물이다.
- 머위대나물 : 머위대를 삶아내어 들깨가루물과 함께 볶아 익힌 나물이다.
- 무나물 : 무를 채 썰어 절인 후 양념과 함께 볶아 익힌 나물이다.
- 미나리나물 : 미나리를 데쳐내어 양념으로 무친 나물이다.
- 박나물 : 박을 편 썰어 볶아 익힌 나물이다. 소고기를 섞어 쓰기도 한다.
- 비름나물 : 비름을 데쳐내어 양념으로 무친 나물이다.
- 숙주나물 : 숙주를 찌거나 삶아내어 양념으로 무친 나물이다.
- 시금치나물 : 시금치를 데쳐내어 양념으로 무친 나물이다.
- 시래기나물 : 시래기를 삶아내어 양념과 함께 볶아 익힌 나물이다.
- 싸리버섯나물 : 싸리버섯을 삶아내어 볶아 익힌 나물이다. 소고기를 섞어 쓰기도 한다.
- 애호박눈썹나물 : 애호박을 편이나 반달모양으로 썰어서 새우젓 양념 등과 함께 볶아 익힌 나물이다. 애호박을 길게 반으로 갈라 속을 긁어내고 썰면 눈썹모양이 되어 눈썹나물이라고 한다.
- 외꽃버섯나물 : 마른 외꽃버섯을 불려서 양념과 함께 볶아 익힌 나물이다.
- 참나물 : 참나물을 데쳐내어 양념으로 무친 나물이다.
- 취나물 : 취나물을 삶아내어 양념으로 무치거나 볶아 익힌 나물이다.
- 콩나물 : 콩나물을 찌거나 삶아내어 양념으로 무친 나물이다.

골동채

여러 가지 채소를 대부분 볶아 익히고, 익힌 고기, 어패류 등을 양념으로 섞어 무친다. 양념은 간장 양념, 고춧가루 양념, 겨자 양념 등이 쓰인다.

- 잡채 : 소고기와 여러 가지 채소를 볶아 익히고, 삶은 당면을 섞어 무친 나물이다.
- 겨자채 : 양배추, 당근, 오이, 배, 밤 등은 날 것으로 하고, 고기, 어패류 등은 익혀서 겨자장으로 무친 냉채이다.
- 대하잣즙채 : 오이, 죽순을 볶아 익히고 대하를 쪄서 편육과 함께 잣즙으로 섞어 무친 음식이다.
- 밀쌈 : 밀전병에 고기와 채소를 볶아 익힌 소를 말아 싼 나물이다.
- 월과채 : 애호박, 소고기, 버섯 등을 볶아 익히고 찹부꾸미를 섞어 무친 나물이다. 월과는 월나라에서 재배한 채과(참외의 변종)를 뜻하나 우리는 애호박을 대신 사용하고 있다.
- 죽순채 : 죽순을 소고기, 버섯 등과 함께 볶아 익힌 나물이다.

- 족편채 : 당근, 미나리, 숙주, 양파, 버섯 등을 볶아 익히고 족편을 섞어 겨자장으로 무친 음식이다.
- 도토리묵무침 : 도토리묵에 오이, 풋고추 등을 썰어 넣어 양념장으로 무친 묵무침이다.
- 메밀묵무침 : 메밀묵에 배추김치를 썰어 넣거나 배추김치를 볶아 익혀 무친 묵무침이다.
- 탕평채 : 청포묵을 볶은 소고기, 숙주, 미나리 등과 함께 초간장으로 무친 묵무침이다.

나물의 기본조리법

세정방법

세정은 채소를 잠시 담가 두어 흙, 오물 등이 가라앉으면 건져 충분한 물에서 헹구거나 흐르는 물에서 씻는다.

식물조직이 손상되어 풋냄새나 풍미를 잃지 않도록 마찰에 주의한다.

오이 등 굴곡이 있는 식품은 0.1% 정도 중성세제용액으로 문질러 씻는다.

채소 절임

절이는 목적은 주재료에 알맞게 간을 배게 하고 수분을 적게 하여 부피를 줄이며 불미성분을 제거하기 위함이다. 또한 씹힘성을 갖게 하며 조직을 부드럽게 하여 양념과 혼합을 쉽게 한다.

절임 시 소금농도와 절임시간에 유의한다. 짜게 오래 절이면 식물조직에서 수분이 많이 빠져나가고 섬유소만 남게 되어 짜고 맛없는 질긴 나물이 된다.

채소 데치기

채소를 익히는 것은 세포벽에 함유된 펙틴이 분해, 용해되어 단단한 조직이 연화되고, 쓴맛, 떫은맛 등 불미 성분이 제거되며 조미료의 침투 등이 쉽게 일어나서 맛있고, 먹기 쉬우며, 소화흡수를 돕기 때문이다. 푸른 잎을 삶을 때는 1% 정도의 소금물을 사용하면 변색이나 맛 성분의 용출을 막을 수 있으며, 약간의 중조를 사용하면 푸른 잎을 더욱 푸르게 하고 조직을 무르게 하여 고사리 등을 삶을 때 빨리 부드러워진다.

양념과 무치기

- **생채나물의 양념** : 기름, 깨소금은 제한하며 식초, 설탕을 넉넉히 사용하여 산뜻한 맛을 갖도록 한다.
- **숙채나물의 양념** : 향신양념을 적게 사용하고 깨소금, 참기름, 들기름은 넉넉히 사용한다.

양념은 먹기 직전에 혼합한다. 무쳐서 오래 두면 재료에서 수분이 나와 맛이 없고 질겨진다.

무생채 15분

무를 채 썰어 절인 후 양념으로 무친 생채이다.

재료 및 분량

무(길이 7cm) 100g
고춧가루 10g

양념
설탕 1큰술, 식초 1큰술, 다진 파 ½작은술, 다진 마늘 ¼작은술, 다진 생강 약간, 소금·깨소금 약간

만드는 방법

1 **무 손질하기** 무는 0.2×0.2×6cm로 일정하게 채 썬다. 70g 이상을 준비한다.

2 **양념 준비하고 무치기** 고춧가루는 체에 내리고 파, 마늘, 생강은 곱게 다져 양념을 만든다. 채 썬 무는 고운 고춧가루를 넣어 약간 붉게 물을 들인 후 내기 직전에 나머지 양념을 넣어 가볍게 무쳐낸다.

노각생채

노각오이를 편으로 썰어 절인 후 양념으로 무친 생채이다.

재료 및 분량

노각오이 200g
소금 적량

양념
고추장 ½큰술, 고운 고춧가루 ½큰술, 설탕 1큰술, 식초 1큰술, 다진 파 ½작은술, 다진 마늘 ¼작은술, 깨소금 약간

만드는 방법

1 **노각 손질하기** 노각은 껍질을 벗긴 후 반으로 쪼개어 속을 긁어내고 편 썰어 소금을 뿌려 절인 후 헹구어 물기를 짠다.

2 **양념 준비·무치기** 파, 마늘은 곱게 다져 양념을 만들고, 노각에 넣어 무친다.

더덕생채 20분

더덕을 가늘게 찢어 양념으로 무친 생채이다.

재료 및 분량

통더덕 3개
소금 5g

양념
고춧가루 1작은술, 설탕 1작은술, 식초 1작은술, 다진 파 1작은술, 다진 마늘 ½작은술, 깨소금 ½작은술

만드는 방법

1 **더덕 손질하기** 더덕은 껍질을 돌려가며 벗긴 후 반으로 갈라 소금물에 담가 쓴맛을 우려낸 다음 면포에 물기를 짜고 밀대로 두들겨 편 후 꼬치를 이용해 길이 5cm 정도로 가늘고 길게 찢는다.

2 **양념 준비 · 무치기** 파, 마늘은 곱게 다져 양념을 만들고 더덕에 양념을 넣어 무친다.

도라지생채 15분

도라지를 채 썰어 양념으로 무친 생채이다.

재료 및 분량

통도라지 3개
소금 5g

양념
고추장 ½큰술, 고춧가루 ½큰술, 설탕 2작은술, 식초 2작은술, 다진 파 ½작은술, 다진 마늘 ¼작은술, 깨소금 약간

만드는 방법

1 **도라지 손질하기** 도라지는 껍질을 벗겨 길이 0.3×0.3×6cm로 일정하게 썰어 소금으로 주물러 물에 씻어 쓴맛을 없애고 물기를 짠다.

2 **양념 만들기 · 무치기** 파, 마늘은 곱게 다져 고추장 양념을 만들고 도라지에 양념을 넣어 무친다.

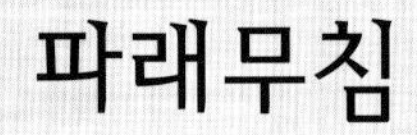

파래무침

파래를 무생채와 함께 초간장 양념 등으로 무친 생채이다.

재료 및 분량

파래 100g
소금(절임용) 적량
무 50g
실파 3개
실고추 · 통깨 약간

초간장
간장 ½큰술, 설탕 · 식초 1큰술

만드는 방법

1 재료 준비하기 파래는 소금으로 주물러 씻어 헹군 후 물기를 짠다. 무는 5cm 정도로 채 썬다. 실파는 송송 썬다.

2 양념 만들기 간장, 설탕, 식초로 초간장을 만든다.

3 무치기 파래와 무에 양념을 넣어 무치고 실파, 실고추, 통깨를 넣어 섞는다.

실파무침 파장과

실파를 양념으로 무친 생채이다.

재료 및 분량

실파 100g
홍고추 · 통깨 약간

양념
고춧가루 1작은술, 간장 1큰술, 참기름 ½작은술, 물 약간

만드는 방법

1 재료 손질하기 실파는 다듬어 씻어서 2cm 정도로 자르고 홍고추는 굵게 다진다.

2 양념 만들기 간장과 고춧가루로 양념을 만든다.

3 무치기 실파에 양념과 홍고추, 통깨를 넣어 무친다.

가지나물

가지를 쪄서 양념으로 무친 나물이다.

재료 및 분량

가지 300g

양념

간장 1큰술, 다진 파 2작은술, 식초 · 다진 마늘 · 참기름 · 깨소금 1작은술

만드는 방법

1 가지 손질하기 가지는 길이로 반을 갈라 찐 다음 알맞게 찢는다.

2 양념 만들기 파, 마늘은 곱게 다져 양념을 만든다.

3 무치기 가지에 양념을 넣어 무친다.

비름나물

비름을 데쳐내어 양념으로 무친 나물이다.

재료 및 분량

비름 300g

양념

고추장 1작은술, 된장 1큰술, 다진 파 2작은술, 다진 마늘 1작은술, 참기름 1작은술, 깨소금 1작은술

만드는 방법

1 비름 손질하기 비름을 삶아 찬물에 헹구어 물기를 짠다.

2 양념 준비 · 무치기 파, 마늘은 곱게 다져 양념을 만들고 비름에 넣어 무친다.

비름나물

고들빼기나물

고들빼기를 삶아내어 양념으로 무친 나물이다.

재료 및 분량

고들빼기(씀바귀) 300g

양념

고추장 1큰술, 된장 1큰술, 설탕 1작은술, 식초 1큰술, 다진 파 2작은술, 다진 마늘 1작은술, 참기름 1작은술, 깨소금 1작은술

만드는 방법

1 고들빼기 손질하기 고들빼기는 잔털을 긁어 씻고 삶아 헹구어 물기를 짠다.

2 양념 준비 · 무치기 파, 마늘은 곱게 다져 양념을 만들고 고들빼기에 넣어 무친다.

가지나물

고들빼기나물

무나물

무를 채 썰어 절인 후 양념과 함께 볶아 익힌 나물이다.

재료 및 분량

무 300g
소금(절임용) 적량
물(육수) 3큰술
식용유 적량

양념

다진 파 1큰술, 다진 마늘 1작은술, 다진 생강(즙) 1작은술, 참기름 1작은술, 깨소금 ½작은술, 소금 약간

만드는 방법

1 **무 손질하기** 무는 채 썰어 소금을 뿌려 잠깐 절인 후 물은 버린다.

2 **양념 준비 · 익히기** 파, 마늘, 생강은 곱게 다져 양념을 만든다. 냄비에 기름을 두르고 무와 파, 마늘, 생강, 물을 넣고 뚜껑을 덮어 익힌 후 참기름, 깨소금을 넣어 뒤적인다.

무를 살짝 절인 후에 익히면 부서지지 않으며, 절인 후의 물은 무(가을무)의 맛에 따라 사용하기도 하고 쓴 무의 경우는 버린다.

고사리나물

고사리를 삶아내어 양념과 함께 볶아 익힌 나물이다.

재료 및 분량

고사리(삶은) 300g
물(육수) 3큰술
식용유 1큰술

양념

간장 1큰술, 다진 파 1큰술, 다진 마늘 1작은술, 참기름 1작은술, 깨소금 ½작은술,

만드는 방법

1 **고사리 손질하기** 고사리는 단단한 부분은 버리고 2~3등분 한다.

2 **양념 준비 · 볶기** 파, 마늘은 곱게 다져 양념을 만든다. 달군 번철에 기름을 두르고 고사리를 볶다가 물을 넣어 뚜껑을 덮고, 무르게 익힌 후 양념을 넣어 잠시 더 볶는다.

마른 고사리 삶는 법

1. **불리기** 마른 고사리는 물에 충분히 담가 불린다.
2. **삶기** 무르게 푹 삶는다.
3. **우려내기** 물에 담가 쓴맛을 우려낸다.

도라지나물

도라지를 삶아내어 양념과 함께 볶아 익힌 나물이다.

재료 및 분량

도라지 300g
소금 적량
물(육수) 3큰술
식용유 적량

양념

다진 파 1큰술, 다진 작은술, 참기름 1작은술, 깨소금 ½작은술, 소금 약간

만드는 방법

1 **도라지 손질하기** 도라지는 굵은 것은 먹기 좋은 크기로 자른다. 소금을 넣어 주물러 쓴맛을 없애고 부드럽게 하여 물에 헹구어 물기를 짠다.

2 **양념 준비 · 볶기** 파, 마늘은 곱게 다져 양념을 만든다. 달군 번철에 기름을 두르고 도라지를 볶다가 물을 넣어 뚜껑을 덮고, 타지 않게 무르게 익힌 후 양념을 넣어 잠시 더 볶는다.

박나물

박을 편 썰어 볶아 익힌 나물이다. 소고기를 섞어 쓰기도 한다.

재료 및 분량

박 300g
소금 약간
물 3큰술
식용유 1큰술

양념
다진 파 1큰술, 다진 마늘 1 작은술, 참기름 1작은술, 깨소금 ½작은술, 소금 약간

만드는 방법

1 박 손질하기 어린 박을 반으로 쪼개어 속을 꺼내고 껍질을 벗겨 5cm 정도로 도톰한 편으로 썬다. 소금을 뿌려 잠깐 절인 후 물기를 짠다.

2 양념 준비 · 볶기 파, 마늘은 곱게 다져 양념을 만든다. 달군 번철에 기름을 두르고 박을 넣어 볶다가 물을 넣어 뚜껑을 덮고 무르게 익힌 후 양념을 넣어 잠시 더 볶는다.

머위대나물

머위대를 삶아내어 들깨가루물과 함께 볶아 익힌 나물이다.

재료 및 분량

머위대 300g
마른 보리새우 20g
홍고추 1개
식용유 적량

들깨가루물
쌀가루 1큰술, 들깨가루 ¼컵, 물(육수) ½컵

양념
간장 1큰술, 다진 파 2작은술, 다진 마늘 · 참기름 · 깨소금 1작은술

만드는 방법

1 재료 준비하기 머위대는 끓는 물에 삶은 후 껍질을 벗기고 먹기 좋은 크기로 썬다. 홍고추는 채 썬다.

2 양념 만들기 파, 마늘은 곱게 다져 양념을 만든다.

3 볶기 달군 번철에 기름을 두르고 머위대를 넣고 뚜껑을 덮어 무르게 익힌 후 양념과 새우를 넣어 볶다가 들깨가루 물을 넣어 뒤적이며 익힌다.

외꽃버섯나물

마른 외꽃버섯을 불려서 양념과 함께 볶아 익힌 나물이다.

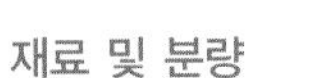

재료 및 분량

마른 외꽃버섯 20g
식용유 적량

양념
간장 · 다진 마늘 · 참기름 · 깨소금 1작은술, 다진 파 2작은술

만드는 방법

1 외꽃버섯 손질하기 외꽃버섯은 물에 담가 불려 헹군 후 물기를 짠다.

2 볶기 달군 번철에 기름을 두르고 외꽃버섯을 볶아 익힌 후 양념을 넣어 잠시 더 볶는다.

외꽃버섯은 물에 불리면 4배가 된다.

애호박눈썹나물

애호박을 편이나 반달모양으로 썰어서 새우젓 양념 등과 함께 볶아 익힌 나물이다. 애호박을 길게 반으로 갈라 속을 긁어내고 썰면 눈썹모양이 되어 눈썹나물이라고 한다.

재료 및 분량

애호박 1개(250g)
소금 적량
홍고추 ½개
풋고추 ½개
실파 5개
물 3큰술
식용유 적량

양념
다진 파 1큰술, 다진 마늘 1 작은술, 새우젓 2작은술, 참기름 1작은술, 깨소금 ½작은술, 소금 약간

만드는 방법

1 재료 준비하기 애호박은 씻어서 0.7cm 두께의 편으로 썰어 소금을 뿌려 잠깐 절인 후 헹구어 물빼기를 한다. 실파는 송송 썰고 풋고추와 홍고추도 실파와 비슷하게 썬다. 새우젓은 다져서 양념을 만든다.

2 볶기 달군 번철에 기름을 두르고 호박과 양념을 넣어 볶다가 물을 넣어 익히고 고추와 실파를 넣어 잠시 더 볶는다.

겨자채 35분

양배추, 당근, 오이, 배, 밤 등은 날것으로 하고, 고기, 어패류 등은 익혀서 겨자장으로 무친 냉채이다.

재료 및 분량

양배추 50g
오이 ⅓개
당근 50g
소고기(살코기) 50g
배(50g) ⅙개
밤(중, 깐 것) 2개
달걀 1개
잣(깐 것) 5알
겨자가루 6g
설탕 20g

겨자즙
숙성된 겨자 1작은술, 물(육수) 1큰술, 설탕 1큰술, 식초 2작은술, 식용유 ½큰술, 간장 · 소금 약간

만드는 방법

1 숙육 준비 · 겨자 숙성하기 소고기는 끓는 물에 덩어리째 삶아 익으면 면포에 싸서 모양을 잡아 눌러 식힌다. 겨자가루는 따뜻한 물로 되직하게 개어 고기 삶는 냄비뚜껑에 엎어 10분 정도 숙성시킨다.

2 재료 준비하기 채소와 배, 삶은 고기, 지단의 크기는 폭 1cm, 길이 4cm, 두께 0.3cm로 일정하게 썬다. 양배추, 오이, 당근은 썰어 찬물에 담근다. 밤은 모양대로 납작하게 편으로 썰어 배와 함께 옅은 설탕물에 담근다. 달걀은 황 · 백 지단을 0.3cm 두께로 부쳐 같은 크기로 썬다.

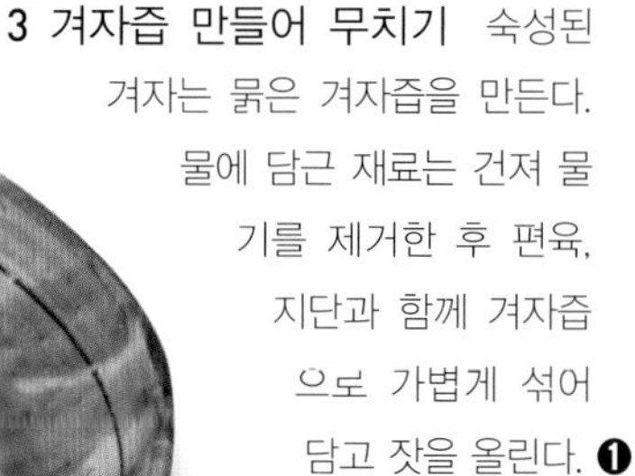

3 겨자즙 만들어 무치기 숙성된 겨자는 묽은 겨자즙을 만든다. 물에 담근 재료는 건져 물기를 제거한 후 편육, 지단과 함께 겨자즙으로 가볍게 섞어 담고 잣을 올린다. ❶

해물겨자채

잡 채 35분

소고기와 여러 가지 채소를 볶아 익히고, 삶은 당면을 섞어 무친 나물이다.

재료 및 분량

당면 20g
소고기(7cm) 30g
마른 표고버섯(불린 것) 1개
목이버섯(불린 것) 2개
양파 50g
오이 1/3개
당근(중) 50g
숙주(생) 20g
도라지 1개
달걀 1개
대파(흰 부분, 4cm) 1토막
마늘(중, 깐 것) 2쪽
간장 20mL
소금 15g
참기름 5mL
깨소금 5g
설탕 10g
식용유 50mL

소고기 · 표고버섯 양념
간장 1작은술, 설탕 ½작은술, 다진 파 ½작은술, 다진 마늘 ¼작은술, 참기름 ⅛작은술, 깨소금 ⅛작은술, 후춧가루 약간

당면 양념
간장 1작은술, 설탕 ½작은술, 참기름 1작은술

만드는 방법

1 당면 불리기 당면은 물에 담가 불린다.

2 재료 준비하기 당근, 오이는 0.3×0.3×6cm로 채 썰어 소금을 뿌려 잠깐 절인 후 물기를 짠다. 도라지도 같은 크기로 썰어 소금으로 주물러 씻어 헹군다. 숙주는 머리, 꼬리를 다듬어 데쳐서 소금, 참기름으로 밑간한다. 양파는 같은 굵기의 결 방향으로 채 썰고 파, 마늘은 다진다. 소고기와 표고버섯은 채 썰어 양념하고, 목이버섯은 찢어서 간장, 참기름으로 밑간한다. 당면은 삶아 헹구어 적당한 길이로 잘라 밑간한다.

3 지단 · 볶기 달걀은 황 · 백 지단을 0.2cm 두께로 부쳐 0.2×4cm로 채 썬다. 달군 번철에 기름을 두르고 도라지, 양파, 오이, 당근, 소고기, 표고버섯, 목이버섯 순으로 각각 다진 파, 마늘을 약간씩 넣으면서 볶아서 식히고 당면을 볶는다. 볶은 재료는 모두 고루 섞어 간장, 설탕, 깨소금으로 간을 맞추어 그릇에 담고 황 · 백 지단을 얹는다.

밀쌈

밀전병에 고기와 채소를 볶아 익힌 소를 말아 싼 나물이다.

재료 및 분량

소고기 50g
마른표고버섯 5개
석이버섯 3개
당근 50g
오이 · 달걀 1개
다진 파 · 다진 마늘 · 간장 · 참기름 약간
식용유 적량

밀전병
밀가루 · 물 1컵, 소금 약간

소고기 양념
간장 1작은술, 설탕 · 다진 파 ½작은술, 다진 마늘 ¼작은술, 참기름 · 깨소금 ⅛작은술, 후춧가루 약간

만드는 방법

1 **밀전병 준비 · 버섯 불리기** 밀가루는 소금과 물을 넣어 멍울이 없도록 잘 풀어서 체에 내린다. 표고버섯은 물에 담가 불리고 석이버섯은 뜨거운 물에 담근다.

2 **재료 준비하기** 당근과 오이는 5cm로 곱게 채 썰어 소금을 뿌려 살짝 절인 후 물기를 짠다. 소고기도 같은 크기로 채 썰어 양념한다. 표고버섯은 기둥을 제거하여 채 썰고, 석이버섯도 채 썰어 간장, 참기름으로 각각 양념한다.

3 **밀전병 지지기** 밀가루 반죽은 번철에 기름을 바르듯 두르고 약한 불에서 지름 6cm의 얇은 밀전병을 부치거나 또는 크게 부친다. 달걀은 황 · 백 지단을 부쳐 길이 5cm로 채 썬다.

4 **볶기** 달군 번철에 기름을 두르고 오이, 당근, 소고기, 표고버섯, 석이버섯 순으로 각각 다진 파, 마늘을 약간씩 넣으면서 볶는다.

5 **말아 싸기** 작은 밀전병은 소를 넣어 말아 싸고 큰 밀전병은 말아 싼 후 한입 크기로 썬다.

탕평채 35분

청포묵을 볶은 소고기, 숙주, 미나리 등과 함께 초간장으로 무친 묵무침이다.

재료 및 분량

청포묵(길이 6cm) 150g
소고기(길이 5cm) 20g
숙주 20g
미나리(줄기 부분) 10g
달걀 1개
김 ¼장
참기름 5mL
소금 5g
식용유 10mL

소고기양념
간장 ½작은술, 설탕 ¼작은술, 다진 파 ¼작은술, 다진 마늘 ⅛작은술, 참기름, 깨소금 약간, 후춧가루 약간

초간장
간장 1작은술, 설탕 1작은술, 식초 1작은술

만드는 방법

1 **재료 준비하기** 청포묵은 길이 0.4×0.4×6cm로 썰고, 미나리는 줄기 부분을, 숙주는 머리, 꼬리를 다듬어 씻는다. 끓는 물에 묵, 미나리, 숙주 순으로 데쳐 헹구어 물 빼기를 한 후 미나리는 5cm로 썰고, 각각 소금, 참기름으로 밑간을 한다. 소고기는 길이 4~5cm로 곱게 채 썰고 파, 마늘을 곱게 다져 양념한다.

2 **지단 · 볶기** 달걀은 황 · 백 지단을 부쳐 4cm 길이로 채 썬다. 소고기는 볶고 김은 구워 부순다. 준비한 재료를 모두 섞어 초간장으로 무쳐 담고, 지단과 김을 얹는다.

월과채

애호박, 소고기, 버섯 등을 볶아 익히고 찰부꾸미를 섞어 무친 나물이다. 월과는 월나라에서 재배한 채과(참외의 변종)를 뜻하나 우리는 애호박을 대신 사용하고 있다.

재료 및 분량

애호박 300g
소고기 100g
마른 표고버섯 3개
느타리버섯 50g
잣가루 · 다진 마늘 1작은술
다진 파 2작은술
소금 · 참기름 약간
식용유 적량
찹쌀가루 반죽(찹쌀가루 1컵, 끓는 물 3큰술, 소금 약간)

소고기 양념
간장 2작은술, 설탕 · 다진 파 1작은술, 다진 마늘 ½작은술, 참기름 · 깨소금 ¼작은술, 후춧가루 약간

표고버섯 양념
간장 1작은술, 참기름 ½작은술

만드는 방법

1 재료 준비하기 애호박은 길게 반으로 잘라 속을 숟가락으로 긁어낸 후 편으로 썰어 소금을 뿌리고 잠깐 절인 후 헹구어 물기를 짠다. 표고버섯은 물에 담가 불린다. 소고기는 채 썰어 양념하고 표고버섯은 기둥을 제거한 다음 채 썰어 양념한다. 느타리버섯은 데쳐서 찢는다. 찹쌀가루는 익반죽하여 납작하게 한입 크기로 빚는다.

2 볶기 달군 번철에 기름을 두르고 찹쌀반죽 양면을 지진다. 느타리버섯, 소고기, 표고버섯 순으로 파, 마늘을 넣어 볶은 후 고루 섞어 간을 맞추고 그릇에 담아 잣가루를 뿌린다.

죽순채

죽순을 소고기, 버섯 등과 함께 볶아 익힌 나물이다.

재료 및 분량

죽순(통조림) 300g
소고기(우둔) · 숙주 100g
마른 표고버섯 3개
석이버섯 1개
미나리 50g
홍고추 1개
달걀 1개
간장 · 참기름 약간
식용유 적량

소고기 · 표고버섯 양념
간장 2작은술, 설탕 · 다진 파 1작은술, 다진 마늘 ½작은술, 참기름 · 깨소금 ¼작은술, 후춧가루 약간

양념
국간장 · 설탕 · 식초 1큰술, 깨소금 2작은술, 다진 파 · 다진 마늘 약간

만드는 방법

1 재료 준비하기 석이버섯은 뜨거운 물에 담그고 표고버섯은 물에 담가 불린 후 기둥을 제거하여 채 썰고, 소고기는 채 썰어 양념한다. 숙주는 머리, 꼬리를 다듬어 데쳐 헹구고 미나리는 줄기 부분을 데쳐 헹군 후 4cm로 썬다. 죽순은 5cm 길이로 편 썬다. 홍고추는 반으로 갈라 같은 길이로 채 썬다. 석이버섯은 비벼 씻고 곱게 채 썰어 살짝 볶는다.

2 볶기 달걀은 황 · 백 지단을 부쳐 채 썰고, 숙주, 죽순, 미나리, 홍고추, 소고기, 버섯 순으로 볶은 후 양념을 넣어 무친다. 그릇에 담아 지단과 석이버섯채를 얹는다.

봄철에 생죽순은 쌀뜨물에 삶아 아린 맛을 우려낸다.

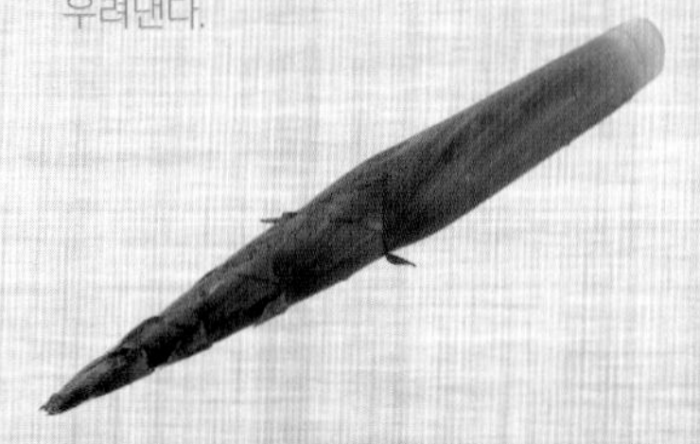

대하잣즙채

오이, 죽순을 볶아 익히고 대하를 쪄서 편육과 함께 잣즙으로 섞어 무친 음식이다.

재료 및 분량

대하 4마리
소고기(사태) · 오이 · 삶은 죽순(통조림) 100g
소금 약간
식용유 적량

향신채소
대파 ½대, 마늘 5쪽, 양파 ½개, 통후추 약간

잣즙
잣가루 4큰술, 새우국물 ⅓컵, 참기름 ½작은술, 소금 · 후춧가루 약간

만드는 방법

1 재료 준비 · 잣즙 만들기 사태는 찬물에 담가 핏물을 빼고 향신채소와 함께 무르게 삶아 식힌 후 얇게 썬다. 대하는 머리를 떼고, 껍질은 벗긴다. 등 쪽에 내장을 꼬치로 꺼내어 찐 후 길게 반으로 가른다. 머리는 물을 붓고 끓여 새우국물을 준비한 후 잣을 넣고 갈아서 잣즙을 만든다.
오이는 반달모양으로 편 썰어 소금을 뿌려 잠깐 절인 후 물기를 짠다. 죽순은 모양을 살려 썬다.

2 볶기 죽순, 오이 순으로 볶아 식힌 후 새우, 사태, 잣즙을 넣어 무친다.

족편채

당근, 미나리, 숙주, 양파, 버섯 등을 볶아 익히고 족편을 섞어 겨자장으로 무친 음식이다.

재료 및 분량

족편 150g
편육 70g
미나리 · 숙주 · 양파 100g
당근 50g
마른 표고버섯 · 석이버섯 3개
달걀 1개
잣가루 1큰술
소금 · 다진 마늘 1작은술
다진 파 2작은술
겨자가루 2큰술
식용유 적량

겨자장
숙성된 겨자 1큰술, 설탕 · 식초 · 물(배즙) 3큰술, 유자청 2큰술, 소금 약간

만드는 방법

1 재료 준비 · 겨자장 만들기 표고버섯은 물에 담가 불리고 석이버섯은 뜨거운 물에 담근다. 겨자가루는 온수를 섞은 후 따뜻한 곳에 두어 숙성시킨 다음 겨자장을 만든다.
족편과 편육은 2×4cm 정도로 얇게 저민다. 미나리는 줄기 부분을 데쳐 헹구어 4cm로 썬다. 숙주는 머리와 꼬리를 다듬고, 당근은 4cm 길이로 채 썰어 각각 살짝 데친 후 헹구어 물빼기를 한다.
표고버섯은 채 썰고 석이버섯은 곱게 채 썬다. 양파는 결방향으로 채 썰며 파, 마늘은 다진다.
달걀은 황 · 백 지단을 부쳐 4cm 길이로 채 썬다.

2 볶기 달군 번철에 기름을 두르고 숙주, 양파, 미나리, 당근, 석이버섯, 표고버섯 순으로 각각 다진 파 · 마늘을 약간씩 넣으면서 살짝 볶아 식힌다.
모든 재료에 겨자장을 넣어 무치고 그릇에 담아 황 · 백 지단, 석이버섯, 잣가루를 얹는다.

쌈

쌈은 무엇을 '싼다'는 뜻으로 밥을 싸기 편한 큰 잎의 채소로 밥과 찬을 싸서 먹는 음식이다. 밥 외에 고기나 생선회 등을 채소에 싸서 먹기도 한다. 쌈은 주로 생채로 먹는 상추쌈을 뜻하고 쑥갓, 깻잎, 호박잎 등의 채소와 산채, 미역, 다시마 등을 익혀서도 쓴다. 『시의전서』에 수록된 상추쌈, 곰취쌈은 생채소로 쓴 것이고, 『고사십이집』에 기록된 곰취쌈, 깻잎쌈은 잎을 삶거나 찐 것이다. 상추의 어원은 날로 먹을 수 있다고 하여 생채生菜가 되고 생채를 상추로 부르게 된 것으로 보인다. 그리고 『농가십이월속시』의 주에 보면 상추萵苣, 와거 : 부루를 생치, 천금채라고 하였다. 『동국세시기』에 정월 대보름날 나물 잎에 밥을 싸서 먹는데, 이것을 복쌈이라 한다고 기록되어 있다. 복쌈은 복을 싸서 먹는다는 뜻이다. 『농가월령가』에 '아기어멈 방아 찧어 들바라지 점심하소. 보리밥 파찬국에 고추장 상치쌈을…' 이 구절에서 농촌의 생활상과 정겨운 우리의 소박한 식생활상을 엿볼 수 있다.

쌈의 약사

삼국시대에 상추가 재배되었고, 이것은 중국을 통해 도입되었을 것이다. 중국의 『식료본초食療本草』, 700년경에 상추는 유럽의 온대지방과 인도 북부지방이 원산지라 하였다. 송나라의 『청이록清異錄』에 수나라581~618 때 쾌국咼國의 사자가 상추종자를 가져와서 너무 비싸게 팔았기 때문에 천금채千金菜라 하였다. 쾌국의 지역은 분명하지 않으나 히말라야 지방에 쾌족咼族이 살았다고 전한다. 고려 말 몽고군의 침입으로 원나라의 속국이 되어, 원나라에 궁녀나 시녀로 끌려간 고려 여인들이 상추를 심어 밥을 싸 먹으며 망국의 한을 달래었다. 이것을 먹어본 몽고사람들에게 인기가 높았고, 원나라 궁중에까지 퍼지게 되었다. 원나라 시인 양윤부는 고려 사람들은 생채에 밥을 싸서 먹는다 하고, 고려의 상추는 마고의 향기보다 그윽하다는 시를 읊었다 한다. 상추가 중국을 통해 우리나라에 들어왔으나 중국은 고려 상추를 천금을 주고 사들였다. 중국의 고서인 『천록식여天祿識餘』에 고려의 상추는 질이 매우 좋아 고려사신이 가져온 상추종자는 천금을 주어야 얻을 수 있다 해서 천금채라 하였다고 기록되어 있다. 복쌈을 말하면서 『동국세시기』에 '상추쌈이 제일이다' 하였다.

우리는 밥을 상추에 싸서 먹고, 중국에서는 고기, 채소를 밀가루에 싸서 먹는 만두포자가 있어서 우리나라에 전해졌다. 쌈은 일반적으로 채소류를 싸면서 먹고, 밀전병에 싸서 먹는 구절판도 있다. 최근에는 꽃상추, 치커리, 신선초 등 많은 종류의 쌈 채소가 연중 재배되고 있다.

쌈의 종류

쌈의 종류는 일반적으로 싸면서 먹는 쌈을 주로 하여 조리법별로 분류할 수 있다. 쌈을 싸는 재료는 대부분 채소류와 해조류이고 밀전병도 있다.

날 쌈

- 상추쌈 : 상추로 싸는 쌈이다. 쑥갓, 실파 등의 채소를 함께 이용한다. 쌈을 대표하는 일반적인 쌈이다.
- 깻잎쌈 : 깻잎을 날것이나 익혀서, 또는 장아찌로 싸는 쌈이다.
- 머위잎쌈 : 머위잎은 5cm 미만의 어린잎만 날것으로 이용하고 데쳐서도 싸는 쌈이다.
- 배춧잎쌈 : 배추속대로 싸는 쌈이다.
- 날다시마쌈 : 날다시마를 멸장 등으로 싸는 쌈이다.
- 명이산마늘장아찌쌈 : 명이장아찌로 싸는 쌈이다.

익힌 쌈

- 김치잎쌈 : 배추김치 잎을 헹구어 쪄서 싸는 쌈이다.
- 봄동쌈 : 겨울 또는 초봄에 봄동 배추를 날것으로, 또는 데쳐서 싸는 쌈이다.
- 양배추잎쌈 : 양배추를 쪄서 쌈장으로 싸는 쌈이다.
- 콩잎쌈 : 콩잎을 쪄서 쌈장으로 싸는 쌈이다.
- 취쌈 : 취잎을 삶아서 쌈장으로 싸는 쌈이다.
- 호박잎쌈 : 호박잎을 쪄서 쌈장으로 싸는 쌈이다.
- 김쌈 : 구운김으로 싸는 쌈이다.
- 다시마쌈 : 다시마를 불려 소금기를 없애고 데쳐서 싸는 쌈이다.
- 쇠미역쌈 : 쇠미역을 데쳐 초고추장 등으로 싸는 쌈이다.
- 칠절판구절판 : 밀전병에 볶아 익힌 나물과 고기 또는 해산물 등을 놓아 싸는 쌈이다. 담아진 재료의 수에 따라 칠절판, 구절판이라고 한다.

| 쌈의 종류 |

구 분	내 용
날 쌈	상추쌈, 깻잎쌈, 머위잎쌈, 배춧잎쌈, 날다시마쌈, 명이(산마늘)장아찌쌈
익힌 쌈	김치잎쌈, 봄동쌈, 양배추잎쌈, 콩잎쌈, 취쌈, 호박잎쌈, 김쌈, 다시마쌈, 쇠미역쌈, 칠절판(구절판)

쌈의 조리법

세척수와 담는 용기

오염이 되지 않은 깨끗한 물을 사용하고 용기의 위생관리에 유의한다.

날 것으로 이용할 경우

충분히 잠길 정도의 물에 담가 두어 흙이나 오물 등이 가라앉은 후에 흐르는 물로 씻는다. 쌈 재료를 비벼 씻으면 식물조직이 손상되어 풋냄새가 나므로 마찰에 주의한다.

익힐 경우

쌈 재료의 풍미를 잃지 않도록 데치거나 찌는 시간을 조절하고 쓴맛이 강한 재료는 삶아 우려내어 사용한다.

쌈장

쌈장은 기호에 따라 쌈 재료와 잘 어울리는 것으로 마련한다.

- 고추장 또는 막장
- 고추장, 된장을 섞은 장
- 고추장양념장, 고추장볶음
- 된장양념장, 된장볶음
- 간장양념장
- 강된장찌개
- 겨자장
- 멸장 : 멸치젓을 체에 밭친 액젓

상추쌈

상추로 싸는 쌈이다. 쑥갓, 실파 등의 채소를 함께 이용한다. 쌈을 대표하는 일반적인 쌈이다.

재료 및 분량

쌈채소
상추, 쑥갓, 실파, 깻잎, 곰취 적량

쌈장
고추장볶음, 강된장찌개, 참기름 적량

곁들임찬물
병어고추장볶음, 마른새우볶음, 굴비채, 장똑똑이

만드는 방법

1 채소 손질하기 상추, 쑥갓, 실파, 깻잎, 곰취는 흐르는 물에 2~3번 씻어 소쿠리에 담아 물기를 뺀다.

2 쌈장 만들기 고추장볶음(약고추장(p. 325)), 강된장찌개(p. 181)를 참조한다.

3 곁들임찬물 만들기 병어고추장볶음은 병어를 포를 뜬 후 1cm 정도로 썰어 냄비에 고추장양념(병어 200g, 고추장 2큰술, 간장 1작은술, 설탕 1큰술, 다진 파 1큰술, 다진 마늘 ½큰술, 다진 생강 1작은술, 물 ⅓컵)과 함께 넣고 묽게 볶아 익힌다(마른새우볶음(p. 325), 굴비채(p. 334), 장똑똑이(p. 195) 참조).

4 담기 넓은 접시나 소쿠리에 채소를 섞어 담고 쌈장과 참기름도 마련하고 찬물을 곁들인다.

칠절판 구절판 40분

칠절판

밀전병에 볶아 익힌 나물과 고기 또는 해산물 등을 놓아 싸는 쌈이다. 담아진 재료의 수에 따라 칠절판, 구절판이라고 한다.

재료 및 분량

소고기 50g
석이버섯(마른 것) 15g
오이 ½개
당근 50g
달걀 1개
밀가루(중력분) 50g
대파(흰 부분, 4cm) 1토막
마늘(중, 깐 것) 2쪽
참기름 10mL
식용유 30mL
소금 10g
밀전병(밀가루 1컵, 물 1컵, 소금 약간)

소고기 양념
간장 1작은술, 설탕 ½작은술, 다진 파 ½작은술, 다진 마늘 ¼작은술, 참기름 ⅛작은술, 깨소금 ⅛작은술, 후춧가루 약간

만드는 방법

1 밀전병 준비 · 버섯 불리기 석이버섯은 뜨거운 물에 담그고, 밀가루는 멍울이 없도록 잘 풀어서 체에 내린다.

2 재료 준비하기 당근과 오이는 0.2×0.2×5cm로 채 썰어 소금을 뿌려 잠깐 절인 후 물기를 짠다. 파, 마늘은 곱게 다지고 소고기는 같은 크기로 채 썰어 양념한다. 석이버섯은 비벼 씻어 헹군 후 곱게 채 썰어 약간의 소금, 참기름으로 밑간한다.

3 밀전병 지지기 밀가루 반죽은 번철에 기름을 바르듯 두르고 약한 불에서 지름 8cm의 얇은 밀전병 6개를 부친다. 달걀은 황 · 백 지단을 부쳐 채소와 같은 크기로 채 썬다.

4 볶기 달군 번철에 기름을 두르고 당근, 오이, 석이버섯, 소고기 순으로 각각 다진 파, 마늘을 약간씩 넣으면서 볶는다.

5 담기 그릇 중앙에 밀전병을 놓고 6가지 재료를 색의 조화를 맞추어 담는다.

구절판

구절판

구절판 재료는 해삼, 전복, 표고버섯 등을 기호에 따라 사용할 수 있다.
불린 해삼은 길이를 반으로 갈라 내장을 제거한다. 전복은 솔로 문질러 씻은 후 숟가락을 이용하여 살을 떼 내어 내장을 제거하고 살짝 데친다. 표고버섯은 기둥을 제거하여 채 썰고, 해삼, 전복도 채 썰어 간장, 참기름으로 각각 밑간하여 살짝 볶는다.

회

회는 주로 어패류와 육류를 가열하지 않은 상태의 생회를 뜻하고, 익혀서 만든 숙회가 있다. 생회는 생식품으로의 질감과 독특한 향과 맛이 있으며, 살코기로 만든 육회와 소의 내장으로 만든 갑회, 생선회, 조개회 등이 있고, 숙회는 강회와 어채 등 데쳐서 익힌 회가 있다.

회의 약사

회는 『제민요술』535에 '회로 한 생선은 한 조각의 살의 길이가 3cm 정도가 좋다'하고 『식경』1800년대에도 회에 관한 기록이 있고, 『논어』의 주에 짐승과 물고기의 날고기를 회로 먹었다 하고 있다. 『지봉유설』1613에 중국 사람은 회를 먹지 않는다. 말린 고기라도 반드시 익혀서 먹는다. 우리나라 사람이 회를 먹는 것을 보고 웃는다고 하였다. 중국에서 옛날에도 먹었던 회를 언제부터 왜 먹지 않았을까? 송나라 때 역병이 크게 유행하였고, 석탄보급으로 불을 쓰는 중국음식 형태의 화력요리가 발달하면서 회가 사라진 것으로 보인다. 현재 중국인은 회를 거의 먹지 않으나 광동성이나 복건성에서는 회를 먹고 있다. 우리나라에서는 고려 말에 몽고인을 통하여 육식을 되찾고 회도 먹게 된 것 같다. 조선시대에는 숭유주의에 따른 복고사상으로 공자가 먹었던 회를 먹는 데 거부감이 없어 육류, 어패류의 생회를 먹었다. 『증보산림경제』1766의 동치회방凍雉膾方은 겨울에 꿩을 잡아 내장을 빼고 동결시킨 후 얇게 썰어 초장, 생강, 파를 넣어 먹는다고 하였다. 『옹희잡지』1800년대 초에 고기를 잘게 썬 것을 회(膾)라 하고 있다. 육회는 『시의전서』1800년대 말에 '기름기 없는 연한 소고기 살코기를 얇게 저며서 물에 담가 핏기를 빼고 가늘게 채 썬다. 파, 마늘, 후춧가루, 깨소금, 기름, 꿀을 섞어 주물러 재고 잣가루를 섞는다.'고 하였다. 『진찬의궤』1848, 1887의 갑회甲膾는 고기, 양, 천엽, 간, 콩팥, 전복, 생조개 등을 잘게 썰어 갖은 양념을 하여 만든 것이다.

우리나라의 어패류 회는 『음식디미방』1670에 해삼회, 대합회가 있고, 『증보산림경제』1766에 생어회, 『옹희잡지』에 전복회, 대합회와 숭어를 냉동시켜 썬 회가 있다. 『시의전서』1800년대 말에 민어의 살을 얇게 저며 가늘게 썰어 기름을 바르고 겨자와 초고추장을 쓴다고 어회를 말하고 있으며 낙지는 살짝 데치는데, 이것을 숙회熟膾라 하였다.

『규합총서』1815, 『시의전서』1800년대 말 등 많은 조리서에 어채魚菜가 있다. 생선을 회로 썰어 녹말을 묻히고, 대하, 전복, 채소도 데쳐 내어 담는다고 쓰여 있다. 『시의전서』에 미나리강회, 세파강회, 두릅회가 나오는데, '미나리를 데쳐서 상투모양으로 고추채, 계란채, 석이채, 양지머리채, 차돌박이채를 옆으로 돌려가며 감고, 실백은 세워 넣고 접시에 담아 초고추장을 곁들인다'고 미나리강회를 설명하였다. 이렇게 우리나라 회는 현대에도 생회나 숙회를 이용하고 있다.

회의 종류

생 회

- 민어회 : 민어를 크게 포를 떠서 편으로 또는 채로 썰어 날 것으로 이용하는 회이다.
- 자리물회 : 자리돔을 뼈째로 잘게 썰어 된장, 고추장으로 간을 맞춘 냉국을 부어 만든 물회이다.
- 홍어회 : 홍어를 한입 크기로 썰어 초고추장으로 무치거나 홍어를 삭힌 후 썰어 날 것으로 이용하는 회이다.
- 굴회 : 굴을 씻어 날 것으로 이용하는 회이다.
- 멍게회 : 멍게 껍질 속의 살을 꺼내어 내장을 제거하고 한입 크기로 썰어 날 것으로 이용하는 회이다.
- 조개관자회 : 조개관자를 모양을 살려 저며서 날 것으로 이용하는 회이다.
- 해삼회 : 해삼의 내장을 제거하고 한입 크기로 썰어 날 것으로 이용하는 회이다.
- 꽃게무침 : 꽃게를 한입 크기로 잘라 양념장으로 무친 회이다.
- 오징어회 : 오징어를 내장과 껍질을 제거한 후 채로 썰어 날 것으로 이용하는 회이다.
- 갑회 : 갑회는 소의 간, 천엽, 양 등을 얇게 저며서 참기름, 소금, 후춧가루 등으로 무친 회이다.
- 육회 : 소고기의 우둔육이나 홍두깨살을 채 썰어 양념으로 무친 회이다.

| 회의 종류 |

구 분	종 류
생 회	민어회, 자리물회, 홍어회, 굴회, 멍게회, 조개관자회, 해삼회, 꽃게무침, 오징어회, 갑회, 육회
숙 회	어채, 홍어채, 대합숙회, 두릅회, 미나리강회, 파강회, 생미역회

숙 회

- 어채 : 민어, 조기 등의 생선살에 녹말가루를 묻혀 데쳐 익힌 숙회이다.
- 홍어채 : 홍어를 토막 내어 녹말가루를 묻혀 데쳐 익힌 숙회이다.
- 대합숙회 : 대합을 데쳐 익힌 숙회이다.
- 두릅회 : 두릅을 데쳐 익힌 숙회이다.
- 미나리강회 : 미나리를 데쳐 편육과 황 · 백 지단, 홍고추를 말아서 만든 숙회이다.
- 파강회 : 쪽파를 데쳐 편육과 황 · 백 지단, 홍고추를 말아서 만든 숙회이다.
- 생미역회 : 생미역을 데쳐 익힌 숙회이다.

회의 기본조리법

생으로 이용할 경우

손의 청결과 칼, 도마 등의 위생관리에 특별히 유의한다.

데쳐 익힐 경우

단시간 가열하여 부드럽게 익힌다. 고온에서 오래 가열하면 근섬유가 수축하면서 단단해지고 육즙이 많이 빠져 맛이 없다. 회와 곁들이는 양념장은 다음과 같다.

곁들임장

- **초고추장** : 고추장 2큰술, 간장 1큰술, 설탕 1/2큰술, 식초 2큰술, 생강즙 1/4작은술, 참기름 약간
- **된장 양념장** : 된장 2큰술, 다진 마늘 1큰술, 참기름 1큰술
- **고추냉이간장** : 간장 1큰술, 숙성된 고추냉이 1/2작은술
- **초간장** : 간장 1큰술, 설탕 1/4작은술, 식초 1큰술
- **겨자장** : 숙성된 겨자 1작은술, 물(육수) 1큰술, 설탕 1작은술, 식초 1큰술, 간장 · 소금 약간

민어회

민어를 크게 포를 떠서 편으로 또는 채로 썰어 날 것으로 이용하는 회이다.

재료 및 분량

민어 1마리

초고추장(곁들임)
고추장 · 식초 2큰술, 간장 1큰술, 설탕 ½큰술, 생강즙 ¼작은술, 참기름 약간

만드는 방법

1 **민어 손질하기** 민어는 머리, 내장을 제거하고 3장 뜨기를 하여 편으로 또는 굵은 채로 썬다.

2 **담기** 그릇에 담고 초고추장 또는 고추냉이 간장을 곁들인다.

민어는 여름철 복 중에 맛이 있다.

조개관자회

조개관자를 모양을 살려 저며서 날 것으로 이용하는 회이다.

재료 및 분량

조개관자 5개

초고추장(곁들임)
고추장 2큰술, 간장 1큰술, 설탕 ½큰술, 식초 2큰술, 생강즙 ¼작은술, 참기름 약간

만드는 방법

1 **조개관자 손질하기** 조개관자는 가장자리의 막과 내장을 떼어 내고 씻은 후 모양을 살려 저민다.

2 **담기** 그릇에 담고 초고추장을 곁들인다.

홍어회

홍어를 한입 크기로 썰어 초고추장으로 무치거나 홍어를 삭힌 후 썰어 날 것으로 이용하는 회이다.

재료 및 분량

홍어 200g
무 · 오이 100g
미나리 50g
소금(절임용) 적량
식초 ½컵

양념장

고추장 1큰술, 고춧가루 · 식초 3큰술, 설탕 2큰술, 물엿 · 다진 파 1큰술, 다진 마늘 · 깨소금 2작은술

만드는 방법

1 **홍어 손질하기** 홍어는 껍질을 벗기고 양쪽 살 부분을 결 반대로 6×2cm 크기로 썰어 식초에 버무려 잠시 둔다.

2 **재료 준비하기** 무는 굵은 채로 썰고 오이는 껍질 쪽으로 막대모양으로 썰어 각각 절인다. 미나리는 같은 길이로 썬다.

3 **버무리기** 홍어가 단단해지면 면포에 물기를 짜고, 무, 오이도 물기를 짠다. 무와 홍어는 양념장에 버무리고, 오이, 미나리를 섞는다.

홍어 1마리의 살은 회나 찜용으로 이용하고, 가운데 부분과 꼬리는 국이나 찌개로 끓이면 물렁뼈로 먹을 수 있다.

홍어 삭히기는 국의 맑은국 중 홍어탕 (p. 138)을 참조한다.

꽃게무침

꽃게를 한입 크기로 잘라 양념장으로 무친 회이다.

재료 및 분량

꽃게 1kg

양념

고춧가루 2큰술, 간장 4큰술, 소금 · 설탕 · 생강즙 ½작은술, 다진 파 1큰술, 다진 마늘 · 참기름 · 깨소금 2작은술

만드는 방법

1 **게 손질하기** 솔로 문질러 씻고 삼각딱지를 떼어 낸 후 몸통과 등딱지를 분리한다. 등딱지에 있는 모래주머니와 몸통 양쪽에 붙어 있는 회갈색의 아가미를 제거한다. 내장과 알은 긁어 담고, 다리 끝부분은 잘라 내며 집게발은 칼등으로 깨어 양념이 잘 스며들도록 한다. 몸통은 한입 크기로 자른다.

2 **양념 준비하기** 파, 마늘은 다지고 생강은 즙을 내어 양념장을 만든다.

3 **무치기** 게를 양념장으로 무치고 용기에 뚜껑을 덮어 냉장보관한다. ❶

꽃게무침은 오래 두고 먹을 수 없으므로 만들어서 곧 먹는다.

❶

육 회 20분

소고기의 우둔육이나 홍두깨살을 채 썰어 양념으로 무친 회이다.

재료 및 분량

소고기 90g
배 ¼개(100g)
마늘(중, 깐 것) 3쪽
설탕 30g
잣(깐 것) 5개
A4용지 1장

양념장

소금 ⅛작은술, 설탕 1큰술, 다진 파 1작은술, 다진 마늘 ½작은술, 참기름 · 깨소금 1작은술, 후춧가루 약간

만드는 방법

1. **소고기 손질하기** 소고기는 핏물과 기름기를 제거한 후 0.3cm 폭으로 썰고, 결 반대 방향으로 0.3cm로 채 썬다.
2. **재료 준비하기** 마늘의 일부는 먼저 편으로 썰고 나머지와 파는 다져 양념장을 만든다. 배는 0.3×0.3×4cm로 썰어 설탕물에 담그고, 잣은 종이에 놓고 곱게 다진다.
3. **담기** 배는 물기를 없애고 정리하여 접시에 돌려 담고 소고기는 양념에 무쳐 중앙에 담는다. 편으로 썬 마늘은 육회에 돌려 담고 잣가루를 뿌린다.

담아내는 시간에 유의한다. 육회는 미리 담아두면 핏물이 배와 마늘에 스며들어 변색이 되기 쉽다.

홍어채

홍어를 토막 내어 녹말가루를 묻혀 데쳐 익힌 숙회이다.

재료 및 분량

홍어 300g
마른 표고버섯 · 석이버섯 2개
홍고추 · 풋고추 · 달걀 1개
녹말가루 2컵
소금 · 후춧가루 약간
식용유 적량

초간장(곁들임)
간장 1작은술, 설탕 ¼작은술, 식초 ½작은술

만드는 방법

1 홍어 손질 · 버섯 불리기 홍어는 2.5×4cm로 토막 내고, 표고버섯은 물에 담가 불리며, 석이버섯은 뜨거운 물에 담근다.

2 재료 준비하기 홍고추, 풋고추는 1×5cm로 썰고 석이버섯은 비벼 씻어 헹구고 표고버섯은 기둥을 제거하여 같은 크기로 썬다. 달걀은 황 · 백 지단을 부쳐 같은 크기로 썬다.

3 데치기 모든 재료는 생선부터 각각 녹말가루를 묻혀 데친 후 찬물에 헹구어 건진다.

4 담기 그릇에 돌려 담아 초간장을 곁들인다.

두릅회

두릅을 데쳐 익힌 숙회이다.

재료 및 분량

두릅 200g

초고추장(곁들임)
고추장 · 식초 2큰술, 간장 1큰술, 설탕 ½큰술, 생강즙 ¼작은술, 참기름 약간

만드는 방법

1 두릅 손질하기 두릅은 밑동을 자르고 목질 부분을 제거하여 끓는 물에 데쳐 찬물에 헹군 후 2~4쪽으로 갈라 물기를 짠다.

2 담기 그릇에 담고 초고추장을 곁들인다.

미나리강회 35분

미나리를 데쳐 편육과 황 · 백 지단, 홍고추를 말아서 만든 숙회이다.

재료 및 분량

소고기 80g
미나리 30g
홍고추 1개
달걀 2개
소금 5g
식용유 10mL

초고추장(곁들임)
고추장 1큰술, 물(육수) 1큰술, 설탕 1작은술, 식초 1작은술

만드는 방법

1 **재료 준비하기** 끓는 물에 먼저 미나리 줄기 부분만 살짝 데쳐서 찬물에 담그고, 소고기는 덩어리째 넣어 삶는다. 익으면 면포에 싸서 모양을 잡아 눌러 식힌 다음 폭 1.5cm, 길이 5cm, 두께 0.3cm로 썬다. 미나리는 건져 물기를 짜고 굵은 줄기는 갈라놓는다. 달걀은 0.3cm 두께의 황 · 백 지단을 부쳐 편육과 같은 크기로 썰고, 홍고추는 씨를 제거하여 폭 0.5cm, 길이 4cm로 썬다.

2 **미나리 돌려 감기** 편육, 황 · 백 지단, 홍고추 순서로 포개어 잡고 미나리로 감는다. 미나리를 감는 시작과 끝 부분은 편육 뒤쪽으로 돌려 꼬치를 이용하여 정리한다.

3 **담기** 그릇에 8개를 담아 초고추장을 곁들인다.

파강회
미나리 대신 실파를 사용하여 같은 방법으로 만든다.

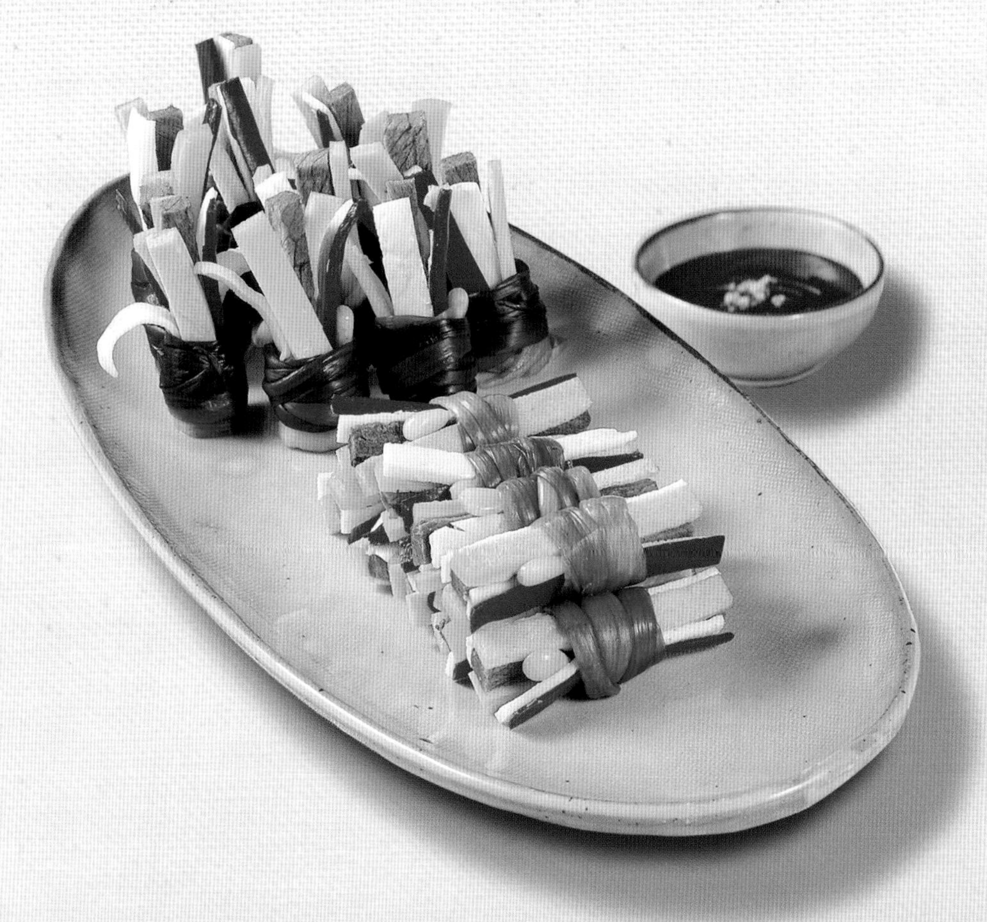

편 육

고기를 무르게 삶아 익힌 것을 숙육熟肉 또는 수육水肉이라 하고, 숙육을 얇게 저민 것을 편육片肉 또는 숙편熟片이라고 한다. 편육에 적당한 고기 부위는 소고기의 양지머리, 사태, 소머리, 우설과 돼지고기의 머리 부위와 삼겹살 등이다. 소고기 편육에는 초간장을 주로 곁들이고 돼지고기 편육에는 새우젓과 배추김치가 잘 어울린다.

편육의 약사

거가필용을 인용한 『산림경제』1715, 『음식디미방』1670과 『임원십육지』1827에 웅장熊掌에 관한 설명이 있다. '곰 발바닥을 석회를 넣은 끓는 물에 튀겨 하룻밤을 재운 다음 끓는 물에 무르도록 고아서 쓴다. 이것은 힘줄이므로 보통 고기처럼 고면 무르기 어렵다'고 하고 질긴 고기를 무르게 하려면 '살구씨 빻은 것과 갈잎을 한줌 넣고 삶는다'고 질긴 고기 삶는 법을 설명하고 있다. 웅장이 고려시대에 있었고 『도문대작』1569에 곰발바닥, 호랑이 아기집, 사슴 혀, 사슴 꼬리, 거위 등이 있다. 『음식디미방』에 우양牛䑋을 무르게 삶아 꺼내어 약과처럼 썬 것을 양숙䑋熟이라 하고, 양에다 조미료를 섞어 중탕하여 썬 것을 양숙편䑋熟片이라고 한다. 『증보산림경제』1766에서 숙육熟肉은 소, 돼지, 닭, 개, 양, 사슴고기와 곰의 발바닥 등을 고아서 숙육으로 하여 초장에 찍어서 찬물로 한다고 하였다. 『진작의궤』1827에는 저육숙편豬肉熟片이 있고, 『궁중의궤』1719,1795,1873,1892에서 숙육과 편육을 보면 돼지머리숙육, 양숙편, 생선숙편, 양지머리편육, 돼지머리편육, 돼지고기편육, 소고기편육, 닭고기편육, 우설우랑숙편 등이 있다. 『시의전서』1800년대 말에서는 소의 양지머리, 사태, 부아, 지라, 쇠머리, 우설, 우랑, 우신, 유통 등이 편육감으로 적절하다고 하고, 소머리에 대해서 삶은 소머리의 뼈는 추려내고 고기만 보자기에 싸서 눌렀다 쓰면 좋다고 하였다. 편육은 우리나라에서 특히 발달하였고, 잔치나 큰 행사 때 잘 오르는 음식이다.

편육의 종류

- 양지머리편육 : 양지머리를 삶아서 면포에 감싸 눌러 굳힌 숙육이다.
- 사태편육 : 사태를 삶아서 굳힌 숙육이다.
- 소머리편육 : 소머리를 삶아서 뼈를 제거하고 면포에 감싸 눌러 굳힌 숙육이다.
- 우설편육 : 우설을 삶아 익힌 숙육이다.
- 돼지머리편육 : 돼지머리를 삶아서 뼈를 제거하고 면포에 감싸 눌러 굳힌 숙육이다.
- 돼지고기편육 : 돼지고기를 삶아서 눌러 굳힌 숙육이다. 삼겹살을 주로 쓰고 목살, 어깨살, 다리살도 많이 사용한다.

| 편육의 종류 |

구 분	종 류
편 육	양지머리편육, 사태편육, 소머리편육, 우설편육, 돼지머리편육, 돼지고기편육

편육의 기본조리법

고기 부위

양지머리, 사태, 소머리, 우설, 돼지머리, 돼지삼겹살 등을 이용한다.

가열방법

- 찬물에 담가 핏물을 뺀 다음 물이 끓으면 고기를 넣어 삶는다. 고기표면의 단백질을 응고시켜 맛 성분의 용출을 적게 하기 위함이다. 이때 향신채소와 약간의 소금을 넣으면 냄새 제거와 고기의 연화를 돕는다.
- 알맞게 익은 정도는 고기를 찔러 보아 핏물이 나오지 않고 잘 들어갈 때이다. 고기가 덜 익으면 질기고 너무 오래 삶으면 맛 성분의 용출이 심하여 고기는 맛이 없고 쉽게 부스러져 모양을 잡을 수 없고 썰기도 어렵다.

예 돼지삼겹살 500g 덩어리는 일반냄비에서 30분 정도 삶는 것이 적당하다.

가열 후 처리

고기를 건져내어 잠깐 찬물을 끼얹어 표면의 기름기를 제거하고 식기 전에 면포에 감싸 무거운 것으로 눌러 모양을 잡는다.

군힐 때 실온에서 3~4시간 이상 두지 않는 것이 안전하다.

사태편육
양지머리편육
제육편육
소머리편육

양지머리편육

양지머리를 삶아서 면포에 감싸 눌러 굳힌 숙육이다.

재료 및 분량

양지머리 1kg
물 1L
소금 ½큰술

향신채소
대파 1대, 마늘 10쪽, 생강 1쪽, 양파 1개, 통후추 약간

만드는 방법

1 **양지머리 손질하기** 양지머리는 찬물에 담가 핏물을 뺀다.

2 **양지머리 삶기** 냄비에 물을 붓고 소금과 향신채소를 넣어 끓으면 양지머리를 넣어 삶는다.

3 **굳히기** 고기가 무르게 익으면 건져서 찬물을 끼얹은 후 면포에 싼다. 도마에 올려놓고 다른 도마 등으로 눌러 굳힌다.

사태편육

사태를 삶아서 굳힌 숙육이다.

재료 및 분량

사태 1kg
물 1L
소금 ½큰술

향신채소
대파 1대, 마늘 10쪽, 생강 1쪽, 양파 1개, 통후추 약간

만드는 방법

1 **사태 손질하기** 사태는 찬물에 담가 핏물을 뺀다.

2 **사태 삶기** 냄비에 물을 붓고 소금과 향신채소를 넣어 끓으면 사태를 넣어 삶는다.

3 **굳히기** 사태는 건져 원통형으로 말아서 묶어 굳힌다.

제육편육

돼지고기를 삶아서 눌러 굳힌 숙육이다. 삼겹살을 주로 쓰고 목살, 어깨살, 다리살도 많이 사용한다.

재료 및 분량

돼지삼겹살 1Kg
물 1L
소금 ½큰술

향신채소
대파 1대, 마늘 10쪽, 생강 1쪽, 양파 1개, 통후추 약간

만드는 방법

1 **돼지삼겹살 손질하기** 삼겹살은 500g 정도로 토막을 내어 찬물에 담가 핏물을 뺀다.

2 **삼겹살 삶기** 냄비에 물을 붓고 소금과 향신채소를 넣어 끓으면 고기를 넣어 30분 정도 삶는다.

3 **굳히기** 고기가 무르게 익으면 건져서 도마에 올려놓고 찬물을 끼얹은 후 다른 도마 등으로 눌러 굳힌다.

소머리편육

소머리를 삶아서 뼈를 제거하고 면포에 감싸 눌러 굳힌 숙육이다.

재료 및 분량

소머리 3kg
양지머리 1kg
물 3L
소금 ½큰술

향신채소
대파 2대, 마늘 20쪽, 생강 2쪽, 양파 2개, 통후추 약간

만드는 방법

1 **소머리 손질하기** 소머리는 4등분 정도로 쪼개어 양지머리와 찬물에 담가 핏물을 뺀다.

2 **소머리 삶기** 큰 냄비에 소머리와 양지머리가 잠길 정도로 물을 붓고 소금을 넣어 향신채소와 함께 삶는다. 소머리는 뼈가 빠질 정도로 삶아지면 건진 후 뼈를 제거하고 양지머리는 무르게 익으면 건져 5~6등분 한다.

3 **굳히기** 면포에 머릿고기를 놓고 사이사이에 양지머리를 넣어 면포로 감싼다. 도마에 올려놓고 다른 도마 등으로 눌러 굳힌다.

우설편육

우설을 삶아 익힌 숙육이다.

재료 및 분량

우설(쇠혀) 2kg
물 3L
소금 ½큰술

향신채소
대파 1대, 마늘 10쪽, 생강 1쪽, 양파 1개, 통후추 약간

만드는 방법

1 우설 손질하기 우설은 끓는 물에 데쳐 내어 표면을 칼로 긁어 벗긴다.

2 우설 삶기 냄비에 물을 붓고 소금과 향신채소를 넣어 끓으면 우설을 넣어 중간 불에서 삶는다.

3 굳히기 건져서 찬물을 끼얹은 후 모양을 잡아 묶거나 면포에 싸서 굳힌다.

우설은 센 불에서 오래 끓이면 단단해지므로 가열시간에 유의한다.

돼지머리편육

돼지머리를 삶아서 뼈를 제거하고 면포에 감싸 눌러 굳힌 숙육이다.

재료 및 분량

돼지머리 1개
물 4L
소금 1큰술

향신채소
대파 2대, 마늘 20쪽, 생강 2쪽, 양파 2개, 통후추 약간

만드는 방법

1 돼지머리 손질하기 돼지머리는 2~3개 정도로 쪼개어 털은 태워 없애고, 코와 귀의 속은 닦아 물에 담가 핏물을 뺀다.

2 돼지머리 삶기 끓는 물에 돼지머리를 넣어 끓인 후 물은 버리고 다시 냄비에 새 물을 붓고 소금과 향신채소를 넣어 삶는다. 돼지머리는 뼈가 빠질 정도로 삶아지면 건진 후 뼈를 제거한다. ❶

3 굳히기 면포에 머릿고기를 감싸 동여매고, 삶은 물에 넣어 다시 한 번 끓인다. 건져서 찬물을 끼얹은 후 도마에 올려 놓고 다른 도마 등으로 눌러 굳힌다. ❷

돼지머리는 오래 삶지 않는다.

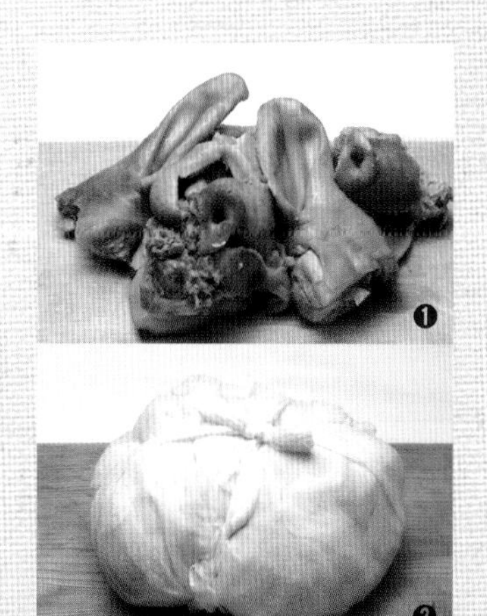

족편은 소족을 푹 고아 잘게 썰고, 족 삶은 물과 함께 끓인 후 굳힌, 묵 같은 형태의 음식이다. 동물성 단백질 콜라겐collagen은 물을 붓고 가열하면 젠라틴gelatin화하고 이 젤라틴액은 온도가 낮으면 젤리상태가 된다. 생선의 껍질이나 지느러미에 있는 콜라겐을 이용하여 만들기도 한다.

족편의 약사

『진연의궤』1719에서는 반듯하게 썰어놓은 족편 모양이 마치 떡을 썬 것과 같다하여 족병足餠이라 하였다. 『옹희잡지』1800년대 초에는 우행교방牛䯒膠方, 牛足餠이라 하였고, 소족을 곤 데다 파, 생강, 후추, 깨 등을 섞어 다시 곤 후 응고시킨 것이라 하여 이것을 교병膠餠이라 하였다. 『규합총서』1815의 저피수정회법豬皮水晶膾法은 돼지껍질로 만드는 족편을 설명하고 있다. 이것은 숙회가 되기도 한다. 『임원십육지』1827가 인용한 『거가필용』의 저육수정회방豬肉水晶膾方에 돼지껍질을 삶아 잘게 썰고, 삶은 국물에 다시 넣어 끓인 후 굳혀 회로 하여 초를 쳐서 먹는다고 회 설명을 하고 있다. 이것은 족편이 되기도 한다. 『동국세시기』1849에 설명된 전약煎藥은 내의원에서 우피牛皮에 계피, 천초, 설탕, 꿀을 섞어 충분히 고아서 응고시킨 것이라 하였다. 족편은 우피牛皮나 저피豬皮도 사용하였으며 우족을 기본으로 하고 맛을 더욱 좋게 하기 위하여 살코기, 꿩, 닭을 섞어 만들고 있다.

족편의 종류

- 용봉족편 : 우족과 꿩이나 닭을 삶아 다져서 족 삶은 물에 넣어 굳힌 묵 같은 음식이다.
- 족편 : 우족과 사태를 삶아 다지고 그 국물에 넣어 굳힌 음식이다.
- 장족편 : 족편 만들기와 같으나 간장으로 간을 한 족편이다.

| 족편의 종류 |

구분	종류
족 편	용봉족편, 족편, 장족편, 전약

- 전약 : 우족과 가죽을 고아 약재를 넣고 만든 족편이다. 동지절식으로 임금이 신하들에게 하사하던 보양식이다.

족편의 기본조리법

전처리

- 족에 붙어 있는 털 등 이물질을 제거한다.
- 우족의 누린내를 제거하기 위해 핏물을 뺀다.
- 처음 끓인 물은 버린다.
- 물을 다시 붓고 향신채소와 함께 가열한다.

가열방법

- 푹 물러지게 삶아 젤라틴화시킨다.
- 냉장온도에서 용기에 부어 굳힌다.

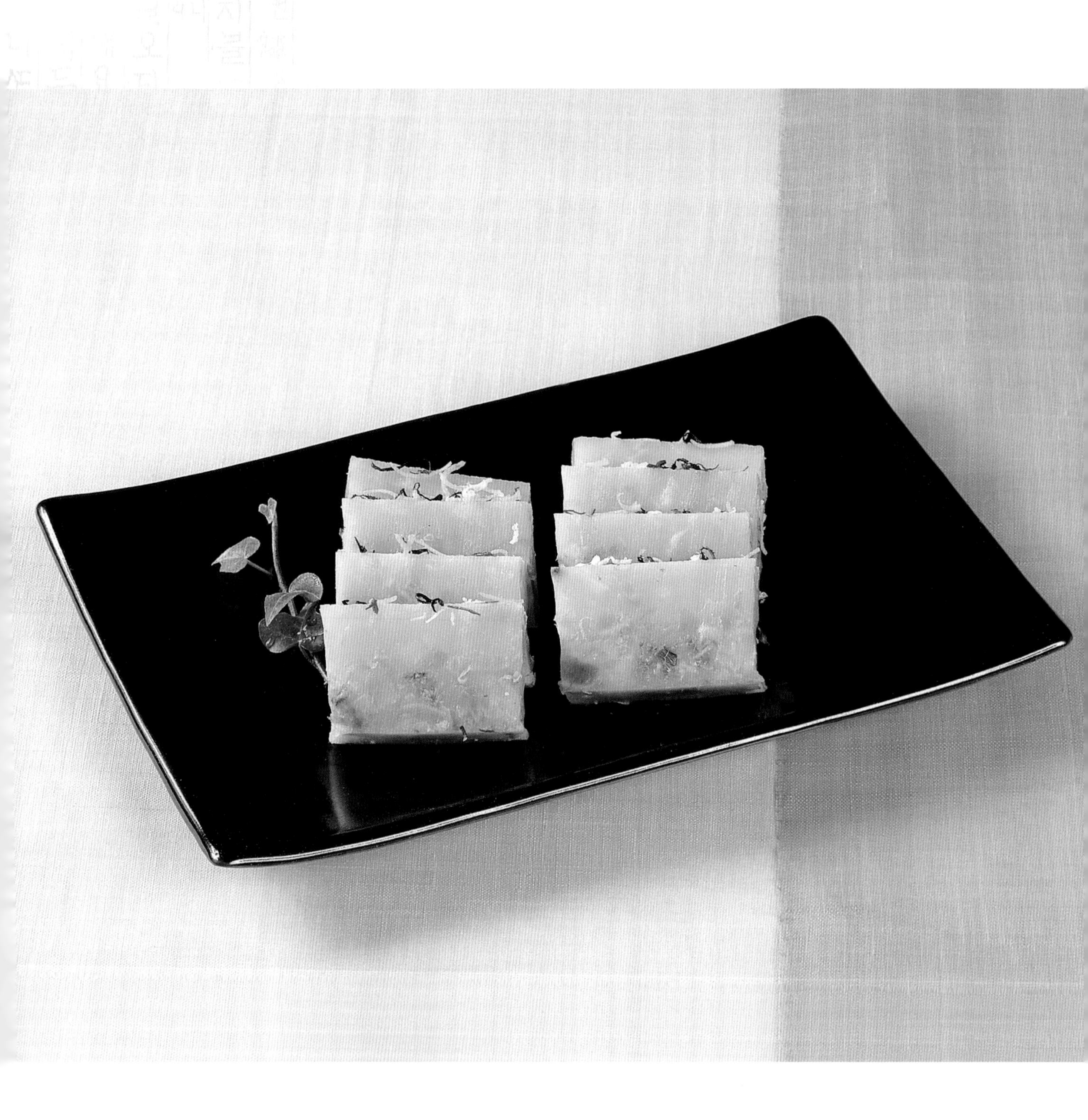

족 편

우족과 사태를 삶아 다지고 그 국물에 넣어 굳힌 음식이다.

재료 및 분량

우족 2kg
사태 300g
물 6L
석이버섯 2개
달걀 1개
실고추 약간
식용유 적량

향신채소
마늘 10쪽, 생강 3쪽, 양파 1개, 통후추 약간

양념
소금 1큰술, 다진 파 2작은술, 다진 마늘 · 후춧가루 1작은술

만드는 방법

1 **우족 · 사태 준비하기** 우족은 털을 태우거나 긁어서 없애고 사태와 함께 찬물에 담가 핏물을 뺀다. 끓는 물에 우족을 넣어 끓인 후 물은 버리고 다시 냄비에 새 물을 붓고 우족과 사태를 넣어 향신채소와 함께 삶는다. 사태가 무르면 건지고, 우족은 뼈가 빠질 정도로 무르게 삶아 건져 뼈를 제거한다. 국물은 체에 내려 기름기를 제거한다. ❶

2 **고명 준비하기** 석이버섯은 채 썰어 번철에 살짝 볶고, 달걀은 황 · 백 지단을 부쳐 채 썬다.

3 **굳히기** 사태와 우족은 0.5cm 크기로 다져서 양념하여 1컵 정도의 국물과 함께 끓인 후 용기에 붓고, 남은 국물을 더 부은 다음 고명을 얹어 굳힌다. ❷, ❸, ❹, ❺, ❻, ❼

순대는 가축의 창자 속에 소를 채워서 양쪽 끝을 동여매어 삶거나 찐 음식이다. 순대 소는 곡물찹쌀이나 당면, 채소, 선지 등으로 만든다. 순대는 주로 돼지순대를 많이 만들고, 순댓국으로도 이용한다. 지역에 따라 창자가 아니고 오징어 속에 소를 넣는 오징어순대와 명태 배 속에 소를 넣어 만든 동태순대가 있다.

순대의 약사

순대는 중국 『제민요술』535에 양반장도羊盤腸搗라는 요리명으로, 양의 피와 양고기 등을 다른 재료와 함께 양의 창자에 채워 넣어 삶아 먹는 법이 소개되어 있다. 『거기필용』1260~1367에는 관장灌腸이라 하고 있다. 『음식디미방』1670에서는 개의 창자를 이용한 순대로 개장犬腸이라 하였고, 『주방문』1600년대 말에는 소 창자에 선지를 넣어서 삶은 선지순대, 『증보산림경제』1766와 『규합총서』1815에서는 소 창자에 고기를 두드려 양념하여 넣고 쪄 낸 순대를 우장증牛腸蒸으로 설명하고 있다. 『시의전서』1800년대 말에는 순대라 하고 있다.

순대의 종류

- 개성순대 : 돼지창자에 소고기, 돼지고기, 두부와 숙주, 배추, 돼지 피 등을 채워 넣어 삶은 음식이다.
- 돼지순대 : 돼지창자에 찹쌀밥, 우거지, 돼지 피 등을 채워 넣어 삶은 음식이다. 평안도 함경도 지역에서 많이 이용하던 순대이다.
- 동태순대 : 동태의 내장과 뼈를 발라서 주머니 모양으로 하여 쌀, 동태알, 이리 등을 된장으로 간을 하여 집어 넣고 머리를 실로 묶어 찐 음식이다.
- 백암순대 : 돼지창자에 당면, 절인 배추, 양배추, 양파, 부추, 선지 등을 채워 넣어 삶은 음식이다.

| 순대의 종류 |

구분	종류
순 대	개성순대, 돼지순대, 동태순대, 백암순대, 병천순대, 오징어순대, 어교순대

- 병천순대 : 돼지창자에 채소류를 많이 넣은 채소순대로 충청도순대라고도 한다.
- 오징어순대 : 오징어 내장을 꺼내고 소고기, 채소류, 버섯류 등으로 속을 채워 넣어 찐 음식이다.
- 어교순대 : 민어 부레 속에 소고기, 두부, 버섯 등으로 속을 채워 넣어 찐 음식이다. 부레찜이라고도 한다.

순대의 기본조리법

창자 손질하기

창자는 소금으로 주물러 씻어 냄새를 제거하고 창자를 뒤집어 밀가루를 뿌려 주물러 씻는다.
여러 번 반복하여 누린내 제거에 유념한다.

소 만들어 넣기

- **소의 재료** : 순대의 종류에 따라 소의 내용이 다르나 일반적으로 곡물찹쌀, 조, 수수, 당면 등과 채소무청시래기, 배추, 숙주, 버섯, 향신채소 등, 살코기, 허파, 지라, 선지를 사용한다.
- **소 만들어 넣기** : 만두소와 같이 다지거나 잘게 썰어 물기 없이 꼭 짜서 양념한다. 창자 한쪽을 실로 묶고 소를 채워 넣어 끝을 묶어 마무리한다. 소를 너무 많이 채우면 익힐 때 터질 염려가 있으므로 약간의 여유를 준다. 오징어나 부레 등은 한쪽 끝이 터지지 않게 잘 여민다.

순대 익히기

순대를 삶거나 찔 때에는 약불에서 익히고 꼬치로 여러 군데를 찔러 열전달을 빠르게 하며 공기와 수분을 방출시켜 터지지 않도록 한다.

돼지순대

돼지순대

돼지창자에 찹쌀, 우거지, 돼지 피 등을 채워 넣어 삶은 음식이다.

재료 및 분량

돼지창자 1kg
소금(손질용) 적량
찹쌀밥 4컵
숙주 300g
배추 500g
삶은 시래기 400g
다진 돼지고기 400g
돼지선지 4컵
소금 1큰술
식용유 1컵
된장푼물(물 6L, 된장 ½컵)

소 양념
다진 파 4컵, 다진 마늘 · 다진 생강 · 간장 · 참기름 · 식용유 3큰술, 후춧가루 1작은술

돼지고기 양념
간장 2큰술, 다진 마늘 1큰술, 설탕 · 다진 생강 · 참기름 · 깨소금 2작은술, 후춧가루 ¼작은술

만드는 방법

1 돼지창자 손질하기 창자는 하얀 기름을 떼고 소금을 넣어 주물러 씻은 후 창자를 뒤집어 같은 방법으로 속을 씻고 다시 뒤집어 물에 담가 놓는다.

2 소 준비하기 찹쌀은 충분히 불려서 찜기에 찐 다음 식힌다. 배추와 우거지는 무르게 삶고 숙주는 데친 후 찬물에 헹구어 잘게 썰어 물기를 짠다. 돼지 선지는 소금을 넣어 으깨면서 찹쌀밥을 넣어 고루 섞는다. 다짐육은 양념하여 준비한 재료와 소 양념으로 모두 섞다가 식용유를 넣고 더 섞는다.

3 소 넣어 삶기 돼지창자에 깔때기를 꽂고 너무 길지 않도록 실로 묶어 가며 준비한 소를 밀어 넣어 여유 있게 채운다. 냄비에 된장을 푼 물과 순대를 넣고 끓으면 불을 줄여서 꼬치로 순대 곳곳에 침을 주어 핏물이 나오지 않을 때까지 삶는다.

배추 대신 향신채소나 김치를 사용하면 별미이다.

어교순대

오징어순대

어교순대

민어 부레 속에 소고기, 버섯 등으로 속을 채워 넣어 찐 음식이다. 부레찜이라고도 한다.

재료 및 분량

민어 부레 2개
소고기 150g
두부 100g
마른 표고버섯 6개
청양고추 2개
소금 · 후춧가루 약간
꼬치 적량

소고기 양념
간장 2작은술, 설탕 · 다진 파 1작은술, 다진 마늘 ½작은술, 참기름 · 깨소금 ¼작은술, 후춧가루 약간

소 양념
다진 파 2작은술, 다진 마늘 · 참기름 · 깨소금 1작은술, 달걀흰자 1큰술, 소금 · 후춧가루 약간

초간장 · 겨자장(곁들임)
적량

만드는 방법

1. **부레 준비하기** 민어 부레는 씻어서 소금 · 후춧가루를 뿌린다.
2. **소 준비하기** 표고버섯은 물에 담가 불리고 소고기는 곱게 다져 양념한다. 두부는 으깨어 물기를 짠 후 소고기와 섞는다. 버섯과 고추는 다지고 모두 섞어 소 양념을 한다.
3. **소 넣어 찌기** 부레속에 밀가루를 뿌리고 소를 넣어 채운 후 꼬치로 입구를 막아 부레 전체에 바늘 침을 주어 찜기에 찐다. 식으면 둥글납작하게 썬다.

오징어순대

오징어 내장을 꺼내고 소고기, 버섯 등으로 속을 채워 넣어 찐 음식이다.

재료 및 분량

오징어 2마리
소고기 · 두부 100g
마른 표고버섯 6개
당근 30g
풋고추 · 홍고추 1개
밀가루 약간
꼬치 적량

소고기 양념
간장 2작은술, 설탕 · 다진 파 1작은술, 다진 마늘 ½작은술, 참기름 · 깨소금 ¼작은술, 후춧가루 약간

소 양념
다진 파 2작은술, 다진 마늘 · 참기름 · 깨소금 1작은술, 달걀흰자 1큰술, 소금 · 후춧가루 약간

초간장 · 겨자장(곁들임)
적량

만드는 방법

1. **오징어 손질하기** 오징어는 다리와 몸통을 분리하고 껍질을 벗긴 후 끓는 물에 살짝 데쳐 낸다.
2. **소 준비하기** 표고버섯은 물에 담가 불리고 소고기는 곱게 다져 양념한다. 두부는 으깨어 물기를 짠 후 소고기와 섞는다. 버섯, 당근, 고추, 오징어다리는 다지고 모두 섞어 소 양념을 한다.
3. **소 넣어 찌기** 오징어 몸통 속에 밀가루를 뿌리고 소를 넣어 채운 후 꼬치로 입구를 막고 오징어 전체에 바늘 침을 주어 찜기에 찐다. 식으면 둥글납작하게 썬다.

적

적炙은 고기구이 적으로 고기를 꼬챙이에 꿰어 불에 구워 조리하는 것을 뜻한다. 적은 석쇠가 보급되면서 석쇠로 직화구이하는 적과 철판 등에서 간접으로 굽는 구이炙伊로 구분하고 있으나 차이 없이 쓰고 있다. 『원행을묘정리의궤』1795에 나오는 수라상에 구이를 적과 구이로 나누고는 있으나 내용은 거의 같다. 『조선무쌍신식요리제법』에서 적은 꼬챙이에 꿰어 굽는 것이라 하였고, 『조선요리제법』에서 적은 산적을 뜻한다 하였다. 산적을 『궁중발기』와 『진찬의궤』 등에는 산적散炙이라 적고 있고, 『옹희잡지』에는 산적筭炙, 『조선무쌍신식요리제법』에는 산적算炙, 散炙이라 쓰고 있다. 산적은 날 재료를 양념하여 꼬챙이에 꿰어 굽거나, 살코기 편이나 섭산적처럼 다진 고기를 반대기지어 석쇠로 굽는 것도 산적이라 한다. 또 재료를 꿰어서 굽지 않고 밀가루, 달걀물을 입혀 번철에 지져 익히는 것도 전이라 하지 않고 적이라 하여 이것을 누름적이라 한다. 화양적, 잡누름적처럼 번철에서 기름을 두르고 익혀 꿴 것도 누름적에 속해 있다.

적의 약사

적炙은 구이 조리법의 원래 뜻으로 사용되다가, 꼬챙이에 여러 가지 재료를 꿴 음식을 가리키는 것으로 그 의미가 변천되었다. 수렵생활에서 농경생활로 정착하는 과정에서 수조육류를 구하기 어렵게 됨에 따라 자연히 통째로 굽던 방식에서 고기를 작게 잘라 꿰어 굽거나 고기 이외의 재료와 섞어 꿰어 쓰게 된 것으로 보인다. 『증보산림경제』1766에서 고기를 구울 때는 꼬챙이에 꿰어 숯불 위에서 굽는다고 하면서 '잡산적은 안심살, 염통, 간, 양, 천엽 등을 섞어 꼬챙이에 꿰어 군 것이고, 장산적은 잡산적을 바싹 말려 고추와 막장을 발라가며 구운 것이다'고 설명하고 있다. 『옹희잡지』1800년대 초에 산적筭炙은 소고기를 6~9cm로 잘라 유장에 담갔다가 대꼬챙이에 꿰어 숯불 위에 굽는 것이다. 그리고 염통, 간, 밥통, 천엽을 섞어 꿴 것을 잡산적雜筭炙이라 하고, 구운 후에 장을 묻힌 것을 장산적醬筭炙이라고 설명하였다. 현재의 장산적은 다진 고기를 반대기지어 석쇠에서 구어 익힌 다음 간장에 졸인 것이다. 『시의전서』1800년대 말의 약산적 만들기에서 정육을 크게 저며 진장에 갖은 양념을 섞어 주물러서 꼬챙이에 꿰어 도마에 놓고 잔칼질을 하여 네모반듯하게 한 다음 깨소금을 뿌려 석쇠에서 굽는다 하였다. 『조선무쌍신식요리제법』1943의 산적에서 연한 고기를 두툼하고 넓게 저며서 장, 기름, 깨소금, 후춧가루를 넣어 주물러서 다시 도마에 펴놓고 두드려 석쇠에 굽는다고 하였는데, 오늘의 육적肉炙을 말하고, 고기만을 꿰거나 생선을 고기와 같이 썰어 꿰어 굽는 어적魚炙을 말하고 있다. 이와 같이 산적은 석쇠에서 굽고 있다. 그런데 번철에 지지는 적도 있다.

『음식디미방』의 적요리에 동아느누르미, 가지누르미 등이 있다. 동아누르미는 동아를 엷게 저민 것에 무를 썰어 삶고, 석이버섯, 표고버섯을 양념하여 동아에 하나씩 싸서 중탕으로 찌거나 기름에 지져서 간장국에 밀가루, 꿩국을 넣고 기름, 후춧가루, 천초로 양념하여 끓인 즙을 얹는 것이다. 가지누르미는 가지를 단간장, 기름, 밀가루를 얹어 굽고, 간장국에 기름, 파, 밀가루를 넣어 만든 즙에 구운 가지가지적를 썰어 넣은 것이다. 누르미는 간장국에 밀가루를 넣어 걸쭉하게 만든 즙료를 쳐서 끈적한 누르미 형태로 이용하다가 점차 없어지고 누름적으로 변형되었다.

『진찬의궤』1719에 천엽어음적千葉於音炙, 간어음적, 양어음적, 생복어음적, 계란어음적, 『진작의궤』1765에 황육어음적 등이 나온다. 『신영양요리법』1935에서 누름적은 고기, 도라지, 파 등을 꼬챙이에 꿰어 밀가루를 묻히고 달걀을 씌워 번철에 기름을 바르고 지진 것이라고 하였다. 그러므로 누름적은 옷을 입혀 지진 지짐산적으로 볼 수 있고, 궁중에서는 누름적을 어음적於音炙으로 표기하였다. 적은 꼬챙이에 꿰어 굽는 산적으로 남고, 굽거나 지진 것에 액즙을 얹는 누르미는 사라지고 대신 밀가루, 달걀물을 입혀 번철에 지지는 누름적이 되었다. 누름적은 지지는 전煎에 해당되나 꼬챙이에 꿴 것이므로 적이라고 한다. 『궁중연회』1795~1829에 있는 화양적과 연세대 『규곤요람』1896에 있는 잡누르미는 재료를 번철에서 기름을 두르고 익힌 다음 꿴 것이므로 누름적에 소속된 것으로 보인다. 전과 적이 혼돈되어 쓰이고 있다. 화양적의 표기에서 『진작정례의궤』1827에 화양적花陽炙으로, 『진찬의궤』1848, 1887에는 모두 각색화양적各色花陽炙으로 그리고 『조선무쌍신식요리제법』1943에서는 화양적花陽炙으로 기록되어 있다. 화양적華陽炙으로 표기한 것은 언제, 어떻게 해서 쓰여졌는지 확실한 근거를 찾지 못하였다.

적의 종류

산 적

- 소고기산적육적 : 소고기 우둔육을 손바닥 크기로 두툼하게 편을 뜨고 잔칼질을 많이 하여 양념장에 재어 두었다가 구운 산적이다. 제상에 주로 이용한다.
- 섭산적 : 소고기를 다져 양념하여 반내기를 짓거나 한입 크기의 타원형으로 도톰하게 빚어 구운 산적이다.
- 장산적 : 섭산적을 만든 후 다시 간장에 조린 산적이다.

| 적의 종류 |

구분	종류
산적	소고기산적(육적), 섭산적, 장산적, 닭산적, 생치(꿩)산적, 어산적(사슬적), 해물산적, 두릅산적, 송이(새송이)산적, 파(움파)산적, 풋고추(꽈리고추)산적, 떡산적
누름적	김치적, 두릅적, 잡누름적, 지짐누름적, 화양적

- 닭산적 : 닭고기를 표고버섯, 오이와 꿰어 구운 산적이다.
- 생치꿩산적 : 꿩고기를 소고기, 표고버섯, 움파와 꿰어 구운 산적이다.
- 어산적사슬적 : 흰살생선을 소고기와 꿰어 구운 산적이다. 소고기는 같은 크기로 꿰기도 하고 다져서 생선 사이에 채워 넣어 꿰기도 한다. 모양이 사슬처럼 보여 사슬적이라 한다.
- 해물산적 : 새우, 오징어, 전복 등을 꼬치에 꿰어 양념장을 발라 구운 산적이다.
- 두릅산적 : 두릅을 소고기와 꿰어 구운 산적이다.
- 송이새송이산적 : 송이새송이버섯을 소고기와 꿰어 구운 산적이다.
- 파움파산적 : 파를 소고기와 꿰어 구운 산적이다.
- 풋고추꽈리고추산적 : 꽈리고추를 소고기와 꿰어 구운 산적이다.
- 떡산적 : 가래떡을 소고기와 꿰어 구운 산적이다.

누름적

- 김치적 : 배추김치를 소고기, 움파와 꿰어 밀가루와 달걀물을 입혀 지진 누름적이다.
- 두릅적 : 두릅을 데쳐 무치고 소고기와 꿰어 밀가루와 달걀물을 입혀 지진 누름적이다.
- 잡누름적 : 소고기와 양, 등골, 전복, 해삼, 채소 등을 양념하여 볶아 익힌 후 꼬치에 꿴 산해진미의 누름적이다. 임금님 탄신일에 오르던 음식이다.
- 지짐누름적 : 도라지, 당근, 소고기, 표고버섯을 익혀 실파와 함께 꿰어 밀가루, 달걀물을 입혀 지진 음식이다. 일명 누르미라고 하고, 밀가루만 개어서 부치기도 한다.
- 화양적 : 소고기와 도라지, 당근, 오이, 표고버섯을 볶아 익힌 후 꼬치에 꿴 누름적이다. 달걀 지단을 꿰어 넣기도 한다.

적의 기본조리법

재료준비

꼬치용 고기 부위는 살코기 부위로 한다.

꽂을 길이에 맞추어 폭과 두께를 정하여 큰 편으로 썬 후 잔칼질하고 양념하여 살짝 표면을 익힌 후 필요한 크기로 잘라쓰면 다루기 편하다.

고기는 익으면 수축하므로 다른 재료보다 길게 자른다.

섭산적 30분

소고기를 다져 양념하여 반대기를 짓거나 한입 크기의 타원형으로 도톰하게 빚어 구운 산적이다.

재료 및 분량

소고기 80g
두부 30g
잣 10개
A4용지 1장
식용유 30mL

소고기 · 두부 양념
소금 ⅛작은술, 설탕 1작은술, 다진 파 1큰술, 다진 마늘 1작은술, 참기름 ½작은술, 깨소금 ½작은술, 후춧가루 약간

만드는 방법

1 **소고기 손질하기** 소고기는 핏물을 제거하면서 곱게 다지고 두부는 으깨어 물기를 짠 후 소고기와 섞어 양념하고 두부가 보이지 않을 때까지 다진다. 두께 0.7cm로 네모지게 반대기를 짓고 가로, 세로 잔 칼집을 낸다. 잣은 종이 위에 놓고 다진다.

2 **굽기** 기름을 발라 달군 석쇠에 반대기를 얹어 구워 식힌다. 2×2cm로 썰고 9개 이상을 그릇에 담고 잣가루를 뿌린다.

장산적

섭산적을 만든 후 다시 간장에 조린 산적이다.

재료 및 분량

섭산적 150g
잣가루 2작은술

조림장
간장 · 물 3큰술, 설탕 1큰술 · 후춧가루 약간

만드는 방법

1 **섭산적 만들기** 위의 섭산적을 참조한다.

2 **조림장 만들기** 간장, 설탕, 물을 넣어 끓인다.

3 **조리기** 조림장이 끓으면 고기를 넣어 조림장을 끼얹어 가면서 조린다. 그릇에 담고 잣가루를 뿌린다.

생치 꿩 산적

꿩고기를 소고기, 표고버섯, 움파와 꿰어 구운 산적이다.

재료 및 분량

꿩 300g
소고기 · 움파 100g
마른 표고버섯 6개
간장 · 참기름 1작은술
잣가루 1큰술
산적 꼬치 적량

꿩 양념
간장 · 설탕 · 다진 파 2작은술, 소금 ¼작은술, 다진 마늘 1작은술, 참기름 ½작은술, 깨소금 · 후춧가루 약간

소고기 양념
간장 2작은술, 설탕 · 다진 파 1작은술, 다진 마늘 ½작은술, 참기름 · 깨소금 ¼작은술, 후춧가루 약간

만드는 방법

1 꿩 손질 · 버섯 불리기 꿩은 살을 도톰한 편으로 발라내고 잔칼질하여 양념한다. 표고버섯은 물에 담가 불린다.

2 재료 준비하기 소고기는 0.8cm 두께의 넓적한 편으로 썰어 칼집을 고르게 넣어 양념하고, 파는 길이 6cm 정도로 썰어 살짝 데친다.

표고버섯은 기둥을 떼어내고 1×6cm로 썰어 약간의 간장 · 참기름으로 밑간한다.

3 꿰어 굽기 달군 번철에 꿩과 소고기를 살짝 구워 익히고, 표고버섯도 살짝 볶는다. 꿩과 소고기는 파 크기로 썬다. 준비한 재료는 색의 조화를 맞추어 꿰어 번철이나 석쇠에 굽는다. 그릇에 담고 잣가루를 뿌린다.

해물산적

새우, 오징어, 전복 등을 꼬치에 꿰어 양념장을 발라 구운 산적이다.

재료 및 분량

새우(중) 5마리
오징어(1마리) 200g
소금(손질용) 적량
전복(소) 5개
느타리버섯 · 실파 100g
식용유 2큰술
잣가루 약간
산적 꼬치 적량

양념장
간장 2큰술, 다진 마늘 1⅓큰술, 설탕 · 생강 · 참기름 2작은술, 후춧가루 약간

만드는 방법

1 재료 준비하기 새우는 머리를 떼어 내고 껍질을 벗겨 등 쪽에 내장을 꼬치로 꺼낸 후 배 쪽으로 얕게 칼집을 넣는다. 전복은 솔로 문질러 씻은 후 숟가락을 이용하여 살을 떼 내어 내장을 제거하고 칼집을 얕게 넣는다. 오징어는 배를 갈라 몸통과 다리를 분리하여 내장을 제거하고 소금으로 문질러 씻은 후 껍질을 벗겨 안쪽에 칼집을 비스듬히 넣은 다음 한입 크기로 썬다. 준비한 재료는 각각 양념장의 일부로 양념한다. 느타리버섯은 데치고 실파는 재료 크기에 맞추어 썬다.

2 꿰어 굽기 모든 재료를 색의 조화를 맞추어 꿰어 남은 양념장을 발라 번철이나 석쇠에 굽는다. 그릇에 담고 잣가루를 뿌린다.

어산적 사슬적

흰살생선을 소고기와 꿰어 구운 산적이다. 소고기는 같은 크기로 꿰기도 하고 다져서 생선 사이에 채워 넣어 꿰기도 한다. 모양이 사슬처럼 보여 사슬적이라 한다.

재료 및 분량

민어살 300g
소고기 200g
잣가루 1큰술
소금 · 후춧가루 약간
산적 꼬치 적량

소고기 양념
간장 1⅓큰술, 설탕 · 다진 파 2작은술, 다진 마늘 1작은술, 참기름 · 깨소금 ½작은술, 후춧가루 약간

만드는 방법

방법 1

1 민어 손질하기 민어는 두께 1cm로 포를 떠서 소금, 후춧가루를 뿌려 두었다가 6×1.5cm로 썬다.

2 소고기 손질하기 소고기는 0.8cm 두께의 도톰하고 넓적한 편으로 썰어 앞뒤에 칼집을 고르게 넣고 양념하여 번철에 살짝 익혀 민어와 같은 크기로 썬다.

3 꿰어 굽기 민어와 소고기를 번갈아 꿰어 도마에 놓고 앞뒤로 얕게 칼집을 넣어 번철이나 석쇠에 굽는다. ❶
그릇에 담고 잣가루를 뿌린다.

방법 2

1 민어 손질하기 방법 1과 같다.

2 소고기 손질하기 소고기는 곱게 다져 양념한다.

3 꿰어 굽기 민어를 듬성듬성 꿰고 그 사이사이에 고기를 채워서 고르게 붙인 후 번철이나 석쇠에 굽는다.

방법 3

1 민어 손질하기 방법 1과 같다.

2 소고기 손질하기 방법 2와 같다.

3 꿰어 굽기 민어를 촘촘히 꼬치에 꿴다음 한쪽 면에 밀가루를 뿌리고, 고기를 반대기로 만들어 부친다. 생선 쪽을 먼저 익힌 후 고기 쪽을 익힌다.

어산적용은 민어, 광어, 대구처럼 살이 탄력성 있는 생선으로 만들어야 부서지지 않는다.

송이새송이산적

송이새송이버섯을 소고기와 꿰어 구운 산적이다.

재료 및 분량

송이 · 소고기 200g
잣가루 2작은술
식용유 3큰술
산적 꼬치 적량

소고기 양념
간장 1⅓큰술, 설탕 · 다진 파 2작은술, 다진 마늘 1작은술, 참기름 · 깨소금 ½작은술, 후춧가루 약간

송이버섯은 향을 보존하기 위해 참기름, 향신료 사용을 줄이며 단시간 가열한다.

만드는 방법

1 재료 준비하기 송이버섯은 모래가 붙은 뿌리 부분은 도려 내고, 옅은 소금물에 담가 칼로 껍질을 긁어낸 다음(송이찜 중 송이 손질(p. 217) 참조), 송이모양이 나도록 0.5cm 두께로 저민다. 긴 것은 반으로 잘라 식용유에 살짝 버무린다. 소고기는 0.6cm 두께의 넓적한 편으로 썰어 앞뒤에 칼집을 고르게 넣고 양념하여 번철에 살짝 익힌 후 6×1cm 정도로 썬다.

2 꿰어 굽기 소고기와 송이를 번갈아 꿰어 번철이나 석쇠에 굽는다. 그릇에 담고 잣가루를 뿌린다.

두릅산적

두릅을 소고기와 꿰어 구운 산적이다.

재료 및 분량

두릅 150g
소고기 100g
식용유 적량
소금 약간
산적 꼬치 적량

소고기 양념
간장 2작은술, 설탕 1작은술, 다진 파 1작은술, 다진 마늘 ½작은술, 참기름 ¼작은술, 깨소금 ¼작은술, 후춧가루 약간

만드는 방법

1 재료 준비하기 두릅은 밑동을 자르고 목질 부분을 제거하여 씻는다. 끓는 물에 데쳐 헹군 후 2~4쪽으로 갈라 물기를 짜서 양념(간장 1큰술, 참기름 1작은술)한다. 소고기는 0.8cm 두께의 넓적한 편으로 썰어 앞뒤에 칼집을 고르게 넣고 양념하여 번철에 살짝 익힌 후 두릅 크기에 알맞게 썬다.

2 꿰어 굽기 두릅과 소고기를 번갈아 꿰어 번철이나 석쇠에 굽는다.

파움파산적

파를 소고기와 꿰어 구운 산적이다.

재료 및 분량

실파(움파) 50g
소고기 100g
참기름 1큰술
식용유 적량
산적 꼬치 적량

소고기 양념

간장 2작은술, 설탕 1작은술, 다진 파 1작은술, 다진 마늘 ½작은술, 참기름 ¼작은술, 깨소금 ¼작은술, 후춧가루 약간

만드는 방법

1 재료 준비하기 실파는 7cm 길이로 잘라 참기름에 무친다. 움파를 사용할 때는 데친 후 무친다.

소고기는 0.6cm 두께의 넓적한 편으로 썰어 앞뒤에 칼집을 고르게 넣고 양념하여 번철에 살짝 익힌 후 7×1cm로 썬다.

2 꿰어 굽기 파와 소고기를 번갈아 꿰어 파의 모양을 살린 다음 번철이나 석쇠에 굽는다.

지짐누름적 35분

도라지, 당근, 소고기, 표고버섯을 익혀 실파와 함께 꿰어 밀가루, 달걀물을 입혀 지진 음식이다. 일명 누르미라고 하고, 밀가루만 개어서 부치기도 한다.

재료 및 분량

소고기(길이 7cm) 50g
마른 표고버섯(불린 것) 1장
당근(길이 7cm) 50g
통도라지 1개
쪽파(중) 2뿌리
밀가루(중력분) 20g
달걀 1개
대파(흰 부분, 2cm) 1토막
마늘(중, 깐 것) 1쪽
간장 10mL
참기름 5mL
식용유 30mL
소금 5g
산적꼬치 2개

소고기양념

간장 1작은술, 설탕 ½작은술, 다진 파 ½작은술, 다진 마늘 ¼작은술, 참기름 ⅛작은술, 깨소금 ⅛작은술, 후춧가루 약간

만드는 방법

1 재료 준비하기 완성된 누름적의 길이는 6cm가 되게 하고, 각 재료의 폭은 1cm, 두께는 0.5cm로 각각 2개씩을 준비한다. 당근과 도라지는 0.5×1×6cm로 썰어 옅은 소금물에 데친다. 실파는 6cm 길이로 잘라 참기름으로 무친다. 소고기는 0.5cm 두께의 넓적한 편으로 썰어 앞뒤에 칼집을 고르게 넣고 파, 마늘은 곱게 다져 양념하여 번철에 익힌 후 당근과 같은 크기로 썬다. 표고버섯은 기둥을 제거하고 1×6cm로 썰어 약간의 간장, 참기름으로 밑간한다.

2 꿰어 지지기 기름 두른 번철에 도라지, 당근, 표고버섯 순으로 각각 다진 파, 마늘, 소금을 약간씩 넣으면서 볶는다. 산적꼬치에 준비한 재료를 색의 조화를 맞추어 꿴다. 밀가루를 묻히고 달걀물을 입혀 달군 번철에 기름을 두르고 양면을 지진다. 식힌 후 꼬치를 빼서 누름적 2개를 담는다.

두릅적

두릅을 데쳐 무치고 소고기와 꿰어 밀가루와 달걀물을 입혀 지진 누름적이다.

재료 및 분량

두릅 150g
소고기 100g
밀가루 1컵
달걀 2개
식용유 적량
소금 약간
산적 꼬치 적량

두릅 양념

간장 1큰술, 참기름 1작은술

소고기 양념

간장 2작은술, 설탕 1작은술, 다진 파 1작은술, 다진 마늘 ½작은술, 참기름 ¼작은술, 깨소금 ¼작은술, 후춧가루 약간

만드는 방법

1 두릅 손질하기 두릅은 밑동을 자르고 목질 부분을 제거하여 씻는다. 끓는 물에 데쳐 찬물에 헹군 후 2~4쪽으로 갈라 물기를 짜서 양념한다.

2 소고기 손질하기 (1) 소고기는 0.8cm 두께의 도톰하고 넓적한 편으로 썰어 앞뒤에 칼집을 고르게 넣고 양념하여 번철에 살짝 익힌 후 두릅 크기에 알맞게 썬다. 또는 (2) 소고기는 곱게 다져 양념한다.

3 꿰어 지지기 (1) 두릅과 소고기를 번갈아 꿰어 밀가루, 달걀물을 입혀 번철에 지진다. 또는 (2) 두릅을 촘촘히 꼬치에 꿰고 한쪽에 밀가루를 뿌린 후 고기를 반대기로 만들어 부친 후 밀가루, 달걀물을 입혀 번철에 지진다.

김치적

배추김치를 소고기, 움파와 꿰어 밀가루와 달걀물을 입혀 지진 누름적이다.

재료 및 분량

배추김치 300g
소고기 200g
파(움파) 100g
밀가루 적량
달걀 3개
식용유 · 산적 꼬치 적량

소고기 양념

간장 1⅓큰술, 설탕 · 다진 파 2작은술, 다진 마늘 1작은술, 참기름 · 깨소금 ½작은술, 후춧가루 약간

만드는 방법

1 김치 손질하기 김치는 물기를 짜서 10×1.5cm로 썬다.

2 재료 준비하기 소고기는 0.8cm 두께의 넓적한 편으로 썰어 앞뒤에 칼집을 고르게 넣고 양념하여 번철에 살짝 익힌 후 김치 크기에 알맞게 썬다.
움파는 씻어서 김치와 같은 크기로 썬다.

3 꿰어 지지기 꼬치에 김치, 고기, 움파를 꿴다. 달군 번철에 기름을 두르고 밀가루, 달걀물을 입혀 지진다.

신배추김치와 움파는 김치적을 더욱 맛있게 한다.
지짐옷은 밀가루 반죽물(또는 달걀을 섞은 반죽물)을 기호에 따라 쓸 수 있다.

화양적 35분

소고기와 도라지, 당근, 오이, 표고버섯을 볶아 익힌 후 꼬치에 꿴 누름적이다. 달걀 지단을 꿰어 넣기도 한다.

재료 및 분량

소고기(7cm) 50g
마른 표고버섯(불린 것) 1개
당근 (7cm) 50g
통도라지 1개
오이 1/2개
달걀 2개
대파(흰 부분, 4cm) 1토막
마늘(중, 깐 것) 1쪽
간장 5mL
참기름 5mL
소금 5g
식용유 30mL
잣(깐 것) 10개
A4용지 1장
산적 꼬치 2개

소고기 양념
간장 1작은술, 설탕 ½작은술, 다진 파 ½작은술, 다진 마늘 ¼작은술, 참기름 ⅛작은술, 깨소금 ⅛작은술, 후춧가루 약간

만드는 방법

1 재료 준비하기 완성된 화양적의 길이는 6cm가 되게 하고, 각 재료의 폭은 1cm, 두께는 0.6cm가 되도록 하여 각각 2개씩을 준비해 2꼬지를 만든다.
당근과 도라지는 0.6×1×6cm로 썰어 옅은 소금물에 데친다.
오이는 같은 크기로 썰어 소금을 뿌려 절인다.
소고기는 0.6cm 두께의 넓적한 편으로 썰어 앞뒤에 칼집을 고르게 넣고 파, 마늘은 곱게 다져 양념하여 번철에 익힌 후 당근과 같은 크기로 썬다.
표고버섯은 기둥을 제거하고 1×6cm로 썰어 약간의 간장, 참기름으로 밑간한다. 잣은 종이에 놓고 곱게 다진다.

2 익혀서 꿰기 달걀 노른자를 번철 가장자리에 두께 0.6cm, 길이 6cm, 2cm 폭으로 부친 후 길게 2개로 자른다.
기름 두른 번철에 도라지, 오이, 당근, 소고기, 표고버섯 순으로 각각 다진 파, 마늘, 소금을 약간씩 넣으면서 볶는다. 산적꼬치에 양쪽 1cm 정도 남기고 색의 조화를 맞추어 꿴다. 꼬치 2개를 그릇에 담고 잣가루를 뿌린다.

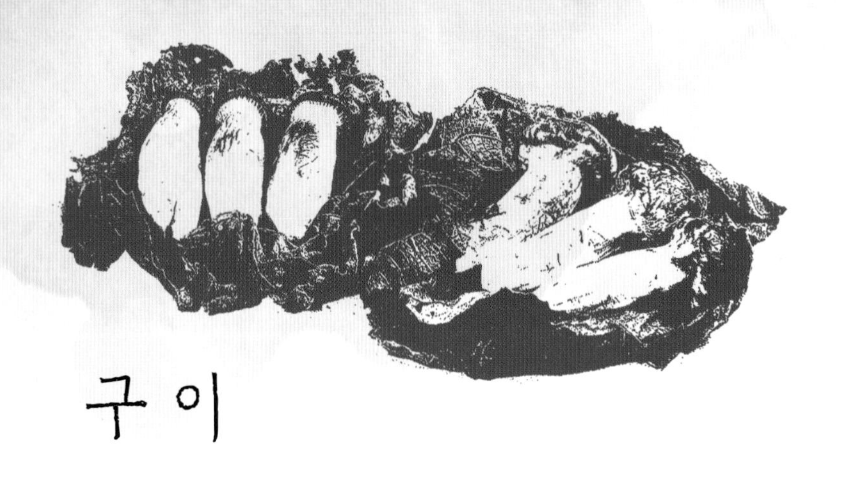

구이

구이는 수조육류, 어패류, 채소류 등의 여러 가지 재료를 그대로 또는 소금이나 갖은 양념을 하여 불에 직접 굽거나 돌이나 철판 등에 구워 익힌 음식이다. 구이는 인류가 불을 사용하면서 특별한 기구 없이 실시한 조리법으로, 그릇이 필요한 끓이는 조리법보다 먼저 발달한 원초적인 가열조리법이다. 처음에는 고기를 꼬챙이에 꿰어서 구웠을 것이다. 이것이 원래 적炙, 고기구이 적이다. 그러다가 돌을 뜨겁게 달구어 그 위에서 고기를 구웠을 것이고, 이것을 번燔, 구울 번이라 한다. 철이 나오면서 철판 위에다 굽게 되니 철판을 번철燔鐵이라 하게 된 것이다. 『원행을묘정리의궤』1795에 나오는 수라상의 상차림에서 구이음식을 적과 구이로 구분하여 표기하고 있다.

- 적 : 갈비, 우족, 설야적, 소 염통, 양, 생치, 연계, 청어, 약산적, 잡산적 등
- 구이 : 우족, 설야적, 돼지갈비, 양, 생치, 연계, 청어, 소 내장, 소꼬리 등

구이는 꼬챙이에 꿰거나 석쇠에 직화구이하는 적炙과 철판이나 돌 위에서 간접 불로 굽는 번燔,구이 번으로 관습적으로 나눈 것 같고, 실제는 구분 없이 쓰고 있는 것으로 보인다. 『조선요리법』1938에서는 구이 속에 적과 구이를 두었으나 『조선요리제법』1942과 『조선무쌍신식요리제법』1943에서는 적과 구이로 나누면서 적은 산적을 의미한다 하였다.

『임원십육지』1827에 지금은 철망을 쓰니 꼬챙이가 필요 없어졌다고 하였다. 철이 많이 생산됨에 따라 1800년대 초부터 철사석쇠가 이용되었다. 숯이 흔하게 쓰이던 시절에는 석쇠로 숯불구이하던 것이 연료개발에 따라 구이판의 형태가 달라지면서 최근에는 그릴이나 오븐 등 조리기기의 발달로 구이의 조리방법이 다양해지고 있다.

구이의 약사

우리나라는 농경문화가 발달하기 이전에 사냥이나 물고기 잡이 등이 식량획득의 중요한 수단이었다. 그리하여 일찍부터 고기음식이 발달하여 맥적貊炙이라는 고기구이가 명물이었다. 맥貊은 중국의 동북지방으로 고구려이며 적炙은 구이를 뜻하니 맥적은 고구려의 고기구이를 의미하며, 『위지魏志동이전』 고구려조에서 잘 설명하고 있다. 의례儀禮에는 맥적은 이미 조미되어 있으니 먹을 때 일

부러 장을 찍어 먹을 필요가 없다고 한 것을 보면 고기를 장으로 양념하여 불에 굽는 방식이었던 것으로 보인다. 맥적의 조리법은 고려시대에 불교의 영향으로 점차 잊혀지다가 몽고의 지배하에 옛 고기 조리법인 맥적을 되찾게 되었다. 몽고인과 회교도가 많이 들어와 살던 개성에서 설야멱雪夜覓, 설하멱적, 또는 설하멱雪下覓이란 명칭으로 맥적이 되살아나고 이것이 오늘날 불고기의 원조라 여겨진다. 설야멱은 송나라 태조가 눈 내리는 밤에 보普를 찾아갔더니 숯불에 고기를 굽고 있었는데, 이를 두고 설야멱覓, 찾을 멱이라고 하였다고 한다. 『음식디미방』1670의 가지누르미조에 '가지를 설야멱적처럼'이란 말과 『증보산림경제』1766와 『옹희잡지』1800년대 초에 소갈비고기를 개성식의 설야멱처럼 굽는다고 한 것을 보면, 설야멱이 보편적인 요리였음을 알 수 있다. 『원행을묘정리의궤』1795에 나오는 수라상에서는 설야적이라 표기하고 있다. 『해동죽지』1925에 설야멱은 개성에서 내려오는 명물로 만드는 법은 쇠갈비나 염통을 기름과 향신채소로 조미하여 굽다가 반쯤 익으면 냉수에 잠깐 담구고, 다시 센 숯불에 구워 익히면 눈 오는 겨울밤에 술안주로 좋고 고기가 몹시 연하여 맛이 좋다고 하였다. 『거가필용』1260~1367에 돼지갈비구이의 설명이 설야멱방법과 같은 것으로 보아 『거가필용』의 설야멱방법은 고구려를 통해 배워 간 것이고 고려 말에 『거가필용』을 통해 되찾은 것이니 불고기는 맥적에서 유래되었다고 보아야 할 것이다. 『산림경제』1715에 거가필용을 인용하여 고기를 일단 삶은 후에 굽는 고기구이법 등이 설명되어 있고, 『증보산림경제』1766에 '고기를 구울 때는 꼬치에 꿰어서 기름, 간장, 소금, 파, 후춧가루, 술, 초 등을 섞은 밀가루죽을 고기에 바르고 불꽃이 삭은 불 위에서 굽는다. 익으면 밀가루 껍질을 벗긴다. 구운 고기를 물에 잠깐 적셨다가 급히 건져 다시 굽는다. 이 일을 세 번 되풀이 하고 참기름을 바르면서 또 구우면 연하고 맛이 좋다.'고 하였다. 또한 채소구이법에서 송이버섯을 굴참나무 잎이나 박 잎으로 여러 겹 싸고 진흙을 발라 모닥불에 묻어 굽는 유산적이遊山炙柦를 설명하고 있으며, 『규합총서』1815에 '꿩고기를 구울 때에는 물에 적신 백지로 꼭 싸서 굽다가 반쯤 익으면 종이를 벗기고 기름장을 발라 다시 굽는다'하였다. 『시의전서』1800년대 말에 생선구이는 긴 꼬챙이를 입에서부터 꽂아서 유장을 발라 굽다가 양념장을 발라 굽는다 하였다. 또 소고기를 얇게 저며 썰고 잔칼질하여 양념한 다음 직화에 굽는 너비아니가 있는데, 이것은 꼬챙이에 꿰지 않고 철판이나 석쇠에 굽는 형태이다. 너비아니는 불고기의 궁중용어이다. 갈비, 염통 등도 양념하여 그대로 직화에 구워낸다고 하였다. 이와 같이 고기에 양념을 하였고 꼬치에 꿰던 것을 얇게 저며 썰어 굽는 오늘의 불고기로 이어지고 있다. 『조선무쌍신식요리제법』1943에는 날고기에 소금을 쳐서 직화로 굽는 방자구이를 소개하고 있다. 방자는 관청의 종을 가리키며, 밖에서 상전을 기다리면서 부엌에서 고기 한 조각을 얻어 소금을 뿌려 급하게 구워 먹은 데서 유래된 것이라 한다. 소금구이는 전문 고기구이집이 많이 늘면서 유행하였다.

구이의 종류

수조육류 구이

- 가리구이 : 소갈비 살을 편으로 계속 이어 뜨고 칼집을 내어 양념장에 재어 두었다가 구운 음식이다.
- 너비아니구이 : 소고기를 저며서 양념장에 재어 두었다가 구운 음식이다. 불고기의 궁중용어이다.
- 방자소금구이 : 소고기에 소금을 뿌려 구운 음식이다. 하인이 상전을 기다리며 부엌에서 고기 한 조각을 얻어 급히 먹느라 소금만 뿌려 구운 데서 유래되었다고 한다.
- 양지머리편육구이 : 삶아 누른 양지머리를 저며서 양념장을 발라 구운 음식이다.
- 장포육 : 소고기를 도톰하게 저며서 두들겨 부드럽게 한 후 양념하여 굽고 또 두들겨 반복해서 구운 포육이다.
- 염통구이 : 염통을 저며서 양념장에 재어 두었다가 구운 음식이다.
- 콩팥구이 : 콩팥을 저며서 양념장에 재어 두었다가 구운 음식이다.
- 제육구이 : 돼지고기를 고추장 양념장에 재어 두었다가 구운 음식이다.
- 닭구이 : 닭을 토막 낸 후 두꺼운 부위는 편으로 하여 양념장에 재어 두었다가 구운 음식이다.
- 생치꿩구이 : 꿩을 살을 발라 내어 양념장에 재어 두었다가 구운 음식이다.

어패류 구이

- 도미구이 : 도미를 포를 떠서 양념장에 재어 두었다가 구운 음식이다.
- 민어구이 : 민어를 포를 떠서 양념장에 재어 두었다가 구운 음식이다.
- 병어구이 : 병어를 통째로 칼집을 내고 애벌구이 한 후 고추장 양념장을 발라 구운 음식이다.
- 삼치구이 : 삼치를 포를 떠서 양념장에 재어 두었다가 구운 음식이다.
- 잉어구이 : 잉어를 포를 떠서 양념장에 재어 두었다가 구운 음식이다.
- 장어구이 : 장어 머리와 뼈를 제거하고 애벌구이 한 후 양념장을 발라 구운 음식이다.
- 청어구이 : 청어를 칼집을 내고 소금을 뿌려 구

| 구이의 종류 |

구 분	종 류
수조육류 구이	가리구이, 너비아니구이, 방자(소금)구이, 양지머리편육구이, 장포육, 염통구이, 콩팥구이, 제육구이, 닭구이, 생치(꿩)구이
어패류 구이	도미구이, 민어구이, 병어구이, 삼치구이, 잉어구이, 장어구이, 청어구이, 대합구이, 낙지호롱, 오징어구이, 북어구이, 뱅어포구이
채소류 구이 · 기타	더덕구이, 송이구이, 김구이

운 음식이다.

- 대합구이 : 조갯살을 손질하고 소고기, 표고버섯 등을 섞어 만든 소를 대합 껍데기 속에 넣어 구운 음식이다.
- 낙지호롱 : 볏짚을 낙지머리 속으로 끼우고 다리를 감아서 양념장을 발라 가며 구운 음식이다.
- 오징어구이 : 오징어를 껍질을 제거하고 칼집을 넣어 토막 낸 후 고추장 양념장에 잠시 재어 두었다가 구운 음식이다.
- 북어구이 : 북어를 부드럽게 불려서 유장에 재어 애벌구이한 후 고추장 양념장을 발라 구운 음식이다.
- 뱅어포구이 : 뱅어포에 양념장을 발라 구운 음식이다.

채소류 구이 · 기타

- 더덕구이 : 더덕을 두드려 펴서 양념장을 발라 구운 음식이다.
- 송이구이 : 송이버섯을 호박잎 등에 싸서 구운 음식이다.
- 김구이 : 김에 들기름이나 참기름을 바르고 소금을 뿌려서 구운 음식이다.

구이의 기본조리법

재료 준비

- **재료의 연화** : 근섬유가 강한 소고기 등은 잔칼질하거나 두들겨 근섬유를 부드럽게 한다.

  설탕을 뿌리거나 배즙 또는 연화제를 사용한다. 연화제는 키위, 파인애플, 생강 등의 천연연화제와 화학적으로 만들어진 연화제가 있다. 이들은 단백질 분해 효소에 의해 연해진다.
- **양념하기** : 향신료와 설탕, 연화제는 먼저 사용하여 잡냄새를 제거하고 연화시킨다. 간은 나중에 하는 것이 좋다.
- **재어 두는 시간** : 양념 후 30분 정도가 좋으며 간을 하여 오래두면 육즙이 빠져 맛이 없고 육질이 질겨지므로 부드럽지 않은 구이가 된다.

가열방법

너무 고온으로 가열하면 겉만 타고 속은 익지 않으며, 너무 낮으면 수분 증발로 식품표면이 마르고 내부는 익지 않아 육즙이 손실되면서 맛과 영양소가 감소될 수 있다.

- **양념을 발라 구울 때** : 양념은 타기 쉬우므로 유장처리하여 먼저 익힌 다음 양념은 나누어 발라가며 타지 않게 살짝 익힌다.
- **뒤집기** : 자주 뒤집으면 모양 유지가 어렵고 부서지기 쉽다. 생선구이를 할 때는 껍질 쪽을 먼저 굽고 살 쪽을 구우면 모양유지가 편하다.

청어구이

청어를 칼집을 내고 소금을 뿌려 구운 음식이다.

재료 및 분량

청어 2마리
소금 · 후춧가루 약간

만드는 방법

1 **청어 손질하기** 청어는 비늘을 긁고 내장을 제거하여 씻은 후 칼집을 많이 넣어 소금 · 후춧가루를 뿌린다.

2 **굽기** 청어는 달군 석쇠에 부드럽게 굽는다.

청어나 전어 등 가시가 많은 생선은 칼집을 많이 넣어 가시를 끊어 준다.

가리구이

소갈비 살을 편으로 계속 이어 뜨고 칼집을 내어 양념장에 재어 두었다가 구운 음식이다.

재료 및 분량

소갈비 1kg
배 400g
식용유 적량
잣가루 1큰술

양념장
간장 · 배즙 4큰술, 설탕 · 다진 마늘 · 깨소금 2큰술, 다진 파 3큰술, 생강즙 1큰술, 참기름 1½큰술, 후춧가루 약간

만드는 방법

1 **갈비 손질하기** 갈비는 면포로 핏물을 흡수시킨 후 갈비 쪽으로 길게 칼을 넣어 살을 돌려 가며 편을 뜨고 가로, 세로로 어슷하게 칼집을 넣는다. ❶, ❷, ❸
배는 강판에 갈아 즙을 내어 고기에 배즙을 골고루 무쳐 연화시킨다.

2 **양념장에 재어 굽기** 파, 마늘은 곱게 다져 양념장을 만든다. 고기에 양념장을 바르고 고루 주물러 30분쯤 되면 달군 석쇠나 번철에 부드럽게 굽는다.

갈비 1kg은 살코기 800g의 양념으로 한다.

너비아니구이 25분

소고기를 저며서 양념장에 재어 두었다가 구운 음식이다. 불고기의 궁중용어이다.

재료 및 분량

소고기 100g
배(50g) ⅙개
식용유 10mL
잣(깐 것) 5개
A4용지 1장

양념장

간장 2작은술, 설탕 1작은술, 다진 파 1큰술, 다진 마늘 1작은술, 참기름 ¼작은술, 깨소금 ¼작은술, 후춧가루 약간

만드는 방법

1 **소고기 손질하기** 소고기는 핏물과 기름기를 제거하고 0.5cm 두께, 5×6cm 크기로 6쪽 이상 썰어 잔칼질한다. 배는 강판에 갈아 즙을 내어 고기에 배즙을 골고루 무쳐 연화시킨다.

2 **양념장에 재어 굽기** 파, 마늘은 곱게 다져 양념장을 만들어 고기를 재어 둔다. 잣은 종이에 놓고 곱게 다진다. 기름을 발라 달군 석쇠에 고기를 굽는다. 그릇에 6쪽을 담아 잣가루를 뿌린다.

장포육

소고기를 도톰하게 저며서 두들겨 부드럽게 한 후 양념하여 굽고 또 두들겨 반복해서 구운 포육이다.

재료 및 분량

소고기(우둔) 600g
잣가루 2큰술
참기름 1큰술

양념장

간장 4큰술, 설탕 · 다진 파 2큰술, 다진 마늘 1큰술, 깨소금 1큰술, 후춧가루 약간

만드는 방법

1 **소고기 손질하기** 소고기는 도톰하게 포를 뜬 후 고기망치로 두들긴다.

2 **양념장에 재어 굽기** 파, 마늘은 곱게 다지고 양념장을 만들어 고기를 양념한다. 달군 석쇠에 구운 후 고기를 두드려 다시 양념장을 발라 가며 구워 두들긴다. 고기가 부드러워지면 참기름을 발라 살짝 굽는다. 그릇에 뜯어 담고 잣가루를 뿌린다.

천리찬

장포육의 일종으로 천 리 길을 갈 때 가지고 간다하여 붙여진 이름이다. 소고기를 포를 떠서 양념하여 구운 후 두드리기의 과정을 2~3회 반복한다. 설탕 섞은 참기름을 고루 발라 마무리한다.

염통구이

염통을 저며서 양념장에 재어 두었다가 구운 음식이다.

재료 및 분량

염통 300g
잣가루 2작은술

양념장
간장 2큰술, 설탕 1큰술, 다진 파 1큰술, 다진 마늘 ½큰술, 다진 생강(즙) 1작은술, 참기름 ¾작은술, 깨소금 ¾작은술, 배즙 2큰술, 후춧가루 약간

만드는 방법

1 **염통 손질하기** 염통은 둘로 갈라서 힘줄과 딱딱한 부분을 제거하고, 막을 벗겨 낸다. 면포로 물기를 거둔 후 저며서 잔칼질을 한다.

2 **양념장에 재어 굽기** 파, 마늘, 생강은 곱게 다지고, 배는 갈아 즙을 내어 양념장을 만들어 고기를 주물러 재어둔다. 30분쯤 되면 달군 석쇠나 번철에 부드럽게 굽는다. 그릇에 담아 잣가루를 뿌린다.

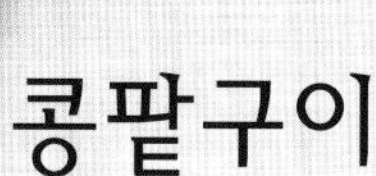

콩팥구이

콩팥을 저며서 양념장에 재어 두었다가 구운 음식이다.

재료 및 분량

콩팥 300g
잣가루 2작은술

양념장
간장 2큰술, 설탕 · 다진 파 1큰술, 다진 마늘 ½큰술, 다진 생강(즙) 1작은술, 참기름 · 깨소금 ¾작은술, 배즙 2큰술, 후춧가루 약간

만드는 방법

1 **콩팥 손질하기** 콩팥은 안쪽의 힘줄과 지방을 제거하고 저며서 면포로 물기를 거둔 후 잔칼질한다.

2 **양념장에 재어 굽기** 파, 마늘, 생강은 곱게 다지고 배는 갈아 즙을 내어 양념장을 만들어 고기를 주물러 재어 둔다. 30분쯤 되면 달군 석쇠나 번철에 부드럽게 굽는다. 그릇에 담아 잣가루를 뿌린다.

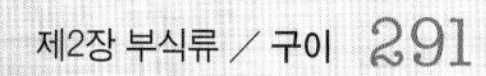

제육구이 30분

돼지고기를 고추장 양념장에 재어 두었다가 구운 음식이다.

재료 및 분량

돼지고기 300g

양념장
고추장 2큰술, 고춧가루 ½큰술, 간장 · 다진 파 2작은술, 설탕 1⅓큰술, 다진 마늘 1작은술, 다진 생강(즙) · 참기름 ½작은술, 물 1큰술, 후춧가루 약간

만드는 방법

1 **고기 손질하기** 돼지고기는 0.5cm 두께로 썬 후 잔칼질을 한다.

2 **양념장에 재어 굽기** 파, 마늘은 곱게 다져서 양념장을 만들어 고기를 주물러 재어 둔다. 30분쯤 되면 달군 석쇠나 번철에 굽는다.

삼겹살구이

닭구이

닭을 토막 낸 후 두꺼운 부위는 편으로 하여 양념장에 재어 두었다가 구운 음식이다.

재료 및 분량

닭고기살 300g

양념장
간장 · 설탕 · 다진 파 2작은술, 소금 ⅓작은술, 다진 마늘 1작은술, 참기름 · 깨소금 ½작은술, 후춧가루 약간

만드는 방법

1 닭 준비하기 닭고기살은 넓적하게 저민 후 칼끝으로 칼집을 넣는다.

2 양념장에 재어 굽기 파, 마늘은 곱게 다져 양념장을 만들어 고기를 주물러 재어 둔다. 30분쯤 되면 달군 석쇠나 번철에 굽는다.

생치(꿩)구이

꿩을 살을 발라 내어 양념장에 재어 두었다가 구운 음식이다.

재료 및 분량

꿩살 200g
잣가루 약간

양념장
간장 · 설탕 · 다진 파 2작은술, 소금 ¼작은술, 다진 마늘 1작은술, 참기름 · 깨소금 ½작은술, 후춧가루 약간

만드는 방법

1 꿩 손질하기 꿩은 관절 부위를 잘라 토막을 내고 살만 발라 넓적하게 저민 후 칼 끝으로 칼집을 넣는다.

2 양념장에 재어 굽기 파, 마늘은 곱게 다져 양념장을 만들어 고기를 주물러 재어 둔다. 30분쯤 되면 달군 석쇠나 번철에 굽는다. 잣가루를 뿌린다.

민어구이

민어를 포를 떠서 양념장에 재어 두었다가 구운 음식이다.

재료 및 분량

민어 500g
소금 · 후춧가루 약간

양념장
간장 · 설탕 · 다진 파 1큰술, 소금 ¼작은술, 다진 마늘 ½큰술, 다진 생강(즙) 1작은술, 참기름 · 깨소금 ¾작은술, 후춧가루 약간

만드는 방법

1 **민어 손질하기** 민어는 머리를 자르고, 내장을 꺼낸 후 씻어서 3장 뜨기로 하여 도톰하게 토막을 내고, 소금 · 후춧가루를 뿌린다.

2 **양념장에 재어 굽기** 파, 마늘, 생강은 곱게 다져 양념장을 만든다. 양념장을 발라 30분 정도 두었다가 달군 석쇠나 번철에 부드럽게 굽는다.

병어생선양념구이 30분

병어를 통째로 칼집을 내고 애벌구이한 후 고추장 양념장을 발라 구운 음식이다.

재료 및 분량

생선(병어, 조기) 100~120g
소금 20g
식용류 10mL

유장
간장 1작은술
참기름 1큰술

양념장
고추장 1큰술, 간장 ½작은술, 설탕 1작은술, 다진 파 1작은술, 다진 마늘 ½작은술, 참기름 1작은술, 깨소금 1작은술, 물 · 후춧가루 약간

만드는 방법

1 **생선 손질하기** 병어는 비늘을 긁고 머리와 꼬리는 제거하지 않는다. 내장은 아가미 쪽으로 꺼내어 제거하고 씻은 후 앞뒤에 3번 정도 칼집을 어슷하게 넣어 소금을 뿌린다.

2 **양념장 준비 · 굽기** 파, 마늘은 곱게 다져 양념장을 만든다. 병어는 달군 석쇠에 유장을 발라 애벌구이하고 반쯤 익으면 양념장을 발라가면서 타지 않게 굽는다. 담을 때는 머리는 왼쪽, 배는 아래를 향하도록 놓는다.

조리기능사 수험과목에서 생선양념구이 재료는 병어나 조기를 지급하였고, 2012년부터는 조기를 지급하는 것으로 변경되었다. 병어나 조기의 조리방법은 동일하다.

장어구이

장어 머리와 뼈를 제거하고 애벌구이 한 후 양념장을 발라 구운 음식이다.

재료 및 분량

장어 2마리 500g
생강채(곁들임) 적량

양념장

고추장 4큰술, 설탕 2큰술, 간장 · 다진 파 1큰술, 다진 마늘 2작은술, 다진 생강(즙) · 참기름 · 청주 1작은술, 물엿 1큰술, 깨소금 · 후춧가루 약간

만드는 방법

1 **장어 손질하기** 장어는 머리와 뼈를 제거하고 한 장으로 펴서 마른 면포로 핏기를 닦아낸다. ❶

2 **양념장 준비 · 굽기** 파, 마늘, 생강은 곱게 다져 양념장을 만든다. 장어는 석쇠에 애벌구이하고 양념장을 발라 가며 타지 않게 구운 후 먹기 좋은 크기로 자른다. ❷, ❸

생강채를 곁들인다.

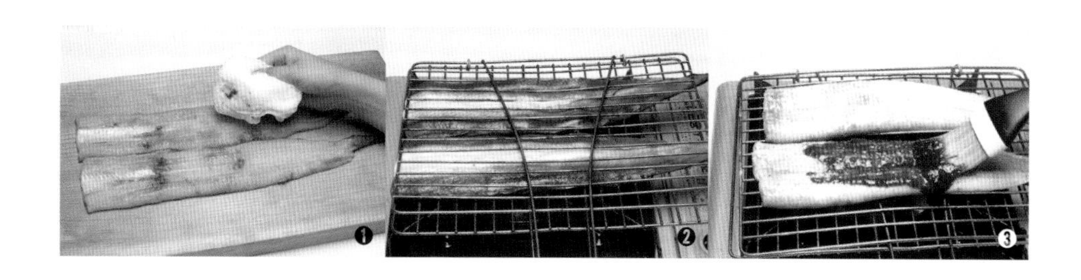

대합구이

조갯살을 손질하고 소고기, 표고버섯 등을 섞어 만든 소를 대합 껍데기 속에 넣어 구운 음식이다.

재료 및 분량

대합(또는 조갯살) · 소고기 · 두부 100g
밀가루 ½컵
달걀 2개
식용유 적량
쑥갓 · 실고추 약간

소고기 양념
간장 2작은술, 설탕 · 다진 파 1작은술, 다진 마늘 ½작은술, 참기름 · 깨소금 ¼작은술, 후춧가루 약간

소 양념
다진 파 2작은술, 다진 마늘 · 참기름 · 깨소금 1작은술, 소금 · 후춧가루 약간

만드는 방법

1 대합 손질하기 대합은 해감을 토해 낸 후 솔로 문질러 씻는다. 김이 오른 찜기에 넣고 살짝 익혀 대합이 입을 벌리면 살을 꺼내고 내장을 떼어 낸다. 모래가 있으면 더 씻어 낸다.

2 소 준비 · 지져 굽기 대합살은 다져서 살짝 볶고 소고기는 곱게 다져 양념하며 두부는 으깨어 물기를 짠 후 소고기와 섞어 소를 만든다. ❶, ❷
달걀은 황 · 백 지단을 부쳐 채 썬다. 쑥갓 잎은 끊어 놓고 실고추는 자른다.
대합 껍데기 안쪽에 식용유를 바른 후 밀가루를 뿌리고 소를 편편하게 채워 넣어 소를 넣은 면만 밀가루, 달걀물을 입혀 지진 후 석쇠에 얹어 굽는다. 익으면 지단과 실고추로 고명을 한다. ❸, ❹, ❺

낙지호롱

볏집을 낙지머리 속으로 끼우고 다리를 감아서 양념장을 발라 가며 구운 음식이다.

재료 및 분량

세발낙지(소) 3마리
소금 · 밀가루(손질용) 적량
마늘 · 참기름 1작은술
볏짚(나무젓가락) 적량

간장 양념장
간장 4큰술, 설탕 · 다진 파 2큰술, 다진 마늘 · 청주 · 물엿 1큰술, 다진 생강(즙) ¼작은술, 참기름 · 깨소금 1½작은술, 후춧가루 약간

고추장 양념장
고추장 4큰술, 간장 1작은술, 설탕 1큰술, 다진 파 1⅓큰술, 다진 마늘 · 참기름 · 깨소금 2작은술, 물 · 후춧가루 약간

만드는 방법

1 **낙지 손질하기** 낙지는 내장과 먹물을 제거하여 소금과 밀가루를 뿌려 주물러 씻는다. 참기름, 마늘로 양념한 후 볏짚 몇 개를 접어 머리 속으로 끼우고 다리를 감아 말아서 끝이 풀리지 않도록 고정시킨다. ❶

2 **양념장 준비 · 굽기** 파, 마늘, 생강은 곱게 다져 양념장을 만든다. 달군 석쇠나 번철에 낙지를 굽고, 양념장을 발라 가며 굽는다.

❶

오징어구이

오징어를 껍질을 제거하고 칼집을 넣어 토막 낸 후 고추장 양념장에 잠시 재어 두었다가 구운 음식이다.

재료 및 분량

오징어 2마리
소금(손질용) 적량
식용유 약간

양념장
고추장 2큰술, 간장 1큰술, 다진 파 2작은술, 설탕 · 다진 마늘 · 다진 생강(즙) · 참기름 · 깨소금 1작은술

만드는 방법

1 **오징어 손질하기** 오징어는 배를 갈라 몸통과 다리를 분리하여 내장을 제거하고 소금으로 주물러 씻은 후 껍질을 벗기고 안쪽에 칼집을 어슷하게 넣는다.

2 **양념장 준비 · 굽기** 파, 마늘, 생강은 곱게 다져 양념장을 만든다. 오징어는 두세 토막으로 나누고 양념장을 고루 발라 잠시 재운다. 석쇠에 칼집 넣은 면을 먼저 구운 다음 뒤집어 구워 한입 크기로 썬다.

뱅어포구이

뱅어포에 양념장을 발라 구운 음식이다.

재료 및 분량

뱅어포 5장(60g)
통깨 약간
식용유 적량

양념장
고추장 3큰술, 간장 1큰술, 설탕 2큰술, 다진 마늘 ½큰술, 참기름 · 깨소금 1½큰술, 물 약간

만드는 방법

1 **뱅어포 손질하기** 뱅어포는 잡티를 골라 내고 솔로 기름을 고루 바른다.

2 **양념장에 재어 굽기** 마늘은 곱게 다져 양념장을 만들고 뱅어포에 양념장을 발라 겹쳐서 잠시 눌러 둔다. 석쇠에 구워 한입 크기로 썰어 통깨를 뿌린다.

북어구이 20분

북어를 부드럽게 불려서 유장에 재어 애벌구이한 후 고추장 양념장을 발라 구운 음식이다.

재료 및 분량

북어포 1마리
식용유 10mL

유장
간장 1작은술, 참기름 1큰술

양념장
고추장 2큰술, 간장 ½작은술, 설탕 ½큰술, 다진 파 2작은술, 다진 마늘 1작은술, 참기름 1작은술, 깨소금 1작은술, 물 · 후춧가루 약간

만드는 방법

1 **북어 손질하기** 북어포는 물에 잠시 적셔내어 면포 등으로 물기를 흡수시키고 머리, 지느러미, 꼬리를 제거하고 가시를 발라낸다. 양면이 붙어 있는 상태로 5~6cm 크기로 자르고, 껍질 쪽에 칼집을 넣어 오그라들지 않게 하여 유장을 발라둔다.

2 **양념장 준비 · 굽기** 파, 마늘은 곱게 다져 양념장을 만든다. 북어는 기름을 발라 달군 석쇠에 애벌구이하고, 양념장을 발라가면서 타지 않도록 굽는다. 구이 3개를 담아낸다.

북어포는 물에 오래 담그면 부서진다.

송이구이

송이버섯을 호박잎 등에 싸서 구운 음식이다.

재료 및 분량

송이버섯 100g
호박잎 5~6장
소금 약간
꼬차 적량

만드는 방법

1 송이버섯 손질하기 송이버섯은 모래가 붙은 뿌리 부분은 도려 내고, 옅은 소금물에 담가 칼로 껍질을 긁어낸다.

2 호박잎으로 싸서 굽기 호박잎은 씻어 면포로 물기를 없애고 버섯을 감싼 다음 풀어지지 않도록 꼬치로 마무리한다. 약불로 석쇠에 굽는다.

양송이, 새송이 등 버섯구이에서 향을 살릴 수 있다.

더덕구이 30분

더덕을 두드려 펴서 양념장을 발라 구운 음식이다.

재료 및 분량

더덕 5개
소금 10g
식용유 10mL

유장
간장 1작은술, 참기름 1큰술

양념장
고추장 1큰술, 간장 ½작은술, 설탕 ½큰술, 다진 파 1작은술, 다진 마늘 ½작은술, 참기름 ½작은술, 깨소금 ½작은술, 물 약간

만드는 방법

1 더덕 손질하기 더덕은 껍질을 돌려가며 벗긴 후 소금물에 담가 쓴맛을 우려내고 방망이로 두들겨 편편하게 하여 길이 5cm 정도로 하되 작은 것은 그대로 사용한다.

2 양념장 준비 · 굽기 파, 마늘은 곱게 다져 양념장을 만든다. 더덕은 기름을 발라 달군 석쇠에 유장을 발라 애벌구이하고, 양념장을 발라가면서 타지 않게 굽는다. 구이 8개를 담아낸다.

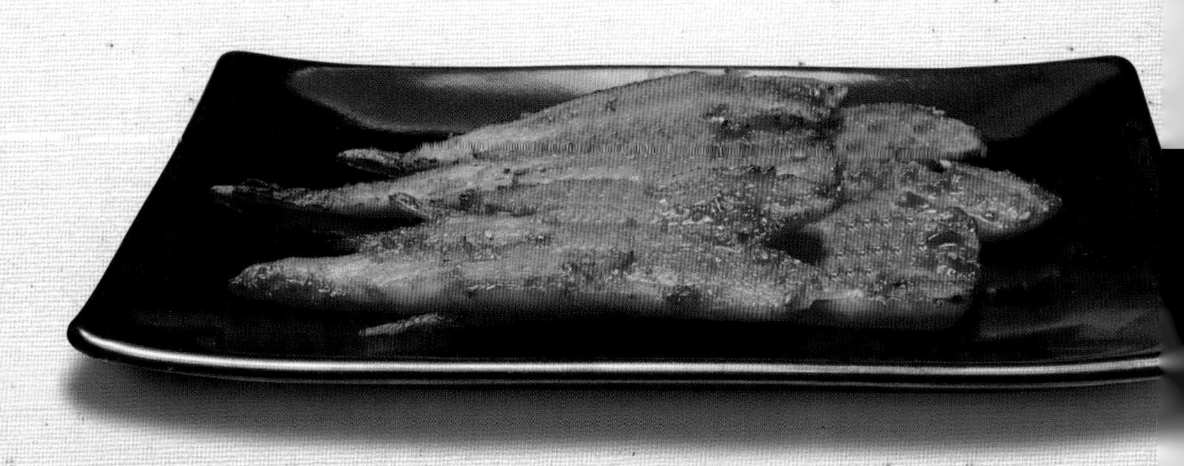

전

전煎은 육류, 어패류, 채소류 등의 재료를 익기 쉽게 다지거나 얇게 저며서 밀가루와 달걀물을 입히거나 밀가루 등의 반죽물에 섞어서 번철에 기름을 두르고 양면을 지진 음식이다. 여기서 지진다는 것은 뜨거운 번철에 재료를 닿게 하여 눌케 한다는 뜻이다. 궁중에서는 전유화煎油花라고 쓰고 전유어, 전유아라 읽으며, 보통 저냐, 전, 부침개, 지짐이라고도 한다. 제수에 쓰일 때 간남肝南이라고도 한다.

전의 약사

당나라 때 유밀과가 유입되고 일찍이 기름이 쓰였으나, 문헌상 어육전을 의미하는 간남이 1609년의 『영접도감의궤迎接都監儀軌』에 기록되었다. 그리고 1643년에는 간남을 모든 전을 의미하는 잡전雜煎의 하나로 일상식에 나오는 것으로 기록하고 있다. 『음식디미방』1670에서 어패류에 밀가루만을 묻혀 기름에 지진 것을 '어전'이라 하였고, 『규합총서』1815에 '달걀을 두껍게 묻혀 지진다'고 하여 옷을 입혀지지는 생선 전유어를 설명하고 있다. 『음식디미방』1670의 빈자법에 '녹두를 거피하여 되직하게 갈아서 번철에 기름이 끓으면 조금씩 떠 놓고, 거피한 팥을 꿀로 발라서 소를 넣고 또 그 위에 녹두 간 것을 덮어 유자빛 같이 지져야 한다.'고 설명하였다. 『규합총서』1815의 빙자법에서는 녹두를 되게 갈아 녹두전분으로 부쳐 지지는 부침개무리까지 설명하고 있다. 녹두를 갈아서 소를 넣어 지진 것을 빈자 또는 빙자라 하였으나 그 후 소를 넣지 않고 지져 낸 것도 빈자라 하였다. 지지거나 부친다 하여 부치개, 부침개, 지짐이, 지짐개라 부르고, 특히 평안도에서는 빈자떡이 명물음식이 되었다. 원래 빈자떡은 제상이나 교자상에 지진 고기를 고임으로 담을 때 밑받침용으로 썼는데, 후에 이것이 가난한 사람들의 한 음식이 되었으니 이를 빈자떡이라 한다는 것이다. 『명물기략』1870에는 중국에 기름에 지지는 밀가루 떡인 알병餲餠이 있는데, 알자가 빈대를 뜻하는 전갈 갈蝎자로 잘못 알려져 빈대떡이 되었다고 하였고, 『조선상식문답』1946~1948에는 빈자떡이 빈대떡으로 되었다고 하였다.

『고금석림』1789에 전유어는 간적肝炙의 남쪽에

놓이므로 간남이라고 하였다. 『시의전서』1800년대 말에 전유어를 제수祭需로 쓸 때에는 간남肝南이라 한다고 하였고, 『아언각비』1819와 『명물기략』1870에서도 간남은 간구이肝燔의 남쪽에 진설하므로 간남이라 한다고 하였다. 『조선무쌍신식요리제법』1943에 '전유어는 아니 쓰는 데가 없나니 온갖 잔치와 혼인, 상사와 제사, 생일, 연회, 밥상까지에도 이것이 없고는 할 수 없는 것이라'하였다. 이러한 전의 이용은 오늘날에도 계속 이어지고 있다.

전의 종류

육류 전

- 고기전 : 소고기를 저며서 잔칼질하여 밀가루, 달걀물을 입혀 지진 전이다.
- 완자전 : 소고기를 다져 둥글납작하게 빚어 밀가루, 달걀물을 입혀 지진 전이다.
- 간전 : 소간을 저며서 잔칼질하여 밀가루, 달걀물을 입혀 지진 전이다.
- 등골전 : 소의 등골을 토막 내어 편편하게 펴서 밀가루, 달걀물을 입혀 지진 전이다.
- 부아전 : 소의 부아허파를 삶은 후 편으로 썰어 밀가루, 달걀물을 입혀 지진 전이다.
- 양동구리 : 소의 양을 다져 녹말밀가루, 달걀물을 섞어 둥글납작하게 지진 전이다.
- 우설전 : 우설을 데친 후 편으로 썰고 편을 반으로 갈라 다짐육으로 소를 넣고 밀가루, 달걀물을 입혀 지진 전이다.
- 천엽전 : 소의 천엽을 잘라 내어 밀가루, 달걀물을 입혀 지진 전이다.

어패류 전

- 대구전 : 대구를 포를 떠서 밀가루, 달걀물을 입혀 지진 전이다.
- 동태전 : 동태를 포를 떠서 밀가루, 달걀물을 입혀 지진 전이다.
- 민어전 : 민어를 포를 떠서 밀가루, 달걀물을 입혀 지진 전이다.

| 전의 종류 |

구 분	종 류
육류 전	고기전, 완자전, 간전, 등골전, 부아전, 양동구리, 우설전, 천엽전
어패류 전	대구전, 동태전, 민어전, 숭어전, 굴전, 맛살(조개)전, 조개관자(패주)전, 새우전, 오징어전, 해삼전(뮈쌈)
채소류 전	감국전, 김치전, 깻잎전, 더덕전, 동아전, 두릅전, 부추전, 송이전, 양파전, 연근전, 애호박전, 풋고추전, 표고전
기 타	감자전, 밀부꾸미, 파전, 묵전, 빈대떡, 빙떡, 장떡

- 숭어전 : 숭어를 포를 떠서 밀가루, 달걀물을 입혀 지진 전이다.
- 굴전 : 굴을 밀가루, 달걀물을 입혀 지진 전이다.
- 맛살조개전 : 맛살을 밀가루, 달걀물을 입혀 지진 전이다.
- 조개관자패주전 : 조개관자를 모양대로 편 썰어 밀가루, 달걀물을 입혀 지진 전이다.
- 새우전 : 새우살을 등 쪽에서 갈라 펴서 밀가루, 달걀물을 입혀 지진 전이다.
- 오징어전 : 오징어를 다져 밀가루, 달걀물을 섞어 둥글납작하게 지진 전이다.
- 해삼전뒤쌈 : 마른 해삼을 불려서 배를 가르고 다짐육으로 소를 넣어 밀가루, 달걀물을 입혀 지진 전이다.

채소류 전

- 감국전 : 감국甘菊잎에 다짐육으로 소를 붙이고 밀가루, 달걀물을 입혀 지진 전이다.
- 김치전 : 김치를 밀가루 반죽이나 밀가루, 달걀물을 입혀 지진 전이다.
- 깻잎전 : 깻잎에 다짐육으로 소를 넣어 반달모양으로 만들어 밀가루, 달걀물을 입혀 지진 전이다.
- 더덕전 : 더덕을 반으로 갈라 편편하게 펴서 밀가루, 달걀물을 입혀 지진 전이다.
- 동아전 : 얇게 편으로 썬 동아에 소고기 등의 소를 연필 굵기로 넣어 만 다음 몇 개를 꼬치에 꿰어 밀가루, 달걀물을 입혀 지진 전이다.
- 두릅전 : 두릅을 데쳐서 밀가루, 달걀물을 입혀 지진 전이다. 다짐육으로 소를 붙여 만들기도 한다.
- 부추전 : 부추를 밀가루 반죽에 섞어 지진 전이다.
- 송이전 : 송이버섯을 모양대로 길게 편 썰어 밀가루, 달걀물을 입혀 지진 전이다.
- 양파전 : 양파를 동그랗게 편 썰어 가운데에 다짐육으로 소를 채워 밀가루, 달걀물을 입혀 지진 전이다.
- 연근전 : 연근을 모양대로 썰어 밀가루, 달걀물이나 밀가루 반죽을 입혀 지진 전이다.
- 풋고추전 : 풋고추를 길게 반으로 갈라 다짐육으로 소를 넣어 밀가루, 달걀물을 입혀 지진 전이다.
- 표고전 : 표고버섯 안쪽에 다짐육으로 소를 넣어 밀가루, 달걀물을 입혀 지진 전이다.
- 애호박전 : 애호박을 둥글게 편 썰어 밀가루, 달걀물을 입혀 지진 전이다.

기 타

- 감자전 : 감자를 갈아서 채소를 섞어 지진 전이다.
- 밀부꾸미 : 풋고추와 애호박을 채 썰어 밀가루 반죽에 섞어 지진 밀전병이다.
- 파전 : 파를 해산물 등과 함께 밀가루 반죽에 섞어 지진 전이다.
- 묵전 : 두 개의 묵편 사이에 다짐육으로 소를 넣어 밀가루, 달걀물을 입혀 지진 전이다.
- 빈대떡 : 녹두를 갈아서 만든 반죽물에 고기, 채소를 섞어 지진 녹두전이다.
- 빙떡 : 메밀가루를 묽게 반죽하여 넓게 전을 부치고 무나물 소를 넣어 말아 놓은 메밀떡으로 제주도 향토음식이다.
- 장떡 : 밀가루에 고추장, 된장을 섞어 반죽하여 반대기를 지어 쪄서 말린 후 지진 음식이다.

전의 기본조리법

전은 번철에 기름을 두르고 양면을 지져 익히는데, 다음과 같은 방법이 있다.

- **밀가루, 달걀물을 입혀서 지짐** : 재료를 다지거나 저며 썰기, 꿰기로 하여 옷을 입혀 지진다. 완자전 등 거의 모든 전이 이에 해당된다.
- **밀가루, 달걀물을 섞어 지짐** : 재료를 다져서 밀가루녹말가루, 달걀물을 섞어 먹기 편한 크기로 떠놓아 지진다. 양동구리, 오징어전 등이 있다.
- **밀가루 반죽물에 재료를 넣어 지짐** : 밀가루 또는 곡물이나 녹두 등의 낟알을 갈아 만든 반죽물에 재료를 썰어 넣어 지진다. 녹두전, 파전 등이 있다.

전감 · 전처리

전감은 육류의 살코기와 내장(간, 천엽, 등골 등), 흰살생선과 조개류, 채소류 및 달걀, 곡물과 녹두가루 등 다양하다.

육류나 어패류는 포를 떠서 잔칼질을 하고 소금, 후춧가루를 뿌려 밑간을 한다. 잔칼질을 하면 근섬유가 절단되어 익힐 때 오그라들지 않고 편편하게 익는다. 단단한 재료는 미리 데치거나 익혀서 사용한다. 물기 짠 두부는 약간의 소금, 참기름으로 밑간을 하여 사용한다.

기름 종류

발연점이 높은 기름콩기름, 옥수수기름 등이 좋고, 발연점이 낮은 기름참기름, 들기름 등은 타기 쉽다.

밀가루 · 달걀물 입히기

한 번 지져 익힐 양만 밀가루를 입힌다. 밀가루를 입혀 오래 두면 재료의 수분이 나와 서로 엉겨 붙는다.

달걀물은 재료를 넣었다 건질때 재료 밖으로 흐르지 않을 정도로 한다.

번철 · 지지기

바닥이 두꺼운 번철은 온도를 일정하게 유지하므로 낮은 온도에서도 달걀색을 살리면서 재료속까지 잘 익게 한다.

달군 번철에 기름을 넉넉히 두르고 중불에서 약불로 하며 한 면이 거의 다 익으면 한두 번만 뒤집는다.

채반에 펼치기

익힌 전은 뜨거울 때 채반에 펼쳐 놓는다. 빨리 습기를 내보내야 입힌 전의 옷이 벗겨지지 않는다.

곁들임장

그릇에 전을 담고 초간장간장 1큰술, 식초 1큰술 또는 겨자장숙성된 겨자 1작은술, 물(육수) 1큰술, 설탕 1큰술, 식초 1큰술, 소금 · 간장 약간 등을 곁들인다.

육원전 20분

소고기를 다져 둥글납작하게 빚어 밀가루, 달걀물을 입혀 지진 전이다.

재료 및 분량

소고기 70g
두부 30g
밀가루(중력분) 20g
달걀 1개
식용유 30mL
소금 5g

소고기 · 두부 양념
소금 ⅛작은술, 설탕 1작은술, 다진 파 1큰술, 다진 마늘 1작은술, 참기름 ½작은술, 깨소금 ½작은술, 후춧가루 약간

만드는 방법

1 **재료 준비하기** 소고기는 핏물을 제거하면서 곱게 다지고 두부는 으깨어 물기를 짠 후 소고기와 섞어 양념한다. 충분히 치대어 섞고 지름 4cm, 두께 0.7cm의 둥글납작한 완자를 빚는다. 달걀은 약간의 소금을 넣어 잘 풀어놓는다.

2 **저냐 지지기** 완자에 밀가루를 묻히고 달걀물을 입혀 달군 번철에 기름을 두르고 양면을 노릇하게 지진다. 6개를 담는다.

소고기에 섞은 두부가 보이지 않도록 많이 다지거나 치대주어야 갈라지지 않는다.

양동구리

소의 양을 다져 녹말밀가루, 달걀물을 섞어 둥글납작하게 지진 전이다.

재료 및 분량

양 200g
소금 · 밀가루(손질용) 적량
녹말가루 3큰술
달걀 1개
소금 약간
식용유 적량

양념
다진 파 1큰술, 다진 마늘 2작은술, 다진 생강(즙) ½작은술, 참기름 1작은술, 소금 · 후춧가루 약간

겨자장(곁들임)
숙성된 겨자 1작은술, 물(육수) · 설탕 · 식초 1큰술, 간장 · 소금 약간

만드는 방법

1 **재료 준비하기** 양은 안쪽 기름기를 떼어 내고 소금과 밀가루를 뿌려 문질러 씻은 후 끓는 물에 데쳐 내어 겉의 검은 막을 칼로 긁어낸 다음 곱게 다져서 양념한다. 달걀은 약간의 소금을 넣어 잘 풀어 놓는다.

2 **저냐 지지기** 양에 녹말, 달걀물을 섞는다. ❶ 달군 번철에 기름을 두른 후 한 숟가락씩 떠서 둥글납작하게 양면을 노릇하게 지진다. ❷
겨자장이나 초간장을 곁들인다.

동구리란 궁중용어로 재료를 다져서 양념하여 둥글납작하게 만든 전을 일컫는다.

간 전

소간을 저며서 잔칼질하여 밀가루, 달걀물을 입혀 지진 전이다.

재료 및 분량

소간 200g
소금·후춧가루 약간
밀가루(메밀가루) 1컵
달걀 3개
소금 약간
식용유 적량

향신채소
대파 ½대, 마늘 5쪽, 양파 ½개, 통후추 약간

만드는 방법

1 **재료 준비하기** 소간은 찬물에 담가 핏물을 빼고, 막을 제거하여 향신채소와 함께 겉 부분만 살짝 데친 후 얇게 저며서 잔칼질하여 소금, 후춧가루를 뿌린다. 달걀은 약간의 소금을 넣어 잘 풀어 놓는다.

2 **저냐 지지기** 소간에 밀가루를 묻히고 달걀물을 입혀 달군 번철에 기름을 두르고 양면을 노릇하게 지진다.

간전

부아전

소의 부아허파를 삶은 후 편으로 썰어 밀가루, 달걀물을 입혀 지진 전이다.

재료 및 분량

부아 200g
소금·후춧가루 약간
밀가루 1컵
달걀 3개
소금 약간
식용유 적량

향신채소
대파 ½대, 마늘 5쪽, 생강 1쪽, 양파 ½개, 통후추 약간

만드는 방법

1 **재료 준비하기** 부아는 찬물에 담가 핏물을 빼고, 향신채소와 함께 끓는 물에 삶아 익힌 후 얇게 저며서 소금, 후춧가루를 뿌린다. 달걀은 약간의 소금을 넣어 잘 풀어 놓는다.

2 **저냐 지지기** 부아에 밀가루를 묻히고 달걀물을 입혀, 달군 번철에 기름을 두르고 양면을 노릇하게 지진다.

천엽전

소의 천엽을 잘라 내어 밀가루, 달걀물을 입혀 지진 전이다.

재료 및 분량

천엽 300g
소금·밀가루(손질용) 적량
밀가루 1컵
달걀 2개
소금·후춧가루 약간
식용유 적량

만드는 방법

1 **재료 준비하기** 천엽은 안쪽 기름기를 떼어 내고 소금과 밀가루를 뿌려 문질러 씻은 후 끓는 물에 데쳐낸다. 겹겹이 붙어 있는 천엽을 한 개씩 잘라내어 검은 막을 긁어낸 다음 잔칼질을 한다. 소금, 후춧가루를 뿌린다. 달걀은 약간의 소금을 넣어 잘 풀어 놓는다.

2 **저냐 지지기** 천엽에 밀가루를 묻히고 달걀물을 입혀, 달군 번철에 기름을 두르고 양면을 노릇하게 지진다.

천엽전

부아전

등골전

소의 등골을 토막 내어 편편하게 펴서 밀가루, 달걀물을 입혀 지진 전이다.

재료 및 분량

등골 1보
소금 · 후춧가루 약간
밀가루 1컵
달걀 2개
식용유 적량

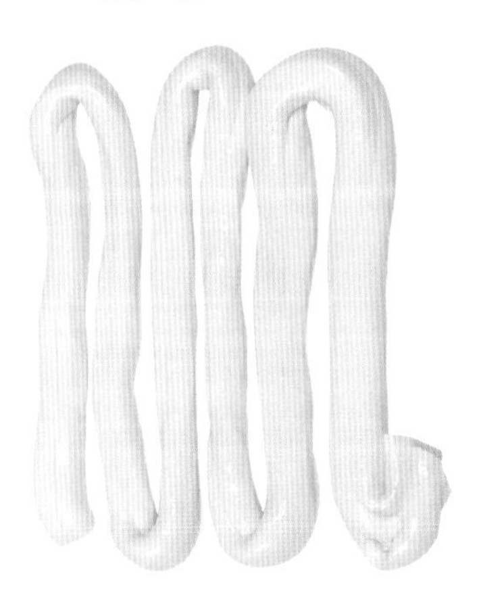

만드는 방법

1 재료 준비하기 등골은 얇은 껍질을 벗기고 핏줄을 뽑는다. 8~12cm 길이로 토막을 내어 양쪽 옆을 편편하게 편 후 잔칼질을 하고 소금, 후춧가루를 뿌린다. ❶, ❷
달걀은 약간의 소금을 넣어 잘 풀어 놓는다.

2 저냐 지지기 등골에 밀가루를 묻히고 달걀물을 입혀, 달군 번철에 기름을 두른 다음 양면을 노릇하게 지진다.

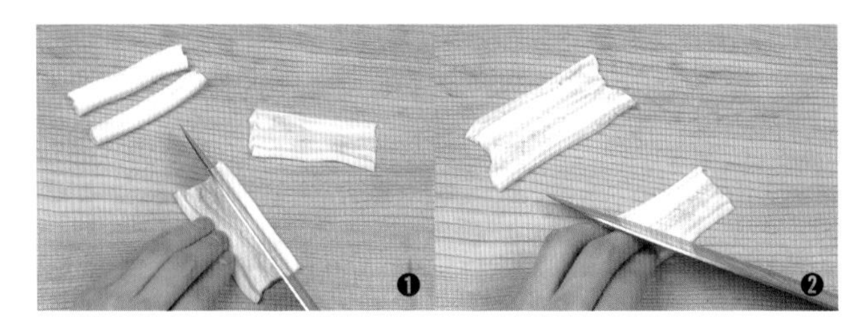

우설전

우설을 데친 후 편으로 썰고 편을 반으로 갈라 다짐육으로 소를 넣고 밀가루, 달걀물을 입혀 지진 전이다.

재료 및 분량

우설 300g
소고기 · 두부 100g
잣 적량
밀가루 1컵
달걀 2개
소금 약간
식용유 적량

향신채소

대파 ½대, 마늘 5쪽, 생강 1쪽, 양파 ½개, 통후추 약간

소고기 · 두부 양념

소금 · 설탕 · 다진 파 1작은술, 다진 마늘 ½작은술, 참기름 · 깨소금 ¼작은술, 후춧가루 약간

만드는 방법

1 재료 준비하기 우설은 끓는 물에 데쳐 내어 표면을 칼로 긁어 벗기고, 1cm 정도의 편을 썬다. 편 가운데 칼집을 깊게 넣어 떨어지지 않게 한다. ❶
소고기는 곱게 다져 양념하고 두부는 으깨어 물기를 짠 후 소고기와 섞어 소를 만든다. 달걀은 소금을 약간 넣어 잘 풀어 놓는다. 우설 사이에 밀가루를 뿌린 후 소를 넣고, 잣 1개를 눌러 넣는다. ❷, ❸

2 저냐 지지기 우설에 밀가루를 묻히고 달걀물을 입혀 달군 번철에 기름을 두른 후 양면을 노릇하게 지진다.

민어생선전 25분

민어를 포를 떠서 밀가루, 달걀물을 입혀 지진 전이다.

재료 및 분량

생선(민어, 동태) 400g 1마리
소금 10g
흰 후춧가루 2g
밀가루(중력분) 30g
달걀 1개
식용유 50mL

만드는 방법

1 **재료 준비하기** 생선은 머리를 자르고 내장을 제거한 후 3장 뜨기로 크게 포를 떠 뼈와 분리시키고 껍질을 벗긴다. 생선살은 두께 0.5cm, 5×4cm 크기로 균일하게 포를 떠서 소금, 후춧가루로 밑간을 한다. 달걀은 약간의 소금을 넣어 잘 풀어 놓는다.

2 **저냐 지지기** 생선포에 밀가루를 묻히고 달걀물을 입혀, 달군 번철에 기름을 두르고 양면을 노릇하게 지진다. 8쪽을 담아낸다.

오징어전

오징어를 다져 밀가루, 달걀물을 섞어 둥글납작하게 지진 전이다.

재료 및 분량

오징어 200g
소금(손질용) 적량
풋고추 · 달걀 1개
홍고추 ½개
밀가루 1큰술
소금 약간
식용유 적량

양념
다진 파 2작은술, 다진 마늘 1작은술, 후춧가루 약간

만드는 방법

1 **재료 준비하기** 오징어는 배를 갈라 몸통과 다리를 분리하여 내장을 제거하고 소금으로 문질러 씻은 후 껍질을 벗겨낸 다음 곱게 다진다. 풋고추와 홍고추도 다져서 모두 섞어 양념한다. 달걀은 약간의 소금을 넣어 잘 풀어 놓는다.

2 **저냐 지지기** 오징어에 밀가루, 달걀물을 섞는다. 달군 번철에 기름을 두르고 한 숟가락씩 떠서 둥글납작하게 양면을 노릇하게 지진다.

맛살조개전

맛살을 밀가루, 달걀물을 입혀 지진 전이다.

재료 및 분량

맛살 200g
소금 (손질용)
밀가루 1컵
달걀 2개
소금·후춧가루 약간
식용유 적량

만드는 방법

1 **재료 준비하기** 맛살은 소금을 넣어 흔들어 씻어 헹군 후 물빼기를 한 다음 소금, 후춧가루를 뿌린다. 달걀은 약간의 소금을 넣어 잘 풀어 놓는다.

2 **저냐 지지기** 맛살에 밀가루를 묻히고 달걀물을 입혀, 달군 번철에 기름을 두르고 양면을 노릇하게 지진다.

새우전

새우살을 등 쪽에서 갈라 펴서 밀가루, 달걀물을 입혀 지진 전이다.

재료 및 분량

새우(중) 10마리
밀가루 1컵
달걀 1개
소금·후춧가루 약간
식용유 적량

만드는 방법

1 **재료 준비하기** 새우는 머리를 떼어 내고 껍질을 벗겨 등 쪽에 내장을 꼬치로 꺼낸 후 배 쪽으로 얕게 칼집을 넣어 편다. 얕게 잔칼질을 하거나 양쪽에 꼬치를 끼워 구부러지지 않게 한 후 소금, 후춧가루를 뿌린다. 달걀은 약간의 소금을 넣어 잘 풀어 놓는다.

2 **저냐 지지기** 새우에 밀가루를 묻히고 달걀물을 입혀, 달군 번철에 기름을 두른 후 양면을 노릇하게 지진다. 식으면 바로 꼬치를 뺀다.

해삼전 뮈쌈

마른 해삼을 불려서 배를 가르고 다짐육으로 소를 넣어 밀가루, 달걀물을 입혀 지진 전이다.

재료 및 분량

불린 해삼 200g
소고기 · 두부 100g
밀가루 1컵
달걀 2개
소금 약간
식용유 적량

소고기 · 두부 양념
간장 2작은술, 설탕 · 다진 파 1작은술, 다진 마늘 ½작은술, 참기름 · 깨소금 ¼작은술, 후춧가루 약간

만드는 방법

1 재료 준비하기 해삼은 삶아 내어 내장을 꺼내 씻는다. ❶ 소고기는 곱게 다져 양념하고 두부는 으깨어 물기를 짠 후 소고기와 섞어 소를 만든다. 달걀은 약간의 소금을 넣어 잘 풀어 놓는다.

2 저냐 지지기 해삼 안쪽에 밀가루를 바르고, 소를 채워 넣는다. 소 넣은 면에 밀가루를 묻히고 달걀물을 입혀 달군 번철에 기름을 두른 후 노릇하게 지진다.

뮈는 해삼의 옛말이다.
저냐용 해삼은 아주 작은 것을 구입하는 것이 모양과 맛이 좋다.
마른 해삼 불리는 방법은 전골 중 신선로(p. 163)를 참조한다.

감국전

감국(甘菊)잎에 다짐육으로 소를 붙이고 밀가루, 달걀물을 입혀 지진 전이다.

재료 및 분량

감국잎 40장
소고기 · 두부 100g
밀가루 1컵
달걀 2개
소금 약간
식용유 적량

소고기 · 두부 양념
간장 2작은술, 설탕 · 다진 파 1작은술, 다진 마늘 ½작은술, 참기름 · 깨소금 ¼작은술, 후춧가루 약간

만드는 방법

1 **재료 준비하기** 감국잎은 떼어 씻고, 물빼기를 한다. 소고기는 곱게 다져 양념하고 두부는 으깨어 물기를 짠 후 소고기와 섞어 소를 만든다. 달걀은 소금을 약간 넣어 잘 풀어 놓는다.

2 **저냐 지지기** 감국잎 뒤쪽에 밀가루를 바르고 소를 모양대로 붙여서 밀가루를 묻힌 다음 달걀물을 입혀, 달군 번철에 기름을 두른 후 노릇하게 지진다.

두릅전

두릅을 데쳐서 밀가루, 달걀물을 입혀 지진 전이다. 다짐육으로 소를 붙여 만들기도 한다.

재료 및 분량

두릅 400g
소고기 100g
밀가루 1컵
달걀 2개
소금 약간
식용유 적량

소고기 양념
간장 2작은술, 설탕 1작은술, 다진 파 1작은술, 다진 마늘 ½작은술, 참기름 ¼작은술, 깨소금 ¼작은술, 후춧가루 약간

만드는 방법

1 **재료 준비하기** 두릅은 밑동을 자르고 목질 부분을 제거하여 끓는 물에 데쳐 찬물에 헹군 후 2~4쪽으로 갈라 물기를 짠다. 소고기는 다져서 양념하고 두릅은 몇 개씩 편다. 달걀은 약간의 소금을 넣어 잘 풀어 놓는다.

2 **저냐 지지기** 두릅의 한 면에 밀가루를 바르고 고기를 얇게 펴 붙인 후 밀가루를 묻히고 달걀물을 입혀, 달군 번철에 기름을 두르고 양면을 노릇하게 지진다. 또는 고기 없이 두릅만으로도 지진다.

표고전 20분

표고버섯 안쪽에 다짐육으로 소를 넣어 밀가루, 달걀물을 입혀 지진 전이다.

재료 및 분량

마른 표고버섯(불린 것) 5개
소고기 30g
두부 15g
소금 5g
밀가루(중력분) 15g
달걀 1개
식용유 20mL

소고기 · 두부 양념
설탕 ½작은술, 다진 파 ½큰술, 다진 마늘 ½작은술, 참기름 ¼작은술, 깨소금 ¼작은술, 소금 · 후춧가루 약간

표고버섯 양념
간장 1작은술, 설탕 ¼작은술, 참기름 ¼작은술

만드는 방법

1 **재료 준비하기** 소고기는 곱게 다진다. 두부는 으깨어 물기를 짠 후 소고기와 섞어 양념하고 치대어 소를 만든다. 표고버섯은 기둥을 제거하여 물기를 없애고 밑간한다. 달걀은 약간의 소금을 넣어 잘 풀어 놓는다.

2 **저냐 지지기** 버섯 안쪽에 밀가루를 바르고, 소를 채워 넣는다. 소 넣은 면에 밀가루를 묻히고 달걀물을 입혀, 달군 번철에 기름을 두르고 노릇하게 먼저 지진 후 뒤집어 버섯 겉부분을 달걀물이 묻지 않게 하여 지진다. ❶, ❷ 5개를 담는다.

풋고추전 25분

풋고추를 길게 반으로 갈라 다짐육으로 소를 넣어 밀가루, 달걀물을 입혀 지진 전이다.

재료 및 분량

풋고추 4개
소고기 30g
두부 15g
소금 5g
밀가루(중력분) 15g
달걀 1개
식용유 20mL

소고기 · 두부 양념
설탕 ½작은술, 다진 파 ½큰술, 다진 마늘 ½작은술, 참기름 ¼작은술, 깨소금 ¼작은술, 소금 · 후춧가루 약간

만드는 방법

1 **재료 준비하기** 풋고추는 길이로 반을 갈라 속을 제거하고 5cm로 썰어 끓는 물에 살짝 데쳐 찬물로 헹구어 물 빼기를 한다. 소고기는 곱게 다진다. 두부는 으깨어 물기를 짠 후 소고기와 섞어 양념하고 치대어 소를 만든다. 달걀은 약간의 소금을 넣어 잘 풀어 놓는다.

2 **저냐 지지기** 고추 안쪽에 밀가루를 바르고, 소를 채워 넣는다. 소 넣은 면에 밀가루를 묻히고 달걀물을 입혀, 달군 번철에 기름을 두르고 노릇하게 먼저 지진 후 뒤집어 풋고추 겉부분을 달걀물이 묻지 않게 하여 파랗게 지진다. 8개를 담는다.

연근전

연근을 모양대로 썰어 밀가루, 달걀물이나 밀가루 반죽을 입혀 지진 전이다.

재료 및 분량

연근 200g
밀가루 1컵
달걀 2개
소금 약간
식용유 적량

만드는 방법

1 재료 준비하기 연근은 씻어서 껍질을 벗겨 0.7cm 정도 두께의 연근모양으로 편 썰고 옅은 소금물에 삶아 건진다. 달걀은 약간의 소금을 넣어 잘 풀어 놓는다.

2 저냐 지지기 연근에 밀가루를 묻히고 달걀물을 입혀 달군 번철에 기름을 두르고 양면을 노릇하게 지진다.

연근전

더덕전

더덕을 반으로 갈라 편편하게 펴서 밀가루, 달걀물을 입혀 지진 전이다.

재료 및 분량

더덕 300g
소금 적량
밀가루 1컵
달걀 2개
식용유 적량

만드는 방법

1 재료 준비하기 더덕은 껍질을 돌려가며 벗긴 후 반으로 갈라 소금물에 담가 쓴맛을 우려내고 방망이로 두들겨 편편하게 한다. 달걀은 약간의 소금을 넣어 잘 풀어 놓는다.

2 저냐 지지기 더덕에 밀가루를 묻히고 달걀물을 입혀, 달군 번철에 기름을 두르고 양면을 노릇하게 지진다.

더덕전

애호박전

애호박을 둥글게 편 썰어 밀가루, 달걀물을 입혀 지진 전이다.

재료 및 분량

애호박 1개
밀가루 1컵
달걀 2개
소금 약간
식용유 적량

만드는 방법

1 재료 준비하기 애호박은 0.5cm의 두께로 썰어 소금을 뿌려 둔다. 달걀은 약간의 소금을 넣어 잘 풀어 놓는다.

2 저냐 지지기 호박에 밀가루를 묻히고 달걀물을 입혀, 달군 번철에 기름을 두른 후 양면을 노릇하게 지진다.

애호박전

깻잎전

깻잎에 다짐육으로 소를 넣어 반달모양으로 만들어 밀가루, 달걀물을 입혀 지진 전이다.

재료 및 분량

깻잎 20장
소고기(우둔)·양파 100g
밀가루 1컵
달걀 2개
소금 약간
식용유 적량

소고기 양념
간장 2작은술, 설탕·다진 파 1작은술, 다진 마늘 ½작은술, 참기름·깨소금 ¼작은술, 후춧가루 약간

만드는 방법

1 재료 준비하기 깻잎은 꼭지를 잘라 물에 담갔다 씻어 물빼기를 한다. 소고기와 양파는 곱게 다져서 양념하여 볶아 소를 만든다. 달걀은 약간의 소금을 넣어 잘 풀어 놓는다.

2 저냐 지지기 깻잎을 펴 놓고 한 면에 밀가루를 뿌린다. 깻잎 반쪽에 소를 넣고 반달모양으로 맞붙여 밀가루를 묻히고 달걀물을 입혀, 달군 번철에 기름을 두른 후 노릇하게 지진다.

동아전

얇게 편으로 썬 동아에 소고기 등의 소를 연필 굵기로 넣어 만 다음 몇 개를 꼬치에 꿰어 밀가루, 달걀물을 입혀 지진 전이다.

재료 및 분량

동아 500g
소금물(소금 2큰술, 물 2컵)
소고기 100g
마른 표고버섯 3개
밀가루 1컵
달걀 2개
소금 약간
식용유 · 꼬치 적량

소고기 · 버섯 양념
간장 2작은술, 설탕 · 다진 파 1작은술, 다진 마늘 ½작은술, 참기름 · 깨소금 ¼작은술, 후춧가루 약간

만드는 방법

1 재료 준비 · 버섯 불리기 동아는 껍질을 깎아 내고 얇게 편으로 썬다. 옅은 소금물에 살짝 절인 후 헹구어 물빼기를 한다. 표고버섯은 물에 담가 불린다. 소고기는 곱게 채 썰고, 표고버섯은 기둥을 제거하여 곱게 채 썬 다음 소고기와 함께 양념한다. 달걀은 약간의 소금을 넣어 잘 풀어 놓는다.

2 저냐 지지기 동아에 소를 연필 굵기로 넣은 후 말아서 꼬치에 여러 개를 꿴다. ❶
꿴 동아말이에 밀가루를 묻히고 달걀물을 입혀, 달군 번철에 기름을 두른 후 양면을 노릇하게 지진다.

❶

밀부꾸미

풋고추와 애호박을 채 썰어 밀가루 반죽에 섞어 지진 밀전병이다.

재료 및 분량

애호박 1개
풋고추 5개
밀가루 반죽(밀가루 2컵, 물 2컵, 소금 1작은술)
식용유 적량

만드는 방법

1 **재료 준비하기** 애호박은 채 썰어 소금을 뿌려 잠깐 절인 후 헹구어 면포에 물기를 짜고 풋고추는 채 썬다. 밀가루 반죽을 만들어 애호박과 풋고추를 섞는다.

2 **저냐 지지기** 달군 번철에 기름을 두르고 한 국자씩 떠서 얇게 지진다.

밀반죽에 고추장을 섞어 색과 맛을 내기도 하고, 실파 등의 채소도 사용한다.

밀부꾸미

감자전

김치를 밀가루 반죽이나 밀가루, 달걀물을 입혀 지진 전이다.

재료 및 분량

감자 500g
부추 30g
당근 20g
홍고추 ½개
소금 약간
식용유 적량

만드는 방법

1 **재료 준비하기** 감자는 껍질을 벗겨 강판에 갈아 소금을 섞어 갈변을 방지한다. 부추는 3cm로 자르고, 당근과 홍고추도 같은 길이로 채 썬다.

2 **저냐 지지기** 재료를 모두 섞어 간을 맞춘다. 달군 번철에 기름을 두르고 양면을 노릇하게 지진다.

감자녹말가루를 섞어쓰면 다루기 쉽다.

김치전

김치를 밀가루 반죽이나 밀가루 · 달걀물을 입혀 지진 전이다.

재료 및 분량

김치 400g
대파 1대
식용유 적량

밀가루반죽
밀가루 · 물 2컵, 소금 약간

만드는 방법

1 **재료 준비하기** 김치는 양념을 털어내고 큰 잎은 반으로 찢는다. 대파는 어슷썰고 밀가루 반죽을 만든다.

2 **저냐 지지기** 달군 번철에 기름을 두르고, 반죽 한 국자 펴놓고 준비한 재료를 골고루 얹는다. 그 위에 다시 반죽을 고루 펴서 양면을 지진다.

감자전

김치전

묵전

두 개의 묵편 사이에 다짐육으로 소를 넣어 밀가루, 달걀물을 입혀 지진 전이다.

재료 및 분량

묵(청포) 400g
소고기 · 두부 100g
밀가루 1컵
달걀 2개
소금 약간
식용유 적량

소고기 · 두부 양념
간장 2작은술, 설탕 · 다진 파 1작은술, 다진 마늘 ½작은술, 참기름 · 깨소금 ¼작은술, 후춧가루 약간

만드는 방법

1 재료 준비하기 묵은 0.5cm 두께의 3.5×5cm로 편 썬다. 소고기는 곱게 다져 양념하고 두부는 으깨어 물기를 짠 후 소고기와 섞어 소를 만든다. 묵을 펴 놓고 한 면에 밀가루를 뿌린다. 묵 한쪽 면에 소고기를 얇게 붙이고 다른 묵 한 쪽을 맞붙인다.
달걀은 약간의 소금을 넣어 잘 풀어 놓는다.

2 저냐 지지기 묵에 밀가루를 묻히고 달걀물을 입혀, 달군 번철에 기름을 두르고 양면을 노릇하게 지진다.

장떡

밀가루에 고추장, 된장을 섞어 반죽하여 반대기를 지어 쪄서 말린 후 지진 음식이다.

재료 및 분량

밀가루 2컵
고추장 2큰술
된장 1큰술
물 3큰술
소고기(우둔) 100g
풋고추 2개
통깨 1큰술
참기름 약간
식용유 적량

소고기 양념
간장 2작은술, 설탕 · 다진 파 1작은술, 다진 마늘 ½작은술, 참기름 · 깨소금 ¼작은술, 후춧가루 약간

만드는 방법

1 재료 준비하기 소고기는 곱게 다져 양념하고 풋고추는 씨를 제거하여 다진다.

2 반죽하기 밀가루에 고추장과 된장을 넣고 잘 섞은 다음 소고기와 풋고추, 통깨를 넣고 반죽하여 지름이 6~7cm, 두께 1cm가 되도록 반대기를 만든다.

3 저냐 지지기 찜기에 보자기를 깔고 쪄내어 볕에 꾸덕꾸덕하게 말린 후 참기름을 바른다. 달군 번철에 기름을 두르고 양면을 지진다. 석쇠에 굽기도 한다.

빈대떡

녹두를 갈아서 만든 반죽물에 고기, 채소를 섞어 지진 녹두전이다.

재료 및 분량

거피녹두 · 물 2컵
소금 약간
소고기 · 돼지고기 · 숙주 50g
배추김치 100g
느타리버섯 30g
석이버섯 3개
대파 1대
실고추 약간
식용유 적량

고기 양념

간장 1작은술, 설탕 · 다진 파 ½작은술, 다진 마늘 ¼작은술, 참기름 · 깨소금 ⅛작은술, 후춧가루 약간

만드는 방법

1 녹두 손질 · 버섯 불리기 거피녹두는 가볍게 비벼 씻고 돌을 일어 씻고 물을 부어 4시간 이상 충분히 불린다. 석이버섯은 뜨거운 물에 담근다. 불린 녹두에 남아 있는 껍질을 비벼 여러 번 헹군 다음 블랜더가 회전할 수 있을 정도의 물을 붓고 녹두를 넣어가며 곱지 않게 간다.

2 재료 준비하기 소고기와 돼지고기는 잘게 썰어 칼로 두들겨 부드럽게 하여 양념한다. 숙주는 다듬어 씻어 물빼기를 한 후 2~3번 자르고 김치는 잘게 썰어 국물을 짠다. 파는 어슷썰고, 석이버섯은 비벼 씻어 헹구고 뿌리를 잘라 찢고 느타리버섯도 찢는다.

3 저냐 지지기 달군 번철에 기름을 넉넉히 두르고 갈아 놓은 녹두를 소금으로 간을 하여 한 국자씩 떠놓고 준비한 재료를 섞어 얹은 후 그 위에 다시 녹두반죽을 고루 얹어 지진다. ❶

❶

갈아 놓은 녹두에 간을 할 때는 소량씩 덜어서 익히기 바로 전에 소금을 넣는다. 녹두에 소금을 넣고 오래 두면 삭아서 끈기가 없어지므로 다루기 매우 어렵다.

녹두 간 것에 재료들을 모두 섞어서 한 국자씩 떠 놓고 지지기도 한다.

파 전

파를 해산물 등과 함께 밀가루 반죽에 섞어 지진 전이다.

재료 및 분량

실파 100g
해산물(굴 · 조갯살 · 새우살) 100g
소금 (손질용) 적량
밀가루 반죽(밀가루 1컵, 쌀가루 ½컵, 물 2컵, 소금 1작은술)
달걀 1개
소금 약간
식용유 적량

만드는 방법

1 재료 준비하기 실파는 다듬어 씻어 10cm 정도로 썰고, 굴, 조갯살, 새우살은 소금을 넣어 흔들어 씻어 헹군 후 물빼기를 한다. 달걀은 약간의 소금을 넣어 잘 풀어 놓는다. 밀가루와 쌀가루를 섞어 반죽을 만든다.

2 저냐 지지기 달군 번철에 기름을 두르고 반죽을 한 국자씩 떠 놓은 후 실파를 한 켜 얹는다. 파 사이사이에 굴, 조갯살, 새우살을 넣고 다시 반죽과 달걀물을 고루 얹어 양면을 지진다.

볶음

찬물조리에서 볶음은 일반적으로 달군 번철에 기름을 두르고 교반하며 볶아 익히는 음식을 뜻한다. 볶음은 초炒, 볶을 초로 표기하는데, 마른 콩, 깨 등의 볶음이 있고, 조림법처럼 국물에 끓여서 졸이는 홍합초 등도 있다. 『궁중식의의궤』에서는 복지卜只로 표기하고 양복지, 천엽복지, 생치복지 등을 들고 있다.

볶음의 약사

『음식디미방』1670의 양 볶는 법을 보면, 솥뚜껑을 불 위에 놓고 오래 달궈서 기름을 둘러 양을 넣고 급히 볶는다 하였다. 주재료에 따라 양볶이, 천엽볶이 등의 이름을 붙인다. 『증보산림경제』1766에 우위방牛胃方과 문어와 오징어볶음이 있다. 『임원십육지』1827에는 우두초방牛肚炒方, 양 볶는 법이 있다. 『시의전서』1800년대 말의 고추장볶이를 보면, 고추장을 냄비에 담아 물을 조금 붓고 파, 생강, 다진 고기와 꿀, 기름을 많이 넣고 뭉근한 불로 볶으면 맛이 좋고 윤이 난다고 하였다. 사용하는 조미료에 따라 장볶이, 고추장볶이라고 한다. 『임원십육지』에는 『산림경제』1715를 인용하여 콩팥볶음을 설명하고 있으며, 『조선요리제법』1942에는 천엽볶음으로, 『조선무쌍신식요리제법』1943에는 천엽볶기로 기록하고 있다.

볶음의 종류

수조육류 볶음

- 간볶음 : 소간을 저며 썰어 간장 양념장에 재었다가 양파 등의 채소와 함께 볶아 익힌 음식이다.
- 닭볶음 : 닭고기를 토막 내어 양념장에 재었다가 볶아 익힌 음식이다.
- 제육볶음 : 돼지고기를 저며서 고추장 양념장에 재었다가 볶아 익힌 음식이다.

| 볶음의 종류 |

구 분	종 류
수조육류 볶음	간볶음, 닭볶음, 제육볶음
어패류 볶음	낙지볶음, 오징어볶음, 멸치고추장볶음, 마른새우볶음
채소류 볶음	볶음나물, 마늘종볶음, 미나리장과, 무갑장과, 오이갑장과, 오이통장과
기 타	고추장볶음, 떡볶이

어패류 볶음

- 낙지볶음 : 낙지를 양파, 고추, 대파 등과 함께 고추장 양념장에 볶아 익힌 음식이다.
- 오징어볶음 : 오징어를 양파, 고추, 대파 등과 함께 고추장 양념장에 볶아 익힌 음식이다.
- 멸치고추장볶음 : 멸치를 양념장에 볶아 익힌 음식이다.
- 마른새우볶음 : 마른 잔새우를 양념장에 볶아 익힌 음식이다.

채소류 볶음

- 볶음나물 : 각종 채소류, 해조류, 버섯류 등을 볶아 익힌 나물류이다.
- 마늘종볶음 : 마늘종을 표고버섯, 소고기와 함께 양념장에 볶아 익힌 음식이다.
- 미나리장과 : 미나리를 소고기와 함께 간장 양념장에 볶아 익힌 음식으로 숙성시키지 않고 갑자기 익혀 만든 숙장과이다.
- 무갑장과 : 무를 막대모양으로 썰어 간장에 절인 후 미나리, 소고기와 함께 볶아 익힌 음식으로 숙성시키지 않고 갑자기 익혀 만든 숙장과이다.
- 오이갑장과 : 오이를 막대모양으로 썰어 소금에 절인 후 소고기, 표고버섯과 함께 볶아 익힌 음식으로 숙성시키지 않고 갑자기 익혀 만든 숙장과이다.
- 오이통장과 : 오이를 소박이 형태로 절인 후 소고기 소를 넣어 볶아 익힌 음식으로 숙성시키지 않고 갑자기 익혀 만든 숙장과이다.

기 타

- 고추장볶음 : 고추장에 다진 소고기와 꿀, 설탕 등을 넣어 볶은 것으로 약고추장이라고도 한다.
- 떡볶이 : 가래떡을 소고기, 채소 등과 함께 볶아 익힌 음식이다.

볶음의 기본조리법

재료 준비 · 볶는 양

성질이 다른 식품을 균일하게 볶기 위해서는 써는 모양이나 크기를 같게 한다.

단단한 재료는 미리 삶기 등으로 전처리하여 사용한다.

한번 볶는 식품의 양은 충분히 교반할 수 있는 적은 양으로 하고 많을 때는 한꺼번에 볶지 않고 조금씩 나누어서 볶는다.

가열냄비

가열 냄비는 열용량이 큰 철 냄비나, 두꺼운 재질의 냄비가 좋다.

기름 종류

볶는 기름은 대두유, 옥수수유 등의 발연점이 높은 기름이 좋고, 참기름, 들기름, 버터 등의 발연점이 낮은 기름은 타기 쉽다. 발연점이 낮은 기름을 사용할 때는 발연점이 높은 기름으로 먼저 볶아 익힌 다음 마무리 단계에서 사용하면 기름 특유의 향과 맛을 낼 수 있다.

볶는 방법

번철이 달구어지면 기름을 두르고 센 불로 단시간 교반하며 볶는다. 무르는 데 시간이 걸리는 식품은 먼저 볶고 빨리 익는 식품은 나중에 볶아 익는 정도를 같게 한다.

오징어볶음 30분

오징어를 양파, 고추, 대파 등과 함께 고추장 양념장에 볶아 익힌 음식이다.

재료 및 분량

물오징어 1마리(250g)
소금 5g
양파 50g
풋고추 1개
홍고추 1개
대파(흰 부분, 4cm) 1토막
참기름 10mL
식용유 30mL

양념장
고추장 2큰술, 고춧가루 1큰술, 간장 1작은술, 설탕 1큰술, 다진 마늘 2작은술, 다진 생강 · 참기름 · 깨소금 1작은술, 소금 · 후춧가루 약간

만드는 방법

1 **오징어 손질하기** 오징어는 배를 갈라 몸통과 다리를 분리하여 내장을 제거하고 소금으로 몸통과 다리 껍질을 벗기고 주물러 씻는다. 오징어 내장 쪽에 가로와 세로로 0.3cm 폭으로 어슷하게 칼집을 넣고 몸통은 1.5×4cm, 다리는 4cm로 썬다.

2 **재료 준비하기** 풋고추, 홍고추는 어슷하게 썰어 씨를 제거하고 대파도 어슷하게 썬다. 양파는 결대로 1cm 폭으로 썬다. 마늘, 생강은 다져서 양념장을 만든다.

3 **볶기** 달군 번철에 기름을 두르고 양파와 양념장을 넣어 볶다가 오징어, 대파와 고추를 넣어 잠깐 볶는다. 오징어의 칼집 넣은 모양이 살아나면 참기름을 약간 두르고 그릇에 담는다.

오징어를 오래 익히면 질겨진다.
오징어 껍질을 벗길 때 소금으로 문지르거나 면포 또는 키친타월을 이용하면 편하다.

낙지볶음

낙지를 양파, 고추, 대파 등과 함께 고추장 양념장에 볶아 익힌 음식이다.

재료 및 분량

낙지 1마리(200g)
소금 · 밀가루(손질용) 적량
양파(중) 100g
풋고추 · 홍고추 1개
대파 ½대
식용유 1큰술

양념장
고추장 1큰술, 고춧가루 ½큰술, 간장 ¼작은술, 설탕 2작은술, 다진 마늘 1작은술, 다진 생강 · 참기름 · 깨소금 ½작은술, 물 1큰술, 후춧가루 약간

만드는 방법

1 **낙지 손질하기** 낙지는 내장과 먹물을 제거하여 소금과 밀가루를 뿌리고 주물러 씻은 후 6cm 길이로 썬다.

2 **재료 준비하기** 대파와 홍고추, 풋고추는 어슷썰어 씨를 제거하고 양파는 결대로 2cm 폭으로 썬다. 마늘, 생강은 다져서 양념장을 만든다.

3 **볶기** 달군 번철에 기름을 두르고 양념장, 양파를 넣고 볶다가 낙지, 대파와 고추를 넣어 잠깐 볶는다.

낙지는 볶아 두면 물이 많이 생기므로 먹기 바로 직전에 볶는다.

제육볶음

돼지고기를 저며서 고추장 양념장에 재었다가 볶아 익힌 음식이다.

재료 및 분량

돼지고기 300g
대파 ½대
식용유 2큰술

양념장
고추장 2큰술, 고춧가루 ½큰술, 간장 · 다진 파 2작은술, 설탕 1⅓큰술, 다진 마늘 1작은술, 다진 생강(즙) · 참기름 ½작은술, 물 1큰술, 후춧가루 약간

만드는 방법

1 **돼지고기 손질하기** 돼지고기를 얇게 저며서 약간의 잔칼질을 한다.

2 **양념에 재우기** 파, 마늘, 생강은 다져 양념장을 만들고 고기와 주물러 재어 놓는다.

3 **볶기** 달군 번철에 기름을 두르고 센 불로 볶다가 파를 채 썰어 넣고 불을 줄여 물기 없이 바짝 볶는다.

고추장볶음

고추장에 다진 소고기와 꿀, 설탕 등을 넣어 볶은 것으로 약고추장이라고도 한다.

재료 및 분량

고추장 1컵
소고기 100g
설탕 · 참기름 · 물 2큰술
잣 1큰술

소고기 양념
간장 2작은술, 설탕 · 다진 파 1작은술, 다진 마늘 ½작은술, 참기름 · 깨소금 ¼작은술, 후춧가루 약간

만드는 방법

1 재료 준비하기 소고기는 곱게 다져 양념한다.

2 볶기 달군 번철에 기름을 두르고 소고기를 물기 없이 볶다가 고추장, 설탕, 물을 넣어 질척하게 끓이면서 볶는다. 되직해지면 참기름, 잣을 넣어 고루 섞은 후 바로 식힌다.

볶은 후 냄비에 놔두면 냄비의 여열로 타거나 색이 너무 검어지므로 다른 용기에 옮겨 담거나 냄비를 차게 식혀야 한다.

멸치고추장볶음

멸치를 양념장에 볶아 익힌 음식이다.

재료 및 분량

멸치(중) 100g
식용유 1큰술
통깨 2작은술

양념장
고추장 · 설탕 · 참기름 1큰술, 고춧가루 ½큰술, 물엿 · 물 2큰술, 다진 마늘 2작은술, 다진 생강 1작은술

만드는 방법

1 재료 준비하기 멸치는 머리와 내장을 제거하고 반으로 쪼개어 마른 번철에 볶아 비린내를 제거한다. 마늘과 생강은 다져서 양념장을 만든다.

2 볶기 달군 번철에 기름을 두르고 중불로 양념장을 볶으면서 멸치를 넣어 잠시 더 볶은 후 불을 끄고 깨를 뿌린다.

멸치는 머리와 내장을 제거하면 가식 부분은 70%이다.
멸치의 건조상태에 따라 물량을 조절한다.
고추장의 맛에 따라 고춧가루 양도 조절한다.

마른새우볶음

마른 잔새우를 양념장에 볶아 익힌 음식이다.

재료 및 분량

마른새우 1½컵
식용유 1큰술
통깨 1작은술

양념장
간장 1큰술, 설탕 · 참기름 1작은술

만드는 방법

1 재료 준비하기 새우는 번철에 살짝 볶아 망주머니에 넣고 밀대로 가볍게 밀어 새우를 부드럽게 한다. 양념장을 만든다.

2 볶기 달군 번철에 기름을 두르고 새우를 넣어 볶으면서 양념장을 넣고 볶은 후 불을 끄고 통깨를 뿌린다.

마늘종볶음

마늘종을 표고버섯, 소고기와 함께 양념장에 볶아 익힌 음식이다.

재료 및 분량

마늘종 200g
마른 표고버섯 2개
소고기(우둔) 50g
식용유 적량
실고추 · 통깨 약간

양념장
간장 1큰술, 소금 1작은술, 설탕 1작은술, 물엿 1큰술, 참기름 ½작은술

만드는 방법

1 재료 준비하기 마늘종은 줄기 끝의 억센 부분은 잘라내고, 씻어서 4cm 길이로 썬다. 표고버섯은 물에 담가 불린다.
소고기는 곱게 채 썰고 표고버섯은 기둥을 제거한 후 곱게 채 썬다.

2 볶기 소고기와 버섯에 양념장 일부를 넣어 고루 무친 후 달군 번철에 기름을 두르고 볶다가 마늘종을 넣고 남은 양념장을 넣어 볶는다. 불을 끄고 물엿과 실고추를 넣어 섞고 넓은 그릇에 펼쳐 식힌 후 통깨를 뿌린다.

떡볶이

가래떡을 소고기, 채소 등과 함께 볶아 익힌 음식이다.

재료 및 분량

가래떡 250g
소고기 · 양파 50g
숙주 100g
당근 30g
애호박오가리 5개
마른 표고버섯 2개
달걀 1개
식용유 적량
간장 · 설탕 · 깨소금 · 참기름 약간

유장
간장 1작은술, 참기름 1큰술

소고기 양념
간장 1작은술, 설탕 · 다진 파 ½작은술, 다진 마늘 ¼작은술, 참기름 · 깨소금 ⅛작은술, 후춧가루 약간

만드는 방법

1 떡 손질 · 마른 식품 불리기 가래떡은 5cm로 토막 내고 길이로 4등분 하여 끓는 물에 삶아 건진 후 유장에 버무린다. 표고버섯과 애호박오가리는 물에 담가 불린다.

2 재료 준비하기 소고기는 다져 양념하고 숙주는 머리와 꼬리를 다듬고 당근은 4cm 길이로 채 썰어 살짝 데친다. 양파, 애호박오가리, 버섯은 채 썰어 나물 양념(간장 1작은술, 다진 파 · 참기름 · 깨소금 ½작은술, 다진 마늘 ¼작은술, 소금 약간)으로 무친다. 달걀은 황 · 백 지단을 부쳐 채 썬다.

3 볶기 달군 번철에 기름을 두르고 양파, 애호박오가리 순으로 볶아 놓고, 소고기와 버섯을 볶다가 떡을 넣어 함께 볶는다. 채소를 모두 섞어서 간을 맞추고 그릇에 담아 지단을 얹는다.

마른찬

마른찬은 수조육류, 어패류, 채소류, 해조류 등을 말리거나 절이거나 튀겨서 저장성을 갖도록 처리한 찬물이다. 마른찬에는 수조육류를 썰어 절이거나 양념하여 말린 포육과 어패류를 말린 건어물이 있다. 또 소금에 절인 생선자반과 튀김튀각, 부각, 볶음 등의 자반이 있다. 자반은 짭짤하게 만든 찬물에 붙여진 이름이다. 따라서 장조림, 콩자반, 고추장볶음, 멸치볶음 등이 포함되며, 저장성이 있고 맛이 진한 밑반찬류이다. 장아찌도 자반에 소속시킬 수 있다. 마른찬은 과거에 먹거리가 부족하고 유통구조와 보관방법이 취약하여 싱싱한 재료를 공급받기가 어려웠기 때문에 제철에 재료가 흔할 때 건조시키거나 염장 등으로 많이 저장하였다가 항상 밥을 먹을 수 있는 밑반찬으로 준비하고 바쁜 주부들의 일손을 돕기 위한 수단으로 발달하였다. 마른찬을 상비해두었다가 이웃과 언제라도 음식을 함께 나누던 선조들의 삶의 지혜를 엿볼 수 있다.

마른찬의 약사

인류가 식품의 저장 목적으로 처음 사용한 말리는 방법에서 얻은 마른찬은 짐승이나 어패류, 채소류 등을 채집하던 시대부터 시작되었을 것이다. 신라 신문왕이 부인을 맞이할 때 납폐 품목에 장, 기름, 포 등이 기록된 것으로 보아 이 시기에 포가 만들어졌음을 알 수 있다. 고려시대는 김치, 장아찌 등 소금 절임이 보편화되었고, 조세로 납부하는 품목에 기름, 건어물, 다시마, 김 등이 포함된 것으로 보아 마른찬이 일상식에 많이 이용되었을 것이다. 조선시대에 와서 포, 튀각, 부각, 자반이 다양하게 발달하였다. 『신증동국여지승람』1500년대에 각종 건어, 건새우, 건전복, 꿩고기 포, 사슴고기 포 등이 명기되어 있다. 『음식디미방』1600년대에서 포를 만들 때 포에 연기를 쐬면 고기에 벌레가 안 생긴다 하여 훈제법이 쓰였고, 해삼·전복 말리기, 말린 고기 오래 두는 법도 설명하고 있다. 『증보산림경제』1766에 편포 만드는 법과 어란 말리는 법이 설명되어 있다. 『규합총서』1815에 편포, 약포가 그리고 『조선요리법』1938에 편포, 약포, 어포, 대추편포, 북어포, 건대구가 설명되어 있다. 『증보산림경제』에 찹쌀가루를 쪄서 만든 가래떡을 썰어 건조하여 기름에 튀기는 방법이 나온다. 『고사십이집』1787에 다시마를 기름에 튀긴 것을 튀각이라 고 하였다. 『옹희잡지』1800년대 초에는 다시마 튀기는 법을, 『옹희잡지』와 『규합총서』1815에는 잣을 다시마로 싸서 매듭으로 묶어 튀기는 법을 그리고 『규합총서』에는 파래와 김의 튀김을 설명하고 있다. 또 다른 튀김인 부각은 김, 다시마, 가죽나무 순과 같은 것에 찹쌀 풀을 발라서 건조시킨 후 기름에 튀긴 것을 말한다.

『증보산림경제』1766에 청각자반과 길경자반이 있는데, 『옹희잡지』에 채소를 기름에 지지거나 볶아 양념하면 특별한 맛이 있어 식사를 도와준다는 뜻으로 이것을 자반佐 도울 좌 → 자, 盤 소반 반이라 하였다. 『한경식략漢京識略』1830에는 자반佐盤을 자반佐飯으로 표기하였다. 기름에 볶아 소금 간을 한 김자반, 미역자반처럼 다시마를 묶어 기름에 튀긴 매듭자반, 부각도 자반에 소속시키고 있다. 콩이나 소고기를 장에 졸인 것도 자반에 넣고 있다. 『주방문』1600년대 말에 더덕을 손질한 후 양념하여 햇볕에 말려두고 구어 쓴다고 한 것은 구이인데, 이것을 더덕자반이라고 설명하였다. 『명물기략』1870에는 소금에 절인 생선을 자반, 즉 염어鹽魚라 하였다. 『조선요리제법』1917에 자반고등어, 자반갈치, 자반연어, 자반전어, 자반준치 등 소금에 절인 염어를 말하고 있다. 『조선요리법』1938에는 포 이외에 자반으로 똑똑이자반, 고추장볶음 등이 있다. 이와 같이 말림 외에 절임, 조림, 구이, 볶음, 튀김의 조리법을 쓰면서 저장성이 있는 밑반찬류를 자반이라 일컬어 오고 있다. 오늘날에도 마른찬의 짙은맛과 조직감 등의 고유한 특성 때문에 많이 이용하고 있다.

마른찬의 종류

포

- 육포 : 소고기를 도톰하게 저며서 양념장에 주물러 말린 포이다. 약포라고도 한다.
- 염포 : 소고기를 도톰하게 저며서 소금, 후춧가루를 뿌려 건조한 포이다.
- 편포대추편포, 칠보편포 : 소고기를 곱게 다져 양념하고 반대기를 지어 건조한 포육으로 대추모양으로 빚으면 대추편포, 둥글납작하게 빚어 잣 7개를 깊이 넣으면 칠보편포라 한다.

| 마른찬의 종류 |

구분	종류
포	육포, 염포, 편포(대추편포 · 칠보편포), 육포쌈, 생치(꿩)포, 이포, 굴비채, 북어보푸라기(북어포무침), 뱅어포, 암치포, 오징어포, 문어포, 어란, 전복쌈, 마른구절판, 김무침
자반	갈치자반, 고등어자반, 굴비, 밴댕이자반, 준치자반, 똑똑이자반, 콩자반, 멸치볶음, 마른새우볶음, 고추장볶음, 김부각, 미역부각, 들깨송이부각, 참죽부각, 매듭자반, 미역자반, 다시마튀각, 호두튀각

- 육포쌈 : 소고기를 저며서 양념하고 잣이나 호두를 싸서 송편모양으로 빚어 말린 포쌈이다.
- 생치꿩포 : 꿩의 가슴살을 저며서 양념하여 말린 포이다.
- 어포 : 생선살을 저미거나 내장을 제거하여 반으로 갈라 펴서 말린 포이다. 북어포, 대구포, 민어포 등이 있다.
- 굴비채 : 굴비를 찢어 참기름으로 무친 찬이다.
- 북어보푸라기북어포무침 : 북어포를 찢거나 강판에 갈아서 보푸라기를 만들어 양념으로 무친 포무침이다.
- 뱅어포 : 뱅어를 모아 판상으로 말린 포이다.
- 암치포 : 말린 민어를 얇게 저민 포이다.
- 오징어포 : 오징어의 내장을 제거하고 몸통을 펴서 말린 포이다.
- 문어포 : 문어를 건조한 포이다. 큰상차림에 여러 가지 모양을 만들어 웃기로 쓰인다.
- 어란 : 민어, 숭어, 병어 등의 알을 건조시킨 것으로 큰 상차림이나 폐백상에 쓰인다.
- 전복쌈 : 말린 전복을 물에 불려 포를 뜬 후 잣을 싸서 말린 포쌈이다.
- 마른구절판 : 육포나 어포 또는 자반류 및 건조과일, 견과류를 함께 구절 그릇에 담아 술과 함께 접대용 상에 쓰이며 폐백상에 기본 술 안주로 쓰인다.
- 김무침 : 김을 구워 부수어 양념으로 무친 찬이다.

자 반

- 갈치자반 : 갈치를 소금에 절인 자반이다.
- 고등어자반 : 고등어를 반으로 갈라 소금에 절인 자반이다.
- 굴비 : 조기를 소금물에 담근 후 건조시킨 자반이다.
- 밴댕이자반 : 밴댕이를 소금에 절인 자반이다.
- 준치자반 : 준치를 반으로 갈라 소금에 절여 말린 자반이다.
- 똑똑이자반 : 소고기를 잘게 썰어 양념하여 조린 찬이다.
- 콩자반 : 콩을 불려서 양념장과 함께 조린 찬이다.
- 멸치볶음 : 멸치를 고추장 등으로 볶은 찬이다.
- 마른새우볶음 : 말린 새우를 볶아서 만든 찬이다.
- 고추장볶음 : 고추장을 다진 소고기, 설탕, 참기름 등을 넣어 볶은 찬이다.
- 김부각 : 김을 찹쌀풀을 발라 말린 후 튀긴 부각이다.
- 미역부각 : 미역을 찹쌀풀을 발라 말린 후 튀긴 부각이다.
- 들깨송이부각 : 들깨송이를 찹쌀풀을 발라 말린 후 튀긴 부각이다.
- 참죽부각 : 참죽잎을 찹쌀풀을 발라 말린 후 튀긴 부각이다.
- 매듭자반 : 다시마를 잘라 매듭지어 기름에 튀긴 자반이다.
- 미역자반 : 미역을 잘라 기름에 튀긴 것이다.
- 다시마튀각 : 다시마를 기름에 튀긴 것이다.
- 호두튀각 : 호두를 기름에 튀긴 것이다.

마른찬의 기본조리법

건조방법

습도가 많은 우기나 흐린 날은 상하기 쉽기 때문에 봄·가을 햇볕이 강할 때 통풍이 잘 되는 곳에서 말린다. 가정용 전기 건조기가 시판되고 있다.

건조 후 보관

공기 중에 노출되지 않도록 비닐봉지에 넣어 냉장 또는 냉동 보관한다. 실온에 둘 경우 우기에는 습기에 주의한다.

육포

편포

육포쌈

육 포

소고기를 도톰하게 저며서 양념장에 주물러 말린 포이다. 약포라고도 한다.

재료 및 분량

소고기(우둔) 600g
참기름 · 잣가루 약간

양념장

간장 · 꿀 · 배즙 ⅓컵, 설탕 2큰술, 생강즙 2작은술, 후춧가루 1작은술

만드는 방법

1 **소고기 손질하기** 소고기는 결대로 0.5cm 정도로 도톰하게 포를 뜨고 면포로 감싸 눌러서 핏물을 제거한다.

2 **양념장 준비하기** 배즙과 생강즙을 준비하여 양념장을 만든다.

3 **말리기** 양념장에 소고기를 넣고 양념장이 스며들 때까지 주물러서 채반에 널어 말린다. 3~4시간 후 말라붙기 전에 뒤집어서 말린다. 완전히 건조하기 전에 비닐봉지에 차곡차곡 싸서 편평한 곳에 놓고 그 위에 무거운 것으로 눌러 5~6시간 둔다. 다시 널어 말린 후 비닐봉지에 넣어 냉동 보관한다. 먹을 때 참기름을 발라 살짝 구워 썰고 잣가루를 뿌린다.

편포 대추편포, 칠보편포

소고기를 곱게 다져 양념하고 반대기를 지어 건조한 포육으로 대추모양으로 빚으면 대추편포, 둥글납작하게 빚어 잣 7개를 깊이 넣으면 칠보편포라 한다.

재료 및 분량

소고기(우둔) 300g
잣 · 참기름 적량

양념장

간장 · 꿀 · 배즙 2큰술, 설탕 1큰술, 생강즙 1작은술, 후춧가루 ½작은술

만드는 방법

1 **소고기 손질하기** 소고기는 면포로 감싸고 눌러서 핏물을 제거한 후 곱게 다진다.

2 **양념장 준비하기** 배즙과 생강즙을 준비하여 양념장을 만든다.

3 **말리기** 양념한 고기의 반은 대추모양으로 빚고, 잣 한 알씩을 깊게 넣어 대추편포를 만들며, 반은 둥글납작하게 빚어 잣 7개를 깊이 넣어 칠보편포를 만들어 말린 후, 비닐봉지에 넣어 냉동 보관한다. 먹을 때 참기름을 발라 살짝 굽는다.

육포쌈

소고기를 저며서 양념하고 잣이나 호두를 싸서 송편모양으로 빚어 말린 포쌈이다.

재료 및 분량

소고기(우둔) 300g
잣 · 참기름 적량

양념장

간장 · 꿀 · 배즙 2큰술, 설탕 1큰술, 생강즙 1작은술, 후춧가루 ½작은술

만드는 방법

1 **소고기 손질하기** 소고기는 3~4cm 크기로 얇게 포를 떠서 면포로 감싸고 눌러서 핏물을 제거한다.

2 **양념장 준비하기** 배즙과 생강즙을 준비하여 양념장을 만든다.

3 **말리기** 소고기를 양념장에 주무른 후 소고기 포에 잣 4알 정도를 싸 접어 붙여 말린다. 완전히 건조하기 전에 가위로 송편모양으로 정돈하여 더 말린 후 비닐봉지에 넣어 냉동 보관한다. 먹을 때에 참기름을 발라 살짝 굽는다.

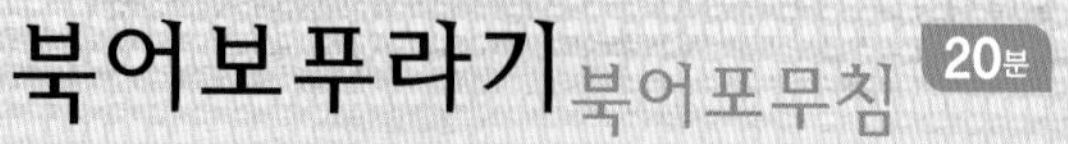

북어보푸라기 북어포무침 20분

북어포를 찢거나 강판에 갈아서 보푸라기를 만들어 양념으로 무친 포무침이다.

재료 및 분량

북어포 1마리
소금 5g
간장 5mL
설탕 10g
참기름 15mL
깨소금 5g
고운 고춧가루 10g

소금 양념
소금 · 설탕 · 깨소금 · 참기름 약간

간장 양념
간장 · 설탕 · 깨소금 · 참기름 약간

고춧가루 양념
고춧가루 · 설탕 · 깨소금 · 참기름 · 소금 약간

만드는 방법

1 **북어 손질하기** 북어는 젖은 면포에 감싸두었다가 뼈와 가시를 제거하고 강판 등에 곱게 갈아 보푸라기로 만들어 3등분 한다.

2 **무치기** 나누어진 보푸라기에 각각 양념을 하여 비벼서 3가지 색이 뚜렷하게 무쳐 담는다.

참기름, 간장과 같은 액체는 조금만 더 사용하여도 부풀지 않으므로 특히 유의한다.

굴비채

굴비를 찢어 참기름으로 무친 찬이다.

재료 및 분량

굴비(소) 2마리
참기름 1큰술

만드는 방법

1 **굴비 손질하기** 바싹 마른 굴비를 방망이로 두들겨 살만 뜯어 찢는다. ❶

2 **무치기** 참기름으로 무친다.

❶

어 란

민어, 숭어, 병어 등의 알을 건조시킨 것으로 큰 상차림이나 폐백상에 쓰인다.

재료 및 분량

생선알(민어, 숭어) 1보
고운 소금 약간

간장물
간장 적량, 소금 2작은술, 물 1컵

만드는 방법

1 **생선알 준비하기** 알이 꽉 찬 생선알을 제철에 골라 터지지 않도록 조심하여 꺼낸다.

2 **소금 뿌려 말리기** 물에 가볍게 헹구고 고운 소금을 뿌려 겉 부분을 약간 건조시킨다.

3 **간장물에 재어 두기** 간장물의 비율로 넉넉히 만들어 알이 잠기도록 부어 2~3일간 냉장 보관한다.

4 **말리기** 채반에 널어 통풍이 잘 되는 곳에서 꾸덕꾸덕하게 말리고 비닐봉지에 싸서 편평한 곳에 놓고 무거운 것으로 눌러 모양을 잡은 후 다시 건조시킨다. 비닐봉지나 용기에 담아 냉동 보관한다. 먹을 때는 얇게 자른다.

어란 색상이 너무 검지 않도록 간장 사용에 유의한다. 알은 15×3×1cm 크기가 다루기 편하다.

마른구절판

육포나 어포 또는 자반류 및 건조과일, 견과류를 함께 구절 그릇에 담아 술과 함께 접대용 상에 쓰이며 폐백상에 기본 술 안주로 쓰인다.

재료 및 분량

약포 · 문어 · 어란 50g
곶감 6개
대추 · 호두 · 밤 15개
은행 40개
잣 · 솔잎 적량
잣가루 약간

만드는 방법

약포 말려 둔 육포에 참기름을 발라 살짝 굽는다. 알맞은 크기로 썰어 담고, 잣가루를 뿌린다.

마른 문어 문어는 젖은 면포에 싸둔다. 눅눅해진 문어를 잘 드는 칼로 깊게 칼집을 넣고 동그랗게 말아, 꽃 모양으로 오린다.

어란 어란은 참기름을 묻힌 행주로 겉을 닦고 얇게 썬다.

곶감쌈 곶감은 말랑말랑하고 크지 않은 것으로 골라, 꼭지를 떼고 한쪽 면을 갈라 씨를 제거한다. 호두는 속껍질을 벗긴 후 곶감 속에 넣고 꼭꼭 말아 꿀로 붙이고 2~3등분으로 썬다.

대추 대추는 물에 씻어 건져 물빼기를 하고 술과 설탕을 조금 뿌린 다음 비닐봉지에 넣어 실온에 둔다. 대추 꼭지를 떼어 내고, 그곳에 잣을 하나씩 깊이 넣는다.

생률 밤은 껍질을 벗겨 물에 담그고, 속껍질을 보기 좋게 벗겨 엷은 설탕물에 담근다.

은행 은행은 소금을 뿌리면서 살짝 볶아 껍질을 비벼 깐다. 꼬치에 3개씩 꿴다.

호두튀김 호두는 뜨거운 물에 담가 속껍질을 벗기고 녹말가루를 묻혀 튀긴 후 소금이나 설탕을 뿌린다.

잣솔 솔잎은 물에 씻어 그대로 뽑아 물기를 거둔다. 잣은 고깔을 떼고 마른 행주로 닦는다. 솔잎에 잣을 1개씩 끼운다. 잣솔 다섯 개씩 다홍실로 묶고, 길이를 정리한다.

매듭자반

다시마를 잘라 매듭지어 기름에 튀긴 자반이다.

재료 및 분량

다시마 20g
설탕 약간
통후추 · 잣 · 식용유 적량

만드는 방법

1. **다시마 손질하기** 다시마는 젖은 행주로 닦아 10×2cm로 잘라 매듭을 만든다. 끝은 예쁘게 자른다. 매듭 속에 통후추와 잣을 1알씩 넣고 잠시 건조시킨다.
2. **튀기기** 150~160℃의 기름에 튀긴 후 설탕을 뿌린다.

다시마튀각

다시마를 기름에 튀긴 것이다.

재료 및 분량

다시마 100g
설탕 · 통깨 약간
식용유 적량

만드는 방법

1. **다시마 손질하기** 다시마는 마른 행주로 닦아 7×5cm 정도로 자른다.
2. **튀기기** 160℃의 기름에 튀긴 후 통깨, 설탕을 뿌린다.

김부각

김을 찹쌀풀을 발라 말린 후 튀긴 부각이다.

재료 및 분량

김 50장

찹쌀풀 양념
찹쌀가루 1컵, 물 4컵, 소금 2작은술, 다진 마늘 1작은술, 통깨 1컵, 실고추 약간, 식용유 적량

만드는 방법

1 **재료 손질하기** 김은 티와 돌을 골라 놓는다.

2 **찹쌀풀 준비하기** 찹쌀가루와 물을 넣어 끓인 후 양념하여 식힌다.

3 **말리기** 김 한 장을 놓고 풀을 바른 다음, 그 위에 또 한 장의 김을 얹어 풀을 넉넉히 바른다. 바로 채반에 얹고 통깨와 실고추를 얹어 건조시킨다. 거의 말랐을 때 가위로 4등분 하여 바싹 말린다. ❶, ❷, ❸, ❹

바싹 마르면 비닐봉지나 용기에 보관하고, 필요할 때 160℃ 정도의 기름에 튀긴다.
부각건조는 날씨가 좋은 날 오전 10시~오후 2시경 따가운 햇살에 빨리 건조하는 것이 좋다.

들깨송이부각

들깨송이를 찹쌀풀을 발라 말린 후 튀긴 부각이다.

재료 및 분량

들깨송이 30송이

찹쌀풀 양념
찹쌀가루 1컵, 물 4컵, 소금 2작은술, 다진 마늘 1작은술, 식용유 적량

만드는 방법

1 **들깨송이 손질하기** 들깨송이는 꽃이 피지 않은 어린 것으로 씻어서 물빼기를 한다.

2 **찹쌀풀 준비하기** 찹쌀가루와 물을 넣어 끓인 후 양념하여 식힌다.

3 **말리기** 들깨송이에 찹쌀풀을 듬뿍 묻혀 바싹 말린 다음 비닐봉지나 용기에 보관한다. ❶ 필요할 때 160℃ 정도의 기름에 튀긴다.

❶

참죽부각

참죽잎을 찹쌀풀을 발라 말린 후 튀긴 부각이다.

재료 및 분량

참죽 200g

찹쌀풀양념

찹쌀가루 1컵, 물 4컵, 소금 2작은술, 다진 마늘 1작은술, 식용유 적량

만드는 방법

1 **참죽 손질하기** 참죽은 부드러운 줄기와 함께 데친다.

2 **찹쌀풀 준비하기** 찹쌀가루와 물을 넣어 끓인 후 양념하여 식힌다.

3 **말리기** 참죽을 찹쌀풀을 발라 말리고, 거의 말랐을 때 가위로 4cm 정도로 잘라 바싹 말려서 비닐봉지나 용기에 보관한다. ❶ 필요할 때 160℃ 정도의 기름에 튀긴다.

장아찌

장아찌는 주로 채소류와 해조류 또는 북어, 굴비, 전복 등의 어패류를 절임원에 담가 침장액의 삼투작용과 미생물의 효소작용에 의해 특유의 맛과 조직감을 갖는 짭짤한 저장발효식품이다. 장에 절이므로 장지醬漬 또는 가지, 고추, 오이, 참외와 같은 과채류를 많이 사용하므로 장과醬瓜라고도 한다. 장아찌는 재료의 수분을 적게 하기 위하여 소금에 절이거나 건조시키는 등의 전처리를 하여 절임원에서 오랜 기간 동안 숙성시킨다. 절임원에는 장류간장, 된장 또는 막장, 고추장 등, 젓갈, 식초, 술지게미 등이 쓰인다. 장아찌는 주로 날 것으로 이용하고, 익혀서 만드는 숙장아찌도 있다. 숙장아찌는 절여서 볶거나 간장에 조리고, 숙성기간 없이 갑자기 만들었다 하여 갑장과라고도 한다.

장아찌의 약사

장아찌는 식품을 저장하기 위한 절임에서 시작되었다고 본다. 삼국시대에 채소를 많이 재배하고 소금을 이용하였으니 소금에 절이는 장아찌류와 더불어 김치류도 있었을 것이다. 『삼국지 위지동이전』290년경 고구려조에 고구려 사람들이 술, 장醬, 해醢, 저菹와 같은 발효식품을 잘 만든다고 한 것을 보면, 삼국시대에 장, 젓갈, 저菹 등의 발효식품과 반상차림의 구조에서 장에 담근 장아찌를 이용했을 것으로 추정된다. 고려시대에는 채소 재배의 확대와 함께 절임류의 종류가 다양해지면서 장아찌의 종류가 많아지고 만드는 방법도 발달하였다. 한편, 절임채소를 숙성시켜 유산발효로 채소를 저장하는 김치로 분화되어 갔다. 이규보1168~1241는 『동국이상국집』의 시 '가포육영'에서 순무에 대한 시 '무장아찌 여름철에 먹기 좋고, 소금에 절인 무짠지 겨울 내내 반찬되네.'라 하고 있다. 조선시대는 재료와 침장원의 확대로 『사시찬요초』1655와 『색경』1676에 된장과 밀기울을 이용한 가지장아찌, 오이장아찌가, 『증보산림경제』1766에는 장, 소금, 젓갈 등을 이용한 가지장아찌, 오이장아찌, 무장아찌 등, 『규합총서』1815에는 장을 이용한 가지장아찌와 오이장아찌, 풋고추장아찌가 있다. 『농가월령가』1861 7월령에 '소채과실 흔할 적에 저축을 많이 하소. 박, 호박고지 켜고 외가지 짜게 절여 겨울에 먹어 보소. 귀물이 아니될가.' 9월령에 '타작점심 하오리라 –중략– 배춧국 무나물에 고초잎 장아찌라. 큰 가마에 앉힌 밥이 태반이나 부족하다.'라고 한 것을 보면 장아찌가 중요한 반찬이었음을 알 수 있다. 『조선요리제법』1942, 『조선무쌍신식요리제법』1943에는 고춧잎장아찌, 달래장아찌, 무장아찌, 부추장아찌, 토란장아찌, 파장아찌, 전복장아찌, 홍합장아찌 등 많은 종류의 장아찌 만드는 방법이 설명되어 있다. 고려시대에 채소재배 확대로 종류가 많아지고, 조선시대에는 침장원이 다양해지니 장아찌의 종류가 크게 증가하면서 지금까지 이어지고 있다.

장아찌의 종류

장아찌

- 깻잎장아찌 : 깻잎을 간장물 등에 담가 숙성시킨 장아찌이다.
- 콩잎장아찌 : 소금물에 4주 정도 삭힌 콩잎을 고춧가루, 멸치젓국 양념이나 된장에 묻어 숙성시킨 장아찌이다. 경상북도에서 콩잎김치라 한다.
- 명이산마늘장아찌 : 소금물에 2주 정도 삭힌 명이를 간장, 설탕, 식초물에 담가 숙성시킨 장아찌이다.
- 고추장아찌 : 소금물에 2주 정도 삭힌 고추를 간장에 담가 숙성시킨 장아찌이다.
- 동아장아찌 : 소금물에 절인 동아를 장류에 묻어 숙성시킨 장아찌이다.
- 매실장아찌 : 매실을 간장물에 담가 숙성시킨 장아찌이다.
- 산초장아찌 : 여물기 전의 산초를 간장에 담가 숙성시킨 장아찌이다.
- 울외장아찌 : 절인 울외를 술지게미와 함께 숙성시킨 장아찌이다.
- 더덕장아찌 : 소금물에 절인 더덕을 고추장에 묻어 숙성시킨 장아찌이다.
- 무장아찌 : 절인 무를 된장에 묻어 숙성시킨 장아찌이다.
- 무말랭이장아찌 : 무말랭이를 말린 고춧잎과 함께 양념하여 숙성시킨 장아찌이다.
- 통마늘장아찌 : 어린 통마늘을 간장이나 소금물에 담가 숙성시킨 장아찌이다. 초여름에 나오는 햇마늘이 속껍질이 부드럽다.
- 미역장아찌 : 물에 담가 소금기를 뺀 미역을 건조시켜 잘라서 간장이나 된장에 묻어 숙성시킨

ㅣ장아찌의 종류ㅣ

구분	종류
장아찌(醬瓜)	깻잎장아찌, 콩잎장아찌, 명이(산마늘)장아찌, 고추장아찌, 동아장아찌, 매실장아찌, 산초장아찌, 울외장아찌, 더덕장아찌, 무장아찌, 무말랭이장아찌, 통마늘장아찌, 미역장아찌, 파래장아찌, 박대장아찌, 북어장아찌
숙장아찌(熟醬瓜)	미나리장과, 무숙장아찌, 오이숙장아찌, 오이통장과, 삼합장과

장아찌이다.

- 파래장아찌 : 말린 파래를 고추장, 된장에 묻어 숙성시킨 장아찌이다.
- 박대장아찌 : 말린 박대를 고추장에 묻어 숙성시킨 장아찌이다.
- 북어장아찌 : 북어를 고추장, 된장에 묻어 숙성시킨 장아찌이다.

숙장아찌

- 미나리장과 : 미나리를 소고기와 함께 간장 양념장에 볶아 익힌 숙장아찌이다.
- 무숙장아찌 : 무를 막대모양으로 썰어 간장에 절인 후 미나리, 소고기와 함께 볶아 익힌 숙장아찌이다.
- 오이숙장아찌 : 오이를 막대모양으로 썰어 소금에 절인 후 소고기, 표고버섯과 함께 볶아 익힌 숙장아찌이다.
- 오이통장과 : 오이를 소박이 형태로 절인 후 소고기 소를 넣어 볶아 익힌 숙장아찌이다.
- 삼합장과 : 전복, 마른해삼, 홍합을 소고기와 함께 간장 양념장으로 조린 숙장아찌이다.

장아찌의 기본조리법

장아찌 만드는 방법은 재료의 전처리와 침장원의 간의 세기, 위생관리 등이 중요하며 요령은 다음과 같다.

재료와 전처리

- **장아찌의 재료** : 무, 오이, 더덕, 도라지, 마늘, 마늘종, 고추, 고춧잎, 깻잎, 콩잎 등 채소류뿐만 아니라 해조류, 어패류 등 매우 다양하다.
  대부분 날것을 사용하므로 충분히 세척하여 유해미생물의 번식에 유의한다.
- **절여서 말림** : 수분이 많은 동아, 무, 오이, 살구 등은 식품 중의 수분을 일부 제거한다.
- **삶은 후 말림** : 고춧잎, 가죽나뭇잎 등은 삶아서 조직을 연하게 하고 불미성분을 제거한다.
- **소금물에 삭힘** : 고들빼기, 고추, 깻잎, 콩잎, 뽕잎, 마늘종 등은 2주 이상 삭혀서 식물조직을 연하게 하고 불미성분 등을 제거한다. 이때 물 표면에 곰팡이 등이 생기면 깨끗이 씻어 건진 다음 침장원에 넣는다.
- **식초물에 삭힘** : 마늘, 생강 등은 일주일 정도 담가두어 강한 매운맛을 우려낸다.

침장원과 간의 세기

- **침장원** : 간장, 고추장, 된장, 막장, 젓갈, 식초, 술지게미 등 다양해지고 있다.
- **간의 세기** : 침장원은 6~10% 이상으로 짜게 한다. 짜지 않으면 실패하기 쉽다. 삭힘 소금물은 4~6%로 한다.

담 기

용기에 담고 눌러서 침장원의 물 위에 뜨지 않게 한다.

고추장 · 된장 침장원은 용기에 재료와 켜켜로 충분히 넣고 고추 등의 작은 재료는 망주머니를 이용하면 다루기 편하다. 맨 위는 침장원으로 두껍게 덮고 눌러 입구를 잘 봉한다.

숙성과 저장기간

숙성기간은 재료와 침장원에 따라 달라진다. 재료에 침장원의 맛, 색상, 간이 충분히 배어들면 장아찌는 숙성된 것이다. 숙성 후 너무 오래 동안 저장하면 조직이 물러지고 잡균이 발생한다. 장아찌가 저장성은 있지만 서늘한 곳에서 해를 묵히지 않고 이용하는 것이 좋다.

깻잎장아찌

깻잎을 간장물 등에 담가 숙성시킨 장아찌이다.

재료 및 분량

깻잎 1kg
소금물(소금 40g, 물 1L)

침장원

간장 2컵, 물 2컵, 물엿 ¼컵

만드는 방법

1 **깻잎 절이기** 깻잎은 씻어 무거운 것으로 눌러 담고 소금물을 잠기도록 부어 하루 정도 절인 후 헹구어 물빼기를 한다.

2 **숙성시키기** 깻잎은 용기에 눌러 담고 간장물을 끓여 식혀서 붓는다. 며칠 후 간장물을 따라내어 끓여 식혀 붓는다.

소금물에 삭혀 두었다가 양념하기도 하고 된장에 묻기도 한다.

명이장아찌

소금물에 2주 정도 삭힌 명이를 간장, 설탕, 식초물에 담가 숙성시킨 장아찌이다.

재료 및 분량

명이 1kg
소금물(소금 40g, 물 1L)

침장원

간장 2컵, 식초 ½컵, 물 2컵, 설탕 ⅓컵, 물엿 ½컵

만드는 방법

1 **명이 절이기** 명이 잎은 무거운 것으로 눌러 담고 소금물을 잠기도록 부어 일주일 정도 삭힌다.

2 **숙성시키기** 간장물을 끓여서 식히고 식초를 넣는다. 삭힌 명이는 용기에 눌러 담고 간장물을 잠기도록 부어 보름 이상 숙성시킨다.

고추장아찌

소금물에 2주 정도 삭힌 고추를 간장에 담가 숙성시킨 장아찌이다.

재료 및 분량

풋고추 500g
소금물(소금 50g, 물 1L)

침장원
간장 2컵, 식초 ½컵, 물 2컵

만드는 방법

1 **풋고추 절이기** 고추는 씻어 꼭지를 1cm 정도 남기고 자른 다음 망사주머니에 넣어 용기에 무거운 것으로 눌러 담고 소금물을 잠기도록 부어 보름 정도 삭힌다.

2 **숙성시키기** 간장물을 끓여서 식히고 식초를 넣는다. 삭힌 고추는 용기에 눌러 담고 간장물을 잠기도록 부어 보름 이상 숙성시킨다.

침장원으로 된장, 고추장 등을 쓰기도 한다.

동아장아찌

소금물에 절인 동아를 장류에 묻어 숙성시킨 장아찌이다.

재료 및 분량

동아 2kg
소금물(소금 100g, 물 1L)

침장원
고추장 1kg, 설탕 약간

만드는 방법

1 **동아 손질하기** 동아는 큼직하게 토막 내어 껍질을 제거하고, 소금물을 잠기도록 부어 절인 후 하루 정도 말린다.

2 **숙성시키기** 용기에 동아와 고추장을 켜켜로 넣고 맨 위에 고추장을 듬뿍 덮어 4개월 정도 숙성시킨다.

된장이나 간장을 쓰기도 한다.

매실장아찌

매실을 간장물에 담가 숙성시킨 장아찌이다.

재료 및 분량

청매실 1kg
설탕 1kg

숙성 후
고추장 양념장 적량

만드는 방법

1 **매실 준비하기** 매실은 과육이 많은 것으로 골라 씻는다. 도마에 매실을 올려놓고 꼭지 쪽을 밀대나 빈병으로 두들겨서 씨를 제거한다.

2 **숙성시키기** 용기에 매실과 설탕을 동량으로 넣고 눌러 담아 숙성시킨다. 3개월 정도 지나면 꺼내어 고추장 양념을 한다.

울외장아찌

절인 울외를 술지게미와 함께 숙성시킨 장아찌이다.

재료 및 분량

울외 4개(2Kg)
소금물(소금 100g, 물 1L)

침장원
술지게미 10컵, 소금 100g, 설탕 ½컵

된장을 사용하기도 한다.

만드는 방법

1 **울외 손질하기** 울외는 씻어 반으로 갈라 씨를 긁어내고 소금물을 잠기도록 부어 3~4일 정도 절인 후 건져 하루 동안 말린다.

2 **숙성시키기** 술지게미에 간을 하여 용기에 울외와 술지게미를 켜켜로 넣고, 맨 위에 술지게미를 듬뿍 덮어 입구를 잘 봉하여 3개월 정도 숙성시킨다.

산초장아찌

여물기 전의 산초를 간장에 담가 숙성시킨 장아찌이다.

재료 및 분량

산초열매 400g

침장원
간장 4컵, 물 1컵

만드는 방법

1 **산초 준비하기** 산초는 한여름에 밝은 초록빛일 때 구입한다. 송이째 먹기 편한 크기로 잘라 그릇에 담고 끓는 물을 붓고 뚜껑을 한다. 5시간 이상 우려낸 다음 헹구어 물빼기를 한다.

2 **숙성시키기** 뚜껑이 있는 병 등에 산초를 눌러 담고 끓여 식힌 간장물을 부어 숙성시킨다.

무장아찌

절인 무를 된장에 묻어 숙성시킨 장아찌이다.

재료 및 분량

무 2kg
소금물(소금 100g, 물 1L)

침장원
간장 4컵, 물 1컵, 산초 적량

만드는 방법

1 **무 손질하기** 무는 큼직하게 토막 내어 소금물을 잠기도록 부어 3~4일간 절인다.

2 **숙성시키기** 용기에 무를 건져 넣고 산초와 함께 눌러 담아 간장물을 부어 숙성시킨다.

된장이나 고추장을 쓰기도 한다. 산초열매는 끓는 물을 부어 몇 시간 우려내어 쓴다.

통마늘장아찌

어린 통마늘을 간장이나 소금물에 담가 숙성시킨 장아찌이다. 초여름에 나오는 햇마늘이 속껍질이 부드럽다.

재료 및 분량

통마늘 50개
식초물(식초 1컵, 물 2L)

침장원
소금 120g, 간장 ½컵, 설탕 2큰술, 물 2L

만드는 방법

1 **마늘 손질하기** 마늘은 초여름에 일찍 수확하여 껍질이 연한 것으로 뿌리와 대공은 자른 후 속껍질만 남기고 씻어서 물 빼기를 한다.

2 **초절임하기** 용기에 담고, 마늘이 푹 잠기도록 식초물을 부어 일주일 정도 둔다.

3 **숙성시키기** 일주일 정도 지나 식초물을 따라내고 침장원을 붓고 3~4일 두었다가 국물을 쏟아서 끓여 식힌 후 다시 붓고 2개월 정도 숙성시킨다.

식초물은 식초의 산도에 따라 다르므로 맛을 보아 보통 신맛 정도로 한다.

더덕장아찌

소금물에 절인 더덕을 고추장에 묻어 숙성시킨 장아찌이다.

재료 및 분량

더덕 500g
소금물(소금 50g, 물 1L)

침장원
고추장 3컵, 설탕 약간

만드는 방법

1 **더덕 손질하기** 더덕은 껍질을 돌려가며 벗긴 후 반으로 갈라 소금물에 담가 쓴맛을 우려내고 방망이로 두들겨 편편하게 한다.

2 **숙성시키기** 면포로 물기를 제거하고, 용기에 더덕과 고추장을 켜켜로 넣고 맨 위에 고추장을 듬뿍 덮어 찬 곳에서 한 달 정도 숙성시킨다. 더덕이 붉게 맛이 들면 먹기 좋은 크기로 찢어 깨소금, 설탕, 참기름 등으로 맛을 낸다.

무말랭이장아찌

무말랭이를 말린 고춧잎과 함께 양념하여 숙성시킨 장아찌이다.

재료 및 분량

무말랭이 100g
말린 고춧잎 30g

양념장
고춧가루 2큰술, 간장 3큰술, 국간장 3큰술, 소금 약간, 다진 마늘 2큰술, 다진 생강 1큰술, 통깨 1큰술, 물엿 2큰술

만드는 방법

1 **무말랭이 · 고춧잎 준비하기** 무말랭이와 말린 고춧잎은 뜨거운 물에 씻어 헹구어 물기를 꼭 짠다.

2 **숙성시키기** 무말랭이에 양념장과 고춧잎을 함께 버무려 용기에 눌러 담아 숙성시킨 후 냉장 보관한다. 한 달 정도 지나 맛이 들면 기호에 따라 참기름 등의 양념으로 무친다.

무말랭이는 가을에 수확한 무로 5×1cm 정도로 썰어 약간의 감미료와 소금을 뿌려 절인 후 햇볕이 좋을 때 말려야 맛이 있다.
찹쌀풀을 넣으면 맛이 좋으나 장기간 저장이 어렵다.

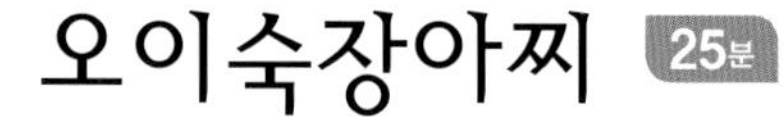

오이숙장아찌 25분

오이를 막대모양으로 썰어 소금에 절인 후 소고기, 표고버섯과 함께 볶아 익힌 숙장아찌이다.

재료 및 분량

오이 ½개
표고버섯(불린 것) 1개
소고기 30g
소금 5g
깨소금 5g
참기름 5mL
식용유 1큰술
실고추 1g

소고기 · 표고버섯 양념
간장 1작은술, 설탕 · 다진 파 ½작은술, 다진 마늘 ¼작은술, 참기름 · 깨소금 ⅛작은술, 후춧가루 약간

만드는 방법

1 **오이 손질하기** 오이는 5cm 길이로 썬 후 껍질 부분을 굵기 0.5×0.5cm로 썰어 소금을 뿌려 절인 후 헹구어 물기를 짠다.

2 **재료 준비하기** 소고기와 표고버섯은 길이 4cm, 굵기 0.3×0.3cm로 채 썰고 파, 마늘은 다져 양념한다. 실고추는 2cm로 썬다.

3 **볶기** 달군 번철에 기름을 두르고 오이를 볶아 식히고, 소고기, 표고버섯을 볶아 식힌다. 실고추, 참기름, 깨소금을 넣고 가볍게 무쳐 그릇에 50g 이상을 담는다.

무숙장아찌 25분

무를 막대모양으로 썰어 간장에 절인 후 미나리, 소고기와 함께 볶아 익힌 숙장아찌이다.

재료 및 분량

무 100g
간장 3큰술(절임용)
미나리(6cm) 20g
소고기 30g
깨소금 5g
참기름 5mL
실고추 1g
식용유 30mL

소고기 양념
간장 ½작은술, 설탕 · 다진 파 ¼작은술, 다진 마늘 ⅛작은술, 참기름 · 깨소금 · 후춧가루 약간

만드는 방법

1 **무 손질하기** 무는 5cm 길이로 썬 후, 굵기 0.6×0.6cm로 썰어 간장에 절인다. 묽어진 간장은 따라내어 조려서 식혀 무를 더 절인다. 지나치게 검어지지 않게 한다.

2 **재료 준비하기** 소고기는 길이 4cm, 굵기 0.3×0.3cm로 채 썰고 파, 마늘은 다져 양념한다. 미나리는 줄기 부분만 길이 4cm로, 실고추는 2cm로 자른다.

3 **볶기** 달군 번철에 기름을 두르고 소고기를 볶다가 무를 넣어 볶고, 미나리를 넣어 살짝 익힌 후 참기름, 깨소금, 실고추로 무쳐 그릇에 80g 이상을 담는다.

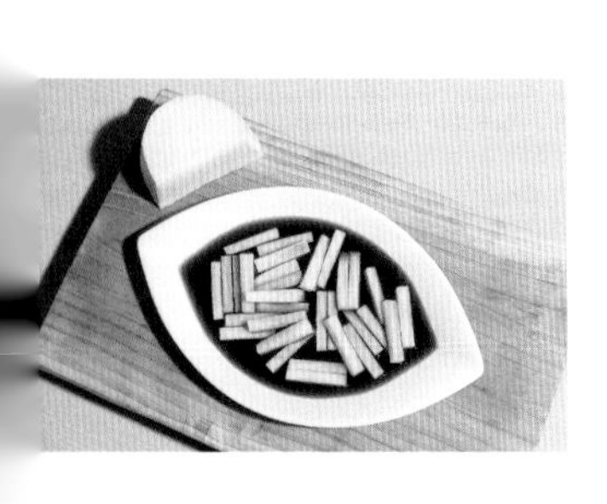

오이통장과

오이를 소박이 형태로 절인 후 소고기 소를 넣어 볶아 익힌 숙장아찌이다.

재료 및 분량

오이 3개
소고기 100g
소금물(굵은 소금 ½컵, 물4컵)

소고기 양념
간장 2작은술, 설탕·다진 파 1작은술, 다진 마늘 ½작은술, 참기름·깨소금 ¼작은술, 후춧가루 약간

조림장
간장 2큰술, 설탕 1작은술, 물 2큰술

만드는 방법

1 **오이 손질하기** 오이는 소금으로 문질러 씻은 후 5cm 정도로 토막을 내어 양 끝을 1cm씩 남기고 길이로 열십자 칼집을 넣어 소금물에 절인다. 절여지면 헹군 후 면포에 싸서 물기를 제거한다.

2 **소 넣기** 고기는 다져서 양념하여 절인 오이 속에 고기를 채운다.

3 **볶기** 달군 번철에 기름을 두르고 오이를 볶는다. 겉이 파랗게 익으면 조림장을 넣어 센 불로 조린다.

미나리장과

미나리를 소고기와 함께 간장 양념장에 볶아 익힌 숙장아찌이다.

재료 및 분량

미나리(줄기) 200g
소고기 50g
식용유 2큰술
실고추·소금 약간

소고기 양념
간장 1작은술, 설탕·다진 파 ½작은술, 다진 마늘 ¼작은술, 참기름·깨소금 ⅛작은술, 후춧가루 약간

양념장
간장 1큰술, 참기름·깨소금 1작은술, 소금 약간

만드는 방법

1 **재료 준비하기** 미나리는 줄기 부분을 데쳐 헹구어 5cm 정도로 썬다. 소고기는 채 썰어 양념한다.

2 **볶기** 달군 번철에 기름을 두르고 소고기를 볶다가 미나리, 양념장, 실고추를 넣고 잠깐 더 볶는다.

김치

김치는 무, 배추, 오이 등과 같은 채소를 소금에 절이고 고추, 파, 마늘, 생강 등 여러 가지 양념을 버무려 담근 것으로 숙성되면 새로운 맛과 냄새를 생성하며 저장성을 갖는 발효식품이다. 우리나라에서는 김치를 지漬라고도 한다. 『동국이상국집』에 김치 담그기를 염지鹽漬라 하였다. 고려시대의 김치는 소금절임 형태로 채소에 소금을 뿌려두면 채소의 수분이 빠져 나와, 채소가 소금물에 잠겨 있는 상태沈漬, 침지를 보고 침채沈菜라고 하였다. 침채는 딤채가 되고, 딤채는 김채로, 김채가 김치로 변하였다고 한다. 『산림경제』1715에는 침채沈菜와 저菹를 합하여 침저沈菹라 하였다. 지금도 전라도지방에서는 고려시대의 풍습대로 김치를 지漬라 하고 있다. 무나 배추를 소금으로만 절여서 묵혀두고 먹는 김치를 짠지라고 하며, 황해도에서는 김치를 짠지라고도 한다. 지방에 따른 특별한 김치가 있는데, 전라도에는 고들빼기김치가 있고, 개성에는 보쌈김치가 있다. 『조선요리학』1940에 의하면 정종1776~1800 때 숙선 옹주가 처음 깍두기를 담가 왕에게 올려 칭찬을 받았다고 한다. 당시에는 각독기刻毒氣라 불렀으며, 공주로 내려간 한 정승이 깍두기를 민간에 퍼뜨렸기에 공주깍두기란 이름이 생겼다고 한다. 김치의 맛은 각 지역의 기후환경과 사용되는 양념 및 부재료의 차이에서 각각 특색이 있다. 중북부 지방은 온도가 낮기 때문에 소금과 양념을 적게 사용하며 국물을 많게 하여 맛이 시원하다. 젓갈은 새우젓, 황석어젓을 주로 사용한다. 남부지방은 온도가 높기 때문에 소금과 양념을 많이 사용하며 국물을 적게 하여 맛이 짜고 매운 편이다. 젓갈은 멸치젓을 주로 사용한다. 1970년 이전의 김치는 지방의 고유한 김치로 이어져 왔으나, 도로와 교통수단이 발달하여 물자의 공급이 빠르게 유통되면서 각 지역의 독특한 김치는 전국 어디서나 맛을 볼 수 있다. 서울올림픽1988 이후 김치는 한국을 대표하는 음식으로 세계에 알려지게 되었다.

김치는 김치원료의 생리활성 기능과 김치를 담근 후에 자연발효에 의해서 여러 가지 화합물들이 만들어 내는 풍미와 생리활성 물질들이 계속 보고되고 있다. 김치 재료인 채소류에 있는 섬유질은 장질환과 대사질환을 일으키는 변이성 물질을 흡착하는 작용이 있다. 배추에는 콜레스테롤을 낮추는 성분물질이 있으며, 고추는 혈전 용해력이 크다. 마늘의 혈소판 응집 억제와 암에 대한 면역력 증강 효과는 널리 알려져 있으며, 최근에는 식중독을 일으키는 O-157 균을 억제하는 기능이 연구되고 있다. 김치의 발효로 젖산을 비롯한 많은 종류의 유기산들이 생성된다. 젖산균은 정장작용, 장내세균의 정상화, 소화기능 개선 효과를 가지고 있다. 이와 같은 특성들이 밝혀짐에 따라 김치는 건강식품으로 세계화되어가고 있다. 김치는 종류도 많고 시대와 더불어 발전해 왔다. 앞으로도 더욱 다양한 원료와 저장기술의 발달 등 시대와 환경변화에 따라 계속적으로 발전되어 갈 것이다.

김치의 약사

삼국시대에 채소를 재배하고 소금은 신석기시대부터 이용하였으니 소금에 절이는 김치가 있었을 것이다. 『삼국지 위지동이전』290년경 고구려조에 고구려 사람들이 술, 장醬, 해醢, 저菹와 같은 발효식품을 잘 만든다고 한 것으로 보아, 이 시기에 김치가 제조되었을 것으로 추측할 수 있다. 『제민요술』535에 오이, 우엉, 갓, 순무, 마늘, 파, 부추 등을 이용하는 김치 담그는 법이 기록되었다. 삼국시대에는 이러한 방식으로 김치를 만들었을 것이나, 김치에 관한 문헌은 자료가 별로 없다. 『삼국사기』 신문왕조에 있는 납폐품목 중에 저菹가 있는데, 이 저는 김치류를 뜻하는 것으로 보인다. 상지현은 법주사에 있는 돌로 만든 독은 신라 신문왕720 때 김칫독이었을 것이라 하였다. 김치를 뜻하는 저菹가 확실히 나타난 것은 고려 성종983 때로, 예지禮志에 미나리김치, 순무김치, 부추김치 등을 제상에 올린다고 하였다. 원대의 『거가필용』에 채소에 마늘, 생강 등을 섞은 김치가 있었으니 고려시대의 김치에도 이러한 향신료를 사용한 김치가 널리 이용되었을 것이다. 저菹에 관한 기록은 2600~3000년 전 중국의 시집인 『시경』詩經에 "외를 깎아 저菹를 담자."는 내용에서 저가 김치의 시작이었을 것이다. 진나라BC 238~207 여불위가 지은 『여씨춘추』에 저가 나타난다. 『설문해자』허신, 100년경에 저를 신맛의 채소라 하였다. 그리고 초에 실인 외가 바로 저라고 하였다. 『석명』유희, 200년경에 채소를 소금에 절여 숙성시키면 유산이 생기고 이 유산은 소금과 함께 채소가 짓무르는 것을 막아주니 저는 조阻막힐 조가 된다고 하였다. 이와 같이 저에는 초에 담그는 초절임과 소금으로 부패를 막고, 유산발효를 시켜 채소를 저장하는 두 종류가 있었음을 알 수 있다.

조선시대에 들어오면서 김치에 관한 기록이 구체적으로 나타난다. 고추가 우리나라에 들어온 것이 1600년대 초이나 김치에 이용되지는 못하였다. 『음식디미방』1670년경에 나오는 동아 담그는 법은 동아에 소금을 많이 넣고 절인 소금절이짠지이다. 생치침채법은 삶은 꿩을 오이지와 함께 소금을 넣고 나박김치같이 담가 삭힌다고 하였다. 산갓침채와 마늘 담그는 법도 있다. 나박김치는 보편적으로 이용하였음을 알 수 있다. 비록 고추가 김치에 사용되지는 않았지만 우리나라 김치는 식물성과 동물성 재료를 동시에 이용하고 있었다.

『산림경제』1715의 김치에는 소금 절임, 식초나 향신료를 섞은 저채류菹菜類 담금법이 소개되어 있고, 자鮓젓갈, 식해 자를 설명하고 있다. 자는 생선을 소금, 밥과 함께 숙성시킨 생선식해이고, 『임원십육지』에서는 이것을 자채식해형 김치라 하였다. 『증보산림경제』1766에는 배추김치, 가지김치, 굴김치, 전복김치, 동치미, 오이소박이, 오이지 등 많은 종류의 김치류가 정리 수록되어 있으며 김치에 고추가 사용되었다. 또한 이 시기에 배추가 김치제조에 이용되었으며, 오늘의 붉게 버무려진 김치의 형태가 되었다. 『정도잡시』1700년대 말에 잡지雜菹, 섞박지는 새우젓국에 무, 배추, 마늘, 고추, 소라, 전복, 조기를 섞어 버무린 것이다. 『규합총서』1815경에는 『임원십육지』의 동치미, 섞박지, 동아섞박지를, 『증보산림경제』나 『임원십육지』의 오이소박이, 오이지, 겨울 가지김치를 한글로 설명하였다. 채소는 일단 절였다가 김치를 담그는 법을 사용하였고, 『규합총서』에 고추와 젓국을 사용하는 김치 담그는 법은 현재와 같은 방식이다. 『임원십육지』1827에는 소금절이 김치, 식해형 김치, 약념김치, 침채좁은 의미의 김치를 설명하고 있다. 소금절이김치醃藏菜, 엄장채는 채소류를 소금에 절이면 유산발효가 일어나서 신맛과 짠맛이 어우러지게 된다. 식해형 김치鮓菜, 자채는 채소류를 삶거나 데치는 등 전처리를 한 후에 소금, 누룩, 곡물, 향신료를 넣고 발효시킨 것이다. 자鮓의 생선 대신 채소로 만들면서 鮓 字를 쓰면서 자채라 하고 있다. 이 자채 제법은 안동지방에서 안동식해로 향토김치가 되었으나 지금은 식혜법으로 밥, 엿기름, 무, 향신채소고춧가루, 생강를 넣어 삭혀서 식해형 김치가 된 것으로 보인다. 김치의 찬물보다는 마시는 음료에 소속시키고 있다. 『주방문』1600년대 말과 『요록』1680에 생선, 소금, 곡물을 섞어 만드는 식해食醢가 나타난다. 그러나 『소문사설』1740경에는 곡물과 엿기름으로 감주甘酒를 만들고 이를 식해食醢라 적고 있다. 연세대 『규곤요람』1896에는 곡물과 엿기름으로 만든 것을 식혜食醯라 표기하였고, 『시의전서』1800년대 말에서는 곡물과 엿기름으로 감주를 만들고 여기에다 유자를 넣어 신맛을 내게 한 것을 식혜食醯라 하였다. 이로서 식해와 식혜의 차이가 분명해진다.

약념김치虀菜, 제채인 제채의 제虀는 채소를 젓갈, 장, 생강, 마늘 등과 섞어 숙성시킨 것이다. 『아언각비』1819에 제는 가늘게 썬 채소를 초나 장에 섞고 생강, 마늘 양념을 넣고 담근 것이라고 하였다. 김치沈菜는 크게 김치류인 저채菹菜에 속하나 현재 사용하는 좁은 의미로서 침채를 사용하고 있다. 침채는 숙성시킨 후 그대로 먹는 것이고 소금절이 김치는 물에 씻어서 쓰는 것이라 하였다. 고추는 침채에만 사용되었다. 이 외에 섞박지 설명을 보면, 『경도잡지』의 잡저 만들기와 같다. 이 시기에 김치가 규모상으로 거의 완성되었다고 본다. 『동국세시기』1849 10월조에 '무, 배추, 고추, 소금으로 항아리에 김장을 담근다. 여름 장담기와 겨울 김장은 가정의 연중 중요한 일이다'라고 하였다. 11월조에 동치미冬沈와 장김치醬菹, 섞박지雜菹를 담근다고 하였다. 『시의전서』에는 가지김치, 굴김치, 동아섞박지, 섞박지, 어육침채, 얼젓국지, 오이지, 장김치, 젓무, 통배추김치 등이 기록되어 있다. 채소에 젓갈과 어패류를 쓰고 있음을 알린다. 『조선요리제법』1917에 깍두기, 나박김치, 동치미, 배추김치, 섞박지, 장김치, 전복김치 등이, 『조선요리법』1938에는 동치미, 보김치, 열무김치, 짠무김치, 통배추김치 등이 설명되어 있다.

김장이란 말은 『조선왕조실록』에 의하면, 태종 9년1409에 침장고沈藏庫를 두었다는 기록이 있다. 『삼봉집三峰集』1791에 '고려시대의 제도에 따라 요물고料物庫를 두었는데, 여기서 식품을 조달하고 채소가공품을 관리한다.' 는 내용을 보면, 요물고는 침장고라 할 수 있겠다. 이 침장고가 김장庫이고, 김장이란 말은 침장에서 온 것으로 보인다.

고려시대의 김장은 채소를 소금에 절여 저장하는 짠지류였으며, 거의 젖산발효가 일어나지 않은 소금절이 형태였다. 그러나 조선시대 초기부터는 김치에 소금을 적게 사용하여 젖산발효가 일어나서 신맛이 가미되었다. 이 시기에는 절임류와 김치류가 같이 이용되었다. 조선 중기부터는 소금을 적게 사용하므로 김치가 쉽게 시어지는 것을 막기 위하여 절인 채소에 다른 부재료를 섞어 항아리에 담고 침지상태로 봉하여 온도변화가 적은 땅속에 묻어 숙성시키는 방법을 쓰기 시작하였다. 조선 후기에는 지금과 같이 채소를 절여 씻은 다음 젓갈과 고춧가루 양념을 충분히 사용하면서 담그는 법이 일반화되었다.

시대발전과 더불어 저장기술이 발달하면서 땅속에 묻던 김치를 냉장고에 저장하다가 지금은 김치전용 냉장고가 개발되어 김치의 숙성기간이 길어지고 장기간 알맞게 숙성된 김치를 매우 편리하게 이용할 수 있게 되었다. 한편, 사회발전과 더불어 여성의 사회진출이 많아지고 핵가족화가 가속되면서 김장이란 힘들고 번거로운 일이 되고 있는 틈새에 김치산업은 크게 신장하면서 다양한 김치가 시판되고 있다. 가정에서 김치 담그는 풍습이 점점 사라져가고 있다. 하지만 가정에서 신선한 재료로 입맛에 맞는 김치를 만드는 것은 가족 건강에 더 없이 좋은 보약이라 믿는다.

김치의 종류

김치의 종류는 재료나 조리법 등 다양한 기준에 의하여 분류할 수 있다.

배추김치

- 통배추김치 : 배추를 절여서 배춧잎 사이에 무채 양념을 넣어 담근 김치이다. 김장김치, 포기김치, 배추김치, 김치라고도 하며, 일반적으로 많이 이용하는 김치이다.
- 백김치 : 배추를 절여서 배춧잎 사이에 무채양념을 넣고 소금물을 부어 맵지 않게 담근 김치이다.
- 배추겉절이 : 절인 배추를 고춧가루 양념으로 버무려 숙성시키지 않고 바로 이용하는 배추생절이다.
- 보쌈김치 : 배추를 절여서 속대와 흰 줄기 부분은 한입 크기로 썰고 나박 썬 무와 굴, 낙지, 밤, 대추 등을 양념으로 버무려 배춧잎으로 싸서 담근 김치이다. 보김치 또는 보쌈김치라고도 한다.
- 풋배추얼갈이김치 : 풋배추를 절여서 양념으로 버무려 담근 김치이다.

| 김치의 종류 |

구 분	종 류
배추김치	통배추김치, 백김치, 배추겉절이, 보(쌈)김치, 풋배추(얼갈이)김치, 섞박지, 늙은호박김치, 동아섞박지
무김치	깍두기, 비늘김치, 석류김치, 총각무김치
오이김치	오이깍두기, 오이소박이, 오이지
물김치	나박김치, 동아나박김치, 동치미, 돌나물김치, 열무물김치, 장김치
줄기 · 잎김치	갓김치, 깻잎김치, 무청김치, 부추김치, 얼갈이열무김치, 파김치
기 타	고들빼기김치, 고추김치

- 섞박지 : 무와 배추를 한입 크기로 큼직하게 썰어 담근 김치로 막김치라고도 한다.
- 늙은호박김치 : 늙은호박을 큼직하게 썰어 배추와 섞어 담근 막김치이다. 주로 김치찌개로 이용하는 황해도, 충청도 향토김치이다.
- 동아섞박지 : 동아를 무, 배추와 함께 양념하여 섞박지로 담근 김치이다.

무김치

- 깍두기 : 무를 깍둑썰어 양념으로 버무려 담근 김치이다.
- 비늘김치 : 무를 비늘모양으로 칼집내고 무채양념의 소를 넣어 담근 김치이다.
- 석류김치 : 무를 두툼하게 토막 낸 후 바둑판 모양으로 칼집 내어 백김치처럼 무채 양념의 소를 넣고 배춧잎으로 무를 감싸 담근 국물이 넉넉한 김치이다. 석류알이 익어 벌어진 모양으로 붙여진 이름이다.
- 총각무김치 : 총각무를 양념으로 버무려 담근 김치이다.

오이김치

- 오이깍두기 : 오이를 깍둑썰어 양념으로 버무려 담근 김치이다.
- 오이소박이 : 오이에 칼집을 넣어 절인 후 부추 등으로 소를 채워 만든 김치이다.
- 오이지 : 씨 없는 어린오이를 소금물에 삭힌 김치이다. 물에 잘게 썰어 넣어 물김치로 이용하거나 고춧가루 양념으로 무치기도 한다.

물김치

- 나박김치 : 무와 배추를 나박썰어 국물을 부어 담근 물김치이다.
- 동아나박김치 : 동아를 나박썰어 국물을 부어 담근 물김치이다.
- 동치미 : 무를 통째로 절여서 소금물을 부어 담근 물김치이다. 겨울 김장김치로 만드나, 동치미 맛이 잘 들게 하기 위해서는 입동 전에 담그는 것이 좋다.
- 돌나물김치 : 돌나물을 살짝 절여서 국물을 부어 담근 물김치이다.
- 열무물김치 : 열무를 살짝 절여서 국물을 부어 담근 물김치이다.
- 장김치 : 무와 배추를 나박썰어 간장으로 절인 후 간장물을 부어 담근 물김치이다.

줄기 · 잎김치

- 갓김치 : 갓을 살짝 절여서 젓국 양념으로 버무려 담근 김치이다.
- 깻잎김치 : 깻잎을 소금물에 절인 후 무채 양념을 얹거나 감싸말아 넣어 담근 김치이다.
- 무청김치 : 무청을 절여서 젓국 양념으로 버무려 담근 김치이다.
- 부추김치 : 부추를 젓국 양념으로 버무려 담근 김치이다.
- 얼갈이열무김치 : 열무와 얼갈이를 살짝 절여서 양념으로 버무리거나 국물이 넉넉하게 담근 김치이다.
- 파김치 : 파를 살짝 절여서 젓국 양념으로 버무

려 담근 김치이다.

기 타

- 고들빼기김치 : 고들빼기를 소금물에 삭혀서 쓴 맛을 우려낸 후 젓국 양념으로 버무려 담근 김치이다.
- 고추김치 : 고추와 고춧잎을 삭혀서 젓국 양념으로 버무려 담근 김치이다.

김치의 기본조리법

김치는 재료 선택에서 절이는 방법, 양념 준비, 숙성 및 숙성 후 관리 등이 중요하며 맛있는 김치를 담그는 요령은 다음과 같다.

재료선택

김치의 맛은 재료의 신선도와 품질에 의해 좌우되므로 선택이 매우 중요하다.

- **배추** : 중륵배춧잎에서 줄기에 해당이 얇고 연하며, 속이 차서 무거운 것을 고른다.
- **무** : 무청이 달려 있으면서 표면이 매끄럽고 잔뿌리가 적고 단단하며 수분이 많은 것이 좋다.
- **오이** : 꼭지가 시들지 않고 표면에 가시가 뚜렷하게 있는 것이 싱싱하다. 오이는 숙성 속도가 빨라 쉬 무른다.
- **갓** : 김치에 특유의 향과 매운맛을 부여하고, 발효 속도가 늦어 저장성이 좋다. 붉은 갓은 푸른 갓보다 검붉고 냄새가 강하여 고춧가루를 사용하는 김치에, 푸른 갓은 동치미, 백김치에 알맞다.
- **고춧가루** : 붉은색의 외관, 향, 매운맛과 항균작용으로 김치의 숙성을 촉진시킨다. 마른 고추를 구입할 경우 맵고 단맛이 나며 빛깔이 선명하고 윤기가 있는 것이 좋다. 처음 수확한 만물고추는 색상이 진하며 살이 두꺼워 고춧가루 양이 많다. 고추씨는 약간 섞어 빻는 것이 맛이 있고 저장용은 냉동 보관한다.

| 김치에 사용되는 재료 |

구 분		종 류
주재료		배추, 풋배추, 양배추, 상추, 돌나물, 무, 총각무, 가지, 오이, 풋고추, 늙은 호박, 고들빼기, 고구마줄기, 갓, 무청, 부추, 열무, 쪽파, 고춧잎, 깻잎, 콩잎
부재료		갓, 미나리, 당근, 무청, 청각, 표고버섯, 석이버섯, 대추, 밤, 잣, 귤, 배, 유자, 굴, 새우, 낙지, 오징어, 가자미, 갈치, 명태, 조기
양 념	향신채소	고춧가루, 마늘, 파, 양파, 생강, 무채, 달래, 부추
	조미료	소금, 간장, 감미료, 식초, 화학조미료, 찹쌀풀, 밀가루, 보리쌀, 깨
	젓갈류	새우젓, 황석어젓, 멸치젓, 갈치젓, 까나리액젓

- **마늘, 파, 양파, 생강** : 각각 특유의 향, 매운맛과 항균작용으로 김치의 숙성을 촉진시킨다. 깐 마늘은 단단하고 윤기가 있는 것이 좋고, 생강은 누런색을 띠고 굴곡이 심하지 않으며 섬유질이 적은 것이 향이 좋다.
- **무채** : 단맛과 매운맛을 부여하고 양념의 흩어짐을 막는다.
- **미나리** : 김치에 향을 부여하고, 숙성을 촉진시켜 빨리 시어지므로 단기간에 이용할 김치에 주로 사용한다. 줄기가 통통하고 윤기가 나며 잎이 푸른 것이 향이 좋다.
- **소금** : 김치에 짠맛을 부여하고, 잡균의 번식을 억제하여 부패를 막고, 유용미생물의 번식을 도와 젖산발효가 되게 한다. 소금에 절이면 삼투압에 의하여 세포 내 수분이 빠져나오고 원형질 분리가 일어나 세포가 사멸된다. 세포가 죽으면 세포 내외에 있는 액의 유동이 자유롭게 되어 김치가 숙성되면서 김치의 풍미를 형성한다. 소금은 흰색으로 구입하고 항아리에 담아 수분 없이 건조시켜 사용한다.
- **감미료** : 단맛을 부여하고 젖산균의 발효를 촉진시킨다.
- **화학조미료** : 감칠맛과 식염의 짠맛을 부드럽게 해준다.
- **찹쌀 풀, 밀가루, 보리쌀** : 점성과 단맛을 내고 양념이 분리되지 않도록 하며 숙성을 촉진시킨다.
- **젓갈** : 감칠맛을 부여하고 미생물 성장에 필요한 영양공급으로 김치의 숙성을 촉진시킨다.

절임과 소금 농도

절이는 목적은 주재료에 알맞게 간을 배게 하고 수분을 적게 하여 부피를 줄이고 씹힘성을 갖게 하며 조직을 부드럽게 하여 부재료와 혼합을 쉽게 하기 위한 것이다. 절임의 정도는 소금의 종류, 소금 농도, 절임 시간에 의해서 결정된다. 농도가 낮으면 덜 절여져 김치가 싱거워지며 쉽게 물러지고 농도가 너무 높으면 배추 세포 수분이 삼투압작용으로 거의 다 빠져 나가고 섬유소만 남게 되어 김치가 질겨진다.

- **통배추절임** : 10%의 소금물(3%의 속소금 사용)을 잠기도록 붓고 하루 정도 절인다. 속소금을 뿌리면 침투가 빨라져 절임시간이 단축된다.
- **줄기 · 잎채소 절임** : 4~5% 소금물로 절인다.
- **오이지** : 12~15% 소금물에 담근다.

절임용 소금은 굵은 소금(천일염, 해염) 사용을 권장한다.

절인 채소 씻어 물 빼기

절이면 외부에 부착된 이물질이나 미생물이 쉽게 제거되고 풋내와 쓴맛 등의 불미성분이 감소된다.

절인 배추는 흐르는 맑은 물에 헹구어 채반에 엎어 물빼기를 한다.

양념 버무리기

마른 고춧가루를 이용할 때는 액체 등에 잘 풀어 색소를 용출시켜 사용한다.

무나 배추는 양념과 먼저 버무리고 갓, 미나리, 쪽파 등의 채소는 풋내를 유발하므로 나중에 가볍게 섞는다. ❶, ❷, ❸, ❹

담 기

공기에 노출되지 않게 우거지로 덮거나 김칫국물을 잠기도록 부어 눌러 담고 뚜껑을 꼭 봉한다.

숙성 · 저장

- **숙성환경** : 김치는 발효온도와 소금 농도, 양념이나 부재료 및 침시 여부에 따라 발효 속도와 맛이 달라진다. 김치에 있는 유용미생물은 낮은 온도에서 활동이 원활해져 부패와 이상발효가 억제되므로 낮은 온도에서 숙성 보관하는 것이 좋다. 김치를 담근 후 일반 냉장고에서는 1개월 정도 됐을 때 맛이 좋고, 온도가 낮을수록 숙성 기간은 길어진다.
- **숙성과정** : 김치는 재료나 부재료, 양념과 숙성환경에 따라 젖산을 비롯한 각종 미생물의 번식과 활동이 달라져서 김치 전체의 맛과 품질에 영향을 미친다.

  김치재료는 가열살균 처리하지 않은 날것이므로 채소류나 젓갈에 미생물들이 남아 있다. 김치를 담가 숙성시키는 동안 염분과 혐기상태로 호기성미생물들은 줄어들고 젖산균은 번식한다. 젖산균 번식이 절정에 이르면 다른 균들은 거의 사멸된다.

  김치의 숙성은 주로 젖산발효에 의하지만 젖산 이외에 사과산, 호박산이나 구연산, 아세트산, 프로피온산 같은 유기산이 생성된다. 젖산과 각종 유기산은 새콤한 김치 맛을 만들고, 매운맛 성분들을 부드럽게 한다. 당분은 효모에 의해서 발효되고, 아세트산과 탄산가스가 생성되어 상큼한 맛을 낸다. 펙틴질은 가용성으로 분해되어 연화되면서 아삭한 조직감을 주고, 호박산과 아미노산 종류가 많이 생길 무렵 비타민 C의 함량도 많아지면서 가장 좋은 김치 맛을 내게 된다. 김치의 독특한 풍미는 이들 모두의 화학작용으로 결정된다.
- **숙성 후 관리** : 숙성된 이후에 젖산균 발육이 계속 진행되면 과도한 젖산생성과 당분은 소진되어 김치는 산패되어 간다. 더욱 진행되면 산에 젖산균들이 죽고 효모나 곰팡이 등이 자라면서 펙틴질을 분해하여 조직이 물러지고 연부를 일으켜 이용이 어렵게 된다. 김치의 빛깔도 어두워지며 골마지가 생기고 군내를 유발한다. 숙성 후 관리도 매우 중요하다.

통배추김치

배추를 절여서 배춧잎 사이에 무채양념을 넣어 담근 김치이다. 김장김치, 포기김치, 배추김치, 김치라고도 하며, 일반적으로 많이 이용하는 김치이다.

재료 및 분량

배추 4포기(10kg)
소금물(소금 500g, 물 5L)
속소금 300g
소금(우거지) 1큰술

무채 양념

무 1개(1.5kg), 갓 400g, 미나리 · 생새우 200g, 쪽파 300g, 대파 2대, 고춧가루 4~5컵, 소금 ¼컵, 설탕 1큰술, 다진 마늘 1½컵, 다진 생강 ⅓컵, 황석어젓 ½컵, 새우젓 1컵, 찹쌀풀(찹쌀가루 3큰술, 물 1컵)

만드는 방법

1 배추 절이기 배추는 밑동에서 칼집을 반 정도 넣어 갈라서 나누고 양쪽 포기의 밑동 쪽에 얕은 칼집을 넣는다. 큰 용기에 소금물을 만들어 쪼갠 배추를 담갔다 건져내어 배추 줄기 두 군데 정도에 속소금을 뿌리고 무거운 것을 얹은 다음 소금물을 잠기도록 부어 절인다. 겉잎도 함께 절여 김치를 담아 덮을 우거지도 준비한다. 하루 정도 후에 배추가 절여지면 씻어서 엎어 물빼기를 한다. ❶, ❷, ❸

2 풀 쑤기 찹쌀가루를 물에 풀어 끓여서 식힌다.

3 재료 · 양념 준비하기 무는 껍질째 씻어 0.3cm 정도 굵기로 채 썰며, 대파는 어슷썰고, 마늘과 생강은 다진다. 미나리 줄기와 갓, 쪽파는 손질하여 4cm 정도 길이로 썰고, 새우는 소금을 넣어 흔들어 씻어 헹군 후 물빼기를 한다. 넓은 용기에 무채와 고춧가루를 먼저 버무려 붉게 물들인다. 마늘과 생강, 새우젓, 생새우, 황석어젓, 찹쌀풀, 쪽파, 대파, 미나리, 갓 순으로 넣어 버무리고 소금, 설탕으로 간을 맞춘다. ❹, ❺

4 양념 넣어 담기 절인 배추는 뿌리 부분을 다듬는다. 쟁반에 하나씩 놓고 양념을 덜어서 배춧잎 사이사이에 펴 넣은 후 겉잎으로 감싼다. 용기에 담고 우거지를 소금으로 버무려 위를 덮어 무거운 것으로 눌러 뚜껑을 덮는다. ❻, ❼

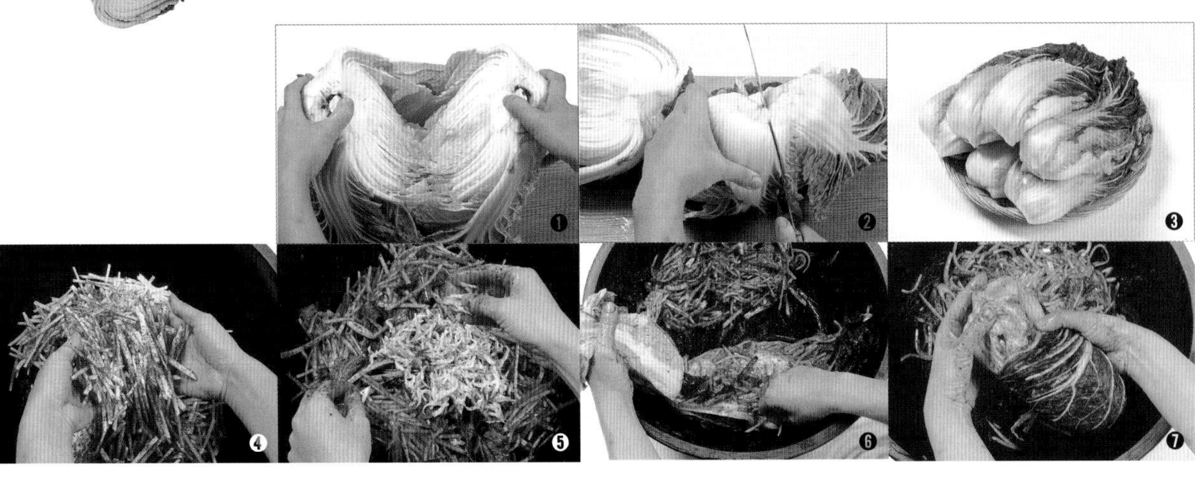

백김치

배추를 절여서 배춧잎 사이에 무채양념을 넣고 소금물을 부어 맵지 않게 담근 김치이다.

재료 및 분량

배추 2포기 5kg
소금물(굵은 소금 2½컵, 물 4L)
속소금 1컵

무채 양념
무 700g, 갓(청색) 200g, 미나리 100g, 쪽파 150g, 대파 1대, 석이버섯 4개, 배(중) ½개, 밤 · 대추 5개, 잣 ½컵, 소금 3큰술, 마늘 5쪽, 생강 1쪽, 실고추 3g

김칫국물
굵은 소금 ½컵, 물 3L, 배즙 1컵

만드는 방법

1 배추 절임 · 버섯 불리기 배추는 밑동에서 칼집을 반 정도 넣고 갈라서 나누고 통배추김치 절임요령으로 절인다(배추 절이기(p. 362) 참조). 석이버섯은 뜨거운 물에 담근다. 배추가 절여지면 씻어서 물빼기를 한다.

2 김칫국물 준비하기 김칫국물은 끓여 식힌 후 배즙을 넣는다.

3 재료 · 양념 준비하기 무는 0.3cm 정도로 채 썰고 배는 껍질을 벗겨 무 크기로 썬다. 대추는 칼집을 넣어 씨를 빼고 밤은 속껍질을 벗겨 채 썬다. 석이버섯은 비벼 씻어 헹군 후 채 썰고 마늘, 생강은 곱게 채 썰며 대파는 어슷하게 채 썬다. 미나리줄기 부분과 갓, 쪽파는 3cm 길이로 썰고 실고추는 짧게 자른다. 넓은 용기에 준비한 재료를 잣과 함께 모두 섞어 소금으로 간을 맞춘다.

4 양념 넣어 담기 배춧잎 사이사이에 양념을 펴 넣고 겉잎으로 감싼다. 용기에 담고 무거운 것으로 누른 후 김치가 충분히 잠기도록 김칫국물을 붓고 뚜껑을 덮는다.

보쌈김치 35분

배추를 절여서 속대와 흰 줄기 부분은 한입 크기로 썰고 나박 썬 무와 굴, 낙지, 밤, 대추 등을 양념으로 버무려 배춧잎으로 싸서 담근 김치이다. 보김치 또는 보쌈김치라고도 한다.

재료 및 분량

절인 배추 ⅙포기(500g)
무 50g
갓 20g
미나리(줄기 부분) 30g
실파 1뿌리
밤(깐 것) 1개
배 30g
생굴 20g
낙지다리(1개) 50g
소금 5g
대추 1개
석이버섯(마른 것) 5g
잣 5개

양념
고춧가루 2큰술, 마늘채 1큰술, 생강채 1작은술, 새우젓 1큰술, 소금 약간, 물 2큰술

만드는 방법

1 무 절이고 버섯 불리기 석이버섯은 뜨거운 물에 담그고, 무는 3×3×0.3cm 크기로 썰어 소금을 뿌려 절인다.

2 재료 · 양념 준비하기 배추의 잎 부분은 남겨두고 줄기 부분은 무와 같은 크기로 나박썬다. 갓, 미나리, 실파는 3cm 길이로 자르고 마늘, 생강은 채 썬다.
대추는 칼집을 넣어 씨를 제거하고, 석이버섯은 비벼 씻어 헹군 후 각각 채 썬다.
배는 무와 같은 크기로 썰고 밤은 편으로 썰어 약간의 소금물에 담근다.
낙지는 소금으로 주물러 씻은 후 길이 3cm로 썰고 굴은 소금을 넣어 흔들어 씻어 일어 헹군 후 물 빼기를 한다. 고춧가루에 새우젓과 물을 조금 넣어 불린 후 양념을 만든다.

3 버무려 담기 무, 배추는 먼저 양념을 넣어 버무리고 남은 재료를 가볍게 섞고 소금으로 간을 맞춘다. 담을 그릇에 배춧잎을 깔고 버무린 것을 소복하게 담은 후 배춧잎 끝을 바깥쪽으로 접어 넣어 내용물이 보이게 담고 대추채, 석이채, 잣을 얹는다. ❶ 김치를 버무린 그릇에 물을 조금 붓고 간을 맞춘 김칫국물을 김치가 절반 정도 잠기도록 부어낸다.

동아섞박지

동아를 무, 배추와 함께 양념하여 섞박지로 담근 김치이다.

재료 및 분량

동아 2kg
배추 3kg
소금물(굵은 소금 1컵, 물 8컵)
굵은 소금(절임용)
미나리 ½단(150g)
쪽파 200g
소금 약간

양념

고춧가루 2컵, 다진 마늘 ⅔컵, 다진 생강 1큰술, 새우젓 ½컵

만드는 방법

1 배추 · 동아 절이기 배추는 길게 등분하여 밑동을 다듬고 소금물에 절이고 동아는 반으로 갈라 씨를 제거하고 4cm 폭으로 길게 토막 내어 나박썰고 소금을 뿌려 절인 후 각각 헹구어 물빼기를 한다.

2 재료 · 양념 준비하기 배추, 미나리, 쪽파는 4cm 길이로 썬다. 마늘과 생강은 다져서 양념을 만든다. 부드러운 동아 껍질은 갈아 국물을 짜고 김칫국물로 이용하기도 한다.

3 버무려 담기 배추, 동아는 양념으로 버무린 후 남은 재료를 넣고 가볍게 섞어 소금으로 간을 맞추고 용기에 담아 뚜껑을 덮는다.

섞박지

무와 배추를 한입 크기로 큼직하게 썰어 담근 김치로 막김치라고도 한다.

재료 및 분량

배추(중) 1통(2kg)
무 1kg
소금물(굵은 소금 1컵, 물 8컵)
굵은 소금(절임용)
미나리 50g
쪽파 100g
대파 ½대
소금 약간

양념

고춧가루 1컵, 설탕 1큰술, 다진 마늘 4큰술, 다진 생강 2작은술, 새우젓 ½컵

만드는 방법

1 배추 · 무 절이기 배추는 소금물에 절이고 무는 큼직한 나박형으로 도톰하게 썰어 소금을 뿌려 절인 후 헹구어 물빼기를 한다.

2 재료 · 양념 준비하기 배추, 미나리, 쪽파는 4cm 길이로 썬다. 대파는 어슷썰고 마늘과 생강은 다져서 양념을 만든다.

3 양념 버무려 담기 배추와 무는 양념으로 버무린 후 남은 재료를 넣고 가볍게 섞어 소금으로 간을 맞추고 용기에 담아 뚜껑을 덮는다.

섞박지의 배추는 한입 크기로 자른 후에 절이기도 한다.

오이지

씨 없는 어린오이를 소금물에 삭힌 김치이다. 물에 잘게 썰어 넣어 물김치로 이용하거나 고춧가루 양념으로 무치기도 한다.

재료 및 분량

오이(소) 2kg

소금물
물 2L, 소금 320g

만드는 방법

1 **오이 준비하기** 오이는 씻고 끓는 물에 잠시 데쳐낸다.

2 **담기** 용기에 오이를 차곡차곡 담고 무거운 돌로 누른 후 소금물을 끓여 한김 내보낸 후 잠기도록 붓고 뚜껑을 덮는다. 며칠 후 담근 소금물을 다시 한번 끓여 식혀서 붓는다.

오이지물김치
오이지물김치는 오이지에 물을 부어 오이지의 짠맛과 물이 어우러진 김치이다.
오이지 1개에 실파, 풋고추 1개씩을 송송 썰어 놓고 물 1컵을 부어 넣으면 간이 알맞다.

오이소박이 20분

오이에 칼집을 넣어 절인 후 부추 등으로 소를 채워 만든 김치이다.

재료 및 분량

오이 1개
부추 20g
소금 15g

소 양념
고춧가루 1큰술, 소금 ⅛작은술, 다진 파 1작은술, 다진 마늘 ½작은술, 다진 생강 ¼작은술, 물 약간

만드는 방법

1 **오이 절이기** 오이는 소금으로 문질러 씻은 후 6cm 길이로 3토막을 낸다. 양 끝을 1cm씩 남기고 길이로 열십자 칼집을 넣어 소금물(소금 1큰술, 물 ½컵)에 절인다. ❶

2 **소 만들기** 부추는 0.5cm 길이로 송송 썰고 파, 마늘, 생강은 다져서 소 양념을 섞어 소를 만든다.

3 **소 넣어 담기** 오이는 헹구어 건져 칼집 사이에 소를 고루 채워 넣는다. 그릇에 소박이 3개를 담고 소 버무린 그릇에 물 1큰술과 소금으로 간을 맞춘 김칫국물을 오이소박이 위에 붓는다.

비늘김치

무를 비늘모양으로 칼집내고 무채양념의 소를 넣어 담근 김치이다.

재료 및 분량

무(소) 5개(3kg)
소금물(굵은 소금 ½컵, 물 4컵)
오이지 3개
갓 · 미나리 · 쪽파 100g
실고추 5g
소금 약간

양념
고춧가루 1컵, 다진 마늘 4큰술, 다진 생강 2작은술, 새우젓 ½컵

만드는 방법

1 무 절이기 무 5개 중 4개는 7cm 정도로 토막을 내어 길이로 4~6등분 하고 비늘모양의 칼집을 넣어 소금물에 절인 후 헹구어 물 빼기를 한다.

2 재료 · 양념 준비하기 오이지는 오이소박이처럼 칼집을 넣는다. 무 1개는 4cm 길이로 고운 채를 썰고 미나리, 갓, 쪽파도 같은 길이로 썬다. 실고추는 짧게 자른다. 마늘과 생강은 다져서 양념을 만든다. 무채를 양념으로 버무린 후 남은 재료를 넣고 가볍게 섞어 소금으로 간을 맞추어 소를 만든다.

3 소 넣어 담기 무와 오이의 칼집 사이에 무채 양념을 고루 채워 넣고 용기에 담아 뚜껑을 덮는다.

총각무김치

총각무를 양념으로 버무려 담근 김치이다.

재료 및 분량

총각무 3kg
소금물(굵은 소금 ½컵, 물 4컵)
갓 · 쪽파 200g

양념
고춧가루 2컵, 소금 2큰술, 다진 마늘 4큰술, 다진 생강 2작은술, 새우젓 · 멸치액젓 ½컵

찹쌀풀
찹쌀가루 2큰술, 물 1컵

만드는 방법

1 총각무 절이기 무와 무청 사이를 다듬고 수세미로 문질러 씻은 후 통째로 소금물에 2시간 정도 절인다. 무가 절여지면 한쪽에 쪽파를 넣어 뒤적이고 잠시 후 무와 쪽파를 건져 헹구어 물빼기를 한다.

2 찹쌀풀 준비하기 찹쌀가루를 물에 풀어 끓여서 식힌다.

3 재료 · 양념 준비하기 젓국과 풀에 고춧가루를 먼저 불려 놓고 마늘과 생강은 다지고 갓은 5cm로 썰어 넣어 양념을 만든다.

4 버무려 담기 무와 쪽파를 고루 버무려 소금으로 간을 맞춘다. 총각무와 쪽파를 같이 쥐고 감아 용기에 담고 뚜껑을 덮는다.

깍두기

무를 깍둑썰어 양념으로 버무려 담근 김치이다.

재료 및 분량

무 3kg
굵은 소금(절임용)
갓 100g
미나리 50g
쪽파 100g
소금 약간

양념
고운 고춧가루 1컵, 굵은 소금 2큰술, 설탕 1큰술, 다진 마늘 4큰술, 다진 생강 2작은술, 새우젓 ½컵

만드는 방법

1 무 절이기 무는 도톰하게 깍둑썰기 하고, 소금을 뿌려 절인 후 헹구어 물빼기를 한다.

2 재료 · 양념 준비하기 미나리, 쪽파, 갓은 깍두기와 비슷한 길이로 썬다. 마늘과 생강은 다져서 양념을 만든다.

3 버무려 담기 무는 고춧가루로 버무려 붉게 물들이고 양념으로 버무린 후 남은 재료를 넣고 가볍게 섞어 소금으로 간을 맞추고 용기에 담아 뚜껑을 덮는다.

무를 절일 때 쓴맛 정도에 따라 설탕이나 인공 감미료를 약간 섞기도 한다.

나박김치

무와 배추를 나박썰어 국물을 부어 담근 물김치이다.

재료 및 분량

배추 2잎
무 50g
소금(절임용) 적량
미나리 2개
실파 2개
마늘 2쪽
생강 1쪽
실고추 · 소금 약간

김칫국물
고운 고춧가루 · 소금 2작은술, 물 1½컵, 설탕 약간

만드는 방법

1 배추 · 무 절이기 무는 2.5×2.5×0.2cm로 썰고 배추도 같은 크기로 썰어 소금을 뿌려 살짝 절인다.

2 재료 준비하기 마늘과 생강은 곱게 채 썰고, 실파, 미나리는 다듬어 씻은 후 2.5cm 길이로 썬다. 실고추는 짧게 자른다.

3 김칫국물 준비하기 소금물은 끓여서 식히고, 고춧가루는 면포에 싸서 물에 우려내어 김칫국물을 만든다.

4 섞어 담기 무, 배추가 살짝 절여지면 모든 재료를 섞어 용기에 담아 김칫국물을 붓고 실고추를 띄운 다음 뚜껑을 덮는다.

동아나박김치

동아를 나박썰어 국물을 부어 담근 물김치이다.

재료 및 분량

배추 2잎
동아 200g
소금(절임용) 적량
미나리 · 실파 2개
마늘 2쪽
생강 1쪽
실고추 · 소금 약간

김칫국물
동아즙 ½컵, 소금 2작은술, 물 1컵, 설탕 약간

만드는 방법

1 배추 · 동아 절이기 동아는 길게 반으로 갈라 씨를 제거하고 모양을 살려 반만 배추 크기로 얇게 썬다. 배추는 2.5×2.5cm로 썰어 각각 소금을 뿌려 살짝 절인다.

2 재료 준비하기 마늘과 생강은 곱게 채 썰고, 실파, 미나리는 다듬어 씻은 후 2.5cm 길이로 썬다. 실고추는 짧게 자른다.

3 김칫국물 준비하기 소금물은 끓여서 식히고, 남은 동아는 갈아 즙을 내어 김칫국물을 만든다.

4 섞어 담기 동아, 배추가 살짝 절여지면 모든 재료를 섞어 용기에 담아 김칫국물을 붓고 뚜껑을 덮는다.

김칫국물에 고운 고춧가루를 우려내어 만들기도 한다.

열무물김치

열무를 살짝 절여서 국물을 부어 담근 물김치이다.

재료 및 분량

열무 1단(1kg)
소금물(굵은 소금 ½컵, 물 4컵)
쪽파 10개
양파(소) 1개
풋고추 3개
홍고추 2개

밀가루풀
밀가루 2큰술, 물 1컵

양념
고운 고춧가루 2큰술, 설탕 1큰술, 다진 마늘 2작은술, 다진 생강 1작은술

김칫국물
소금 4큰술, 물 2L

만드는 방법

1 열무 절이기 열무는 떡잎을 떼고 작은 뿌리는 잘라 버리며 큰 뿌리는 반쪽으로 갈라 씻어 소금물에 살짝 절인 후 헹구어 물빼기를 한다.

2 풀 · 김칫국물 준비하기 밀가루는 물에 풀어 끓여서 풀을 만들고 소금물은 끓인 후 풀을 섞어 식힌다.

3 재료 · 양념 준비하기 풋고추는 어슷썰고 홍고추와 양파는 채 썬다. 쪽파는 3cm로 썰고 열무는 길게 한입 크기로 썬다. 마늘과 생강은 다져 양념을 만들어 김칫국물에 섞는다.

4 섞어 담기 준비한 재료에 김칫국물을 붓고 가볍게 섞어 용기에 담은 후 뚜껑을 덮는다.

장김치

무와 배추를 나박썰어 간장으로 절인 후 간장물을 부어 담근 물김치이다.

재료 및 분량

배추속대 · 무 300g
간장(절임용) 1컵
갓 · 미나리 · 석이버섯 · 밤 3개
대파 ½대
마른 표고버섯 2개
배 ¼개
잣 1큰술
마늘 2쪽
생강 1쪽
실고추 2g

김칫국물
간장물 ½컵, 물 4컵, 소금 1큰술, 설탕 약간

만드는 방법

1 배추 · 무 절임 · 버섯 불리기 배추는 속대만 씻어서 2×3cm로 썰어 간장으로 먼저 절인다. 표고버섯은 물에 담가 불리고 석이버섯은 뜨거운 물에 담근다. 배추가 살짝 간장물이 들면 무를 같은 크기로 얇게 썰어 배추와 함께 절인다. 물이 곱게 들면 간장을 따라 낸다.

2 재료 준비하기 배는 무와 같은 크기로 썰고 밤은 모양을 살려 저며 썬다. 미나리, 갓은 3cm 길이로 썬다. 표고버섯은 기둥을 제거하고, 석이버섯은 비벼 씻어 헹군 후 각각 채 썰고 파, 마늘, 생강도 채 썬다. 잣은 고깔을 떼고 실고추는 짧게 자른다.

3 김칫국물 준비하기 따라 낸 간장물과 설탕, 물로 간을 맞추어 김칫국물을 만든다.

4 버무려 담기 모든 재료를 섞어 용기에 담아 김칫국물을 붓고 뚜껑을 덮는다.

무와 배추를 동시에 절이면 무가 빨리 절여지므로 배추를 먼저 절인다.

동치미

무를 통째로 절여서 소금물을 부어 담근 물김치이다. 겨울 김장김치로 만드나, 동치미 맛이 잘 들게 하기 위해서는 입동 전에 담그는 것이 좋다.

재료 및 분량

동치미 무 10개(5kg)
굵은 소금(절임용) 적량
갓(청색) · 쪽파 200g
대파뿌리 10개
삭힌 고추 100g
마른 고추 3개
청각 50g
마늘 10쪽
생강 2쪽

만드는 방법

1 무 절이기 무는 잔뿌리를 떼고 수세미로 문질러 씻은 후 통째로 소금에 굴려 하루 동안 절인다. ❶

2 재료 준비하기 쪽파와 갓은 살짝 절여 10개씩 묶고, 청각과 파뿌리는 주물러 씻으며 삭힌 고추는 헹구어 물빼기를 한다. 마른 고추는 굵게 자르고 마늘과 생강은 저민다.

3 김칫국물 준비하기 김칫국물(소금물 : 소금 2컵, 물 10L)은 넉넉히 끓여 식힌다.

4 담기 준비한 양념 재료를 망주머니에 넣어 용기 바닥에 깔고 무를 놓는다. 쪽파와 갓을 떠오르지 않게 무 사이에 넣고 돌로 눌러 놓는다. 무가 충분히 잠기도록 소금물을 붓고 뚜껑을 덮는다.

고들빼기김치

고들빼기를 소금물에 삭혀서 쓴맛을 우려낸 후 젓국 양념으로 버무려 담근 김치이다.

재료 및 분량

고들빼기(씀바귀) 1kg
소금물(굵은 소금 40g, 물 1L)
무 500g
쪽파 100g
밤 10개
쌀가루풀(쌀가루 1큰술, 물 ½컵)

양념

고춧가루 ½컵, 물엿 2큰술, 다진 마늘 4큰술, 다진 생강 1큰술, 멸치젓 · 액젓 ½컵, 소금 · 통깨 약간

만드는 방법

1 **고들빼기 삭히기** 고들빼기는 잔털을 긁어 씻고 소금물에 눌러 담가 열흘 정도 삭힌 후 쓴맛을 우려내고 헹구어 물빼기를 한다.

2 **재료 · 양념 준비하기** 무는 4cm 정도로 막대모양으로 썰어 소금을 뿌려 절인 다음 헹구어 물기를 꼭 짠다. 고들빼기 굵은 뿌리는 반으로 가르고 쪽파는 통째나 반 정도로 자르고 밤은 편으로 썬다. 마늘과 생강은 다져서 양념을 만든다.

3 **버무려 담기** 고들빼기, 무, 밤, 쪽파를 양념에 버무려 용기에 눌러 담고 우거지를 소금으로 버무려 위를 덮어 무거운 것으로 눌러 뚜껑을 덮는다.

고들빼기는 섬유질이 강하여 장기간 저장이 가능하다.

고추김치

고추와 고춧잎을 삭혀서 젓국 양념으로 버무려 담근 김치이다.

재료 및 분량

어린 풋고추 1kg
고춧잎 연한 것 300g
소금물(굵은 소금 1컵, 물 8컵)
쪽파 10개

양념

고춧가루 · 멸치액젓 1컵, 설탕 1큰술, 다진 마늘 4큰술, 다진 생강 1작은술, 소금 약간

만드는 방법

1 **풋고추 삭히기** 고추는 꼭지를 1cm 정도 남기고 자른 다음 고춧잎과 함께 망주머니에 넣고 소금물에 담가 돌로 눌러 10일 정도 삭힌다.

2 **재료 · 양념 준비하기** 삭힌 고추와 고춧잎은 씻어 물빼기를 한다. 쪽파는 5cm 정도로 자르고 마늘과 생강은 다져서 양념을 만든다.

3 **버무려 담기** 고추, 고춧잎, 실파를 양념에 버무려 용기에 눌러 담고 우거지를 소금으로 버무려 위를 덮어 무거운 것으로 눌러 뚜껑을 덮는다.

무청김치

무청을 절여서 젓국 양념으로 버무려 담근 김치이다.

재료 및 분량

무청 1kg
쪽파 200g
소금물(굵은 소금 ½컵, 물 4컵)

찹쌀풀

찹쌀가루 3큰술, 물 1컵

양념

고춧가루 1컵, 설탕 1큰술, 다진 마늘 4큰술, 다진 생강 1작은술, 멸치액젓 1컵, 소금 약간

만드는 방법

1 **무청 절이기** 무청은 다듬어 씻고 소금물에 절인 후 헹구어 물빼기를 한다.

2 **풀 쑤기** 찹쌀가루를 물에 풀어 끓여서 식힌다.

3 **재료 · 양념 만들기** 쪽파는 씻어서 길이를 반으로 잘라 물빼기를 하고 마늘, 생강은 다져 양념을 만든다.

4 **버무려 담기** 무청과 쪽파를 양념과 풀로 버무린 후 용기에 눌러 담고 뚜껑을 덮는다.

무청김치

갓김치

갓을 살짝 절여서 젓국 양념으로 버무려 담근 김치이다.

재료 및 분량

갓 1kg
소금물(굵은 소금 ½컵, 물 4컵)
쪽파 300g
통깨 1큰술

찹쌀풀

찹쌀가루 3큰술, 물 1컵

양념

고춧가루 1컵, 설탕 1큰술, 다진 마늘 4큰술, 다진 생강 1작은술, 멸치액젓 1컵, 소금 약간

만드는 방법

1 **갓 · 쪽파 절이기** 갓은 포기를 살려 밑동을 자르고 파는 다듬어 씻은 후 갓과 쪽파를 소금물에 살짝 절이고 헹구어 물빼기를 한다.

2 **풀 쑤기** 찹쌀가루를 물에 풀어 끓여서 식힌다.

3 **재료 · 양념 만들기** 마늘, 생강은 다져 양념을 만든다.

4 **버무려 담기** 갓과 쪽파는 통깨와 양념, 풀로 버무린 후 같이 쥐고 감아 용기에 눌러 담고 뚜껑을 덮는다.

파김치

파를 살짝 절여서 젓국 양념으로 버무려 담근 김치이다.

재료 및 분량

쪽파 1kg
소금물(굵은 소금 ½컵, 물 4컵)
통깨 약간

찹쌀풀

찹쌀가루 3큰술, 물 1컵

양념

고춧가루 1컵, 설탕 1큰술, 다진 마늘 4큰술, 다진 생강 1작은술, 멸치액젓 1컵, 소금 약간

만드는 방법

1 **재료 준비하기** 쪽파는 씻어서 소금물에 살짝 절인 후 헹구어 물빼기를 한다.

2 **풀 쑤기** 찹쌀가루를 물에 풀어 끓여서 식힌다.

3 **양념 만들기** 멸치액젓에 고춧가루를 넣어 양념을 만든다.

4 **버무려 담기** 쪽파는 통깨와 양념, 풀로 버무려 5~6개씩 같이 쥐고 감아 묶어 용기에 눌러 담고 뚜껑을 덮는다.

파김치

갓김치

젓갈·식해

젓갈은 어패류의 근육, 내장, 알 등에 다량의 소금을 첨가하여 숙성시킨 염장발효식품이다. 어패류를 염장함으로써 부패균의 번식을 억제하고, 어패류 자체에 존재하는 각종 단백질 등의 분해효소와 미생물의 효소작용에 의해 유리아미노산과 펩타이드 생성으로 육질은 분해되어 비린내가 제거되고 구수한 풍미와 조직감, 감칠맛을 낸다. 젓갈은 소화흡수가 잘 되어 반찬으로 먹기도 하고 김치에 맛과 발효원으로 쓰이며, 또한 음식의 맛을 내는 조미료로, 간장 대용 등으로 그 사용범위가 확대되어 가고 있다. 식해는 어패류에 비교적 소량의 소금을 첨가하고, 곡류와 채소 등의 부재료를 혼합하여 숙성시킨 발효식품이다. 식해는 저염상태에서 어패류의 염장발효와 식물성 탄수화물의 유기산을 생성하는 발효가 함께 일어나 발효가 빨리 진행되어 젓갈보다 상대적으로 저장기간은 짧다.

젓갈·식해의 약사

신석기시대의 것으로 추정되는 조개 무덤에서 어패류를 식용하여 왔음을 알 수 있다. 이들 식품을 저장하기 위하여 말리거나, 소금에 절여두면 자연히 숙성 발효가 되었을 것이다. 『주례』기원전 3세기경에 젓갈의 의미로 해석되는 지鮨, 자鮓, 해醢자 등의 문자가 나타난 것으로 보아 젓갈을 이용하였을 것으로 추측된다. 지鮨는 어육장을 의미하는 정도이고, 자鮓는 어류, 곡물, 채소의 염장 발효로 생선식해이며, 해醢는 생선 등을 술, 누룩, 식염으로 염장 발효시킨 것이다. 『제민요술』530~550에 의하면 고구려에서는 생선 창자에 소금을 뿌려 발효시킨 어장을 식용하였음을 알 수 있다. 우리나라 최초의 젓갈에 대한 기록은 신라 신문왕 때 납폐품목에 쌀, 술, 장, 시, 젓갈醢이 있고, 고려시대에는 일상식에 흔히 젓갈류를 이용하였음을 『고려도경』1123에서 '새우, 전복, 조개 등 해산물을 많이 먹는데, 맛이 짜고 비린내가 나지만 먹을 만하다.'는 기록을 보아 짐작할 수 있다. 고려시대에 어육은 물론 전복, 홍합, 새우, 게 등을 소금만을 사용하여 담그는 지염해漬鹽醢가 주로 사용되었고, 『향약구급방』1236에 생선에 소금과 곡물을 섞어 만든 식해류가 나온다. 조선시대의 『세종실록世宗實錄』, 『미암

일기眉巖日記』1560년경, 『쇄미록鎖尾錄』1600년대 등에 어패류해魚貝類醢, 어란해魚卵醢 등의 젓갈과 식해가 기술되어 있고, 젓갈류는 당시 명나라와의 중요한 교역품목이었다. 『도문대작』1611, 『사시찬요』1655, 『음식디미방』에는 청어젓, 대합젓, 석화젓, 새우젓 등 염해법鹽醢法을, 『증보산림경제』1766에는 조기젓, 석화젓, 새우젓 등을 설명하였다. 『규합총서』1815에는 게젓 담그는 법과, 『임원십육지』1827에는 청어젓, 대합젓 등이 소개되고 있다. 『시의전서』1800년대 말에는 명란젓, 조기젓, 새우젓 등이 기록되어 있다. 『농가월령가』1861에 '북어쾌 젓조기로 추석 명일 쇠어보세.'라 한 것으로 보아 젓갈을 이용하였음을 알 수 있다.

젓갈제조방법에는 소금에만 절이는 염해법鹽海法, 소금, 술, 기름, 천초를 섞어 담그는 주국어법酒麴魚法, 소금과 메주에 담그는 어육장법魚肉醬法, 소금, 엿기름, 쌀밥을 섞어 담그는 식해법食醢法이 있다. 우리나라는 주로 염해법으로 젓갈을 담갔고, 식해법을 사용하였다. 조선 중엽에는 수산업이 발달됨에 따라 젓갈류의 생산도 가정에서 담그던 것이 공장체제로 대량 유통되었으며, 이 시기에는 갈치젓, 조기젓, 굴젓, 조개젓, 새우젓 등의 지염해와 생선에 소금, 곡류, 엿기름, 누룩 등을 섞어 담근 식해食醢도 사용되었다. 식해는 어패류에 소금, 곡물, 채소 등을 혼합하여 숙성시킨 염장 발효식품이다. 『석명』300에 생선을 소금과 쌀을 섞어 숙성시킨 것을 자鮓, 생선식해라 하였고, 『제민요술』에 생선식해 만드는 방법을 설명하고 있다. 『주방문』1600년대 말, 『요록』1680, 『산림경제』1715에서 생선을 곡물과 소금에 담근 식해를 설명하고 있다. 『음식보』1700년대에는 곡물과 소금의 식해에 누룩을 섞어 숙성을 촉진시키고 있다. 『역주방문』1700, 『증보산림경제』1766에서 각종 식해류가 소개되고 있다. 생선에 소금과 곡물을 섞어 만들던 식해는 고춧가루와 함께 채소를 섞어 만드는 식해로 변화되었다. 『임원십육지』1827에서는 식해류와 식해형 김치鮓菜, 자채를 설명하고 있다. 『경도잡지』1700년대 말의 섞박지雜菹를 일종의 식해로도 볼 수 있다. 식해류는 함경도, 강원도 동해안 지역에서 만들어 왔으며 지금도 소금, 곡물, 엿기름, 무, 고춧가루 양념을 섞어 담는 가자미, 노가리, 도루묵, 대구 등의 식해가 이용되고 있다.

젓갈 · 식해의 종류

젓 갈

어패류

- 갈치젓 : 작은 갈치를 소금과 혼합하여 숙성시킨 젓갈이다.
- 까나리젓 : 까나리를 소금과 혼합하여 숙성시킨 젓갈이다.
- 꽁치젓 : 꽁치를 소금과 혼합하여 숙성시킨 젓갈이다.
- 밴댕이젓 : 밴댕이를 소금과 혼합하여 숙성시킨

| 젓갈 · 식해의 종류 |

구 분	재 료	종 류
젓 갈	어패류	갈치젓, 까나리젓, 꽁치젓, 밴댕이젓, 멸치젓, 자리젓, 전어젓, 정어리젓, 조기젓, 황석어젓, 굴젓, 어리굴젓, 조개젓(바지락), 소라젓, 오분자기젓
	갑각·연체류	게장(게젓), 새우젓, 토하젓, 꼴뚜기젓, 낙지젓, 오징어젓, 한치젓
	내장·아가미·생식소	갈치속젓, 게웃젓, 창란젓, 대구아가미젓, 명란젓, 성게알젓, 숭어알젓
식 해	어패류	가자미식해, 노가리식해, 도루묵식해, 명태식해, 연안식해

젓갈이다.

- 멸치젓 : 멸치를 소금과 혼합하여 숙성시킨 젓갈이다.
- 자리젓 : 제주도 자리돔을 소금과 혼합하여 숙성시킨 젓갈이다.
- 전어젓 : 전어를 소금과 혼합하여 숙성시킨 젓갈이다.
- 정어리젓 : 정어리를 소금과 혼합하여 숙성시킨 젓갈이다.
- 조기젓 : 조기를 소금과 혼합하여 숙성시킨 젓갈이다.
- 황석어젓 : 황석어를 소금과 혼합하여 숙성시킨 젓갈이다.
- 굴젓 : 굴을 소금과 혼합하여 숙성시킨 젓갈이다.
- 어리굴젓 : 굴을 소금과 고춧가루 양념으로 혼합하여 숙성시킨 젓갈이다.
- 조개젓바지락 : 조갯살을 소금과 혼합하여 숙성시킨 젓갈이다. 일반적으로 바지락조개를 많이 사용한다.
- 소라젓 : 소라의 살을 소금과 혼합하여 숙성시킨 젓갈이다. 전복내장과 함께 담그기도 한다.
- 오분자기젓 : 오분자기살을 소금과 혼합하여 숙성시킨 젓갈이다.

갑각 · 연체류

- 게장게젓 : 게에 간장을 달여 부어 숙성시킨 젓갈이다. 게젓이라고도 한다. 소금이 침투되기 어려운 갑각류꽃게, 돌게, 참게 등는 간장을 침장원으로 한다.
- 새우젓 : 새우를 소금과 혼합하여 숙성시킨 젓갈이다.
- 토하젓 : 생이민물새우를 소금과 고춧가루 양념으로 혼합하여 숙성시킨 젓갈이다.
- 꼴뚜기젓 : 꼴뚜기를 소금과 혼합하여 숙성시킨 젓갈이다. 먹통을 제거하여 담그기도 한다.
- 낙지젓 : 낙지를 내장을 제거하여 소금과 혼합하여 숙성시킨 젓갈이다.
- 오징어젓 : 오징어를 내장을 제거하고 잘게 썰어 소금과 고춧가루 양념으로 혼합하여 숙성시킨 젓갈이다. 내장을 포함하여 통째로 담그기도 한다.
- 한치젓 : 한치를 내장을 제거하고 잘게 썰어 소금과 고춧가루 양념으로 혼합하여 숙성시킨 젓갈이다.

내장 · 아가미 · 생식소

- 갈치속젓 : 갈치의 내장을 소금과 혼합하여 숙성시킨 젓갈이다.
- 게웃젓 : 전복 내장을 소금과 혼합하여 숙성시킨 젓갈이다.
- 창란젓 : 명태의 창자 부위를 소금과 고춧가루 양념으로 혼합하여 숙성시킨 젓갈이다.
- 대구아가미젓 : 대구아가미를 소금과 혼합하여 숙성시킨 젓갈이다.
- 명란젓 : 명태 알을 소금과 고춧가루 양념으로 혼합하여 숙성시킨 젓갈이다.
- 성게알젓 : 성게 알을 소금과 혼합하여 숙성시킨 젓갈이다.
- 숭어알젓 : 숭어 알을 소금과 혼합하여 숙성시킨 젓갈이다.

식 해

- 가자미식해 : 가자미를 조밥과 무 등을 합하여 엿기름과 소금, 고춧가루 양념으로 버무려 숙성시킨 식해이다.
- 노가리식해 : 반 건조한 노가리를 조밥과 무를 합하여 엿기름, 소금, 고춧가루 양념으로 버무려 숙성시킨 식해이다.
- 도루묵식해 : 반 건조한 도루묵을 조밥과 무를 합하여 엿기름, 소금, 고춧가루 양념으로 버무려 숙성시킨 식해이다.
- 명태식해 : 반 건조한 명태코다리를 조밥과 무를 합하여 엿기름, 소금, 고춧가루 양념으로 버무려 숙성시킨 식해이다.
- 연안식해 : 조갯살을 소금으로 버무리고 밥과 엿기름을 섞어 숙성시킨 것으로 황해도 연안지방의 식해이다.

젓갈 · 식해의 기본조리법

원료와 전처리

젓갈이나 식해는 가열살균처리하지 않고 날것으로 이용하는 식품이므로 원료는 생물로 만드는 것이 좋고, 원료의 선도는 매우 중요하다. 씻기 전에 이물질을 제거한다.

어류젓갈을 만들 때 효소가 많은 내장을 제거하지 않는 것이 숙성이 빨라지고, 어류 특유의 냄새와 맛이 좋아진다. 어류식해는 내장을 제거하고, 풍건으로 단시간에 말려 사용한다.

- **세척수의 온도** : 얼음조각을 물에 넣어 10℃ 이하의 찬물에서 단시간에 세척한다.
- **세척수의 소금 농도** : 3%의 소금물에 씻어 물 빼기를 한다.

소금 혼합

- **젓갈** : 20% 정도의 소금을 사용하고 원료의 선도와 계절, 숙성온도, 저장기간 등에 따라 5~10%를 증감한다. 연체류 · 내장 · 알젓은 10~20%, 새우젓은 고염도로 30~40%, 게젓은 간장을 사용한다.
- **저염 젓갈** : 10% 정도로 하나 장기간 저장이 어렵다. 소금은 굵은 소금천일염, 해염 사용을 권장한다.
- **식해** : 10% 정도의 소금을 사용하고, 곡류쌀밥, 조밥, 밀가루죽와 부재료무, 엿기름 등를 혼합하여 쓴다.

용 기

밀폐용기가 좋고 항아리나 병 등을 사용할 때는 입구를 잘 봉한다.

철제용기는 비닐내장을 하여 사용한다.

숙성발효

용기에 담고 웃소금을 두껍게 얹고 대나무발로 덮은 후 무거운 것으로 눌러 침지상태를 유지한다. 뚜껑을 잘 봉하여 광선과 공기를 차단시켜 시원하고 그늘진 곳에서 숙성 발효시킨다.

- **젓갈** : 숙성 3개월 정도까지는 어체의 원형이 유지되므로 양념하여 반찬으로 이용할 수 있고, 6~12개월 지나 형체가 없어지면 체에 내려 생젓국으로 하고, 잔사는 끓여 아주 고운체에 내려 젓국을 만든다.
- **식해** : 젓갈보다 저염도의 어패류 발효와 채소, 곡류 등의 탄수화물이 있어 산 생성 미생물을 이용하여 젖산을 비롯한 유기산이 생성되므로 숙성이 빨리 진행되고 저장성을 갖는다. 2주 정도에 최상의 맛을 내며, 이후는 과도한 젖산 생성으로 산패되고 식해의 연부가 촉진되므로 이용기간은 1개월 정도가 알맞다.

밴댕이젓

밴댕이를 소금과 혼합하여 숙성시킨 젓갈이다.

재료 및 분량

밴댕이 1kg
소금 250g

만드는 방법

1 밴댕이 손질하기 밴댕이는 비늘을 긁지 말고 찬 소금물에 씻어 물빼기를 한다.

2 소금 혼합 · 숙성하기 용기에 밴댕이를 소금 분량의 반 정도를 혼합하여 담는다. 남은 소금으로 두껍게 얹고 대나무발로 덮은 후 무거운 것으로 눌러 침지상태를 유지한다. 뚜껑을 잘 봉하여 광선과 공기를 차단시켜 시원하고 그늘진 곳에서 숙성 발효시킨다.

밴댕이젓

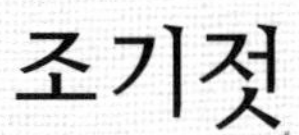

조기젓

조기를 소금과 혼합하여 숙성시킨 젓갈이다.

재료 및 분량

조기 1kg
소금 250g

만드는 방법

1 조기 손질하기 조기는 비늘을 긁지 말고 찬 소금물에 씻어 물빼기를 한다.

2 소금 혼합 · 숙성하기 용기에 조기를 소금 분량의 반 정도를 혼합하여 담는다. 남은 소금으로 두껍게 얹고 대나무발로 덮은 후 무거운 것으로 눌러 침지상태를 유지한다. 뚜껑을 잘 봉하여 광선과 공기를 차단시켜 시원하고 그늘진 곳에서 숙성 발효시킨다.

조기젓

멸치젓

멸치를 소금과 혼합하여 숙성시킨 젓갈이다.

재료 및 분량

멸치 1kg
소금 250g

만드는 방법

1 멸치 손질하기 멸치는 배가 터지지 않은 것으로 선도를 확인하여 찬 소금물에 넣어 단시간에 씻어 물빼기를 한다.

2 소금 혼합 · 숙성하기 용기에 멸치를 소금 분량의 반 정도를 혼합하여 담는다. 남은 소금으로 두껍게 얹고 대나무발로 덮은 후 무거운 것으로 눌러 침지상태를 유지한다. 뚜껑을 잘 봉하여 광선과 공기를 차단시켜 시원하고 그늘진 곳에서 숙성 발효시킨다.

멸치젓

새우젓

새우를 소금과 혼합하여 숙성시킨 젓갈이다.

재료 및 분량

잔 새우 1kg
소금 350g

만드는 방법

1 새우 손질하기 선도가 좋은 새우에서 이물질을 제거하고 찬 소금물에 씻어 물빼기를 한다.

2 소금 혼합 · 숙성하기 용기에 새우를 소금 분량의 반 정도를 혼합하여 담는다. 남은 소금으로 두껍게 얹고 대나무발로 덮은 후 무거운 것으로 눌러 침지상태를 유지한다. 뚜껑을 잘 봉하여 광선과 공기를 차단시켜 시원하고 그늘진 곳에서 숙성 발효시킨다.

새우는 껍질이 있어 소금 침투가 더디고, 내장에 효소가 많아 부패하기 쉽다. 따라서 다른 젓갈보다 소금을 많이 쓴다.

새우젓의 명칭은 잡는 시기에 따라 다르고 종류에 따라 맛과 품질이 다르다.

백하젓(음력 1~2월) : 동백하(冬白蝦)라고도 하며, 새우가 희고 깨끗하다.

곤쟁이젓(음력 2~3월) : 새우젓 원료 중에 가장 작은 새우로 담근 젓이며, 담갈색을 띤다.

오젓(음력 5월) : 새우가 고르지 못하고 탄력이 적으며 붉은색을 띤다.

육젓(음력 6월) : 새우젓 중 가장 상등품으로 새우가 살찌고 탄력이 있으며, 흰 살에 알과 머리, 꼬리가 붉은색을 띤다.

자하젓(음력 8~9월) : 충남 서천 등 특정 지역에서 잡히는 자(紫, 검붉을 자), 하(蝦, 새우 하)로 담근 젓으로, 붉게 숙성되고 살은 부드러운 편이다.

추젓(음력 10월) : 자잘한 새우로 담근 젓이며, 일반적으로 많이 이용되고 있다.

토하젓

생이민물새우를 소금과 고춧가루 양념으로 혼합하여 숙성시킨 젓갈이다.

재료 및 분량

생이 1.8kg
소금(손질용)

양념
소금 100g, 고춧가루 1컵, 찰밥 1컵, 다진 마늘 2큰술, 다진 생강 1큰술

만드는 방법

1 생이 손질하기 톡톡 튀는 생이는 소금으로 문질러 씻어 헹구어 물빼기를 한다.

2 양념 준비 · 담기 분마기에 찰밥과 생이를 넣고 찧어 생이 머리가 가끔 보일 정도가 되면 소금과 고춧가루를 넣어 찧는다. 남은 양념을 섞는다.

3 숙성 · 저장하기 용기에 눌러 담고 윗소금을 얇게 뿌리고 뚜껑을 잘 봉하여 서늘한 곳에서 숙성시킨다. 2일 정도 후에 숙성되면 냉장고에 저장한다.

생이는 민물새우이며 문질러 씻을 때 새우머리가 단단하므로 고무장갑을 사용하면 편하다.

오징어젓

오징어를 내장을 제거하고 잘게 썰어 소금과 고춧가루 양념으로 혼합하여 숙성시킨 젓갈이다. 내장을 포함하여 통째로 담그기도 한다.

재료 및 분량

오징어 1kg
소금 200g
고운 고춧가루 5큰술
다진 마늘 2큰술
다진 생강 1큰술

만드는 방법

1 오징어 손질하기 오징어는 몸통을 반으로 갈라서 내장과 껍질을 제거하고 0.5cm 두께로 잘게 자른다. 찬 소금물에 씻어 물 빼기를 한다.

2 소금 혼합 · 담기 준비한 오징어에 소금 분량의 반 정도와 고춧가루 양념으로 버무린 후 용기에 담는다. 남은 소금으로 두껍게 얹고 대나무발로 덮은 후 무거운 것으로 눌러 침지상태를 유지한다. 뚜껑을 잘 봉하여 광선과 공기를 차단시켜 시원하고 그늘진 곳에서 숙성 발효시킨다.

오징어는 표면이 검은색을 띠는 것이 선도가 좋다.
조금씩 담글 때는 10% 미만의 소금으로 냉장고에서 숙성시킨다.

게장 게젓

게에 간장을 달여 부어 숙성시킨 젓갈이다. 게젓이라고도 한다. 소금이 침투되기 어려운 갑각류꽃게, 돌게, 참게 등은 간장을 침장원으로 한다.

재료 및 분량

꽃게 1kg

향신 간장
간장물(간장 1L, 물 1.5L), 양파 1개, 마른 홍고추 3개, 저민 마늘 2큰술, 저민 생강 1큰술

만드는 방법

1 꽃게 손질하기 게는 솔로 문질러 씻어 등껍질을 위로 하여 물빼기를 한다.

2 간장물에 담그기 게 등껍질을 아래로 놓고 간장물을 게가 잠기도록 부어 냉장한다.

3 간장 끓이기 하루 정도 후에 간장을 따라 내어 고추와 양파를 넣고 끓인다. 식힌 후 마늘, 생강을 넣어 다시 붓는다.

2~3일부터 먹을 수 있으며 오래 보관할 때는 간장을 다시 끓여서 붓는다.

어리굴젓

굴을 소금과 고춧가루 양념으로 혼합하여 숙성시킨 젓갈이다.

재료 및 분량

굴 1.8kg
소금(손질용)

양념
소금 100g, 고춧가루 1컵, 찹밥 1컵, 다진 마늘 2큰술, 다진 생강 1큰술

만드는 방법

1 굴 손질하기 굴은 소금을 넣어 흔들어 씻어 일어 헹군 후 물빼기를 하고 굴에 소금 분량의 반 정도를 혼합하여 절인다. 이때 생긴 굴물은 양념에 섞는다.

2 양념 준비 · 담기 분마기에 찹밥과 나머지 소금, 고춧가루를 넣어 으깬 후 절인 굴과 양념을 섞는다.

3 숙성 · 저장하기 용기에 담아 웃소금을 얇게 뿌리고 뚜껑을 잘 봉하여 서늘한 곳에서 숙성시킨다. 2일 정도 후에 숙성되면 냉장고에 저장한다.

5~10%의 저염으로 하여 조금씩 담가 이용하는 것이 좋다.

조개젓

조갯살을 소금과 혼합하여 숙성시킨 젓갈이다. 일반적으로 바지락조개를 많이 사용한다.

재료 및 분량

조갯살(바지락) 1kg
소금 200g

만드는 방법

1 조개 손질하기 바지락은 3% 소금물에 12시간 담가 흙, 모래 등의 해감을 토하게 하고 조갯살을 꺼낸다. 조갯살에 소금을 넣어 흔들어 씻어 일어 헹군 후 물빼기를 한다.

2 소금 혼합 · 담기 용기에 조개를 소금 분량의 반 정도를 혼합하여 담는다. 남은 소금으로 두껍게 얹고 대나무발로 덮은 후 무거운 것으로 눌러 침지상태를 유지한다. 뚜껑을 잘 봉하여 광선과 공기를 차단시켜 시원하고 그늘진 곳에서 숙성 발효시킨다.

명란젓

명태 알을 소금과 고춧가루 양념으로 혼합하여 숙성시킨 젓갈이다.

재료 및 분량

명태알 1kg
소금(손질용)

양념

고운소금(꽃소금) 150g, 고운 고춧가루 5큰술, 다진 마늘 2큰술, 다진 생강 1큰술

만드는 방법

1 명란 손질하기 명란은 난막이 손상되지 않게 찬 소금물에 헹구어 통풍이 잘 되는 곳에서 물빼기를 한다.

2 소금 혼합하기(염지) 소금 분량의 반 정도를 뿌려서 하루 정도 절인 후 대나무발 위에서 물빼기를 한다. 염지는 염분이 명란 안으로 균일하고 빠르게 침투되어야 부패될 우려가 적다.

3 숙성하기 용기에 명란을 남은 소금과 고춧가루 양념으로 켜켜로 담고 윗소금이나 고춧가루로 충분히 덮는다. 뚜껑을 잘 봉하여 광선과 공기를 차단시켜 시원하고 그늘진 곳에서 2주 정도 숙성시킨다.

저염으로 담글 때는 저장온도에 유의한다.

창란젓

명태의 창자 부위를 소금과 고춧가루 양념으로 혼합하여 숙성시킨 젓갈이다.

재료 및 분량

창란 1kg
소금(손질용)

양념

소금 200g, 고운 고춧가루 5큰술, 다진 마늘 2큰술, 다진 생강 1큰술

만드는 방법

1 창란 손질하기 창란은 창자 내의 이물질을 훑어내리고 소금으로 주물러 씻어 3% 소금물에 하루 정도 담가 둔다. 물빼기를 한 후 길이 2cm 정도로 자른다. 이때 생긴 물은 더 제거하여 변질을 막는다.

2 소금 혼합 · 담기 준비한 창란에 소금 분량의 반 정도와 고춧가루 양념으로 버무린 후 용기에 담는다. 남은 소금으로 두껍게 얹고 대나무발로 덮은 후 무거운 것으로 눌러 침지상태를 유지한다. 뚜껑을 잘 봉하여 광선과 공기를 차단시켜 시원하고 그늘진 곳에서 숙성 발효시킨다.

동태 창자보다 생태 창자로 만드는 것이 품질이 좋다.

6개월 이상 저장할 젓갈은 250g 정도의 소금만으로 염지하고, 발효 후에 양념하여 반찬으로 한다.

창란젓

가자미식해

가자미를 조밥과 무 등을 합하여 엿기름과 소금, 고춧가루 양념으로 버무려 숙성시킨 식해이다.

재료 및 분량

가자미 1kg
소금 70g
메조 100g
무 500g
엿기름가루 1큰술

가자미 양념

소금 30g, 고춧가루 50g, 다진 마늘 2큰술, 다진 생강 2큰술

무 양념

고춧가루 20g, 다진 파 50g, 다진 마늘 2큰술, 다진 생강 1큰술, 설탕 1작은술

* 소금 70g은 손질용(30g), 양념(30g), 웃소금(10g)을 포함한 양이다.
* 엿기름 1컵(80g)은 2큰술(20g)의 고운가루를 얻을 수 있다.

만드는 방법

1 가자미 손질하기 가자미는 작은 것으로 골라 비늘을 긁고 머리, 내장, 지느러미, 꼬리를 제거하고 3% 소금을 고루 혼합하여 1~2일간 염지한 후 깨끗이 씻어 건져 물기를 제거한다. 처음부터 물에 씻으면 살이 물러진다.

2 1차 숙성하기 메소는 된밥으로 지어 체에 내린 엿기름가루를 섞어둔다. 가자미를 양념하여 조밥과 함께 버무려 용기에 눌러 담고 1% 정도 웃소금을 뿌려서 10℃에서 10일 정도 숙성시킨다.

3 2차 숙성하기 무는 굵게 채 썰어 절인 후 물기를 꼭 짠 다음 양념하고, 가자미는 한입 크기로 잘라 무와 함께 버무려 용기에 담고 우거지를 덮고 눌러 숙성시킨다. 무는 빨리 숙성되므로 2차 숙성 때 넣어야 아삭하고 맛이 있다.

전통가자미식해는 물가자미로 담그며 동해안의 물가자미(자릿고기)가 살이 얇아 쫄깃하며 뼈가 억세지 않아 먹기 좋다. 참가자미(세꼬시용)는 살이 깊고 뼈가 억세서 숙성이 잘 안 된다.

차조는 질어서 메조를 사용하되 된밥으로 지어야 한다.

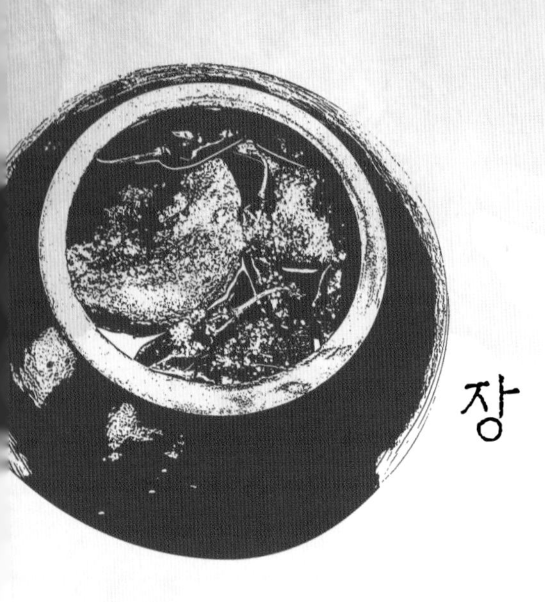

장

장醬류는 콩을 이용하여 발효시켜 만든 두장豆醬류를 뜻하며 간장, 된장, 청국장, 고추장 등을 통틀어 일컫는다. 간장, 된장은 콩, 소금, 물을 원료로 하여, 콩을 삶아 메주를 만들고 띄운 후 소금물에 담가 2개월 정도 숙성 발효시킨다. 숙성 후 액체 부분을 간장이라 하고 나머지는 된장이 된다. 된장은 간장을 분리하고 난 메주를 부수어 소금, 전분 등을 섞어 다시 숙성시킨 장이다. 청국장은 삶은 콩과 볏짚에 붙어 있는 발효균*Bacillus subtilis*을 이용하여 2~3일 간의 짧은 발효과정을 거쳐 실모양의 끈끈한 점질물이 생성되면 소금, 고춧가루 양념을 넣고 마쇄하여 숙성시킨 장이다. 『산림경제』에는 전국장戰國醬으로 소개되어 있다. 고추장은 곡류, 엿기름, 메줏가루, 고춧가루를 섞은 것을 소금으로 간을 하여 숙성시킨 장이다. 장류에서 콩 자체는 소화흡수가 어려우나 메주를 띄우는 동안에 고초균*Bacillus subtilis*과 황국균*Aspergillus oryzae*이 생육하게 된다. 이 균들이 생산하는 단백질과 전분 가수분해 효소에 의하여 메주의 깊은 맛이 생기면서 아미노산과 당으로 분해되어 소화흡수가 잘 되고, 알코올과 유기산이 생성되며 단맛, 신맛, 구수하고, 맛난 맛과 짠맛이 조화를 이루고 특유의 냄새와 장류에 따른 고유한 색상을 갖는다. 이런 성분을 이용하여 음식에 간과 맛을 내는 조미료로 사용해 오고 있는 저장성 발효식품이다. 간장은 음식에 따라 구별하여 쓰는데, 국이나 찌개, 나물 등에는 색이 옅은 청장을 사용하며 육류의 양념이나 조림, 포 등에는 진장을 사용한다. 된장, 청국장, 고추장은 주로 토장국과 찌개로 사용된다. 장류는 쌈장 등 곁들임 장으로도 쓰이며 장김치, 장떡, 장아찌의 절임원으로도 이용한다.

『증보산림경제』1766에 '장은 백미百味의 으뜸이니 장맛이 좋지 않으면 좋은 찬과 고기가 있다고 하더라도 맛있는 찬을 마련하기 어렵다'라고 한 것을 보면 장류는 우리나라 음식 맛의 기본이 되고 있음을 알 수 있다. 『농가월령가』1816 3월령에 '가정에 요긴한 일 장담는 정사로다. 소금을 미리 받아 법대로 담그리라. 고추장, 두부장도 맛으로 갖추하소'라 하였고 6월령에는 '장독을 살펴보아 제 맛을 잃지 말고 맑은 장 따로 모아 익은 족족 떠내어라. 비오면 덮겠은 즉 독전을 정히 하소' 그리고 11월령에는 '부녀야 네 할 일이 메주 쑬 일 남았구나. 익게 삶고 찧어 띄워서 재워두소'라 하였고, 『동국세시기』1849 10월조에 여름 장담기와 겨울김장은 가정의 연중 중요한 일이다 라고 하였으니 장류는 가정마다 정성을 다하여 만들고 소중하게 간수하던 깊은 발효맛을 갖는 복합조미료이다.

지금은 가정에서 장을 담그는 풍습이 점차 사라져가고 있으나, 간장과 된장류에서 항암효과, 혈압강하, 혈당강하 효능, 동맥경화 억제효과와 같은 기능성물질이 밝혀지고, 고추장에서 항균효능, 항산화효과, 발한작용, 체지방축적 억제물질들이 규명되고 있으며, 청국장에서 지방흡수배설로 비만예방, 항암효능, 간해독작용, 혈압강하기능 등이 밝혀지고 있으므로 우리의 전통 장류문화를 보전하고 세계적인 장류로 발전시켜 나가기 위한 연구의 필요성이 커지고 있다.

장의 약사

우리나라에서 콩의 야생종과 중간종이 많이 발견됨에 따라 우리나라가 콩의 원산지라고 본다. 기원전 7세기 전부터 청동기 시대의 원시 집터에서 콩이 발견되거나 콩의 흔적이 있는 토기가 출토된 것은 이 시기에 콩을 재배하고 이용하였다는 사실을 뒷받침하고 있다. 삼국시대는 콩이 중요한 작물로 재배되었다. 『제민요술』에 고구려에서 재배되던 황두黃豆와 흑두黑豆가 중국에서 재배되었다는 것이 확인되었다. 삼국시대는 소금을 이용하는 염장기술이 있었으니 콩을 이용한 장류와 생선을 이용한 젓갈류 등이 이용되고 있었다. 『삼국지 위지동이전』290년경에 '고구려 사람이 발효식품을 잘 만든다.'고 표기한 것으로 보아 장이나 술 빚기를 잘한 것을 알 수 있다. 우리나라의 장에 대한 기록은 신문왕683년이 부인을 맞이하는 납폐 품목에 쌀, 술, 기름, 꿀, 장醬 메주豉,시 등을 보냈다는 기록으로 보아 장류가 중요하게 사용되고 있었고, 장류가 장과 메주로 구분되고 있었음을 알 수 있다. 이 시기에 삶은 콩으로 만든 메주를 띄워 소금물에 담가 발효시킨 간장과 된장의 혼합장을 거르거나 착즙하는 방법으로 간장과 된장을 분리하여 사용하였다. 따라서 우리나라의 장은 콩만으로 만든 시豉에서 얻은 두장豆醬이라고 할 수 있다. 『해동역사』1765~1814에서 신당서新唐書를 인용하여 발해의 명산물로 시豉 청국, 메주 시를 들고, 메주가 재어진 모습을 보고 발해 사람들은 시를 성처럼 쌓아 놓고 있다고 적고 있다. 한나라 때 『설문해자』100년경에 의하면 시는 배염유숙配鹽幽菽일 것이다 하였다. 『시경』에 숙菽콩 숙은 콩이고이후에는 팥과 구분하기 위해 숙을 대두라 하였다, 유幽는 어두울 유이니 유숙은 콩을 어두운 곳에서 발효시킨 것이 되어 메주를 뜻한다. 여기에 소금을 섞은 것이 배염유숙이다. 『설문해자』에 나타난 시와 『제민요술』에 시의 제법이 설명되어 있고, 메주의 냄새를 고려취高麗臭라고 한 것으로 보아 이 시가 중국에 건너갔다고 본다. 이 시기에 만든 육면체의 메주는 지금도 그 형태를 이어오고 있다. 고려시대는 삼국시대의 장과 시메주를 그대로 사용하였다. 장은 간장, 된장류를 말하고 시는 메주를 의미한다. 고려시대에는 장류가 구황식으로도 이용되었다. 『고려사』1058 『식화지』食貨志 기록에 의하면 현종 9년1018에 백성들에게 구황식물로 쌀, 소금, 장이 지급되었고, 문종 6년1052에 개경의 굶주린 백성에게 쌀, 조, 된장豉, 여기서는 메주보다 된장을 의미을 내렸다는 기록이 있다. 된장이 무장아찌와 오이장아찌의 침장원으로 사용되었음을 『동국이상국집』, 『가포육영』의 시에서 무장아찌란 말과 『목은집』의 오이장아찌란 구절에서 확인되고 있다. 『향약구급방』에 장김치 국물이 체증을 낫게 하고 된장으로 종기를 다스리는 등 질병치료에 이용되었고 삼국시대에 이미 장을 상처 치료용으로 사용한 내용이 『삼국유사』에 기록되어 있다. 고려시대에 와서 간장의 분리기술이 발달하였고 간장을 장즙醬汁이라고도 하였다. 용수를 박아 술을 떠내듯 간장과 된장을 분리하는 방법을 사용하였을 것으로 본다. 문종1053 때 메주를 우리말로 말장末醬이라 하였다고 한다. 일본의 『화명유취초和名類聚鈔』에 말장을 고려장이라 한다 하였다. 이는 일본의 미소된장가 말장에서 유래되었다는 것을 보여 주고 있다. 이로써 고구려에서 탄생한 두장이 중국과 일본으로 건너가서 한·중·일이 같은 두장문화권을 형성하게 되었다고 생각한다. 조선시대에도 장류는 장과 시로 구분되고 있었다. 『사시찬요』1424~1483에 간장이 위주인 겸용된장을 의미하는 장과 채소가지, 오이를 이용하는 일종의 장아찌식 된장류인 즙장汁醬 기록이 있다. 도라지나 더덕을 말장에 담근 장이 구황장류로 쓰였다.

『구황보유방』에는 여러 가지 구황장류가 설명되어 있으며, 고려시대 간장 분리방법이었던 용수법 외에 항아리 위에 채반을 얹고 그 위에 소금물에 발효된 혼합장을 올려놓으면 항아리 아래 부분에 고여 있는 간장을 쉽게 얻을 수 있는 분리기술을 설명하였다. 이것이 지금의 걸러 내리는 장으로 이어지고 있다.『음식디미방』1670에 간장, 진간장, 단간장, 된장이 나와 있다. 『주방문』에는 즙장, 와장, 육장 등이 있다. 즙장은 『사시찬요초』의 즙장을 이어온 것이고, 와장은 삶은 콩에 누룩, 소금을 넣어 찧어서 더운 곳에서 20여일 만에 띄워 먹는 된장이다. 육장은 메줏가루와 같이 삶아 말린 소고기가루에 밀가루를 섞어 소금과 묽은 장으로 침장한 것이다. 『색경』1676에는 팥으로 메주를 만들어 콩과 함께 소금으로 간을 맞추어 만든 팥된장이 있다. 이 팥된장은 『음식디미방』의 단간장과 연계된 것으로 보인다.

『산림경제』1715에 생황장生黃醬, 숙황장熟黃醬, 대맥장大麥醬 등 장류 제조법이 정리되어 있다. 생황장은 콩을 삶아 메밀가루를 섞어 띄워 만든 메주를 침장하는 것이고, 숙황장은 콩을 볶아 가루 내어 밀가루를 섞어 만든 메주를 침장하는 것이다. 대맥장은 삶은 콩에 보릿가루를 섞고 콩 삶은 물로 반죽하여 만든 메주를 침장하는 것이다. 재래식 장류 제조법이 여기서 유래되었으며 이를 『동인조장법』東人造醬法이라고 하였다. 『증보산림경제』1766에는 동국장법을 메주 만들기, 침장법, 취창장법으로 세분화하여 기술하고 있다. 콩만으로 만든 메주를 써서 된장, 간장을 얻는 방법이다. 생황장, 숙황장, 대맥장 외에 청태장青太醬이 기록되어 있다. 청태장은 청태를 쪄서 메주를 만들어 콩잎을 덮고 띄워 볕에 말려 침장하는 것이다. 고추를 이용한 만초장蠻椒醬이란 고추장이 처음 나타난다. 이는 종래의 장에 고춧가루를 첨가한 막장형태의 고추장이었을 것이다. 고추장의 확실한 기록은 『영조실록』1768에 고초장으로 표기되고 있다.

『증보산림경제』에 나오는 전시장煎豉醬 일명 전국장戰國醬을 만드는 방법인 조전시장법造煎豉醬法을 보면 '콩 한 말을 삶아 가마니에 재우고 따뜻한 곳에서 3일간 두어서 실을 뽑게 되면 따로 콩 5되를 볶아 가루 내어 이 둘을 섞어 절구에 찧어 햇볕에 말리면서 소금을 가미하여 삼삼하게 담근다'하였다. 이것은 지금의 고초균*Bacillus subtilis*으로 발효시킨 청국장淸麴醬 만드는 방법과 유사하다. 『훈몽자회』1527에서 시豉를 전국시 또는 전국장이라고 풀이하였다. 전국장이 청국장으로 변한 것은 아닌지 생각해 볼 여지가 있다. 병자호란은 1636년 12월에서 1637년 1월에 청나라 군이 조선을 침범한 것이니, 청나라로부터 전래되었다 하여 청국장淸國醬이라 하는 것은 좀 더 검토가 필요하다.

『규합총서』1815에는 어육장, 청태장, 고추장, 즙장 등의 장 담그는 법을 쉽게 설명하였고, 순창고추장과 함양고추장이 팔도 명물로 소개되어 있다.

『임원십육지』에는 전통장류 제조방법을 보다 과학적 측면에서 정리하려고 노력하였다. 『시의전서』1800년대 말에는 간장, 진장, 고추장, 담북장, 청국장, 약고추장 등의 장 만드는 방법이 설명되어 있다. 약고추장은 『규합총서』의 고초장과 같으나 대추나 꿀을 첨가하여 고추장에 감미를 주고 있다. 『조선요리제법』1917에는 메주 만드는 방법, 간장 담그는 법, 청태장, 어육장, 즙장, 된장, 고추장, 약고추장, 팥고추장, 담북장 등을 소개하고 있다. 『조선무쌍신식조리제법』1943에는 간장 종류와 만드는 방법을 설명하고, 콩장, 팥장, 대맥보리장, 집장을 정리하면서 고초장, 된장 만드는 방법 그리고 함시짠 된장, 담시싱거운 된장 등 20여 종에 대한 장 만드는 방법을 소개하고 있다.

조선시대는 장류를 대량생산하지 않았으나 갑신정변1884 이후에 일본인이 많이 살던 부산에 1886년 양조장 공장이 설립되었고 1910년경에는 20여 개의 장류공장이 일본인의 자체 수요를 충당하기 위해 설립되었다. 광복 후 장류공장을 인수하였으나 6·25 전쟁과 경제적 어려움 등으로 인해 크게 신장하지 못하다가 1980년경부터 장류생산이 늘어나고 수출이 증가하게 되었다. 장류생산의 대량화, 다양화, 도시생활의 증가 등으로 가정에서 장을 담그기보다는 공장제품을 쉽게 이용하고 있는 추세이다.

장의 종류

간 장

- 재래간장 : 콩, 소금, 물을 원료로 하여, 콩을 삶아 메주를 만들어 띄운 후 소금물에 담가 2개월 정도 숙성 발효시킨다. 숙성 후 액체부분을 간장이라 하고 나머지는 된장이 된다. 그 해 담가 맑은색을 내는 청장국간장이 있고, 여러 해를 묵혀 색과 맛이 진해진 진장진간장이 있다.
- 양조간장 : 탈지 대두, 밀, 소금, 캐러멜색소 등을 원료로 하여 황국*Aspergillus oryzae*을 접종시킨 후 소금물에 담근 장이다. 공장에서 제조하며 6~12개월간 발효시킨다.
- 산분해간장아미노산간장 : 콩 단백질이나 밀 단백질을 염산으로 가수분해하여 아미노산을 생성시킨 후 중화하여 만든 장이다. 아미노산간장 또는 화학간장이라고도 하며 공장에서 오랜 발효 과정 없이 제조하여 값이 저렴하다.
- 어육장 : 육류와 생선을 메주와 소금물로 침장한 『증보산림경제』의 조방법을 계승한 조선조 사대부가에서 선호되었던 화려한 장류의 일종이다. 항아리를 땅에 묻고 반 건조한 소고기, 전복, 도미, 꿩 등과 메주를 넣고 재래간장보다 소금물을 2배 정도로 짜게 하여 붓는다. 1년간 발효기간을 거친 검은빛의 진장이다.

된 장

- 된장막된장, 토장 : 재래간장 제조 시 간장을 거르고

| 장의 종류 |

구 분	종 류
간 장	재래간장, 양조간장, 산분해간장(아미노산간장), 어육장
된 장	된장(막된장, 토장), 막장, 즙장, 청국장
고추장	찹쌀고추장, 밀고추장, 보리고추장, 수수고추장, 약고추장

난 나머지를 부수어 한 달 정도 숙성시킨 장이다. 막된장이라고도 한다. 간장을 걸러낸 메주에 메줏가루를 혼합하기도 하고, 전분찹쌀죽 또는 보리죽을 혼합하기도 한다. 간장을 걸러내지 않은 메주만으로도 담그며, 소금으로 간을 하여 장기간 숙성시킨 장으로 토장이라고도 한다.

- 막장 : 막 담가서 먹을 수 있다 하여 막장이라 하고 속성 된장이라고도 한다. 메줏가루를 소금물과 섞어서 된장처럼 담그는데, 좀 묽게 하고 따뜻한 곳에서 일주일 정도 숙성시킨 장이다. 막장용 메주는 삶은 메주콩에 밀, 보리 등의 전분성 식품을 익혀 혼합하여 주먹만 하게 만들어 속을 노랗게 띄워 메줏가루를 만든다.
- 즙장 : 콩과 밀로 메주를 띄워 초가을에 무나 고추, 배춧잎을 많이 넣어 두엄 속에서 띄운 장이다. 채소와 함께 발효되어 흐르는 정도로 묽고 약간의 산미가 있다.
- 청국장 : 청국장은 삶은 콩과 볏짚에 붙어 있는 발효균을 이용하여 40℃ 정도에서 2~3일 간의 짧은 발효과정을 거친 후 소금, 고춧가루, 마늘, 생강을 넣고 마쇄하여 숙성시킨 장이다.

고추장

- 찹쌀고추장 : 찹쌀전분과 엿기름가루, 물, 소금, 고춧가루, 메줏가루를 혼합하여 숙성시킨 장이다.
- 밀고추장 : 밀가루를 주원료로 엿기름, 메줏가루, 고춧가루를 섞어 소금으로 간을 하여 숙성시킨 장이다.
- 보리고추장 : 보릿가루를 쪄서 띄운 것에 또는 보릿가루죽에 고춧가루, 메줏가루를 섞어 소금으로 간을 하여 숙성시킨 장이다. 엿기름을 쓰기도 하며 쌀가루를 일부 섞기도 한다. 색상은 좀 어둡지만 보리 맛이 일품이다. 쌈장으로 많이 이용한다.
- 수수고추장 : 수숫가루를 주원료로 엿기름, 메줏가루, 고춧가루를 섞어 소금으로 간을 하여 숙성시킨 장이다.
- 약고추장 : 고추장에 꿀, 설탕, 물엿 등을 넣어 윤기나게 만든 장이다. 고추장볶음이라고도 하고 쌈이나 비빔밥에 사용한다.

장의 기본조리법

재료준비 · 장독관리

장류를 만드는 원료 콩, 소금, 물의 선택이 매우 중요하고, 메주 만들기와 소금물 농도, 장독관리 등은 장의 품질에 영향을 준다.

- **원료 콩** : 햇콩으로 잘 여물고 벌레가 먹지 않은 것을 선택한다. 햇콩은 무름성과 발효성이 좋다.
- **소금** : 간수를 뺀 굵은 소금을 사용한다.
- **물** : 연수나 생수를 사용한다. 경수를 사용하면 삶는 콩이 단단해지고 철분 등이 색상을 어둡게 한다.
- **소금물 농도** : 20~25%를 유지하고, 날씨가 더울 때는 농도를 높인다.
- **장독관리** : 항아리를 청결히 함은 장류가 발생하는 가스 등의 배출을 돕고 장류의 변질을 막기 위함이다.

메주 만들기

메주는 일반적으로 입동절기에 만들고 잘 띄운 메주는 장류의 맛을 좋게 한다.

- **콩 준비** : 메주콩 6kg을 씻어 일고 12시간 정도 물에 담가 불린다.
- **콩 삶기** : 큰 냄비에 물과 콩을 넣어 불그스름한 빛이 날 때까지 2시간 정도 무르게 삶는다. 익히는 정도는 메주의 깊은 맛을 내는 데 중요하다. 너무 오래 익히면 지나친 수분 부여와 수용성 성분이 손실되고 단백질분해에도 영향을 준다. 푹 익히지 않으면 분해효소가 침투하기 어렵고 발효가 제대로 일어나지 않는다. 마른콩이 무르게 익는 데는 3배의 물이 필요하다. 계량하기 어려울 때는 불린 콩 위로 5cm 정도 물을 붓고 타지 않게 하며, 끓어 넘기지 말고, 콩물이 거의 흡수되도록 익히는 것이 메주콩 삶는 요령이며, 증기로 찌는 방법도 있다. 쪄서 익히면 수용성 성분이 적어 장맛이 좋아진다.
- **성형하기** : 삶은 콩은 소쿠리에 담고 물빼기를 한 후 뜨거울 때 절구에 넣고 찧는다. 찧은 콩은 3~4덩이로 나누어 베보자기에 싸서 치대면서 단단하게 네모진 모양으로 만든다. 단단하게 함은 미생물의 증식과 발효를 돕기 위함이다.
- **띄우기** : 말린 메주는 볏짚으로 묶어 따뜻한 방에 겨울 동안 매달아 둔다. 지나치게 덥거나 습기 많은 곳은 잡균이 번식하므로 주의를 요한다. 10주 정도 후에 메주를 내려서 볏짚을 풀고 방안에서 포개어 쌓아 4주간 더 띄운 다음 햇볕에 건조한다.
- **건조하기** : 메주덩이는 볕이 좋고 통풍이 잘 되는 곳에 볏짚을 깔고 겉을 15일 정도 말린다. 유해 곰팡이 번식을 막기 위함이다.

> • 메주 고르기 : 겉은 단단하며, 흰 곰팡이가 있고, 속은 말랑하고, 붉은 황색이나 황갈색이 좋다. 검은색이나 푸른곰팡가 있는 것은 잡균이 번식된 것으로 장맛이 쓰다.

재래간장

콩, 소금, 물을 원료로 하여, 콩을 삶아 메주를 만들어 띄운 후 소금물에 담가 2개월 정도 숙성 발효시킨다. 숙성 후 액체부분을 간장이라 하고 나머지는 된장이 된다. 그 해 담가 맑은색을 내는 청장국간장이 있고, 여러 해를 묵혀 색과 맛이 진해진 진장진간장이 있다.

재료 및 분량

메주 4덩이
(메주콩 6kg 분량)
소금물(굵은 소금 8kg, 물 40L)
붉은 고추(말린 것) 10개
대추 10개
참숯 6덩이

만드는 방법

1 메주 준비하기 메주는 솔로 문질러 닦아 물에 가볍게 씻어 햇볕에 바싹 말린다.

2 소금물 준비하기 소금물은 체에 내려 하룻밤을 가라앉힌다. ❶

3 항아리 준비하기 항아리를 미리 씻어 우려내고 짚이나 종이 등을 태워 냄새를 제거한다.

4 숙성 발효시키기 봄(2~4월)에 항아리에 메주를 넣고 소금물을 붓는다. 깨끗이 닦은 대추와 붉은 고추, 달군 숯을 넣고 3일간 뚜껑을 덮어 둔다. 액면 위로 뜨는 메줏덩이는 소금을 한 줌씩 얹어 메주 표면에 잡균이 붙지 못하게 한다. 3일 후 망사 등으로 뚜껑을 덮어 햇볕이 좋을 때 아침엔 뚜껑을 열고 저녁엔 닫아 40~60일간 발효가 잘 되도록 한다. ❷

5 장 거르기 고추와 숯은 건져내고 색과 맛이 우러나면 체에 밭쳐 장을 걸러낸다. 걸러낸 장은 그대로 두기도 하고 약불에서 20분 정도 달인다. 끓이면 살균되어 저장성이 높아지고 맛과 향이 좋아진다. ❸

6 저장하기 볕쬐기를 잘하고 항아리 주변을 깨끗이 닦아 관리한다.

고추와 숯은 잡냄새를 흡수하고 살균 방부효과가 있다. 대추는 간장의 색상과 맛을 보완한다.
메줏가루 준비 : 메주 한 덩어리는 빻아 말려 2~3일 동안 바람을 쐬어 냄새를 없애고 된장 만들 때 사용한다.

❸

❷

된장 토장

재래간장 제조 시 간장을 거르고 난 나머지를 부수어 한 달 정도 숙성시킨 장이다. 막된장이라고도 한다. 간장을 걸러낸 메주에 메줏가루를 혼합하기도 하고, 전분찹쌀죽 또는 보리죽을 혼합하기도 한다. 간장을 걸러내지 않은 메주만으로도 담그며, 소금으로 간을 하여 장기간 숙성시킨 장으로 토장이라고도 한다.

재료 및 분량

간장 걸른 메주 20컵
찹쌀풀(찹쌀가루 2컵, 물 1.5L)
메줏가루 2컵
간장 5컵
소금 1컵

만드는 방법

1 메줏가루 준비 · 찹쌀풀 쑤기 메주 한 덩어리는 빻아 말려 2~3일 동안 바람을 쐬어 냄새를 없앤다. 찹쌀가루는 물을 부어 끓인 후 식힌다.

2 항아리 준비하기 항아리를 미리 씻어 우려내고 짚이나 종이 등을 태워 냄새를 제거한다.

3 장 거른 메주 준비하기 큰 용기에 재래간장을 거르고 남은 메주덩어리를 주물러 부순다. ❶, ❷

4 소금 넣어 섞기 메주에 찹쌀풀, 메줏가루, 간장을 넣어 섞고 소금으로 간을 맞춘다. ❸, ❹, ❺

5 숙성 · 발효시키기 항아리에 눌러 담아 윗소금을 덮고 망사 등으로 뚜껑을 하여 햇볕이 좋을 때 아침에 뚜껑을 열고 저녁엔 닫아 발효가 잘되도록 한다. 볕쬐기를 잘하고 항아리 주변을 깨끗이 닦아 저장한다.

청국장

청국장은 삶은 콩과 볏짚에 붙어 있는 발효균을 이용하여 40℃ 정도에서 2~3일 간의 짧은 발효과정을 거친 후 소금, 고춧가루, 마늘, 생강을 넣고 마쇄하여 숙성시킨 장이다.

재료 및 분량

메주콩 10컵
고춧가루 1컵
소금 2컵
다진 마늘 2큰술
다진 생강 2큰술
물 3L

만드는 방법

1 **콩 준비하기** 콩은 씻고 일어서 물에 담가 4시간 이상 충분히 불린다.

2 **콩 삶기** 큰 냄비에 물과 콩을 넣어 2시간 이상 콩이 불그스레한 빛이 날 때까지 푹 무르게 삶는다. 마른 콩이 무르게 익는 데는 3배의 물이 필요하다. 계량하기 어려울 때는 불린 콩 위로 5cm 정도 물을 붓고 타지 않게 하며, 끓어 넘기지 말고, 콩물이 거의 흡수되도록 익힌다.

3 **콩 띄우기** 삶은 콩은 소쿠리에 담고 40℃ 정도의 온도가 유지되도록 볏짚을 덮고 2~3일간 띄운다.

4 **양념 섞어 담기** 띄운 콩은 따뜻할 때 소금, 고춧가루, 마늘, 생강을 절구에 넣고 찧는다. 용기에 눌러 담아 뚜껑을 덮고 냉장보관한다.

청국장은 띄운 후 바로 먹을 수 있으며 시간이 지날수록 품질이 저하되므로 빨리 소비하는 것이 좋다.

찹쌀고추장

찹쌀전분과 엿기름가루, 물, 소금, 고춧가루, 메줏가루를 혼합하여 숙성시킨 장이다.

재료 및 분량

찹쌀가루 반죽(마른 찹쌀가루 1Kg, 물 1L)
엿기름물 (엿기름가루 1Kg, 물 5L)
고운 고춧가루 500g
고추장 메줏가루 500g
소금 160g

만드는 방법

1 **엿기름물 · 찹쌀가루 준비하기** 엿기름가루는 미지근한 물 2L에 담가 30분 정도 불리고 찹쌀가루는 물에 개어 둔다. 엿기름물은 뽀얀 물이 다 빠지도록 3L의 물로 3번 정도 주물러 헹구어 고운체에서 꼭 짠다.

2 **삭혀 끓이기** 냄비에 엿기름물과 찹쌀가루 반죽을 넣어 약불에서 가열한다. 따끈해지면 불을 끄고 식으면 다시 가열하여 삭힘 온도(65℃)를 2시간 이상 유지한다. 찹쌀반죽이 삭으면 센 불로 끓여 조린 후 소금을 넣고 한소끔 더 끓인다. 고운 주머니에 넣고 짠 다음 다시 끓여 식힌다.

3 **메줏가루 · 고춧가루 섞기** 메줏가루와 고춧가루를 조금씩 섞어가며 되지 않게 농도를 맞춘다. 간을 보아 항아리에 담는다.

4 **숙성 · 발효시키기** 웃소금을 얇게 덮고 망사 등으로 뚜껑을 하여 햇볕이 좋은 곳에 두고 아침에 뚜껑을 열고 저녁엔 닫아 발효가 잘 되도록 한다.

부 록

수원시 화성 행궁 궁중음식 전시(떡, 한과)

한식 등급별 응시절차 · 검정기준 · 출제문제

조리용 기기 및 기구

수원시 화성 행궁 궁중음식 전시(떡, 한과)

이 책에서 한국기술자격검정원의 한식조리기능사 문제 중 주식과 부식 관련 문제는 각 장마다 조리법별로 정리되어 있다. 떡, 한과, 음청류와 관련된 문제는 본문에서 다룰 수 없어 부록에 수원시 화성 행궁 궁중음식 전시작품 중 관련된 몇 개의 작품과 함께 화전, 매작과, 배숙을 수록하였다.

수원 화성 행궁 궁중음식 전시

섭산삼

무정과

당근정과
매작과
약과
산자
강정
다식
숙실과

매작과 30분

밀가루를 반죽하여 얇게 밀어 칼집을 넣어 뒤집은 다음 기름에 튀긴 유밀과이다. 매작과는 모양이 '매화나무에 참새가 앉은 듯하다'하여 매화의 매(梅), 참새의 작(雀)을 써서 매작과라고 하며, 매엽과(梅葉果), 매잣과 또는 타래과라고도 부른다.

재료 및 분량

밀가루(중력분) 50g
생강 10g
소금 5g
식용유 300mL
잣(깐 것) 5개
A4 용지 1장

시럽

설탕 3큰술
물 3큰술

만드는 법

1 **반죽하고 시럽 만들기** 밀가루는 약간의 덧가루를 남기고 생강은 곱게 다져 물 1½큰술에 개어 즙을 낸후 소금을 약간 넣어 된 반죽으로 하여 비닐봉지에 넣어둔다. 설탕물(설탕, 물 동량)을 중불에서 은근하게 끓여 반 정도 될 때까지 조린다.

2 **매작과 빚기** 반죽은 두께 0.3cm로 넓게 밀어 5×2cm의 직사각형으로 잘라서 내천(川)자로 3군데의 칼집을 내고, 가운데 칼집을 낸 곳으로 한번 뒤집어 놓는다. 잣은 종이 위에 놓고 곱게 다진다.

3 **매작과 튀기기** 반죽은 180℃의 기름에서 연한 갈색으로 튀긴다. 시럽에 담갔다 건져 잠시 건조시킨다. 그릇에 매작과 10개를 담고 잣가루를 뿌린다.

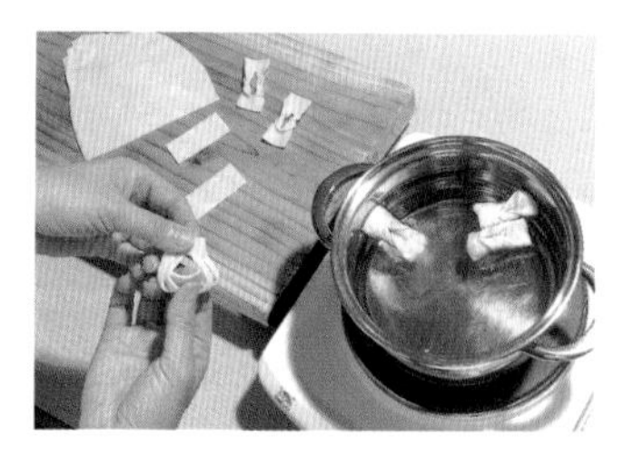

튀김온도 확인은 작은 반죽조각을 기름에 넣었을 때 냄비 바닥에 가라앉아 있거나 반대로 넣자마자 떠오르면 적정한 온도가 아니다.

화 전 20분

찹쌀가루를 익반죽하여 둥글납작하게 빚어 꽃잎 등을 붙여 기름에 지진 떡이다.

재료 및 분량

젖은 찹쌀가루 100g
대추(중) 1개
쑥갓 10g
소금 5g
식용유 10mL

시럽
설탕 3큰술
물 3큰술

만드는 법

1 **반죽하고 시럽 만들기** 반죽물을 조금 끓여 놓고 설탕물(설탕, 물 동량)을 중불에서 은근하게 끓여 반 정도 될 때까지 조린다.
찹쌀가루는 뜨거운 물 2큰술로 익반죽하여 충분히 치대어 비닐봉지에 넣어둔다.

2 **재료 준비하기** 대추는 돌려 깎아 씨를 빼고 둥글게 말아 얇게 썰고 쑥갓 잎은 떼어 놓는다. 반죽덩이는 떼어 지름 5cm, 두께 0.4cm의 둥글납작한 모양으로 빚어 대추와 쑥갓을 붙인다.

3 **화전 지지기** 달군 번철에 기름을 두르고 꽃을 붙인 면을 위로 하여 지져 익힌 다음 뒤집어 꽃이 타지 않게 지진다. 그릇에 화전 5개를 담고 시럽을 끼얹는다.

찹쌀가루를 조금 남겨두어 반죽이 질어질 경우에 대비한다.

배 숙 30분

생강 우려낸 물에 설탕과 배를 넣어 끓여 익힌 음청류이다.

재료 및 분량

배(중) ¼개(150g)
통후추 15개
생강 30g
잣(깐 것) 3개
황설탕 30g
백설탕 20g

만드는 법

1 **생강물 끓이기** 생강은 잘게 썰어 물 1½컵을 넣고 중불에서 10분 정도 끓인다.

2 **재료 준비하기** 배는 모양과 크기를 일정하게 하여 3~4조각을 낸다. 껍질을 벗기고 씨를 반듯하게 제거한 후 모서리를 다듬고 배의 등 쪽에 통후추를 깊숙이 눌러 넣는다. 잣은 고깔을 떼고 면포로 닦는다.

3 **배숙 만들기** 끓인 생강물은 체에 내려 설탕(황설탕 2큰술, 백설탕 1큰술)과 배를 넣어 5분 이상 은근하게 끓여서 배가 투명하게 떠오르면 그릇에 담고 국물은 식힌다. 배 3쪽을 담은 그릇에 국물 1컵을 붓고 잣을 띄운다.

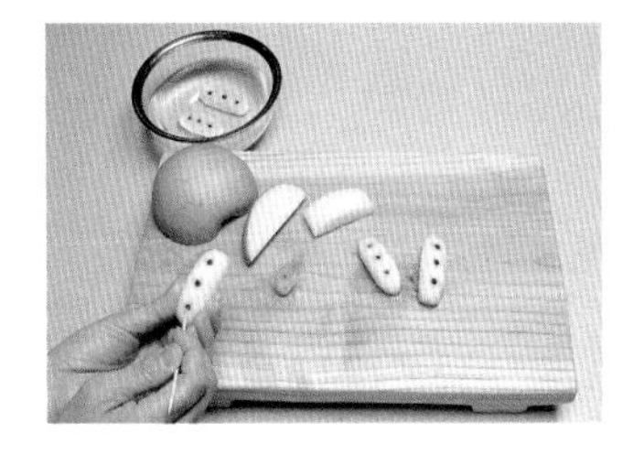

한식 등급별 응시절차·검정기준·출제문제

1. 응시자격기준

1) 조리기능사

응시자격에 제한이 없음

2) 조리산업기사

다음 각호의 1에 해당하는 자

① 기능사 등급 이상의 자격을 취득한 후 응시하고자 하는 종목이 속하는 동일직무분야에 1년 이상 실무에 종사한 자
② 다른 종목의 산업기사 등급 이상의 자격을 취득한 자
③ 관련 학과의 2년제 또는 3년제 전문대학졸업자 등 또는 그 졸업예정자
④ 대학졸업자 등 또는 그 졸업예정자
⑤ 3년제 전문대학졸업자 등으로서 졸업 후 응시하고자 하는 종목이 속하는 동일직무분야에서 6월 이상 실무에 종사한 자
⑥ 2년제 전문대학졸업자 등으로서 졸업 후 응시하고자 하는 종목이 속하는 동일직무분야에서 1년 이상 실무에 종사한 자
⑦ 산업기사 수준의 기술훈련과정 이수자 또는 그 이수예정자
⑧ 응시하고자 하는 종목이 속하는 동일직무분야에서 2년 이상 실무에 종사한 자
⑨ 노동부령이 정하는 기능경기대회 입상자
⑩ 외국에서 동일한 종목에 해당하는 자격을 취득한 자

3) 조리기능장

다음 각호의 1에 해당하는 자

① 응시하고자 하는 종목이 속하는 동일직무분야의 산업기사 또는 기능사의 자격을 취득한 후 기능대학법에 의하여 설립된 기능대학의 기능장 과정 이수자 또는 그 이수예정자

② 산업기사 등급 이상의 자격을 취득한 후 응시하고자 하는 종목이 속하는 동일직무분야에서 6년 이상 실무에 종사한 자

③ 기능사의 자격을 취득한 후 응시하고자 하는 종목이 속하는 동일직무분야에서 8년 이상 실무에 종사한 자

④ 응시하고자 하는 종목이 속하는 동일직무분야에서 11년 이상 실무에 종사한 자

⑤ 외국에서 동일한 종목에 해당하는 자격을 취득한 자

비고

1. "졸업자 등"이라 함은 초 · 중등교육법 및 고등교육법에 의한 학교를 졸업한 자 및 이와 동등 이상의 학력이 있다고 인정되는 자를 말한다. 다만, 대학(교육대학, 사범대학, 방송통신대학, 개방대학 및 이에 준하는 각종 학교를 포함한다. 이하 "대학 등"이라 한다) 및 대학원을 수료한 자로서 관련 학위를 취득하지 못한 자는 "대학졸업자 등"으로 보고, 대학 등의 전 과정의 2분의 1 이상을 마친 자는 이를 "2년제 전문대학졸업자 등"으로 본다.
2. "졸업예정자"라 함은 국가기술자격 검정의 필기시험일(필기시험이 없거나 면제되는 경우에는 실기시험의 수험원서 접수마감일을 말한다. 이하 같다) 현재 초 · 중등교육법 및 고등교육법에 의해 정해진 학년 중 최종 학년에 재학 중인 자를 말한다. 다만, 학점인정 등에 관한 법률 제7조의 규정에 의하여 106학점 이상을 인정받은 자는 대학졸업예정자로 보며, 41학점 이상을 인정받은 자는 2년제 대학졸업예정자로 본다.
3. "이수자"라 함은 기사 수준 또는 산업기사 수준의 기술훈련 과정을 마친 자를 말한다.
4. "이수예정자"라 함은 국가기술자격 검정의 필기시험일 또는 최초시험일 현재 기사 수준 또는 산업기사 수준의 기술훈련과정에 의한 각 과정의 2분의 1을 초과하여 교육훈련을 받고 있는 자를 말한다.

2. 취득방법

1) 조리기능사

(1) 시행처

한국기술자격검정원(한국산업인력공단, www.tqtkorea.or.kr)

(2) 시험과목

■ 필기
- 식품위생 및 법규
- 식품학
- 조리이론과 원가계산
- 공중보건

■ 실기 : 한식조리작업

(3) 검정방법

■ 필기 : 객관식 4지 택일형, 60문항(60분)
■ 실기 : 작업형(70분 정도)

(4) 합격기준

100점 만점에 60점 이상

2) 조리산업기사

(1) 시행처

한국기술자격검정원(한국산업인력공단)

(2) 관련 학과

전문대학 이상의 식품영양학과 및 식생활학과, 조리 관련 학과 등

(3) 시험과목

■ 필기
- 식품위생 관련 법규
- 식품학
- 조리이론 및 원가계산
- 공중보건학

■ 실기 : 한식조리작업

(4) 검정방법

■ 필기 : 객관식 4지 택일형, 과목당 20문항(과목당 30분)
■ 실기 : 작업형(2시간 정도)

(5) 합격기준

■ 필기 : 100점을 만점으로 과목당 40점 이상, 전과목 평균 60점 이상
■ 실기 : 100점을 만점으로 하여 60점 이상

3) 조리기능장

(1) 시행처

한국기술자격검정원(한국산업인력공단)

(2) 관련 학과

전문대학 이상의 식품영양학과 및 식생활학과, 조리 관련 학과 등

(3) 시험과목

■ 필기 : 공중 및 식품위생, 식품학, 조리이론, 원가계산, 한식, 양식, 중식, 일식 및 복어 조리에 관한 사항
■ 실기 : 조리작업

(4) 검정방법

■ 필기 : 객관식 4지 택일형 60문항(60분)
■ 실기 : 작업형(5시간 정도)

(5) 합격기준

100점 만점에 60점 이상

3. 검정기준

1) 조리기능사

| 실기시험 채점 기준표 |

<table>
<tr><th>과 목</th><th>세부항목</th><th colspan="3">항목별 채점방법</th><th>배점</th></tr>
<tr><td>위생상태
(10점)</td><td>• 조리복 착용 및 개인위생상태
• 조리과정 시 숙련도 및 주위 정리정돈 상태</td><td colspan="3">• 위생복을 착용하고 개인위생 상태가 좋으면 3점
• 조리과정 시 숙련도가 높으면 4점
• 주위 정리정돈 상대가 좋으면 3점</td><td>10</td></tr>
<tr><td rowspan="4">조리과정
(작품 1개당
45점씩)</td><td>조리과정 및 조리기술, 숙련도 상태</td><td colspan="3">전체적으로 조리순서가 맞고 재료 및 기구취급의 숙련도가 높으면 30점</td><td>30</td></tr>
<tr><td rowspan="3">작품의 맛, 색, 담음새 상태</td><td colspan="3">작품완성 시 맛, 색, 담음새가 좋으면 15점</td><td rowspan="3">15</td></tr>
<tr><td>맛</td><td>색</td><td>담음새</td></tr>
<tr><td>6</td><td>5</td><td>4</td></tr>
</table>

2) 조리산업기사

해당 국가기술자격의 종목에 관한 기술기초이론 지식 또는 숙련 기능을 바탕으로 복합적인 기초기술 및 기능업무를 수행할 수 있는 능력 보유

① 한식의 고유한 형태와 맛을 표현할 수 있고 메뉴 개발을 할 수 있을 것
② 식재료의 특성을 이해하고 용도에 맞게 손질할 수 있을 것
③ 한식 조리에 필요한 식재료의 분량과 양념의 비율을 맞출 수 있을 것
④ 조리과정의 순서를 알고 적절한 도구를 사용할 수 있을 것
⑤ 기초 조리 기술이 능숙할 것
⑥ 완성한 음식을 적절한 그릇을 선택하여 담는 원칙에 따라 모양 있게 담을 수 있을 것
⑦ 한식 상차림에 대한 지식이 있을 것
⑧ 조리과정이 위생적이며 정리정돈을 잘 할 수 있을 것

3) 조리기능장

해당 국가기술자격의 종목에 관한 최상급 숙련기능을 가지고 산업현장에서 작업관리, 소속 기능인력의 지도 및 감독, 현장훈련, 경영자와의 기능인력을 유기적으로 연계시켜 주는 현장관리 등의 업무를 수행할 수 있는 능력 보유

① 한식, 양식, 중식, 일식, 복어 조리의 고유한 형

태와 맛을 표현할 수 있을 것
(한식조리를 공통으로 하여 양식, 일식, 중식, 복어 조리 중 택 1)

② 식재료의 특성을 이해하고 용도에 맞게 손질할 수 있을 것

③ 레시피를 정확하게 숙지하고 적절한 도구 및 기구를 사용할 수 있을 것

④ 기초 조리 기술이 능숙할 것

⑤ 조리과정이 위생적이며 정리정돈을 잘 할 수 있을 것

4. 조리기능사, 산업기사 및 기능장 수검자 준비물

품목	규격	단위	수량
수검표, 신분증			
조리복	흰색	벌	1
조리모자(머리수건)	흰색	개	1
앞치마	흰색	개	1
칼, 과도, 가위 일반조리용	개	각 1	
숟가락, 국자, 나무주걱, 나무젓가락	벌	각 1	
강판	개	1	
계량컵, 계량스푼	200mL, 큰술, 작은술	세트	1
밀대(소)		개	1
종이타월		매	5
국대접, 공기		개	각 2
위생비닐, 검정 비닐봉지		개	각 1
면행주, 면포		매	각 2
프라이팬(지단용, 일반용)		개	각 1
김발, 석쇠, 체(망)		개	각 1

5. 실기시험 안내

1) 실기시험의 진행방법

① 실기시험의 일시와 장소는 실기시험 시행 5일 전에 해당 지방사무소에 게시, 공고된다.

② 수검자는 자신의 수검번호와 시험 날짜 및 시간, 장소를 정확히 확인하여 지정된 시간 30분 전에 시험장에 도착하여 수검자 대기실에서 조용히 기다리도록 한다.

③ 출석을 확인한 후 등번호를 배정받고 감독위원의 지시에 따라 시험장에 입실한다.

④ 배정받은 등번호와 같은 번호의 조리대에 준비되어 있는 조리기구와 수검자 준비물을 정리정돈하고 차분한 마음으로 시험을 준비한다.

⑤ 지급 재료 목록표와 재료를 지급받으면 차이가 없는지 확인하여 차이가 있으면 시험위원에게 알려 시험이 시작되기 전에 조치를 받도록 한다.

⑥ 수검자 요구사항을 충분히 숙지하여 정해진 시간 내에 지정된 조리작품을 만들어 내도록 한다.

2) 시험장에서의 주의사항

① 검정시험은 지정된 것을 사용해야 하며 재료를 시험장 내에 지참할 수 없다.

② 시험장 내에서는 정숙하여야 한다.

③ 지정된 장소를 이탈한 경우 감독위원의 사전 승인을 받아야 한다.

④ 조리기구 중 가스레인지 및 칼 등을 사용할 때에는 안전에 유념하여야 한다.

⑤ 재료는 1회에 한하여 지급되며 재지급은 하지 않는다. 다만, 검정시행 전 수검자가 사전에 지급된 재료를 검수하여 불량재료 또는 지급량이 부족하다고 판단될 경우에는 즉시 시험위원에게 통보하여 교환 또는 추가 지급받도록 한다.

⑥ 지급된 재료는 1인분의 양이므로 주재료 전부를 사용하여 조리하여야 한다.

⑦ 감독위원이 요구하는 작품이 두 가지인 경우도 두 가지 요리를 모두 선택분야별로 지정되어 있는 표준시간 내에 완성하여야 한다.

⑧ 요구 작품이 두 가지인 경우 한 가지 작품만 만들었을 경우나 시간초과 등은 미완성으로 채점대상에서 제외된다.

⑨ 요리형태가 다르거나 주어진 재료 외에 다른 재료를 사용하여 완성하였을 경우에는 오작으로 채점대상에서 제외된다.

⑩ 불을 사용하여 만든 조리작품이 불에 익지 않거나 태우는 경우에는 실격으로 채점대상에서 제외된다.

⑪ 검정이 완료되면 작품을 감독위원이 지시하는 장소에 신속히 제출해야 한다.

⑫ 작품을 제출한 다음 본인이 조리한 장소와 주변 등을 깨끗이 청소하고 조리기구 등은 정리정돈한 후 감독위원의 지시에 따라 시험실에서 퇴실한다.

6. 출제문제

1) 조리기능사

비빔밥 · 콩나물밥 · 장국죽 · 국수장국 · 비빔국수 · 칼국수 · 만둣국 · 완자탕 · 두부젓국찌개 · 생선찌개 · 돼지갈비찜 · 닭찜 · 북어찜 · 달걀찜 · 호박선 · 오이선 · 어선 · 생선전 · 육원전 · 표고전 · 풋고추전 · 섭산적 · 화양적 · 지짐누름적 · 너비아니구이 · 제육구이 · 북어구이 · 생선양념구이 · 더덕구이 · 홍합초 · 두부조림 · 오징어볶음 · 무생채 · 도라지생채 · 더덕생채 · 탕평채 · 겨자채 · 잡채 · 칠절판 · 북어보푸라기 · 육회 · 미나리강회 · 무숙장아찌 · 오이숙장아찌 · 오이소박이 · 보쌈김치 · 화전 · 매작과 · 배숙

2) 조리산업기사

조리산업기사의 실기문제는 5첩 찬품으로서 한식조리기능사 실기문제(49가지) 중에서 3가지를 출제하고 나머지 2가지는 한국음식 중에서 출제된다.

① 완자탕, 닭찜, 무나물, 표고전, 사슬적
② 삼합초, 도라지생채, 호박선, 병어양념구이, 오이숙장아찌
③ 해물된장찌개, 육회, 취나물무침, 북어보푸라기, 수정과
④ 콩나물밥, 두부전, 너비아니, 잡채, 장김치
⑤ 어알탕, 홍합초, 오이선, 월과채, 제육구이
⑥ 두부젓국찌개, 죽순채, 생선전, 쇠고기장조림, 나박김치
⑦ 두부조림, 탕평채, 파강회, 깻잎전, 오이숙장아찌
⑧ 쇠갈비찜, 오이생채, 육회, 새우전, 더덕구이
⑨ 잡채, 표고전, 두부전, 오징어양념구이, 북어보푸라기
⑩ 느타리버섯볶음, 더덕생채, 북어구이, 쇠고기장조림, 오이소박이
⑪ 된장찌개, 양파전, 사슬적, 깍두기, 도라지정과
⑫ 북어찜, 두부조림, 호박나물, 표고전, 사슬적
⑬ 약식, 두부젓국찌개, 생선양념구이, 화양적, 낙지볶음
⑭ 편수, 탕평채, 알쌈, 열무물김치, 오이숙장아찌
⑮ 연근조림, 칠절판, 더덕생채, 풋고추전, 뱅어포구이
⑯ 비빔밥, 시금치된장국, 오이생채, 장산적, 나박김치
⑰ 탕평채, 더덕생채, 호박전, 조기구이, 호두장아찌
⑱ 장국죽, 잡채, 양동구리전, 제육구이, 장김치
⑲ 더덕생채, 도라지생채, 호박전, 장김치, 오이숙장아찌
⑳ 칠전판, 미나리강회, 장산적, 무숙장아찌, 율란, 조란
㉑ 탕평채, 등고전, 조기구이, 장산적, 호두장아찌
㉒ 두부조림, 해물겨자채, 육원전, 쇠갈비구이, 다시마매듭자반
㉓ 삼치조림, 무생채, 밀쌈, 너비아니구이, 나박김치
㉔ 감자조림, 표고버섯나물, 풋고추전, 너비아니, 북어보푸라기
㉕ 감자조림, 무나물, 풋고추전, 너비아니, 북어보푸라기
㉖ 애탕, 수란, 미나리강회, 화전, 사슬적
㉗ 두부젓국찌개, 꽃게찜, 오이선, 무생채, 사슬적
㉘ 만둣국, 오이선, 어채, 장떡, 깍두기

3) 조리기능장

① 면상(온면, 파전, 새우겨자채, 양지머리편육, 장김치)
② 병시, 두부전골, 죽순채, 양동구리전, 떡수단
③ 어만두, 대추죽, 쇠고기편채, 장김치, 모약과
④ 우설찜, 깨즙채, 무말이강회, 오징어순대, 과편
⑤ 떡찜, 두부조림, 오이나물, 대합구이, 화양적, 마른찬(북어포, 다시마)
⑥ 편수, 두부조림, 오이나물, 대합구이, 화양적, 마른찬(북어포, 다시마)
⑦ 도라지부추나물, 깻잎새우전, 갈비구이, 멸치볶음
⑧ 완자탕, 구절판, 어산적, 배숙
⑨ 신선로, 율란, 조란
⑩ 젖은 안주(오이선, 어선, 북어구이, 오징어양념구이, 장산적, 생률)
⑪ 마른안주(다시마매듭자반, 은행꽂이, 호두튀김, 생률)
⑫ 영양밥과 아욱된장국, 대추죽, 도미찜, 닭고기겨자채, 느타리버섯산적
⑬ 삼계탕, 어만두, 삼색밀쌈, 떡갈비
⑭ 조랭이떡국, 대합찜, 삼색전(호박전, 새우전, 생선전), 섭산삼
⑮ 어만두, 게감정, 대하찜, 월과채, 삼색매작과
⑯ 석류탕, 두부선, 장김치, 율란, 조란
⑰ 신선로, 양동구리전, 월과채, 삼색보푸라기, 떡수단
⑱ 임자수탕, 오이감정, 청포묵무침, 미나리강회, 옥수수전
⑲ 닭온반, 완자탕, 도미찜, 어채, 계강과
⑳ 우설찜, 깨즙채, 무말이강회, 오징어순대, 과편
㉑ 편수, 밤초, 대추초, 두부선, 갈비구이
㉒ 완자탕, 삼치조림, 된장조치, 오이소박이, 깍두기
㉓ 규아상, 임자수탕, 대하찜, 연근전, 두부전
㉔ 어알탕, 도미면, 어선, 삼합장과, 개성약과
㉕ 버섯죽, 어만두, 월과채, 대합구이, 주악
㉖ 석류탕, 구절판, 사슬적, 잣구리
㉗ 초교탕, 게감정, 오이감정, 보쌈김치, 대추단자
㉘ 임자수탕, 승기악탕, 호박오가리찌개, 오이감정, 미나리강회
㉙ 편수, 골동면, 섭산삼, 찹쌀부꾸미, 장김치
㉚ 골동반, 무 맑은 국, 떡찜, 어채, 우메기
㉛ 어만두, 게감정, 대하찜, 월과채, 삼색매작과
㉜ 전복죽, 용봉탕, 취나물무침, 사슬적, 장김치
㉝ 5첩 반상(아욱국, 명란젓찌개, 갈치조림, 너비아니, 미역자반, 부추김치, 녹두빈대떡)
㉞ 석류탕, 도미찜, 대하잣즙무침, 밀쌈, 도라지정과

조리용 기기 및 기구

이 책에 수록된 레시피의 음식 만드는 과정에서는 다음과 같은 조리기기 및 기구를 사용하였다.

전골냄비
뒤집개
온도계
기름거름기
키
체
표주박
저울
계량스푼, 계량컵
국자

소쿠리
물빼기용구
채소탈수기
면포 · 짜주머니
채반
도마
칼
솔 · 소도구
가위 · 밤깎기
염도계

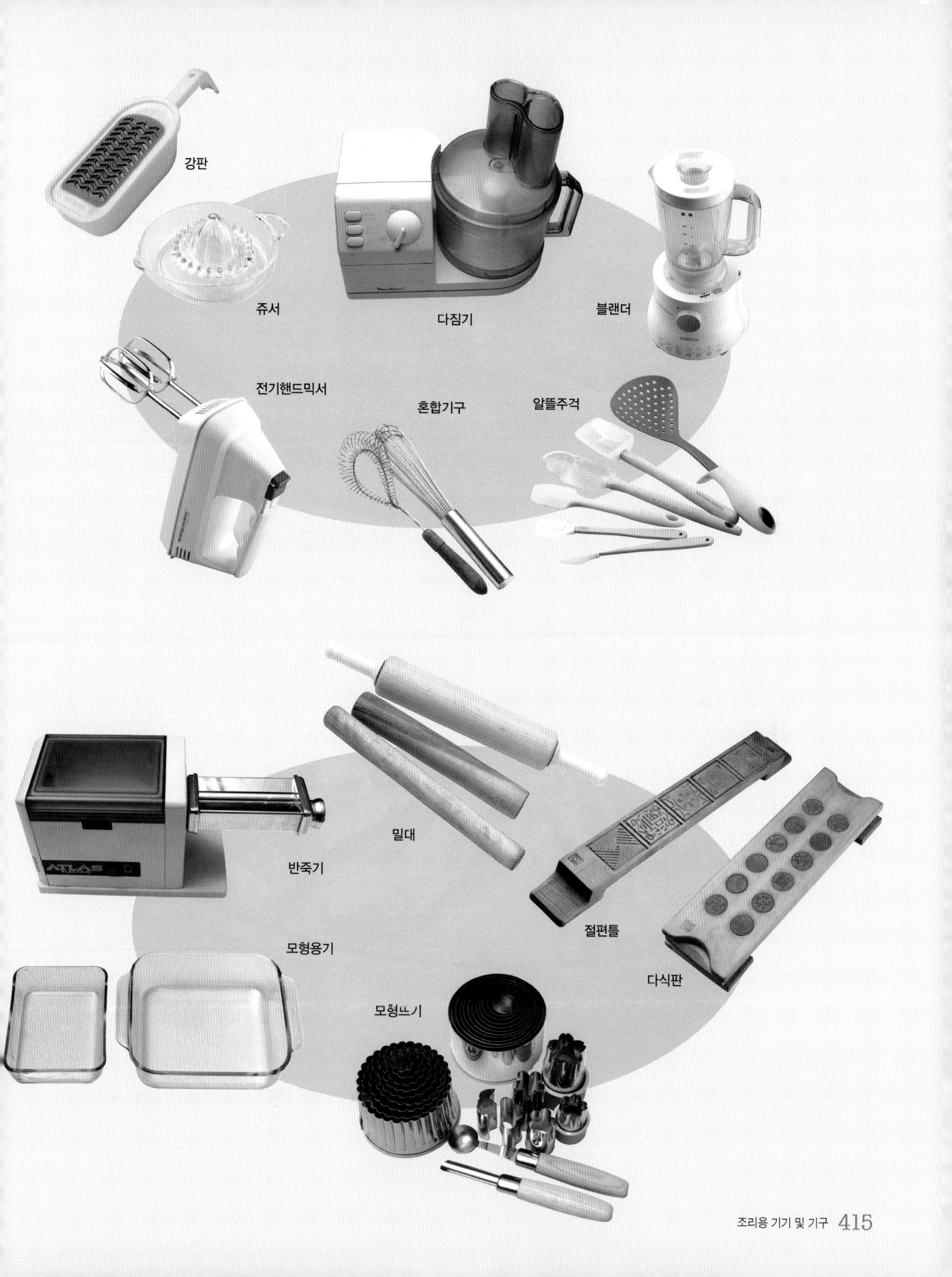
강판
쥬서
다짐기
블랜더
전기핸드믹서
혼합기구
알뜰주걱
밀대
반죽기
절편틀
모형용기
다식판
모형뜨기

참고문헌

농촌진흥청(2008). 향토음식(전10권). 교문사.

방신영(1900년대). 조선요리제법. 한성도서주식회사.

윤서석(1974). 한국식품사연구(증보). 신광출판사.

윤서석(2002). 한국음식. 수학사.

이성우(1981). 한국식경대전. 향문사.

이성우(1984). 한국식품 문화사. 교문사.

이성우(1994). 한국요리문화사. 교문사.

이성우(2006). 한국식생활의 역사. 수학사.

이용기(1943). 조선무쌍신식요리제법. 영창서관.

이효지 외(1997). 한국음식대관(1권). 예맥출판사.

장지현 외(2001). 한국음식대관(4권). 한림출판사.

조미자 외(1997). 한국전통식품과 조리. 효일문화사.

조미자(2004). 한국음식. 향문사.

조미자 외(2007). 조리원리. 교문사.

조창숙 외(1999). 한국음식대관(2권). 한림출판사.

한희순 외(1957). 이조궁정요리통고. 학총사.

허준(1991). 국역 동의보감. 남산당.

홍만선(1967). 국역 산림경제(전2권). 민문고.

황혜성 외(1997). 한국음식대관(6권). 예맥출판사.

찾아보기

ㄱ

ㅁ

ㅅ

ㅇ

조미자

숙명여자대학교 생활과학대학 식품영양학과 졸업
숙명여자대학교 대학원 식품영양학 전공(석사)
경희대학교 대학원 식품공학 전공(이학박사)
경희대학교 호텔관광대학 교수
동남보건대학교 식품영양과 교수

미국 위스콘신대학교 유니온, 조리 및 연회담당 실무
동남보건대학교 식품과학연구소장
한국식품영양학회 회장
한국대학식품영양관련학과 교수협의회 회장

한국보건의료인국가시험원 영양사시험위원회 위원장
한국보건의료인국가시험원 영양사시험 선정위원
한국영양사교육협의회위원
한식조리기능사 · 기능장 심사위원
수원시 화성 행궁축제, 궁중음식 전시발표

저서 및 논문 한국음식(향문사), 조리원리(교문사), 한국전통식품과 조리(효일문화사)
떡, 다식 관련 연구논문 다수

이미경

숭전대학교 물리과대학 식품영양학과 졸업
전남대학교 대학원 영양학 전공(석사)
전남대학교 대학원 식품학 전공(이학박사)
현재 광주보건대학 식품영양과 교수

한국보건의료인국가시험원 영양사국가고시 심의 및 출제위원
광주. 전남 기능대회 심사위원
한국기술자격검정원 조리기능사, 제과.제빵기능사 심사위원
광주김치대축제 김치요리경연대회 심사위원

전남 보성 다향체 녹차요리경연대회 심사위원
순천 낙안읍성 음식문화큰잔치 추진위원
김대중컨벤션 식품산업전 추진위원
KBS 1 TV 음식, 제과 · 제빵 관련 방송 출연

저서 및 논문 기초영양학(효일문화사), 조리원리(교문사),
조리원리(삼광출판사)
쌀과 곡물활용연구, 제과제빵응용연구 등
논문발표

이순옥

경희대학교 호텔관광대학 졸업
세종대학교 대학원 조리학 전공(석사)
세종대학교 대학원 조리학 전공(이학박사)
현재 한국관광대학교 호텔조리과 교수

대한민국조리기능장 여성1호
한국조리기능장회 회장
국가대표선발요리심사위원장
한국음식조리법 표준화사업 자문위원장

실업계 고등학교 교재심의위원
전국기능경기대회 요리부문 심사위원장
EBS '최고의 요리비결', SBS '여자플러스', MBC, KBS '무엇이든지 물어보세요' 등 출연 중

저서 한국의 전통음식(백산출판사), 초근목피 약선(백산출판사), 백세 건강을 약속하는 버섯요리 100선(농촌진흥청), 한국전통식품과 조리(효일문화사), 면역력 증강에 특효인 만능 버섯요리(푸른행복) 외 다수

2008년 2월 29일 초판 발행
2011년 9월 2일 2쇄 발행
2013년 9월 27일 개정판 발행
2017년 1월 26일 개정판 2쇄 발행

지은이 조미자 · 이미경 · 이순옥
펴낸이 류제동 | **펴낸곳** **교문사**

편집부장 모은영 | **책임편집** 강선혜 | **디자인** 신나리 | **본문편집** 우은영
사진 서정환 | **코디네이터** 방혜열 · 한지영 · 한유미 · 배정아

제작 김선형 | **홍보** 김미선 | **영업** 이진석 · 정용섭 · 진경민
출력 현대미디어 | **인쇄** 동화인쇄 | **제본** 한진제본

주소 (10881)경기도 파주시 문발로 116
전화 031-955-6111(代) | **팩스** 031-955-0955
등록 1960. 10. 28. 제406-2006-000035호
홈페이지 www.gyomoon.com | **E-mail** genie@gyomoon.com

ISBN 978-89-363-1317-3(93590) | **값** 32,000원

* 잘못된 책은 바꿔 드립니다.